U0888226

不孕不育诊疗学

BUYUNBUYUZHENLIAOXUE

钱海青 陈志成 郑泳霞 杨建宇 主编

中医古籍出版社
Publishing House of Ancient Chinese Medical Books

图书在版编目（CIP）数据

不孕不育诊疗学 / 钱海青等主编. -- 北京 : 中医古籍出版社, 2025.6

ISBN 978-7-5152-2825-9

Ⅰ. ①不… Ⅱ. ①钱… Ⅲ. ①不孕症—诊疗②男性不育—诊疗 Ⅳ. ①R711.6

中国国家版本馆CIP数据核字（2024）第068910号

不孕不育诊疗学

钱海青　陈志成　郑泳霞　杨建宇　主编

责任编辑　王　梅　赵月华

封面设计　LUCKY

出版发行　中医古籍出版社

社　　址　北京市东城区东直门内南小街 16 号（100700）

电　　话　010-64089446（总编室）010-64002949（发行部）

网　　址　www.zhongyiguji.com.cn

印　　刷　北京市泰锐印刷有限责任公司

开　　本　787mm × 1092mm　1/16

印　　张　28.25

字　　数　523 千字

版　　次　2025 年 6 月第 1 版　2025 年 6 月第 1 次印刷

书　　号　ISBN 978-7-5152-2825-9

定　　价　98.00 元

《不孕不育诊疗学》编委会

主　编

钱海青　绍兴市中心医院
陈志成　香港大学专业进修学院
郑泳霞　南方医科大学附属何贤纪念医院
杨建宇　北京知医堂中和国医馆

副主编

李亚茜　北京中西医结合医院
郑黎明　新昌县天姥中医博物馆
徐美芬　镇海区中医医院
曹子涵　广西中医药大学
艾　静　上海中医药大学附属曙光医院（浦东名中医艾静工作室）
李久现　河南中医药大学第一附属医院
刘　涛　湖南中医药大学第一附属医院
陈莹莹　湖南中医药大学第一附属医院
陈玉洁　浙江萧山医院

编　委（按姓氏笔画排序）

王　越　青海省西宁市和术堂中医门诊部
王　蒙　内蒙古自治区妇幼保健院
田　硕　河北省石家庄市高邑县武城田增民中医诊所
田运福　河北省辛集市田运福西医妇科诊所
刘　畅　上海市浦东新区周家渡社区卫生服务中心（浦东名中医艾静工作室）
李辉霞　赵州燕赵医学门诊部
林永富　宁德市蕉城区蕉南林永富中医诊所
赵　锋　赵氏脊椎康复理疗
袁运硕　濮阳市华龙区人民医院
贾昌建　河北省辛集市田家庄乡卫生院
董军国　石家庄董氏中医诊所
雷贵仙　江西省井冈山市柏露乡上坊村卫生室

目　录

第一章

绪论

一、概述

我国南北朝《褚氏遗书》记载“交而孕，孕而育，育而为子”，说明是先孕而后育，孕和育是不同阶段，所以不孕症和不育症是不同阶段的疾病。不孕是指育龄夫妇长期同居，性生活正常，未避孕而未能怀孕。不育是指有过妊娠，但均以流产、早产、死胎或胎儿成长障碍或分娩障碍或新生儿死亡而不能获得活婴。目前临床习惯把女性病因引起的不孕叫女性不孕症，简称不孕症；男性病因引起配偶不孕者叫男性不育症，简称不育症。

在我国最早的文字甲骨文中，已有相当丰富的关于生育方面的文字，如“孕”字，好像妇女怀孕腹中有子的形状；又如“娠”字，像女人大腹形状。周代对孕育的认识更有进步，《礼记》要求娶妻不娶同姓，《春秋公羊传注疏》认为“礼，不取同姓，买妾不知其姓则卜之，为同宗共祖乱人伦，与禽兽无别”，只是从社会伦理的角度提出，不是由医学卫生方面考虑。《左传・僖》记载，郑人叔詹言及“男女同姓，其生不蕃”，说明对血缘近亲婚配带来的遗传疾病及对子孙繁衍的障碍已有认识。

《素问・上古天真论》对女子一生的生长、发育与衰老，以及随之出现的月经来潮、孕育、绝经等一系列生理变化，有很详细的阐述：“女子七岁肾气盛，齿更发长；二七而天癸至，任脉通，太冲脉盛，月事以时下，故有子……而无子也。”这些理论一直指导着后世妇产科临床。

东汉张仲景在《金匮要略・血痹虚劳病脉证并治》中言“男子脉浮弱而涩，为无子，精气清冷”，是后世治疗男方不育精少、精冷用温肾补涩的理论根据。尽管医学界对男子引起的“无子”有了认识，但民众还是把“无子”归结为妇女的原因，如《大戴礼记》记载了男子休弃妻子的七种理由，即“七去”，“无子”便是其中之一。

晋朝时期的《针灸甲乙经·妇人杂病》记载“女子绝子，阴挺出，不禁白沥，上窌主之”，证明针灸已用于治疗女性不孕症。

唐代医家孙思邈著作《千金要方》《千金翼方》，被誉为中国最早的临床医学百科全书。《千金要方》有三卷、《千金翼方》有四卷专述与妇女特有或有关的疾病，均将“求子”作为第一篇，可见对不孕不育症的重视，被认为是妇科专著的奠基之作。

唐代本草首次出现以功效作为药物分类的依据，依次介绍具有相同功效的药物的著作。世界上第一部由国家颁布的具有药典性质的《新修本草》，其中就有“无子”功效之目，列有紫石英、阳起石、桑螵蛸、秦皮、石钟乳、凌霄花、艾叶、卷柏八味药，是当时临床不育症用药经验的总结。

宋金元时期，妇产科在唐代发展的基础上，正式独立成科。宋代的医学教育机构设九科，产科为其中之一，是妇产科独立成科的标志。陈自明的《妇人大全良方》，齐仲甫的《女科百问》《产宝杂录》，郭稽中的《产育保庆方》《妇人方》等都是这一时期妇产科理论形成、发展的反映。该时期妇产科的特点是一改以前以求嗣为第一，而对经带之研究予以重视，因此在妇产科著作中经带疾病在前，胎产在后，如《妇人大全良方》将《月经序论》作为首卷首篇。

金元时期，在治疗妇产科疾病方面，亦突出了各流派的学术特点，如张子和每用攻下法治不孕，如《儒门事亲》记载：“妇人年及二三十者，虽无病而无子，经血如常，或经血不调，乃阴不升阳不降之故也，可服独圣散。”

明代是妇产科学术著作的繁荣时期，即使在综合性著作中，妇产科也占有很大的篇幅，至今指导着中医妇产科临床。如薛己《女科撮要》、万全《万氏女科》《万氏妇科达生编》、武之望《济阴纲目》、女医家谈允贤《女医杂言》、龚居中《女科百效全书》、岳甫嘉《医学正印种子编》及王肯堂《证治准绳·女科》、张介宾《景岳全书·妇人规》等。该时期，辨证论治在不孕不育证治方面有较大进展，如楼英之《医学纲目·妇人部》即记载有“每见妇人之无子者……或凝而不调，不调则血气乖争，不能成孕矣。详夫不调之由，其或前或后及行后作痛者，虚也。其少而淡者，血虚也。多者，气虚也。其行将作痛及凝块不散者，滞也……直至积去、滞行、虚回，然后血气和平，能孕子也”。这种辨证论治的方法、方药，至今在临床仍很实用，是治疗月经不调导致不孕的方法之一。

清代承袭明代，在辨证论治方面更为娴熟，著作也不断增多，如秦之桢《女科切要》、肖埙《女科经纶》、陈治《济阴近编》、傅山《傅青主女科》、叶桂《叶天士女科医案》、肖山竹林寺僧撰的《肖山竹林寺女科》等。

在不孕不育症研究上，傅山对带脉予以重视，认为“带脉者，所以约束胞胎之系也……带伤则胎不牢”，开不孕不育治疗之先河，故有完带汤之说。王孟英认识到月经不调可以导致不孕，但不是不孕的决定性因素，在《沈氏女科辑要》中提出“妇人之病，虽以调经为先……不可妄施也”。

17 世纪中期以后，教会医学院校、教会医院的创办，医学留学生的派遣等，客观上将西方医学传入了中国。在此形势下，中西汇通派出现且多有著作，如王宏翰的《医学原始》、王学权的《重庆堂随笔》、石寿棠的《医原》、朱沛文的《华洋脏象约纂》、张锡纯的《医学衷中参西录》等都有女性生殖器官或胚胎理论的阐述，是中西汇通的初步。

中华人民共和国成立以后，特别是毛主席提出中西医结合政策、提倡西医学中医后，一批中西医结合工作者出现了，中医也开始学习现代医学，通过临床和实验研究的结合，在妇产科领域也取得了丰硕成果。

20 世纪 60 年代开始，研究证明肾 - 冲任 - 天癸 - 胞宫与下丘脑 - 垂体 - 卵巢轴的生理功能极为相似，因而用中药人工周期治疗闭经，之后应用到无卵性不孕。80 年代，中药人工周期疗法在临床上的应用增多，方法各异，取得不少成功的经验。90 年代，传统的中医辨证论治在临床上广泛应用，周期治疗也较为常用；亦有结合实验研究者，如研究微量元素含量与肾虚不孕的关系，测定血中 14 种微量元素，认为铝、锰含量低下可能直接参与了肾虚不孕的发病，而铜亦有关系；测定雌激素受体含量的变化，发现治疗前雌二醇（E_2）和子宫内膜雌激素受体（ER）较正常低，治疗后 E_2、ER 随治疗好转，含量同步升高等。

尽管古代医家对男子引起的不育已有一定认识，然而由于认识上的偏差，常把不育原因归咎于妇女，所以对男性不育症的研究显然不及对女性不孕症的研究。现代社会人类的生活习惯和工作方式有较大变化，人体正常的生物活动规律受到了一定程度的干扰和破坏，大气污染、噪声、放射性物质、化学毒物等均可损害男性的生殖细胞，影响男性的生殖机能，而吸烟、吸毒、酗酒、性传播疾病等导致人体内环境紊乱，生殖腺、生殖道的损害导致男性不育患者数量增多。男性不育症已受到重视，特别是男性学的出现，表明男科疾病正在逐渐成为医学的一个分科。

人类通过结婚、两性生活生育后代称为正常生殖或自然生殖。随着时代、生殖医学的发展，使人类的生殖方式不再全是自然而然的了。凡不经两性性交而用人为方法产生新一代个体的方法称为生殖工程或生殖技术。1890年，美国 Dulemson 首先创用人工授精，成为生殖技术的开拓者。我国首例试管婴儿、输卵管配子移植婴儿的诞生（1988年，北京），首例宫腔内配子移植（1992年，山东）及首例运用卵浆内单精子显微注射技术（1996年，广州）的第二代试管婴儿出生，这标志着我国现代辅助生育技术的研究已跻身于世界先进行列。

二、不孕不育症的定义

育龄夫妇婚后未避孕、有正常性生活、同居2年而未曾妊娠者，称为不孕。晚婚的大龄夫妇如婚后一年未孕，也应按不孕症诊治。因为妇女生育力最强的时期在25岁左右，以后生育力缓慢下降，35岁以后生育力迅速下降，45岁以后怀孕的概率较低。

不育症是指可以受孕且有过妊娠史，但因流产（包括习惯性流产）、异位妊娠、葡萄胎、早产、死胎或死产等而未能获得活婴者。

三、不孕不育症的分类

（一）不孕症的分类

1. 按夫妇两方面的原因分类

女性不孕症，指男方检查正常，由女方原因引起的不孕。

男性不孕症，指女方检查正常，由男方原因造成的女方不孕。

男女双方不孕症，指由男女双方原因引起的不孕。

2. 按是否受孕分类

原发性不孕，指婚后从未受孕者，古人称为“全不产”或“无子”。

继发性不孕，指曾有过妊娠，包括早产、流产、中期妊娠和其他异常妊娠，以后又有2年以上的正常性生活未能再受孕者，古人称为“断绪”。

3. 按预后情况分类

绝对性不孕，指夫妇一方有先天性或后天性解剖生理缺陷，无法矫正而不能受孕。

相对性不孕，指夫妇一方因某种因素以致生育能力降低，或妨碍受孕而经过治疗后可能受孕。

4. 按病变属性分类

功能性不孕，指因生殖股神经内分泌功能失调而不能受孕。

器质性不孕，指因器质性病变而引起的不孕。

5. 按先天原因和后天原因分类

先天性不孕，指因男女先天性发育异常或遗传性疾病而引起的不孕。

后天性不孕，指因后天功能失调或生殖器官器质性病变引起的不孕。

（二）不育症的分类

女性不育，指由女方原因引起的未能生育的情况。

男性不育，指由男方原因造成的女方不孕。

因不育与不孕古人统称为“无子”，有时尚难以严格区分而容易混淆，故有些专家把男性造成的不孕症称为男性不育症。不育可由男女双方因素所致，有报道认为其中女方因素占 80% 的病例。

第二章

生殖系统解剖与生理

第一节　男性生殖系统

男性生殖系统包括内生殖器和外生殖器。

男性内生殖器包括生殖腺（睾丸）、输精管道（附睾、输精管、射精管和尿道）和附属腺（精囊腺、前列腺和尿道球腺）。外生殖器包括阴茎和阴囊。

一、男性内生殖器

（一）睾丸

1. 解剖结构

睾丸位于阴囊内，左右各一，成年后每个睾丸体积约 4 cm × 2.5 cm × 3 cm，重约 10 ～ 20 g。睾丸是实质性器官，表面由睾丸被膜包裹。睾丸被膜的最外层很薄，与贴附在阴囊壁的鞘膜壁层之间有一很窄的鞘膜腔，称睾丸纵隔，正常时仅含有少量液体，有减少睾丸活动时摩擦的作用。由睾丸纵隔发出一系列的小隔深入睾丸实质，将睾丸分成 200 ～ 300 个睾丸小叶，每个小叶内有 1 ～ 4 根曲细精管。曲细精管汇合成细精管，进入睾丸纵隔，交织成睾丸网。睾丸网发出 12 ～ 15 条睾丸输出小管，由睾丸的后缘上部穿过白膜最后与附睾丸部相通。曲细精管之间为间质，除疏松的结缔组织外，还有间质细胞，能分泌雄激素。曲细精管由界膜围绕，管壁上皮为生精上皮，含有生精细胞和支持细胞。

2. 生理功能

产生精子功能：睾丸内的曲细精管上皮为生精上皮，内有生精细胞，即精原细胞，逐渐发育为初级精母细胞、次级精母细胞、精子细胞，最后演变为精子。因此，曲细管内的生殖细胞是一个由各个发育阶段的各级生精细胞组成的组合。

内分泌功能：睾丸间质由间质细胞和丰富的血管淋巴和结缔组织组成。间质细胞是一种内分泌细胞，在脑垂体分泌的黄体生成素作用下合成雄激素（睾丸酮），促使精子发生，激发男子第二性征，维持正常性功能，控制生殖管道及附属腺的发育及功能。血液中雄激素含量的变化可通过反馈作用于下丘脑和垂体，调节激素分泌的相对稳定。

血睾屏障：血睾屏障位于间质毛细血管和曲细精管腔之间，两腔间隔有毛细血管、淋巴管的内皮细胞和基底膜、肌样细胞、曲细精管基底膜和支持细胞等结构。血睾屏障发挥功能如下：①形成免疫屏障。发育中的精母细胞、精子细胞和精子具有特异的自身抗原，正常情况下的血睾屏障阻止这些特异抗原与机体的免疫系统接触，因而不会发生免疫反应，即使生殖道远端屏障遭到破坏，机体对精子抗原发生过敏而产生抗精子抗体，但血循环中的抗精子抗体也不会通过血睾屏障进入管腔小室与精子发生免疫反应。②防止有害物质干扰精子发生和损害已形成的精子。③保证精子发生有正常的微环境，为精子发育创造有利条件。

（二）输精管道

1. 附睾

解剖结构：附睾为一对细长扁平的器官，与睾丸一起位于精索下端，附睾位于睾丸后缘的外侧部，两者以睾丸输出小管相通。附睾尾部与输精管相连。附睾主要由附睾管构成，附睾管为不规则的迂曲小管，长约 6 cm，直径约 0.5 mm。附睾可分为头、体和尾部，头部由睾丸输出小管组成，是贮存精子和精子进一步成熟的场所。一般来说，睾丸产生的精子需要进入附睾并继续逗留 21 天左右才能成熟并具有受精能力。

生理功能：附睾的主要功能是输送精子、促进精子成熟和贮存精子，其次是处理过剩的精子和建立免疫屏障。①输送精子：精子由睾丸进入附睾后，约运行 12 天，依靠的因素有：附睾头部吸收大量水分，睾网液流入附睾将精子带到附睾；依靠输出小管纤毛上皮的纤毛运动，将精子向下方推送；附管壁的自动节律性收缩，可以输送精子到输精管。②促进精子成熟：精子在附睾内成熟而获得运动和受精能力。附睾上皮有分泌功能，其分泌物具有促进精子成熟的作用，尤其是肉碱，是精子成熟过程中脂肪酸和辅酶酸A代谢中的一种主要辅助因子。另外，雄激素在附睾中的集中也保证了精子的成熟。③贮存精子：附睾尾部是精子贮存的场所，精子在附睾中继续逗留21天左右才能成熟并具有受精能力。通过附睾管的节律性收缩，精子可以被输送到输精管。停留在附睾内衰老或死亡的精子可能被附睾细胞上皮与管腔内巨噬细胞吞噬。④免疫屏障：附睾上皮分泌粒蛋白，可附着在精子表面掩盖精子的固有抗原性，防止发生精子的自身免疫反应。

2. 输精管、射精管

解剖结构：输精管是附睾尾部的延续，起于附睾尾部，止于射精管开口，长35 ～ 40 cm。因左侧睾丸较低，故左侧输精管比右侧长1 ～ 3 cm。输精管壁有三层较厚的平滑肌，内外两层为纵肌，中间一层为环形肌，管径粗约0.3 cm。

生理功能：输精管是运输精子的管道。输精管壶腹是贮存精子和积存导管分泌的润滑液的地方，是精子的第二贮存场所。射精管将来自睾丸、附睾、输精管的精子以及附性腺的精浆集中在射精管里，通过管壁肌肉有力地收缩，将精液射向尿道。

3. 精索

解剖结构：精索是悬吊睾丸和附睾的索带，长11 ～ 15 cm，由输精管、精索动脉、淋巴管、提睾肌以及包围精索的被膜组成。下端由阴囊内的附睾与输精管连接处开始，向上穿行腹股沟管内环后汇合成数支精索内静脉和精索外静脉。大部分精索内静脉在内环处汇合成一支，有的可有2 ～ 3支。左侧精索内静脉从腹膜后上行，成直角进入左肾静脉，右侧90%汇入下腔静脉，10%成直角进入右肾静脉。输精管静脉回流至髂内静脉，精索外静脉经腹壁下深静脉回流至髂外静脉。精索静脉与阴囊静脉、腹壁下静脉、大隐静脉、盆腔静脉等有广泛的交通支。

生理功能：①调节睾丸温度：主要是通过精索静脉的散热作用以及提睾肌的热弛、冷缩功能。由于阴囊松弛，阴囊精索蔓状静脉丛缠绕在动脉周围，因此动脉的搏动正好推动静脉回流，精索动脉的血温也和精索静脉交换，以致从腹股沟到睾丸动脉血液温度下降3℃左右，这样的温度正适宜睾丸的精子发生。②保持精索静脉的血液回流通畅：临床上常见精索静脉曲张，就是由于精索静脉血液瘀滞，使阴囊内部温度升高、血氧含量降低，而且左侧精索静脉返流的血液中含有从肾上腺代谢产物长期作用于睾丸，使睾丸生精功能减退，表现为少精子症甚至无精子症而引起男性不育症。

（三）附性腺

1. 精囊腺

解剖结构：精囊腺是一种分叶状长形袋样结构，左右各 1 个，前后扁平，长 4 ～ 5 cm，横径为 1.5 ～ 2.0 cm。若除去周围的结缔组织并将其拉直，长度可达 15 cm。其大小因人而异，即使同一个人，其左右精囊腺大小也都不同。新生儿期精囊腺较小，呈短棒状，表面光滑，至性成熟期迅速增大形成囊状。老年人则随性功能减退而逐渐缩小，且囊壁变薄。精囊腺位于前列腺的上方、输精管壶腹的外侧、膀胱底与直肠之间。此管外侧为盲端，内向下变细为排出管，与输精管末端汇合，开口于尿道嵴上。其开口处称为管孔。尿道嵴是前列腺后壁的隆起物，其两旁各有 10 余个前列腺的开口。

生理功能：精囊腺不是贮存精子的器官而是附属性腺之一，属于分泌器官。其分泌液组成精液，每次射精时，精囊液约占精液的 70%。精囊液的分泌受睾丸激素的调节，精囊液呈碱性，果糖与柠檬酸含量高，可供给精子能源，助精子活动；分泌前列腺素，使子宫颈松弛并能增强精子的运动和穿过宫颈黏液的能力。人的精囊腺内尿酸的浓度很高，尿酸是精液中的一种还原物质，对精子可能具有保护功能。精囊液对阴道和子宫的酸性物质有中和作用，可维持精子在子宫和阴道内的活动能力。

2. 前列腺

解剖结构：前列腺为附性腺中最大的不成对的实质性器官，位于膀胱下部和直肠前方，形似栗子，底朝上，尖端向下，底部横径约 4 cm，纵径约 3 cm，前后径约 2 cm，重约 20 g。前列腺分为后叶、中叶、左叶、右叶和前叶。前叶很小且不起重要作用，中叶与前叶之间正好有尿道穿过，左右两叶也紧靠着尿道。直肠指诊摸到的后叶与尿道关系不大。老年人如侧叶发生肥大，压迫尿道易造成尿潴留。临床上，前列腺增生常见于侧叶和中叶，而癌变常发生于后叶。

生理功能：前列腺分泌的液体叫前列腺液，约占精液的 30%，是一种稀薄的乳白色液体，含有钠、钾、钙，还有大量锌和镁。此外，前列腺中还有丰富的酸性磷酸酶和卵磷脂小体。前列腺液中含有促进精液液化的因子，如纤维蛋白溶解酶、蛋白水解酶、柠檬酸等，直接参与精液液化，并可促进精子与卵子的结合。在正常情况下，前列腺液呈弱碱性，可对抗阴道中的酸性分泌物，保持精子的活力，增强精子的运动能力。

3. 尿道球腺

解剖结构：尿道球腺为一对豌豆大小的腺体，位于三角韧带之间，开口于尿道球后部。

生理功能：尿道球腺的分泌物为黏液性，为精液成分之一，有润滑作用。

二、男性外生殖器

1. 阴茎

解剖结构：呈圆柱状的勃起器官。成人阴茎平均长 7 ～ 11 cm，勃起长度可增加一倍，其周径为 7.5 ～ 10.5 cm。阴茎分为头、体和脚三部分。阴茎头形似龟头，在头部有尿道开口，阴茎头与阴茎体交界处有冠状沟。阴茎由两个阴茎海绵体和一个尿道海绵体及被膜构成。两个海绵体并列于阴茎背侧，其根部固定在耻骨支上，称为海绵体脚。尿道海绵体位于两个阴茎海绵体的腹侧，参与阴茎的组成，被三层筋膜包绕在一起。

生理功能：阴茎是主要的具有勃起功能的性器官并兼有排尿功能，为排尿、排精共用尿道。阴茎勃起功能受副交感神经支配。副交感神经的作用是，使阴茎动脉的血管扩张以及阴茎静脉回流受阻，引起阴茎海绵体和尿道海绵体充血。

2. 阴囊

解剖结构：阴囊为皮肤囊袋，自外向内由皮肤、肉膜、会阴浅筋膜、提睾筋膜（即精索外筋膜）、提睾肌、精索内筋膜及睾丸固有鞘膜等组成。阴囊的皮肤薄而柔软，深褐色，富含毛囊和皮脂腺。阴囊皮下组织为肉膜，厚 1 ～ 2 cm，主要由平滑肌组成，并含有致密的结缔组织和弹力纤维。由阴囊肉膜层平滑肌收缩使阴囊正中腱将阴囊皮肤分成两半。阴囊正中腱从阴茎腹侧延伸到肛门。阴囊隔分为左、右两部，其内有睾丸、附睾及精索。睾丸固有鞘膜分为脏层与壁层。

生理功能：①保护睾丸、精索。睾丸的鞘膜腔内含有少量液体，可使睾丸有一定的活动范围。②调节睾丸温度。在天冷或皮肤受外界刺激时，阴囊壁收缩并向上提升，保持睾丸内的温度；而外界温度上升时，阴囊则松弛。阴囊汗腺大量分泌、散热，使阴囊内温度比腹腔内温度低 1.5 ～ 3℃，有利于精子的发育和生存。

第二节 女性生殖系统

女性生殖系统包括内、外生殖器及相关组织与邻近器官。女性内生殖器包括阴道、子宫、输卵管及卵巢。女性外生殖器指生殖器官的外露部分，又称外阴，包括阴阜、大阴唇、小阴唇、阴蒂、阴道前庭等。

一、女性内生殖器

（一）阴道

1. 解剖结构

阴道位于真骨盆下部的中央，介于膀胱、尿道和直肠之间，是由黏膜、肌层和外膜构成的肌性管道，富有伸展性。成年妇女阴道前壁长 7 ～ 9 cm，后壁长 10 ～ 12 cm。阴道上端环绕子宫颈的部分称为阴道穹窿，可分为前、后、左、右四部分。后穹窿较深，其顶端与子宫直肠陷凹贴近，为盆腔的最低部分，是某些疾病的手术途径。平时，前后壁有很多横纹皱襞及外覆弹力纤维，同时富含静脉丛，故局部受损伤时易出血形成血肿。阴道黏膜呈粉红色，表面为复层鳞状上皮覆盖，无腺体和角化层。阴道黏膜受性激素的影响有周期性变化，但幼女及绝经后妇女阴道上皮很薄，皱襞少，伸展性小，易受创伤而发生感染。

2. 生理功能

阴道为肌性管道：富有伸展性，为性交器官及月经血排出与胎儿娩出的通道。

阴道具有自净作用：女性进入青春期后，由于卵巢性激素的刺激，黏膜上皮细胞内含有的丰富动物淀粉经阴道杆菌分解作用后变成乳酸，使阴道内分泌物呈弱酸性，可防止致病菌在阴道内繁殖。

（二）子宫

1. 解剖结构

子宫位于骨盆腔的中央，似一个前后略扁的倒置梨形有腔器官。成年女子的子宫重约 50 g，长 7 ～ 8 cm，宽 4 ～ 5 cm，厚 2 ～ 3 cm，容量约 5 mL，可分为子宫体、子宫颈两部分。子宫体和子宫颈的比例因人的年龄和卵巢功能而异，在青春期前为 1∶2，育龄期妇女为 2∶1，绝经后为 1∶1。在正常情况下，子宫底位于骨盆入口平面以下。子宫颈的下端在坐骨棘水平以上。子宫体常呈前倾屈位，子宫颈与子宫体成 170° 的钝角。

2. 生理功能

孕育并分娩胎儿：分娩过程中，子宫收缩力是主要的产力，能迫使宫体收缩、子宫颈外口扩张、胎儿和胎盘顺利娩出。

产生和排出月经：子宫内膜在卵巢激素的作用下出现周期性变化，排卵前正在发育的卵泡产生雌激素，使子宫内膜增厚；排卵后卵巢内出现黄体，黄体产生孕激素及少量雌激素，使已增厚的子宫内膜变得松软，若此时未受孕，黄体就在它出现后的 14 日左右萎缩，变成白体，停止产生雌、孕激素，增厚的子宫内膜由于失去了女性激素的支持，逐渐萎缩、坏死、脱落、出血，即月经来潮。

3. 构成

（1）子宫颈：①解剖结构：子宫颈位于子宫的最下面，长 2.5 ～ 3 cm，分为阴道上段和阴道下段。子宫颈内腔呈菱形，称为子宫颈管。子宫颈外口分为前唇、后唇两部分。后唇略长，未产妇呈圆形，经产妇则因分娩时裂伤而呈横裂状。②生理功能：子宫颈管黏膜上皮呈高柱状，有纤毛。黏膜层有许多腺体，分泌碱性黏液，形成子宫颈黏液栓，有防御作用，至排卵期变稀薄，有利于精子通过。子宫颈黏膜受性激素的影响，其上皮及腺体形态、分泌黏液的性状、酸碱度等可有周期性变化，故临床上常以宫颈黏液检查作为测定卵巢内分泌功能的方法之一。

（2）子宫体：子宫体如一空腔器官，剖开子宫壁，即见子宫腔，以额状面看，子宫腔呈上宽下窄的三角形。两侧子宫角分别与输卵管相通。输卵管入口以上的隆凸部分称为子宫底。子宫体下端与子宫颈之间有一狭窄的子宫峡部，在非孕期长约 1 cm，其上端为子宫颈内口，即解剖学内口；下端与子宫颈内膜相连，其内膜移行为子宫颈内膜，故称为组织学内口。子宫体壁由三层组织构成，内层为黏膜层，即子宫内膜；中层为肌层；外层为浆膜层，即脏腹膜。

子宫内膜：是一层淡红色的薄膜，表层上皮由高柱状具有纤毛、互相紧密排列的细胞组成，表层上皮内陷形成众多子宫内膜腺体，并邻近子宫肌层。上皮与肌层之间是由结缔组织构成的间质。在正常情况下，子宫内膜厚度可变动在 0.5 mm 至 3 ～ 5 mm 之间，一般为 1.5 ～ 2 mm。从青春期开始，子宫内膜受卵巢激素的影响，其表面的功能发生周期性变化，称为功能层；下 1/3 靠近肌层无周期性变化，称为基底层，该层与肌层紧贴，无内膜下层，故行刮宫术时不宜动作粗暴，以免损伤肌层。

子宫肌层：为子宫壁最厚的一层，由平滑肌及弹性纤维束组成，非孕时厚约 0.8 cm，妊娠时可增至 2.5 cm。肌层中含有血管，子宫收缩压迫可制止出血。

子宫浆膜层：即覆盖在子宫底部及前后壁的腹膜，被覆膀胱表面的腹膜沿膀胱后面向下移行于子宫峡部再反转向上覆盖子宫体底部，再沿后壁向下至子宫颈阴道上部的后端，再转向后上方覆盖于直肠前面。在子宫前面，近子宫峡部与子宫壁结合较疏松，并向前反转覆盖膀胱，形成膀胱子宫陷凹，此处的腹膜称为膀胱子宫反折腹膜。在子宫后方与直肠之间形成直肠子宫腹膜陷凹，又称道格拉斯陷凹，并向上与腹膜相连续。覆盖在子宫前后壁的腹膜向两侧延展，并在子宫两旁前后叶汇成子宫阔韧带。

（三）输卵管

1. 解剖结构

输卵管左右各一，为细长弯曲略呈圆柱形的管子。全长 8 ～ 14 cm，直径 0.5 cm，其近端与子宫角相连通，远端游离，与卵巢接近，是卵子与精子相遇的场所。输卵管分为四部分，即间质部、峡部、壶腹部和漏斗部。

2. 生理功能

排卵功能：当卵泡发育成熟从卵巢里排出后，输卵管伞端能把卵泡从腹腔内吸收过来。

运送卵子及受卵的功能：输卵管黏膜层上的纤毛细胞其纤毛向子宫端蠕动，有助于卵子的运行。输卵管壶腹部也是卵子和精子相遇的场所，并把受精后的孕卵从输卵管运送至子宫腔。

（四）卵巢

1. 解剖结构

卵巢为一对扁椭圆形的性腺，其大小、形状和硬度随女性年龄而异。从出生至 10 岁左右生长缓慢，10 岁以后逐渐发育，青春期发育时迅速成熟，成熟的卵巢体积约为 4 cm × 3 cm × 1 cm，重 5 ～ 6 g，呈灰白色。绝经后卵巢萎缩变小、变硬。

2. 生理功能

卵巢具有产卵和排卵的功能。在妇女一生中，卵巢组织常处于变化过程中。女婴刚出生时两侧卵巢皮质中约有 70 万～200 万个原始卵泡，青春期时开始发育。女性一生中只有 400 ～ 500 个原始卵泡发育成熟。排卵多发生在两次月经中间，一般在下次月经来潮前 14 日左右。卵泡可由两侧卵巢轮流排出，也可由一侧卵巢连续排出。随着卵泡的发育成熟，卵泡逐渐向卵巢表面移行，并向外突出。当卵泡接近卵巢表面时，该处表层细胞变薄，最后破裂出现排卵。

卵巢主要合成及分泌雌激素和孕激素，同时合成与分泌少量雄激素。①雌激素：使子宫内膜增生，为以后对孕激素的反应做准备；使子宫颈内口松弛，宫颈黏液分泌增加，质变稀薄，有利于精子穿透宫口进入子宫；促进子宫发育和肌层变厚，血运增加并使子宫收缩力增强以及增加子宫平滑肌对催产素的敏感性；作用于输卵管，促进管壁肌层的活动和管腔上皮细胞的分泌及纤毛的摆动，有利于精子、卵子和受精卵的运行；使阴道上皮细胞增生和角化，阴唇发育丰满；作用于乳房，使乳腺管增生，乳头、乳晕着色，促进其他第二性征的发育；雌激素对卵巢、卵泡的发育是必需的，对从原始卵泡发育到成熟卵泡均起一定作用，有助于卵巢积聚胆固醇；雌激素通过对下丘脑的正、负反馈，调节脑垂体促性腺激素的分泌。此外，也作用于其他方面。②孕酮：月经周期中卵巢所产生的孕激素主要为孕酮，由黄体细胞产生，代谢产物为孕二醇。孕酮能使子宫肌松弛，活动能力减弱，对外界刺激的反应能力减弱，降低妊娠子宫对催产素的敏感性，有利于受精卵在子宫腔内生长发育；使增生期子宫内膜转化为分泌期内膜，为受精卵着床做准备；使宫颈口闭合，黏液减少且变稠，拉丝度降低；作用于输卵管，抑制其蠕动；作用于阴道，改变阴道脱落细胞的成分；作用于乳房，使乳腺泡增生；作用于体温调节中枢，使排卵后的基础体温上升 0.3 ～ 0.6℃。③雄激素：卵巢能分泌少量雄激素——睾酮，主要由卵巢门细胞产生，其余为卵巢在合成雌激素过程中的中间产物。雄激素是合成雌激素的前体，也是维持女性正常生殖功能的重要激素，可能与女性性欲及阴毛、腋毛的生长和分布有关。

二、女性外生殖器

1. 阴阜

阴阜为耻骨联合前面隆起的脂肪垫，是前腹壁最低的部分。青春期该处皮肤开始长阴毛，分布呈倒三角形。三角形的基线为耻骨联合的上缘，并自上向下逐渐增多，达大阴唇的外侧面。阴毛为第二性征之一，阴毛的浓密、粗、细、色泽可因人或种族而异。

2. 大阴唇

大阴唇为位于两大腿内侧的一对隆起的皮肤皱襞，前端起自阴阜，后端止于会阴。两侧大阴唇前端分别为子宫圆韧带的止点。大阴唇的外侧与邻近皮肤相似，但有色素沉着，呈暗褐色，成人外侧皮肤覆盖有阴毛。大阴唇的内侧面皮肤湿润似黏膜。大阴唇内含有大量的皮下脂肪，皮下脂肪中含有丰富的血管、淋巴管和神经。当局部受伤时，可发生出血并形成血肿。未婚或未生育妇女的两侧大阴唇遮盖阴道口及尿道口，经产妇的大阴唇由于分娩影响常常向两侧分开，绝经后妇女的大阴唇明显萎缩、变平，阴毛变得稀少。

3. 小阴唇

小阴唇为位于大阴唇内侧的一对薄皱襞，表面湿润，色微红，有皮脂腺，无毛，皮下有血管、弹性纤维和少量平滑肌以及丰富的神经末梢，感觉颇敏感。两侧小阴唇的前端分为两层内外包绕阴蒂，外层形成阴蒂包皮，内层形成阴蒂系带。小阴唇的后端与大阴唇的后端会合，在正中线形成一条横形皱襞，称为阴唇系带，经产妇由于分娩的影响，此系带可不明显或消失。

4. 阴蒂

阴蒂位于两侧小阴唇之间的顶端，由阴蒂头、阴蒂体和两个阴蒂脚组成。阴蒂脚长约 4 cm，呈圆柱状，附着于两侧的耻骨降支，表面被坐骨海绵体肌覆盖，仅阴蒂头外露，富含神经末梢，对刺激极为敏感。阴蒂体由一对阴蒂海绵体组成。当性欲冲动时，阴蒂可肿胀、充血并勃起。

5. 阴道前庭

阴道前庭指两侧小阴唇之间、处女膜以外的菱形区。前方为阴蒂，后方以小阴唇联合为界，其前方有尿道口，后方为阴道口。此外还有左、右前庭大腺的开口。在阴道前庭的后部，阴道口与阴唇系带之间有一浅窝，称为舟状窝。经产妇由于分娩时受到损伤而消失。

6. 前庭球

前庭球又称为球海绵体，位于前庭两侧，其前部与阴蒂相连，后部与前庭大腺相邻，表面为球海绵体肌覆盖，由勃起性组织构成，并含有许多弯曲的静脉。

7. 前庭大腺

前庭大腺又称为巴氏腺，位于阴道口两侧，大阴唇后部，前庭球后内侧，并常常与其重叠。表面为球海绵体肌覆盖，每侧腺体有很细的腺管，长 1.5 ～ 2.0 cm，开口于前庭后部小阴唇与处女膜之间的沟内，在正常情况下检查时不能触及。若因感染，腺管口闭塞所分泌的黏液或脓液积于腺体内侧可形成脓肿。如单纯的腺体开口闭塞，分泌物积聚增多，可形成囊肿。在性兴奋时，可分泌淡黄色黏液，起润滑作用。

8. 尿道口

位于阴蒂头后方与阴道口之间，为尿道的开口，呈椭圆形。在尿道口左右有尿道旁腺开口于前庭。其分泌物有湿润尿道口的作用，但亦常为细菌潜伏的场所。

9. 阴道口及处女膜

阴道口位于尿道口后方，为阴道的开口，其大小、形状常不规则。阴道口覆盖一层较薄的黏膜，称为处女膜。膜的两面均为鳞状上皮覆盖，其间含有结缔组织、血管和神经末梢。处女膜中间有孔，其形状、大小及厚薄因人而异。处女膜多在第一次性交时被撕裂，同时伴有少量出血和疼痛。

第三节　生殖生理

一、生殖内分泌的调节与控制

生殖功能受神经和内分泌调节，特别是下丘脑和垂体、性腺（睾丸或卵巢）激素的调节，为人体最复杂的调控系统之一。

（一）下丘脑

下丘脑为维持机体生命的重要神经结构和内分泌组织，为中枢神经系统与内分泌系统的转调点。它既是调节内脏活动又是调节内分泌活动的高级神经中枢，把内脏活动和其他生理活动联系起来，调节着体温、摄食、水平衡、内分泌、情绪反应、物质代谢及生殖等重要生理功能。这种调节称为下丘脑神经内分泌调节。

下丘脑主要通过多种肽类物质来释放或抑制激素（因子）调节包括生殖功能在内的全身内分泌功能。这种激素或因子包括促性腺激素释放激素（GnRH）、促生长激素释放激素（GHRH）、促甲状腺素释放激素（TRH）、促肾上腺皮质激素释放因子（CRF），以及生长激素释放抑制因子（GHIF）、催乳素释放抑制因子（PIF）等。其中调节生殖功能的主要物质为 GnRH 和与其有密切关系的 PIF。

（二）垂体

垂体激素包括腺垂体的激素和垂体后叶的激素。

腺垂体的激素：垂体前叶或腺垂体的许多分泌不同调节激素的细胞群，分泌7种主要激素，分别直接对相应组织起作用，或刺激相应腺体（靶腺）分泌自身激素。其中生殖调节激素主要为促性腺激素（Gn），包括卵泡刺激素（FSH）和促黄体生成激素（LH），在男性又可分别称为配子生成素（FSH）和促间质细胞激素（ICSH）。另外，催乳素（PRL）虽不直接调节生殖周期，但与之关系密切。

垂体后叶的激素：垂体后叶即神经垂体，主要产生两种激素：①加压素，主要调节体液和渗透压的周转与平衡，并使血压下降时的小动脉收缩以升高血压；②催产素，促进分娩时子宫收缩、止血及哺乳期乳腺泌乳。

（三）下丘脑－垂体－性腺轴功能调节

1. 下丘脑－垂体－睾丸轴的相互关系

男性生殖系统特别是睾丸的结构和功能有赖于下丘脑－垂体－睾丸轴的完整统一。

神经体液调节：睾丸的活动受下丘脑－垂体系统的调节。下丘脑的神经细胞产生促性腺激素释放激素（GnRH），它释放后沿垂体门脉到达腺垂体，促进腺垂体分泌配子生成素（FSH）和促间质细胞激素（ICSH或LH）。

反馈调节的关系：是通过长短负反馈来进行调节。在下丘脑－垂体－睾丸轴调控上，存在着三个水平的负反馈调控，即长负反馈、短负反馈和超短负反馈。长负反馈是指雄激素水平过高时，可负反馈调控下丘脑的神经内分泌细胞和腺垂体的腺细胞，控制GnRH、FSH、ICSH的合成和释放；短负反馈是指过多的FSH、ICSH可调节下丘脑合成和释放GnRH，从而使腺垂体合成和释放FSH、ICSH减少；超短负反馈是指GnRH过多时，GnRH本身能调控下丘脑神经内分泌细胞，使GnRH释放减少。睾丸支持细胞分泌的抑制素对垂体FSH的分泌起抑制作用。

2. 下丘脑－垂体－卵巢轴的相互关系

女性生殖功能的内分泌调节主要通过下丘脑、垂体和卵巢组成的生殖功能调节轴。各腺体之间的反馈调节关系为：

长负反馈：大量雌激素抑制下丘脑分泌FSH-RH。大量孕激素对下丘脑分泌LH-RH呈抑制作用。雌激素、孕激素协同作用时，对下丘脑的负反馈更为显著。

雄激素对下丘脑－垂体激素的分泌以负反馈为主。

长正反馈：大量雌激素兴奋下丘脑分泌 LH-RH。

短负反馈：促性腺激素 FSH 和 LH 作用于下丘脑，影响 GnRH 的分泌。

超短负反馈：血液中 GnRH 的变化水平反过来作用于下丘脑，调节自身分泌。

（四）性腺功能的局部调节

性腺的生殖功能除主要受下丘脑－垂体－性腺轴的激素调节外，还受其局部产生的调节因子调节。在局部，调节因子可通过细胞表面的受体产生自分泌调节，也可对邻近细胞产生旁分泌调节。①睾丸通过旁分泌和自分泌机制对睾丸间质细胞合成和分泌雄激素的功能进行调控，对曲细精管中的精子发生进行局部调控。②精子发生的调节机制远比人们想象的复杂。研究者发现，颌下腺分泌的表皮生长因子（EGF）对雄性生殖功能有调节作用，主要影响精母细胞的减数分裂。另外，还发现睾丸本身可分泌一种物质，能刺激颌下腺 EGF 的产生。

（五）其他内分泌腺及前列腺素对生殖系统的影响

1. 其他内分泌腺

身体内各种内分泌腺对生殖系统亦能产生一定影响，尤以松果体、肾上腺皮质、甲状腺及甲状旁腺较为明显。

松果体：松果体在机体内执行神经－激素转换器的功能。松果体细胞交替性地分泌褪黑素和 5- 羟色胺，其分泌有明显的昼夜节律，即白昼分泌 5- 羟色胺，黑夜分泌褪黑素。褪黑素有抑制性腺的作用。切除动物的松果体后，性腺的重量增加，并使幼年动物发生性早熟。松果体的另一种重要激素为多肽类，从牛松果体提取的一种多肽类激素称为精氨酸加压素，具有抗利尿、催产及抑制性腺生长的作用。褪黑素可加强中枢神经系统的抑制过程，有促进睡眠的作用。

肾上腺皮质：肾上腺皮质能分泌多种激素，如盐皮质激素、糖皮质激素和性激素等。肾上腺皮质为女性体内雄激素的主要来源。少量雄激素为正常妇女阴毛、腋毛的生长、肌肉及全身发育所必需。几种肾上腺皮质激素都能影响性腺功能，如某些合成醛固酮及皮质醇过程中的酶缺乏，能引起体内盐皮质激素、糖皮质激素合成受阻，中间产物趋向合成雄激素，引起雄激素大量分泌，妇女可出现雄激素过多的各种临床表现。男子亦可因过多的雄激素反馈而抑制垂体产生促性腺激素，从而导致少精症或不育。

甲状腺：甲状腺能分泌甲状腺素（T_4）和三碘甲状腺原氨酸（T_3），前者合成较多，但后者生理作用比前者强数倍。甲状腺有增进生长发育并促进物质代谢的功能，甲状腺激素不足时会出现发育迟缓及全身功能低下。甲状腺功能的改变对月经生理有重要影响，功能减退能引起月经过多、不规则阴道出血、无排卵、闭经或卵巢萎缩，功能亢进则引起月经减少、经期不规则、闭经或流产等。甲状腺功能异常在男性生殖系统可出现睾丸生精功能障碍、少精、精子活力低、性欲减退等而导致不育。

2. 前列腺素

前列腺素（PG）按结构可分为 A、B、C、D、E、F、G、H、I 等类型。几乎存在于人体各重要组织和体液之中，在女性生殖系统中，子宫内膜、月经血及卵巢中均有分布，对排卵、月经及子宫肌收缩可能有一定的作用。①排卵：PG 参与排卵过程，排卵前在成熟卵泡内注射 PG 对抗物如消炎痛可抑制排卵。②月经：子宫内膜能合成 PG，其含量随月经周期而异。PG 能使子宫内膜螺旋小动脉收缩，加速内膜缺血、坏死及血管断裂，导致月经来潮。③子宫肌：PGE 能使非妊娠子宫肌松弛，使妊娠子宫肌收缩；PGF 则使非妊娠子宫及妊娠子宫肌收缩。

研究者发现，睾丸间质细胞除分泌睾酮外，尚能分泌 PG。间质细胞分泌的 PG 为 PGE 与 PGF。一般来说，小剂量 PG 促进生殖功能，大剂量 PG 则抑制生殖功能。

二、月经生理

（一）月经

月经是指有规律的、周期性的子宫出血。这种周期性变化约每月 1 次，故称为月经。中医认为正常月经如潮之有汛，故亦称为月汛、月事。月经第一次来潮称为初潮。初潮的迟早受许多内外因素的影响，如地理、气候、种族、环境、情绪、健康、营养等。

出血的第 1 日为月经周期的开始，两次月经第 1 日的间隔时间称为 1 个月经周期，一般为 28 ～ 30 日。提前或延后 3 日左右属正常范围，周期长短因人而异，每个妇女的月经周期都有自己的规律性。月经持续流血的天数称月经期，一般为 3 ～ 7 天。经期少于 3 天或超过 7 天，多属于病理现象。关于月经量，临床常通过每日换多少次月经垫来粗略估计。一般认为一次月经出血量为 30 ～ 50 mL，其中第 2 ～ 3 日的出血量最多。

月经血一般呈暗红色，开始颜色较浅，继而逐渐加深，最后变成淡红色。经血中除血液外，尚含有子宫内膜碎片、宫颈黏液及脱落的阴道上皮细胞。月经血的主要特点是黏稠而不凝固，但在正常情况下偶尔有些小凝块，无特殊臭味。

一般月经期无特殊症状，有时因盆腔充血可引起腰骶部胀及下腹重坠感，当月经排出后，症状很快减轻。个别女性有膀胱刺激症状（尿频）及盆腔饱满感。有的女性出现头痛、失眠、心悸，甚至偏头疼、精神抑郁及易激动等轻度神经功能不稳定症状。其他如经前乳胀、手足发胀等，与经前期综合征仅在程度上有差别，两者间没有截然的界限。胃肠功能紊乱，如食欲不振、恶心、呕吐、便秘或腹泻（系内源性前列腺素释放所致），以及鼻黏膜充血、皮肤出疹等，时有发生。

（二）卵巢的周期性变化

女性从青春期开始到绝经前，卵巢在形态和功能上发生周期性变化，包括卵泡的发育、成熟、排卵、黄体的形成及退化，称为卵巢周期。

1. 卵泡的发育

一个卵细胞及其周围的卵泡细胞即构成卵泡。新生儿卵巢内约有 10 万个原始卵泡，但在妇女一生中仅有 400 ～ 500 个卵泡生长发育成熟，其余的卵泡发育到一定程度后即自行退化。女性在出生时，其生殖细胞储备的 80% 已经丧失，而在青春期开始时，95% 的卵泡消失，只有少于总数 1% 的 400 ～ 500 个卵泡将在生育期内排卵，绝大部分的生殖细胞储备或卵泡通过尚未清楚的过程湮灭。卵母细胞的这种并非通过排卵而是通过不明机制湮灭的过程被定义为卵泡闭锁。

在成熟妇女的卵巢中，卵泡的发育始于始基卵泡，其逐渐发育成为一个能释放成熟卵细胞的排卵前卵泡，在性周期的这段时间称为卵泡期。人类卵泡期可长可短，一般为 14 日左右，前 1 ～ 7 日卵泡发育缓慢，卵泡内雌激素亦相应处于低水平，第 7 日后卵泡发育增快，第 14 日生长达高峰，最后从卵泡中排出一个成熟卵细胞。

从始基卵泡生长发育至成熟卵泡，经历了募集、选择和优势化三个过程。①募集：当卵泡对促性腺激素敏感后，它们的继续生长和发育依赖于促性腺激素。但每个卵泡对 FSH 刺激起反应有一个阈值，在月经周期的大部分时间，循环中的 FSH 水平不足以维持这些刚进入促激依赖期的卵泡的继续发育，因而它们走向闭锁。只有在上个周期的黄体功能退化时，血中类固醇激素降低导致促性腺激素水平上升，此时卵巢中含有许多对 FSH 有不同敏感性的卵泡，在每个月经周期，那些能够对当时的 FSH 水平做出反应的卵泡便开始生长和发育。这样一个卵泡离开静止的卵泡池，进而开始它的具有明显特征性的生长和发育过程被定义为卵泡的募集。募集过程相当于当前月经周期的第 1 ～ 4 日。②选择：选择的过程可理解为在被募集进入继续发育轨道的卵泡簇中，其中一个卵泡获得定向发育为优势卵泡继而排卵的能力的过程，因此又称为优势卵泡的选择，约发生在月经周期的 5 ～ 7 日。选择是募集过程的终点，在时间上相当于单个卵泡建立起仅适合于其自身继续发育进而成熟排卵的发生，被选择的卵泡依然可以走向闭锁而不排卵。③优势化：卵泡在介乎于优势卵泡的选择和排卵之间的发育阶段称为卵泡的优势化。在优势化过程中，窦卵泡继续增大，一方面，卵泡及颗粒细胞继续增殖，其 LH 和 FSH 受体的含量更为丰富，细胞内芳香化酶活性或含量增高，颗粒细胞分泌的雌二醇（E_2）增多，而未被选择的卵泡功能也进一步退化。因而不仅在形态上，而且在功能上，被选择的卵泡发挥一种优势作用，可能通过内分泌或旁分泌的方式，产生一种对其他卵泡的发育不利的环境，抑制两侧卵巢的其他卵泡的发育。另一方面，被选择的卵泡主要通过分泌 E_2 发挥对机体其他器官的作用，使各种生物进程同步化或协调化，典型的是使宫颈黏液分泌逐步增多，宫颈黏液性质改变，有利于精子通过，此外对子宫内膜、输卵管等发生影响，为排卵做好各方面的准备。

2. 卵子的发生及排卵

卵子即卵泡中的卵细胞。从原始卵原细胞到成熟卵子的过程称为卵子的发生。排卵是卵细胞从卵泡逸出的过程。在排卵发生前，放射冠与卵丘基底部之间逐渐脱离，然后卵巢表面形成丘状隆起；排卵时，卵子及其周围的放射冠与卵泡液一起排出，进入腹腔。卵细胞的排出，不是驱逐过程，而是在大部分卵泡液流出之后，卵细胞才排出。排卵过程本身是短暂的，但其发生机制异常复杂。

3. 黄体形成

排卵后，卵泡壁塌陷，卵泡膜血管壁破裂，血液流入腔内凝成血块，称为血体。卵泡壁的破口很快由纤维蛋白封闭，残留的颗粒细胞变大，胞浆内含黄色颗粒状的类脂质并被称为颗粒黄体细胞。此时，血体变成黄体。排卵后 7 ～ 8 日（相当于月经周期第 22 日）黄体发育达最高峰，称成熟黄体，它的大小差异很大，直径一般为 1 ～ 2 cm，程度不等地突出卵巢表面，外观色黄。

4. 黄体退化

一般黄体寿命为 12 ～ 16 日，平均 14 日。若卵子未受精，黄体在排卵后 9 ～ 10

日开始萎缩，血管减少，细胞呈脂肪变性，黄色随之消退。黄体萎缩，月经来潮，卵巢中又有新的卵泡发育，开始新的周期。前一个周期的黄体需经过 8 ～ 10 周才能完成其退化的全过程，最后细胞被吸收，组织纤维化，外观色白，称为白体。

（三）子宫内膜的周期性变化

随着卵巢的周期性变化，子宫内膜在卵巢激素的影响下出现相应的周期性变化，即月经周期。为了叙述方便，一般将其连续性的变化分成五个阶段。

修复期：即月经后期，也称再生期。子宫内膜增生在月经停止之前已经开始，约在周期的第 3 天产生新生的表面上皮。

增生期：即排卵前期。约在月经周期的第 10 ～ 14 天。子宫内膜在这一阶段重新开始长出功能层，并完成腺体及间质的增生。

分泌期：约在月经周期的第 15 ～ 24 日，为黄体形成期，即排卵后期。排卵在内膜上并不引起典型改变。排卵后 24 ～ 36 小时内，内膜仍继续进行增生期改变，此后在孕激素的作用下，随着时间的进展，内膜依次发生许多不同的形态学改变，总称为分泌期改变。

分泌晚期：即月经前期。约在月经周期第 21 ～ 28 日，即排卵后第 11 ～ 14 日。子宫内膜分为三层，即致密层、海绵层和基底层。致密层即内膜的表层；海绵层在内膜的中间，腺腔内有分泌物，间质稀疏且水肿，其中可见扩张的螺旋动脉。以上两层也称为子宫内膜的功能层，月经时脱落排出体外。基底层靠近子宫肌壁，这层在月经周期中无明显变化，腺体呈静止状态，小动脉短而直，仅为此部组织提供营养物质。月经期此层不脱落，月经后新的内膜由此层再生。

月经期：约为月经周期的第 1 ～ 4 日。月经前 2 ～ 3 日，由于雌激素、孕激素浓度下降，间质水分吸收，致使内膜皱缩，螺旋动脉有节律地收缩和扩张，此时收缩时间变得更长，可多达几小时，以致血运停滞，代谢产物积聚，促使螺旋动脉更加剧烈地收缩。同时，动静脉交通支开放，血液不再流经毛细血管网，于是子宫内膜上 2/3 严重缺血、坏死、脱落，表现为月经来潮。

（四）生殖器其他部位的周期性变化

在卵巢激素的影响下，子宫颈内膜腺细胞分泌黏液，其物理、化学性质及其分泌量均表现出明显的周期性变化。在月经刚净时，体内雌激素水平降低，宫颈管分泌的黏液量很少。随着雌激素水平不断增高，黏液分泌量逐渐增多，变得稀薄而透明，状似未凝固的蛋白，在排卵期达高峰。排卵后，受孕激素影响，黏液分泌量逐渐减少，质地变得黏稠而混浊，延展性差，易断裂。宫颈黏液中还含有糖蛋白，在电子显微镜下可见这些糖蛋白结构排列成网状。近排卵时，在雌激素影响下，网眼变大。排卵期宫颈黏液最适宜精子通过。

在月经周期中，阴道上皮随着雌激素、孕激素的消长也表现出周期性变化，在阴道上段更为明显。排卵前，因受雌激素的影响，阴道上皮的底层细胞增生，渐渐演变为中层细胞与表层细胞，使整个上皮增厚。其表层细胞角化，以排卵期为主，此时细胞内富含糖原，分泌后受阴道杆菌分解而成乳酸，使阴道内呈弱酸性，可抑制细菌的繁殖和生长。排卵后，因受雌激素的作用，阴道上皮细胞脱落，此时涂片检查可见脱落的中层细胞或角化前细胞。

输卵管的周期性变化包括形态和功能两方面，均受到激素的调控，如输卵管峡部－壶腹部的连接部虽无括约肌存在，但峡部肌层肥厚，且环形肌中有大量肾上腺素能受体，排卵时，雌激素水平处于高峰，促使肾上腺素能活动增强，从而引起峡部收缩而出现峡部闭锁，使卵子停留于峡部－壶腹部的连接部。大约在排卵后3日，黄体分泌的孕酮水平上升，促使肾上腺素能活动增强，从而使峡部肌肉松弛，受精卵随即进入峡部，进而随输卵管液被冲入宫腔。

三、精子生理

（一）男性性成熟及精液的特性

正常男子只有性成熟后才具有生殖功能。男子 17 ～ 20 岁为性成熟期，外表和成年男性相似，睾丸长径大于 4.5 cm，精子发育成熟，具备正常性交能力和生育能力。

精液是男性生殖器官协同分泌的液体。正常精液为灰白色半透明，有特殊的腥味，呈弱碱性，总量一般为 2 ～ 6 mL，排出体外后有一定黏稠性，并迅速呈凝胶状，10 ～ 20 分钟内又液化。

精液由精子、精浆组成。精子由睾丸产生。正常男子每毫升精液中有 2000 万～ 2 亿条精子，精子在男性生殖道内能存活数周，在体外其受精能力可保持 24 小时左右，运动能力可保持 24 ～ 72 小时，而在低温条件（－196℃）下可长期存活。精浆由附睾、输精管、精囊、前列腺及尿道球腺的分泌物混合而成，约占精液总量的 95%，其中大部分为精囊液、前列腺液。精浆对精子从男性生殖道到女性生殖道起媒介作用，可对阴道的酸性环境起到缓冲作用以保护精子顺利存活、运输，同时它还含有精子的能量来源，以保证精子具有足够的活力。

（二）精子的正常形态和结构

精子是一种高度特化又具有精细结构和形态的细胞，既不增殖，也不分裂，可分为头部和尾部。头部呈扁卵圆形，多有变异。头部主要是浓缩的细胞核，约占整个头部的65%，核的前2/3覆盖有帽状顶体，为扁平的囊，主要由高尔基复合体形成，含有糖蛋白，PAS呈阳性，顶体内含有几种水解酶、顶体素等，受精时参与顶体反应。

精子尾部结构完全适合其运动需要。尾部可分为四段：①颈段：是中心体所在部位，鞭毛的轴丝微管由此发生。②中段：在轴丝的外周，有螺旋体状排列的线粒体，是鞭毛活动的功能部位。③主段：无线粒体鞘，只有轴丝，其外周有纤维鞘，主管鞭毛运动。④末段：由中心轴丝和外周细胞膜构成。

精子膜是黏附在精子表面的薄膜，由蛋白质、碳水化合物、脂质、脂糖蛋白等共同组成。精子膜可改变精子表面电荷，增强精子运动能力，在精子运动、获能和受精过程中起着重要作用。

（三）精子的生成与调节

1. 精子发生的过程与规律

由精原细胞到精子形成的过程称为精子发生。青春期以前，在睾丸曲细精管内，除支持细胞外仅具有精原细胞，且管腔狭小。青春期开始后，睾丸受垂体促性腺激素的刺激，生精细胞增殖分化成精子，曲细精包上皮内可见不同发育阶段的生精细胞，从上皮基膜部到腔面，依次是精原细胞、初级精母细胞、次级精母细胞、精子细胞和精子。

整个生精过程需要64～75日。正常男性每次射出的精液量为2～6 mL，内含精子3亿～5亿个。如果每毫升精液中含精子数少于2000万个，则生育力下降，少于500万个则受精的可能性很小。精子在女性生殖道中存活1～3日，其受精能力可持续20小时左右。

生精过程随年龄有明显的变化，幼儿期曲精管只有精原细胞和支持细胞，无生精过程。青春期垂体分泌的促进性腺激素增加，使睾丸间质细胞增多，功能活跃，精原细胞开始分裂增殖，发育成各级精细胞，并形成成熟的精子。一般到55岁以后，生精过程明显减弱，畸形精子和死精子明显增多。

在男性整个生命过程中，精原细胞一方面不断地补充幼稚细胞，一方面周期性地提供进一步分化发育的细胞。在曲细精管管壁的同一断面，可见到顺次排列的各不同发育阶段的生精细胞，即由基膜至管腔，分别为精原细胞、初级精母细胞、次级精母细胞、精子细胞、分化中的精子，直至精子成熟脱落至管腔，按其时间顺序构成了曲细精管上皮周期。位于同心圆同一层的细胞处于精子发生的相同发育阶段，表明它们是同一时代的细胞，是同步发育的。但就一条生精小管来说，精子发生是不同步的，呈分节段性，因此，睾丸有源源不断的精子产生。

2. 精子发生的调控

一般认为精子发生的启动必须有 FSH 和 LH 的参与。FSH 和 LH 不能通过血睾屏障，但 FSH 可进入基底室而直接作用于精原细胞，促使其分化和分裂，也可作用于支持细胞而影响其他生精细胞。间质细胞与精子发生也有着重要关系。间质细胞位于生精小管之间的疏松结缔组织（即间质）中。间质细胞能合成和分泌雄激素，其中主要为睾酮。部分睾酮有选择性地被输送至睾丸的生精小管内，并被输送至睾丸的生精小管内，并被细胞内受体和细胞外结合蛋白摄入，从而促进精子发生。

支持细胞参与血睾屏障的形成，为生精细胞的分裂、分化及精子的发生创造了良好的微环境，并且支持细胞还能产生雄激素结合蛋白，转运雄激素，促使生殖细胞的分化。支持细胞膜上有 FSH 特异性受体，FSH 与之结合后，刺激支持细胞的活性，维持精子发生。

（四）精子的成熟和排出

睾丸内的精子尚未成熟，无受精能力，必须在附睾内停留一段时期时期（约 12 日），才能达到成熟阶段。精子在附睾内的成熟过程包括获得向前运动的能力、固着于透明带的能力和受精能力。

精子的运动可呈现环形运动、原地振颤运动及前向运动三种形式。附睾头部存在着某种能诱导精子迅速而突然地获得运动能力的机制。附睾尾部的精子获得了前向运动能力，但在附睾液中是不动的。精子运动的抑制是由于附睾液内含有制动蛋白。精子与卵子的结合除了须具备运动能力，还必须具备附着于透明带的能力。

精液由阴茎射出的过程叫射精。首先由附睾、输精管平滑肌按一定顺序收缩，将精子由附睾驱到后尿道，同时膀胱括约肌收缩，以防止精液流入膀胱及尿液流入尿道。在尿道内，精子与前列腺、精囊及尿道球腺等分泌液混合成精液，然后射出体外，这依靠阴茎基部的坐骨海绵体肌及球海绵体肌的节律收缩来完成。射精动作主要由阴茎头感受器受刺激经反射作用而引起，射精后，阴茎内动脉收缩，血流减少，静脉回流增加，阴茎疲软。

第四节　受精生理

一、受孕的条件

排卵、受精、着床，是组成人体妊娠过程的基本环节。因此，正常妊娠的实现，需要男女双方具备一定的条件，《女科正宗·广嗣总论》中指出“男精壮而女经调，有子之道也”，如果某一环节发生障碍，就会导致不孕或不育。

1. 男方应具备的必要条件

（1）正常的睾丸功能，即睾丸能够产生足够数量、形态正常、活动力良好的健康而成熟的精子，并分泌足够的雄激素。

（2）精子能够储存并能运输，输精管道畅通无阻。

（3）精子能够送入女性的生殖道内，途径有二，其一是男性有健全的性功能，阴茎能充分勃起，精子经尿道排出后能进入女性生殖道；其二是用人工授精的方法将精子送入阴道。

（4）没有其他因素（如免疫因素等）影响，精子能在女方生殖道中顺利上行并与卵子结合，完成受精过程。

2. 女方应具备的必要条件

（1）卵巢有规律地产生和排出健康、成熟的卵子，并分泌正常量的雌激素、孕激素。

（2）输卵管通畅，具有良好的分泌功能和拾卵及运送卵子或受精卵的正常能力。

（3）宫颈管及宫颈黏液具有良好的功能，对精子的通过起保护和筛选作用。

（4）阴道畅通，能使精子在阴道内有合适且足够的存活的时间。

（5）子宫内膜有适宜受精卵着床和维持发育的内分泌变化和环境，才有利于胚胎的发育。

二、受精过程

1. 卵子的摄取与运输

（1）卵子的摄取：卵子是借助输卵管肌肉与韧带的收缩和纤毛摆动的协同作用而被摄入输卵管的。研究人员认为输卵管伞部肌肉活动的增强，不但能与卵巢直接接触，还能“按摩”卵巢表面，从而促进排卵。性交前的调情活动，如刺激或按摩乳房等可反射性地引起催产素的释放，催产素又可直接刺激输卵管收缩。性交活动亦可导致排卵和输卵管摄卵。

（2）卵子在输卵管内的运输：卵子被摄入输卵管伞部后，由于输卵管肌肉的蠕动和同向纤毛的摆动，迅速被输送至输卵管峡－壶腹连接处。该处虽无括约肌存在，但因峡部肌肉肥厚，且环形肌中有大量肾上腺素受体，在排卵时，由于雌激素水平处于高峰，肾上腺素能活动增强，引起峡部肌肉收缩而出现峡部闭锁，使卵子暂时受阻于该处。

2. 精子的运行与获能

（1）精子的运行：成年人的精子由支持细胞释放到曲细精管管腔，直到通过射精由尿道外口排出体外，曲细精管节律性地收缩可促使精子从曲细精管输送到直细精管、睾丸网和输出小管。在性交后 30 分钟，精子能从阴道迅速进入输卵管。精子在女性生殖道内的运行并非单纯依靠精子自身运动，而是与其他许多因素有关。精子的运行受神经和体液的调控。

精液进入女性生殖道后，其运行可分为三期。第一期，快速地短程运行：射精入阴道后穹窿的精液池中，由于凝固酶的作用，约一分钟即凝固成胶冻样物质，这样使精液不致流出体外，又保护精子免受酸性阴道液的破坏。几分钟内，在酶的作用下又完全液化。有些精子在射精后 1.5 ～ 3 分钟通过子宫颈管到达子宫颈内口，继而快速运动到受精部位。精子从阴道迅速进入输卵管除自身的活动外，还需依靠女性生殖道的协同作用，阴道、宫颈、子宫、输卵管的生理和生化功能活动对精子的运输起着重要作用。性交可反射性地引起阴道和子宫收缩，从而加速精子的运行。雌激素、前列腺素能促进精子运行。尤其是精液中含有大量的前列腺素，会刺激子宫收缩，一缩一弛，可能造成子宫负压而将精子吸入宫腔。第二期，精子在贮存区凝集：宫颈黏液中的微胶粒将精子引向宫颈陷窝，大量精子被禁锢于此处的复合黏膜皱襞中，保护精子免受白细胞的吞噬，形成精子的贮存区。进贮存区的精子越多，到达输卵管的精子越多，贮存区越大，输卵管内保留相当数量精子的时间越长，因此可以增加受精机会。第三期，缓慢释放与运行：贮存区内的精子，可在较长时间内持续释放，加上精子自身的活动力及子宫肌、输卵管肌的收缩，可以保证持续不断地供给精子进入输卵管壶腹，使卵子受精。一次射精虽然能排出数亿个精子，但是99%以上在女性生殖道中死亡，能运行到输卵管腔中的只有100～200个。

（2）精子的获能：刚射出的精子不能与卵子结合受精，在女性生殖道中孵育一段时间后，才能获得受精能力。精液中有某些去能因子，能抑制精子的受精能力，这个过程称为去能。去能作用是可逆的。当精子在女性生殖道中移行时，逐渐离开精浆，去能因子作用被解除，精子恢复受精能力。这个过程称为获能过程。精子在获能时精子膜的变化十分明显，精子膜的对钙离子通透性的增加，使精子内钙离子浓度升高，增加精子尾部的鞭打运动；麦芽糖凝集素和刀豆球蛋白受体从顶体后移；ATP酶被激活；精子表面负电荷下降；精子膜的表面cAMP受体与子宫液中的cAMP结合，使机体酶的不稳定性增加；精子膜的流动性增加，便于精子与卵子的融合。

获能后的精子去除了表面覆盖物，暴露了精子膜表面与卵子相识别的位点，使受精成为可能。

3. 精子的顶体反应

顶体是类似溶酶体的一种结构，含有许多水解酶，其中透明质酸酶和顶体酶在受精过程中最为重要。所谓顶体反应，即受精前精子发生的一种形态变化。顶体反应是紧接着获能而出现的，这一过程包括顶体膜的空泡化和顶体内容物的释放。通常在精子与卵细胞接触时，精子头部的浆膜与顶体外膜之间形成局部点状融合，然后形成许多囊泡，即顶体膜空泡化，继而融合处两层膜出现孔隙，最后导致顶体内酶的释放。顶体反应为精子通过透明带不可缺少的过程。

4. 受精过程

当一个获能的精子进入透明带时，标志着受精过程的开始，到卵原核和精原核的染色体融合在一起，则受精过程完成。

（1）精子穿透卵细胞膜的过程：精子必须在顶体反应的基础上穿过卵细胞膜。当一个卵子被许多精子包围时，这些精子释放放射冠穿透酶，使透明带外面的颗粒细胞脱落，并在透明质酸酶的作用下使用放射冠基质分解，随后在蛋白水解酶的作用下，精子头部顶端的穿孔器先钻入透明带，然后整个精子进入卵细胞与透明带的间隙。精子穿过透明带后，精子中段与卵细胞膜融合，再向后延伸，包括精子的尾部；顶部最后进入卵细胞，最后全部精子埋入卵细胞浆中。

（2）卵细胞的皮质反应：未受精的卵细胞膜下面的表层细胞质中有许多皮质颗粒，每个颗粒都有一层膜包裹。在精子穿入卵细胞后，随之发生皮质反应，其特征是皮质的颗粒包膜逐渐与卵细胞融合，而把皮质颗粒和卵细胞皮层的一部分排入卵外间隙。

（3）精原核与卵原核的形成：精子进入卵细胞后，尾部脱落，头部的核膜消失，留下一个含有半数染色体的裸核，核内经过 DNA 的合成和浓缩，形成新的染色体，又出现核仁、核和新的核膜，最后形成精原核。

精子进入卵细胞后，刺激卵细胞分裂，原来停滞于第二次成熟分裂中期的次级卵母细胞，很快发生后期与末期分裂，形成成熟卵子和几乎不含胞浆的第二极体。第二极体被排到卵外间隙。至此，卵子的两次成熟分裂完成，成熟卵子的细胞核含有 22 个常染色体与 1 个 X 染色体。两个原核的形成约需 12 小时。

（4）两个原核的融合：两个原核逐渐移到卵细胞的中央相会，此时，核膜消失，核仁亦消失，来自两个原核的染色体融合在一起，形成一个含有 46 条染色体的细胞，称为受精卵或合子。受精卵在受精后数小时内，即开始有丝分裂，形成两个裂球。

三、受精卵的发育与运行

1. 受精卵的发育

（1）第一次有丝分裂：受精后 24 ～ 36 小时经过第一次有丝分裂发育为双细胞。约 30% 的单卵双胎都是由于受精卵在两个细胞阶段分裂而形成的。

（2）桑模胚形成：以后每 12 小时分裂一次，72 小时后发育成一个由 12 ～ 16 个细胞组成的实心桑椹胚，仍在透明带内。桑椹胚的每个细胞比未经分裂的卵细胞小得多，而整个胚的大小与未受精的卵细胞差不多，能在输卵管内顺利通行。

（3）胚泡形成：孕卵受精 96 小时后有 16 ～ 32 个细胞。此时，在细胞团中央出现囊腔，因而被称为胚泡。胚泡一端有一团细胞集聚，称为内细胞团，这是将来发育成胚胎的部分。其余包围在外面的一薄层细胞是滋养层细胞。受精后的第 5 天，胚泡已经进入子宫，并已脱离透明带的约束。

2. 受精卵的运行

受精卵的运行和分裂同时进行。受精卵第 1 天停留于输卵管壶腹部，随着排卵后黄体分泌的孕酮水平上升，兴奋 β－受体或抑制 α 受体，从而使峡部肌肉放松，约在第 2 天受精卵进入峡部。在峡部约停留 2 天，并发育成桑椹胚。第 4 天，桑椹胚进入子宫。受精卵与桑椹胚没有活动能力，其运行受输卵管上皮的纤毛和管壁的平滑肌控制，输卵管的活动又受神经体液机制的调节。胚泡进入宫腔后即逐渐脱离透明带的约束，可以直接从子宫内膜分泌液中吸取营养。透明带不带电荷，可以避免胚泡过早着床。胚泡在子宫内停留约 2 ～ 3 天，在受精后第 6 ～ 8 天开始着床。胚泡的发育必须与子宫内膜的发育变化同步，如果胚泡过早或过晚到达子宫腔，都会影响着床。

四、孕卵着床

孕卵着床是指发育着的胚泡植入母体子宫内膜的过程。着床是胎生动物生殖生理的重要环节。

（1）子宫内膜的准备：在每个有排卵的月经周期中，子宫内膜都有接受孕卵的准备，包括宫腔上皮、腺上皮和间质的改变。子宫内膜变化的高潮，相当于胚泡发育到与子宫接触的阶段，子宫内膜处在能接受胚泡（所谓“种植窗”）的时间不长，当内膜有充分准备而宫腔内不存在发育着的胚泡时，内膜就不能继续增殖而发生退行性变化，此时可有大量细胞死亡，并形成碎片，这些碎片将随经血排出体外。如果子宫内有胚泡存在，则子宫内膜将进一步发生各种变化，形成胎盘的一部分。①着床前子宫内膜的变化：主要表现为细胞增殖、分泌活动增强和血供增加。排卵后，子宫腔上皮变成一个能吸附胚泡的表面，表皮细胞上有许多指状突起，可能有吸附胚泡的作用。内膜腺体开始分泌一种黏多糖，可能有协助供应胚泡营养物质的作用。间质细胞分化为蜕膜样细胞，为着床后形成胎盘做好准备。子宫内膜的血管随着内膜的增殖而增长，变得弯曲，呈螺旋状，为孕卵着床做好了血液供应的准备。②子宫内膜的蜕膜反应：孕卵着床后子宫内膜的蜕膜变化加快。间质细胞变大，呈多角形，细胞排列整齐，呈石块镶嵌状。③子宫内膜的代谢：卵泡期，子宫内膜的代谢特点是蛋白质合成与酶活性增加，细胞新生和组织增生。排卵后，在孕酮的作用下，子宫内膜为孕卵着床准备好营养物质和适宜的组织“床”。孕卵接触内膜时，子宫内膜的代谢达到高峰，氧的消耗、需氧酵解、琥珀酸、乳酸和苹果酸脱氢酶、细胞色素酶和三磷酸腺苷的活性都达到顶点。在早孕期，黏多糖的分解和聚合使间质中的胶质松解而改善血管通透性，有利于营养和代谢物质的流动和交换。

（2）受精卵在输卵管中运行 3 ～ 4 天后进入宫腔，在宫腔内游离 2 ～ 3 天，并形成胚泡。着床时间一般在受精后 6 ～ 8 天。多数孕卵是在三角形宫腔上部的前后壁上着床，偶尔在宫腔侧方。如果在子宫下段着床，则有可能形成前置胎盘。着床点多数处在几个内膜腺体开口之间的宫腔上皮上，与内膜间质和螺旋小动脉小分支的末端距离很近。透明带消失后，内细胞团周围的滋养层细胞分裂很快，形成一个囊，包围着内细胞团。内细胞团附近的滋养层细胞上，有许多纤毛样突起。这些突起与子宫腔上皮的纤毛样突起形成犬牙交错式的衔接而出现黏附现象。胚泡附着在子宫内膜表面后，很快伸入子宫内膜，上皮细胞染色变浅，细胞膜消失。胚泡与上皮黏连面又向中周扩大，形成一个小洞，滋养层细胞在胚盘下面形成一个厚的实性盘，此时内细胞团已分化成内胚层和外胚层，并有一个小小的羊膜囊。

大约在受精后的第 9 天，滋养层细胞开始分化。靠近胚囊的细胞具有细胞膜，细胞较大，染色浅，称为细胞滋养层；向子宫内膜深处发展的细胞滋养层，为多核的合体滋养层。合体滋养层穿透基底膜后进入间质，间质中有能源和氧供应，滋养层很快发育。在合体滋养层中出现一些腔隙，称为绒毛腔隙。由于合体滋养层的破坏，内膜血管末端与腔隙相通，使母体血液流入腔隙。母血进入腔隙后，要把滋养层的分泌物吸收到母血中，使卵巢黄体变为妊娠黄体。随着滋养层的增殖、分枝，形成更多的腔隙，使母 – 胎之间物质交换的面积增加。约在受精后 12 天，子宫内膜表面由孕卵着床而造成的创口被宫腔上皮完全修复。此时，孕卵被埋在肥厚的蜕膜层内而受到保护。这就是着床过程的终了。

（3）着床原理：①透明带反应是着床的先决条件；②子宫内膜在卵巢激素的调节下发生变化，为孕卵着床提供良好的内膜环境；③子宫内膜的致敏性使内膜接受胚泡着床；④被活化的胚泡对子宫内膜着床的刺激，使子宫内膜血管扩张，间质细胞发生巨大变化，以适应胚泡着床的需要；⑤胚泡激活；⑥垂体 – 下丘脑亦参与着床过程的调节。

第三章

病理与诊断

第一节 男性不孕（育）症

一、西医病因病理

1. 先天性发育异常

先天性发育异常是导致男性不孕（育）的重要原因。

阴茎先天性发育异常：任何原因导致阴茎先天性病理改变均可影响性交活动，严重者可导致不孕（育）。

尿道先天性异常：男性尿道先天性异常，包括尿道上裂和尿道下裂，影响性交能力，精子不能输入女性生殖道而造成不孕（育）。再如先天性尿道憩室、先天性尿道狭窄等，皆有程度不同的射精障碍而影响生育。

睾丸先天性异常：包括无睾、睾丸发育不全、异位睾丸、睾丸融合、隐睾、多睾、睾丸附睾分离等，均可干扰或破坏其正常的生殖功能，影响患者的生育能力或性能力。

其他先天性发育异常：如先天性附睾、输精管发育不全及缺如造成输精管道阻塞，精囊发育不全、缺如，前列腺发育不良、憩室等，可造成附属性腺功能障碍而致不孕（育）。射精管发育不全、缺如、梗阻及开口异常，亦可导致男性不育。

2. 内分泌异常

内分泌功能异常与男性不孕（育）有着密切的关系，如肾上腺和甲状腺疾病可造成睾丸生精功能障碍，下丘脑 – 垂体 – 睾丸性腺功能障碍则可直接造成男性不孕（育）。

性腺分泌功能异常：分为性腺功能亢进和性腺功能低下两种状态，其是造成男性不孕（育）的重要因素。

垂体疾病：垂体功能释放促卵泡素（FSH）和促黄体素（LH），垂体功能亢进或低下，直接影响睾丸功能，在调节男性生殖生理活动中起着极为重要的作用，与男性的性功能和生育能力关系密切。

甲状腺疾病：①甲状腺功能亢进：可伴发男性乳房发育、性欲减退、阳痿等性功能障碍。②甲状腺功能低下：原发性、继发性甲状腺功能低下都可致患者发生不同程度的睾丸合成睾酮减少，精子生成受到抑制，并发性功能紊乱。主要表现为性欲减退、阳痿等。

肾上腺疾病：① Addison 病患者可有性欲减退的表现，继发于垂体或下丘脑疾病的肾上腺皮质激素不足者，常因促性腺激素分泌异常而导致睾酮生成减少和精子生成障碍，发生少精症或无精症。② Cushing 综合征：由肾上腺皮质激素分泌过多引起。男性患者均有典型的性欲减退和勃起功能障碍，部分患者睾酮水平降低，睾丸组织萎缩，精子合成障碍，间质细胞退化和曲细精管纤维化，可导致不孕（育）。③女性化肾上腺皮质肿瘤：可分泌过量雌激素而使男性出现女性化表现，如乳房发育，睾丸组织萎缩，睾酮生成和分泌受抑制，精子生成障碍。④先天性肾上腺增生症：分泌过量睾酮，抑制垂体分泌促性腺激素致男性早熟，睾丸萎缩，生精功能障碍。⑤醛固酮增多症：男性患者可有性欲减退、阳痿等性功能障碍。

糖尿病：糖尿病是糖代谢紊乱的疾病，由人体内胰岛素分泌绝对或相对减少引起的，其特征为血糖过高及尿糖阳性。糖代谢严重紊乱可造成蛋白质、脂肪、电解质、水、维生素等代谢紊乱，引起严重的失水、酮症酸中毒、电解质紊乱等。对糖的利用障碍，生精过程明显减退并出现性功能障碍，可导致不孕（育）。

3. 遗传性疾病

性染色体异常：因细胞遗传性异常所致不孕（育）症占 2% ~ 21%。染色体或基因不正常而影响性腺功能，导致睾丸生精过程障碍，引起睾丸无机能和不孕（育）。严重的少精症和无精症患者细胞遗传疾病的罹患率高于正常群体。

常染色体畸变：常染色体易位在男性不孕（育）患者中较正常生育男性多见，出现频率较高的是 D/D 染色体易位、Y/Y 染色体易位患者。患者第二性特征和睾丸大小一般无异常，睾丸组织学最常见特征为精子数目非特异性减少，精子在发生过程中受损。

减数分裂染色体异常：因无精子而不孕（育）者，均证实生精母细胞减数分裂染色体明显异常，初级精母细胞第一次减数分裂因同源染色体互换率降低，终变期存在不对称双价体、多价体、单价体和染色体样片等，使精子发育停滞在精母细胞水平，而不能继续分化为精子，结果导致不孕（育）。

Turner 氏综合征：患者染色体核型多数为 46，XY，少数有嵌合，因生精障碍和雄激素生成减少而致不孕（育）。

Del Caslillo 氏综合征：患者曲细精管仅有支持细胞但无精子生成，呈无精症，而致不孕（育）。

遗传性酶缺陷：患者性腺萎缩，生精功能受抑，遗传方式为常染色体隐性遗传（AR），诸如此类的遗传类固醇激素合成酶缺乏症可直接影响雄激素合成，导致不孕（育）。

4. 免疫功能异常

精子的自身免疫反应是造成男性不孕（育）的重要原因之一。生殖活动中许多关键的环节均有某种特异性抗原物质，在一定的内部或外部条件下，这些特异性抗原会激活机体本身的免疫系统，从而干扰正常的生殖生理过程，影响生育。

5. 生殖系统感染

男性生殖系统感染，包括细菌感染、支原体感染、其他病原体感染等，对精子活力有影响。

男性生殖系统感染对精子数量及形态的影响：急性睾丸炎可由于睾丸实质广泛破坏而致睾丸生精功能减退或消失。急性附睾炎可使输精管道梗阻及相邻的睾丸实质萎缩，其中附睾的这种梗阻可以是可逆的，而在急性附睾炎期间细菌入侵相邻的睾丸实质造成的损害是不可逆的。急性前列腺炎、精囊炎可造成射精管水肿、受压而致完全或不完全梗阻，经抗生素治疗多可恢复通畅。慢性前列腺炎很少引起射精管梗阻，但是否引起精子数量及形态异常的改变还未下定论。慢性附睾炎及输精管感染可引起输精通道梗阻。慢性睾丸炎可以使睾丸萎缩僵化，丧失生精功能。

特异性感染对精子的影响：淋菌性尿道炎常并发前列腺炎和附睾炎，影响精子活力。淋球菌引起的尿道周围腺体感染的尿道周围炎在治愈后可导致尿道狭窄。另一个并发症是输精管梗阻。生殖道结核主要造成输精管不完全性或完全性梗阻，其中附睾结核可致附睾管和近端输精管梗阻。前列腺、精囊结核可造成射精管梗阻。在青春期前，腮腺炎合并睾丸炎不会导致不良后果。在青春期及青春期后，这类睾丸炎的发生率约占腮腺炎患者的 20%，若是单侧睾丸受损，则精子密度降低，但对生育无大影响。若是双侧睾丸受损，则会发生严重的少精子症或无精子症。

男性生殖系统感染引起精液的其他变化：男性生殖系统感染时，附属性腺分泌功能障碍者占 60% ～ 80%，其中前列腺特征产物如锌、钙、镁、柠檬酸、酸性磷酸酶等都可降低。如果精囊在生殖系统感染时受损严重，可能会使果糖在精浆中的含量降低。精囊分泌的促精液固因子具有对抗前列腺分泌的液化因子的作用，生殖系统感染时常有精液不液化及黏稠度高的情况明显增加。

6. 输精道梗阻

先天性畸形：常见的有双侧输精管缺如或闭锁，也有一侧发育不全伴另一侧缺如者。附睾管缺如罕见，偶有附睾与睾丸分离发育的病例。

感染：附睾炎是输精管道梗阻的常见原因。

肿瘤：常见附睾肿瘤多是良性的，如腺样肿瘤、平滑肌瘤和囊肿等，一侧附睾肿瘤常使生育力降低，双侧则多引起不育。

创伤：手术创伤多见于生殖器和腹股沟手术误伤输精管，非手术创伤多见于输精管断裂等。

7. 精索静脉曲张性男性不孕（育）

（1）精索内静脉瓣膜起着阻止血液反流的作用，如果静脉瓣膜功能不全或缺乏，由于肾静脉压高于精索静脉压力，则易导致反流。

（2）解剖上，左侧精索内静脉与右侧不同，呈直角注入左肾静脉，由于肾静脉压高，人体的直立位使得这种回流更加困难。

（3）左侧精索内静脉大约比右侧长 8 ～ 10 cm，从血流动力学的角度看，相对于右侧来说，回流阻力增加。

（4）胸腔负压随着呼吸运动传导到左侧精索静脉，使其外压降低，从而导致静脉扩张。

（5）左肾静脉位于腹主动脉与肠系膜上动脉之间，两条动脉的搏动影响导致左肾静脉压力升高，随之左侧精索内静脉压力也增加。左侧髂总动脉压迫髂总静脉使精索静脉的侧支回流受阻，继而导致精索内静脉血流增加，引起精索静脉曲张。

（6）精索静脉旁的肌肉及组成精索包膜的肌纤维鞘具有促进静脉回流的泵压作用，同时还具有防止静脉过度扩张的作用。

（7）蔓状静脉丛本身可能发生退化，使其张力降低，从而引起扩张。

8. 性功能障碍

男子性功能主要包括性欲、性兴奋、阴茎勃起、性交射精、情欲高潮和性的满足等环节，任何一个环节出现问题，都称为性功能障碍。

9. 精神心理因素

男性精神心理状态的紊乱可造成性功能障碍，若无原发的性功能异常和生殖器官的器质性病变，通过正确的途径和方法解释其因素，则往往可获得满意的效果。心理因素是夫妇双方的问题。

10. 呼吸道疾病

男性不孕（育）与呼吸道疾病密切相关被现代医学不断深入研究所证实，已确定属于该范畴的有纤毛不动综合征、囊性纤维化等。

11. 精液液化异常及精子结构异常

精液液化异常是指在射精后至少半小时精液不能完全液化或超过 1 小时才开始液化的现象。

精子结构异常，包括鞭毛缺陷、外周致密纤维结构异常、体缺陷、核异常及连接异常等。

12. 其他因素

物理因素：①电离辐射（放射能），主要是 X 射线，可对睾丸组织造成损害，影响生殖腺内分泌功能。②非电离辐射广泛存在于环境中，射频辐射（无线电波）、微波、红外线、紫外线、超声、激光产生的生物效应主要为热效应，其作用强大时，可引起生物组织损伤，对生殖系统的损伤尤其明显。

化学因素：化学因素对生育机能的影响可以是直接的也可以是间接的。这些污染物质破坏睾丸正常结构，造成睾丸组织变性、萎缩，甚至坏死，抑制和干扰生精过程，导致少精症或无精子症引起不孕（育）。

药物因素：许多药物对男性性功能和睾丸精子的生成均有不良影响。这些药物包括化疗药物、作用于中枢神经系统的药物、抗高血压的药物、激素等。

营养因素：营养因素可影响内分泌功能，从而影响激素的合成和释放，而激素反过来也可影响机体对营养的需求。营养供给对生殖系统有直接的影响。体内缺乏男性生殖生理活动所需的物质可导致性腺发育和精子生成障碍，严重者可导致无精子、不育。

生理病理因素：①年龄：男性约 30 岁后睾丸精子生成功能逐步下降，约 50% 的男性在 70 岁前发生自发性睾丸输出管道梗阻。男性在 50 ～ 60 岁期间血中 FSH

和 LH 升高，同时伴有游离睾酮和结合睾酮浓度降低。②肥胖：肥胖是男性生育力低下的一个重要原因，其血中睾酮水平明显下降，雌激素水平升高。③截瘫：青春期后发生的截瘫与男性乳房女性化、阳痿及睾丸功能障碍有关。④慢性肝病：患者乳房女性化占 52%、阳痿占 79%、睾丸萎缩占 47%，大多数患者为少精子症或无精子症。⑤尿毒症：患者较常见阳痿、下丘脑－垂体－睾丸轴功能障碍、睾丸生精功能障碍。⑥镰状细胞贫血：患者常有身材发育迟缓及性成熟障碍、睾丸生精功能障碍等症状。

二、中医病因病机

（一）发病原因

1. 外感六淫

风、寒、暑、湿、火（热）诸邪皆可致男性疾病，导致男性不育。因男性生殖系统位于下部，男子以精为本，六淫之邪中湿、火、寒三邪最为关键，易侵袭人体下部，伤及生殖器官，与精气相搏而发为男性病而不孕（育）。

湿为阴邪，其性重浊黏滞，类水趋下，易碍气机，损伤阳气。可见湿邪有易侵伤人体下部阴位的特点。湿邪是男性疾病的重要致病因素，外湿多由生活、工作在湿气较大的环境，如长期水中作业，久卧湿地或排出的体液聚成湿等；内湿则主要由过嗜肥甘膏粱醇酒之品，或过度劳逸，或忧思太过，或脾气素虚等导致脾失健运、湿浊内生。湿邪与寒邪合并则成寒湿；湿郁日久则生热，或湿犯素有内热之体则为湿热；湿聚成痰则为痰湿；湿热蕴积日久，再染湿毒之邪，浸淫机体，致机体湿腐脓血，即为湿毒。湿邪所致的男性疾病，以阴囊、阴茎部潮湿，甚则脓浊淋漓，小便不利或淋浊，肢体重着，胸腹痞闷胀满，舌苔白腻，为临床特征。不同的部位可致不同的疾病，如鞘膜积液、前列腺炎、阴茎结核、精索鞘膜积液等的发生。湿淫于肾可致精液不液化，精子活力下降；湿入精宫可致精子减少或密度降低；湿热蕴结于睾丸则发为子痈；蕴结于溺窍，则发为淋病；下入精室，则为精浊；下着肝之筋脉，则阴茎痿软不举；湿邪内入，易伤阳气而致性欲减退、阴茎不举、小便短少等亦常见。

火为热之源，热为火之性，灼热之极，热为火之渐，具有燔灼、炎上、耗气伤津、生风动血等特性。外（火）热多为感受火热之邪，或感受四时不正之气而化火所致。内（火）热则多发于阴虚之体，或过嗜烟、椒、辛辣之品，或阴液、阴津丢失过多，或情志过激，或过服壮阳燥热之药等。

热邪所致的男性疾病以阴囊、阴茎红肿热痛，小便黄赤灼热淋痛，伴见口渴、面红、心烦，脉数或有发热为临床表现特征。各种热邪侵犯机体的不同器官或部位，可致不同的疾病，如外感腮腺炎，热毒可致睾丸肿痛，伤及生精功能。内热扰动精室可遗精；扰动相火可以阳强；灼伤膀胱之络，可致血淋；灼伤男子胞脉，可令精中带血或血精等。实热以高热、红肿、淋浊、舌红、脉数有力为特征，常见于阴虚火旺之遗精、少精。热毒以迅速蔓延、病热险恶为特征，常见于梅毒下疳。

寒为阴邪，以寒冷、凝滞、收引为基本特征，易伤阳气。外寒多由气候骤冷，衣着不足，或天寒而冒雨涉水等。内寒多由素体阳虚，房事过度或过食生冷寒凉之物等戕伐肾阳所致。寒入精索可致输精管道结节不通，发生输精管附睾结核。男女房事，寒邪直入厥阴，可致阴缩之病，非大剂辛热散寒之品不能回降，尤其是素体阳虚者，易感受外寒，加重脏腑阳气的损伤。如阴部寒冷，阳事不举，举而不坚或精液清冷、凝滞不化或精子存活率降低等症，属阳气不足，且每因感外寒而症状加重。

2. 内伤七情

中医学将人类的情绪变化归纳为喜、怒、忧、思、悲、恐、惊七种类型，它们与人体脏腑功能活动有着密切关系。突发剧烈或长时期的精神刺激与情志偏颇，超出正常生理限度，则会引起机体阴阳失调，精气不和，脏腑经络功能失常，进而可致男性疾病。喜伤心，情绪过分激扬，易致早泄，由喜多伤阴，心火偏亢所致。忧思过度则伤脾，思则气结，脾为气血化生之源，脾气受累，化源不足则气血虚少，血少则不能化气生精，精少则精室空虚，气少则不能鼓动震荡，进而可致精室虚寒或精室阻塞等精室和精液病症。又脾主运化主升，脾胃为气机升降之枢纽，脾伤则脾虚气弱，运化不及则生湿。脾虚气陷，则湿浊下注，肝失疏泄，可致阳痿、不射精（交接不泄）等。恐则伤肾，恐则气下，男子以气为用，以精为根，精藏于肾，肾虚气下，肾阳受累，根本动摇，则可致阳痿，或举而不坚，以及滑精、早泄、遗精等。悲哀太过则伤肺，肺主一身之气，气为血帅，肺伤则气血失调，悲伤太过则性欲减退，欲减日久可致阳痿。

3. 生活所伤

饮酒过度，非但乱精，亦且乱性。过食辛热助阳之品，可使冲任蕴热，热扰精室而发生遗精、早泄，甚至阳具终日不倒等。过服寒凉生冷食物，使阳伤而内寒生，可致阴冷、阳痿、精液清冷。过食棉籽油可令男子终生不孕（育）。恣食醇酒肥甘之品，可使脾伤而湿生（或湿热）。湿注囊中，可生水疝（鞘膜积液）。湿遏气机，膀胱气化不利，可导致淋症、癃闭、尿浊等。乱服温燥兴阳药物（包括此类药酒、药膳）则会生热伤阴液，且因兴阳太过而导致欲望亢进，致阴阳俱损，戕伐男性之根本。又如过饥，则摄食不足，化源缺乏，终致气血衰少，形体消瘦，精气不足，影响性功能与生育机能。

若劳力过度则气耗，气耗则阳事不兴，骨气不至则不坚，筋气不至则不挺举。但过度好逸恶劳、养尊处优亦会致病，如陆九芝的《逸病解》谓“逸之病，脾病也”。过度用脑或用脑无规律，可使心神劳伤，导致神经衰弱、心理障碍，进而影响身体其他器官的功能。《灵枢・本神》认为“怵惕思虑者则伤神，神伤则恐惧，流淫而不止”，提示遗泄耗精诸症多与心神劳伤有关。心神为五志之统领，神伤则魂、魄、意、志皆乱，进而可发生早泄、阳痿、不射精等病症。

房事过度会引起性功能障碍。房事过度，肾阴亏耗，阴虚不能制阳，虚阳妄动，或久服金石丹药，肾水无以滋养肝木，其阳强盛，皆可致阳强易举。此外，房事过度还可以引起多种精病，如遗精、精浊、精热、精少、不射精、生育力低下等，甚至不利于优生，不利于受孕。长期手淫可损伤宗筋，过耗肾精，戕伐肾气，扰伤心神，易导致男性疾病，如早泄、阳痿、不射精、滑精等，以青少年居多。不正当或不洁净的性交，常为易染邪毒的途径，是造成性传播疾病流行与蔓延的直接原因，可导致艾滋病、淋病、阴痒、阴阳病等男性病。

枪弹伤、金刃伤、跌打损伤、烧烫伤、冻伤、虫兽伤及负重持重伤、挤压伤等外伤，可以直接损伤腰腹、脊椎、骨盆及生殖器官，也可影响冲任督带及足厥阴肝经或肝、脾、肾诸腑脏进而发生癃闭、尿失禁、血淋、阳痿、血疝、阴茎或睾丸损伤或残缺及血管神经损伤等病症。手术损伤如输精管结扎术不当或创伤等，亦可导致输精管结扎术后综合征等病症。

4. 体质因素

先天禀赋不足，元精不足，冲任不能相资，则先天发育不全，可形成无睾症、天阉、阴茎短小、生殖道畸形、第二性征发育不全等病症。体质因素的不同，可使机体对某些病因产生不同的易感性，素体肝郁气滞者，易致阳痿、不射精等病症；素体肾虚者，易致阳痿、举而不坚、早泄、精少不育、房事后头昏、头痛等病症。

（二）发病机理

男性不育的病机可分为脏腑功能失和、奇经八脉功能失调，以及气血不调、前阴损伤等。

1. 脏腑功能不和

肾阴亏虚：多因房事不节，过服温燥兴阳药石，心火不汲，热入阴分，他脏伤阴，穷及归肾，皆可使真阴劫伤，而导致肾阴亏虚。肾阴亏伤，冲任二脉不能相资，可致男子不育。精不潜藏，可见遗精。阴虚无以制火则虚热内生，必致肝肾两脏气盛，可致阳强或阳事易举或性欲亢盛。虚火灼络，可致血淋、血精。肾阴亏损则精髓不足，见于小儿者可影响外生殖器发育，肾阴亏损日久则可出现阳痿。

肾阳虚衰：若禀赋不足，摄生不慎，房劳手淫日久戕伐，过服寒凉药食克伐生气或他脏阳虚，日久及肾等，均可导致肾阳虚衰，命火衰微。若表现为命火衰微、精不固藏者，可发为阳痿、早泄、滑精、遗精，甚至男子不育等。若阳虚、阴虚者，可致男性阴冷、缩阳、色厥、精液清冷等。若命火衰微、精宫失却温养者，可致精子活力下降。

肾精亏损：先天肾亏，禀赋不足，影响胎元者，冲任不盛，天癸不至，甚至后代可出现天宦、阴阳不入等病症。若影响生长发育，可导致阴茎短小、睾丸细小或生殖能力衰微、性功能不成熟。

肾气不固：封藏失职，可致遗精、滑泄等病变。有表现肾气亏虚，不能约束水液，可致小便余沥、失禁、频数及遗尿、癃闭等病症；有表现肾气不足，不耐劳累，行房疲倦或性欲降低者。

肝气郁结：肝主疏泄，性喜条达，其志为怒，若盛怒或肝郁日久，或上壅抑肝，使肝伤而不能条达、疏泄，则气机不利，血行不畅，脉络受阻，肝脉环绕阴器而行，肝气不疏则郁结，气血不能布达到宗筋，可致阳痿、不射精、射精不畅等病症。气机不畅滞于阴器，可致前阴坠胀、少腹不舒、睾丸疼痛、阴茎硬结症、附睾结节等病。肝气郁结，疏泄情志失调，则抑郁寡欢，往往影响性功能。

肝火上炎：疏泄太过则导致早泄，肝火引动心火则欲念易动，性欲亢进，甚至阳强不倒，治宜泄劳宫之火。

肝经湿热：就男科而言，温热浸淫肝经，循肝经下注为主要病机。湿为阴邪，其性重着黏滞，易阻滞气机；热为阳邪，其性开散，多易灼伤津液，如湿热浸蒸宗筋失用可致阳痿，交蒸阴器可致狐惑、阴中痛痒、阴肿等，扰动精室则遗精，下注精室则精浊、精液黏稠不化。

肝血亏损：可致男性性功能低下及不育。

肝阳偏亢：疏泄太过，可见遗精、滑泄或早泄等症。

心神不调：心为君火，为物所感则易动，心动则相火亦动，动则精自走，相火翕然而起，虽不交汇亦暗流疏泄。心神不调，水火不济，则梦遗、滑泄、失眠等症颇易发生。

心火亢盛：则心肾不交。心藏神而为火脏，心火下温肾水，使肾水不寒；肾藏精而为水脏，肾水上济于心火，使心火不亢；心司君火，肾涵相火，水火既济，则心肾阴阳得以协调；君火以明，则相火以位，心肾相交，神守精固。若肾水不足，心火失济而亢或心火独炽，下灼肾水而伤，均可形成心肾不交的病理。心神不交，神伤驰越，相火妄动，则精关不固，可致遗精、早泄、临房不射等。

脾虚失运：水谷精微的运化功能减弱，气血生化无源，则精失所养，可致少精症或精液量减少，甚者可引起无精症、发育迟缓等病症。

脾气下陷：脾主运化水湿，脾气宜开，今脾虚下陷，清阳不开，浊湿下注，精微随气陷下流，可致精浊、滑泄之症。又脾主统血，脾气虚陷、统血无能，可致男性血精、血淋等病症。

脾阳不振：多是脾虚不运的进一步加重与发展，可致性欲淡漠、阳事不举、精液清冷、小便清长、腰膝酸痛。

脾虚痰郁：可致精液囊肿、子痰、玉茎疽等。若结滞于睾，可致睾丸生精障碍，从而影响男性生育力。

2. 奇经八脉功能失调

冲、任、督三脉同起于胞中，一源而三歧，皆约于带脉，与十二经脉联络，与脏腑相汇通，特别是与肝、肾二脏尤多联系。吴鞠通《温病条辨·解难经》曰：“盖八脉丽于肝肾，如树木之有本也，阴阳交媾，胎前产后，生生化化，全赖乎此。”冲任二脉为阴血之海，与生殖功能及性征有密切的关系。冲任失调，阴不配阳，可致男性更年期综合征；宗筋失养，可致阳痿；阳虚不固，可见滑精、遗精；冲任虚损，精血不足，影响男子发育，可致阴茎发育不良、精子生成障碍；冲任闭阴，则气血不行，血海空虚，可致睾丸、附睾结节，男子不孕（育）。督脉亏虚常见尾闾痛连脊骨，项强背曲，腰膝冷软，脑后冷痛等症。督脉亏虚，阳气虚弱，胞宫虚寒，常见精液清稀或清冷、精子活力降低等症状。

3. 精气不调

精是构成人体并维持人体生命活动的重要物质。精气不调，精气亏损，则形体生长迟缓，发育不良，生殖功能衰退等。如精不化气，反映在生殖方面，则表现为精子数量减少，精子活力降低，导致生育力低下；反映在性功能方面，则表现为性欲降低，房事后疲劳，甚至阳痿不举。如精不化血，除了精亏的一般症状外，血海不满，天癸不荣，生长发育迟缓，青春期延迟，甚至阴茎短小，睾丸小如鸡睾，或无性欲，或虽已成年仍无精气溢泻而致无精症。

4. 精宫失调

精宫，一名精室或精脏，又名男子胞。与肝、肾二脏关系最密切，为血气交汇、化精成胎之所。

精室亏虚：可由先天不足、禀赋不足引起，也可由久病久虚所致，或由精关不固、精室受扰致精不固藏转化而来，可出现精液稀少、无精子、精子数目锐减、精子活力降低等症状。

精关不固：精贵固藏而忌妄滞，以藏泄有度也。肾气不固，心神驰越而相火妄动，奇经损伤而失于摄约，湿热不注，精室精关受其干扰，则可形成精关不固，表现为梦遗、滑泄、漏精、早泄、精脱、见色精液自流、逆行、射尿，日久则出现精气枯竭、精室亏虚。

精道阻塞：湿热下注，气滞血瘀，精道损伤，则精窍瘀阻，精液不得宣泄，射精不畅，瘀而兼热，可致射精痛、精浊等证。败精不去，新精不生，可致生育力降低，甚至无精可泄，精道瘀积不散，经年累月则转变癥结。

精室伏热：常见于急、慢性前列腺炎、精囊炎、附睾炎、睾丸炎等患者中。症见精液混浊，或如脓样，镜检可见大量白细胞及脓细胞，死精子增多，射精痛，皆是精室伏热的表现。

5. 气血失调

气血两虚：多因久病不愈，气血俱伤，或先有失血，气随血脱，或先因气虚则血液不能化生，均可形成气血两虚的病理。气虚不能生精者，则精脏不盈，精子生成减少。气虚精关不固，则易早泄、漏精，血虚则无以化精，致精血亏，天癸不荣，冲任失养，可致生殖与发育方面的一系列病变，如性腺功能低下、青春期睾丸发育迟缓、天宦、阴茎短小等病症。气血两虚则可致无精子症、少精症等。

血瘀：血液瘀积于前列腺，可致慢性前列腺炎、前列腺体变硬，夹气虚可导致前列腺萎缩。瘀积于输精管，可致输精管变硬、形成结节或堵塞。瘀滞于附睾、睾丸，可致其发生硬结、萎缩。瘀积于阴茎，则可致阴茎痈疽，甚至阳痿。瘀积于阴囊脉络，可发生精索静脉曲张，或阴囊象皮肿。瘀阻精室，生精受阻或精关不固，可致男子不育，或不射精。如男性内生殖器损伤，则可致血瘀。瘀血阻滞，经脉失养，睾丸损伤严重者，可致其萎缩。

第二节 女性不孕（育）症

一、西医病因病理

（一）局部原因

1. 女性生殖器官的发育不全、缺如、畸形

处女膜发育异常：①无孔处女膜。②筛孔样处女膜。③处女膜坚韧，不能性交。

阴道发育异常：①阴道闭锁。②阴道纵隔，有完全纵隔和不完全纵隔两种，完全纵隔形成双阴道，常合并双子宫。

宫颈发育异常：①先天性宫颈闭锁。②宫颈管发育不良：宫颈可伴双宫颈、双阴道，各有单一的输卵管和卵巢。③双角子宫或鞍状子宫。④纵隔子宫：外形正常，但从宫底至宫颈内口，甚至外口有一纵隔，将宫腔完全隔开为两部分者为完全纵隔子宫，部分隔开者为不完全纵隔子宫。⑤单角子宫：仅一侧子宫发育。⑥残角子宫：可伴有同侧泌尿道发育畸形。大多数宫腔与对侧正常子宫腔不相通，仅有纤维条束与之相连。

输卵管发育异常：①输卵管缺失，有单侧缺失和双侧缺失。②输卵管发育不良、闭锁或中段缺失。③先天性输卵管扭曲。④先天性输卵管憩室，易发生输卵管妊娠。⑤先天性输卵管多口，大多因副中肾管憩室穿破形成。⑥多余输卵管发育细小，常与伞部相连。

卵巢发育异常：有卵巢缺失、卵巢发育不全、多余卵巢、卵巢未发育、多囊卵巢等。

2. 女性生殖器官感染

女性生殖器官炎症是妇女常见病之一，造成生殖道内环境改变，不利于精子生存和活动，导致不能孕育。

皮肤炎症：皮肤的各种炎症均可见于外阴，以非特异性外阴炎多见，其次是霉菌性阴道炎、前庭大腺炎、外阴尖锐湿疣及外阴象皮病等。

阴道炎：常见的有非特异性阴道炎，霉菌性、滴虫性阴道炎，以及嗜血杆菌性阴道炎。阿米巴性阴道炎较少见。

宫颈炎：临床表现为宫颈糜烂、宫颈肥大、宫颈息肉和宫颈腺体囊肿，使宫颈管内黏稠脓性白带增多，不利于精子穿透子宫颈管，造成不孕。

盆腔炎：凡女性生殖道及其周围结缔组织与盆腔腹膜发生炎症时，统称为盆腔炎，可表现为子宫内膜炎、子宫肌炎、输卵管炎、输卵管卵巢炎、盆腔脓肿或盆腔结缔组织炎。

3. 盆腔结核

女性盆腔结核是指累及输卵管、子宫、卵巢、子宫颈、阴道及外阴等生殖器官的结核病，简称盆腔结核。

4. 外伤和肿瘤

生殖系统的外伤和肿瘤都可以不同程度地影响受孕。

（二）全身性病因

1. 排卵障碍

自青春期到发育成熟期，由于内分泌腺体间的调节失调，可产生无排卵、稀发排卵。

下丘脑性闭经：①原发的器质性因素及原发的功能性因素；②继发的器质性因素主要是脑外伤及脑病变，继发的功能性因素如神经性厌食、神经过度紧张、高催乳素血症等。

垂体性无排卵：①器质性因素，如垂体坏死综合征、垂体肿瘤、空蝶鞍综合征等；②功能性因素，如垂体促腺激素功能低下、功能性高催乳素血症。

卵巢性无排卵：①器质性因素，如单纯性腺发育不全征、性腺发育不全征等；②功能性因素，如卵巢早衰、卵巢对促性腺激素不敏感综合征、多囊卵巢综合征、黄体化未破裂卵泡综合征。卵泡发育不良是指在卵泡晚期，卵泡生长始终不能达到成熟卵泡大小，且功能差。分泌雌激素不足是不孕的一个重要原因，其结局有二：其一为卵泡闭锁（约占 1/3），其二为发育不良，未成熟卵泡黄素化形成黄体（约占 2/3）。

其他：如甲状腺、肾上腺等功能亢进或低下都可能影响月经排卵。

2. 黄体功能不足

亦称黄体期不全或短黄体期，是指卵巢黄体分泌孕酮不足或分泌孕酮时间短所引起的临床综合征。由于子宫内膜发育不良，不利于孕卵的种植，常发生有排卵性功血、不孕症和早期流产。

（三）免疫功能异常

人类性腺产生的生殖细胞及激素都具有抗原作用，主要包括女性抗精子抗体和卵巢的免疫因素两种。

女性抗精子抗体的产生主要由化学、物理或感染因素造成的生殖道损伤引起。抗精子抗体接触精子后起一系列作用，包括刺激生殖道吞噬细胞吞噬精子、干扰精子运行、抑制精子顶体反应等。卵巢的免疫因素，主要是卵细胞的透明带物质成为抗原，刺激免疫系统产生抗体。

盆腔炎和子宫内膜异位症患者腹腔液中的吞噬细胞和T细胞、自然杀伤细胞及前列腺素均增加，对受孕的过程，包括精卵结合、输卵管蠕动及早期卵胚的分裂都有不同程度的影响。

（四）免疫性不孕（育）

从免疫学观点看，妊娠是一种半同种移植，妊娠是否成功与子宫局部免疫状态有关。蜕膜是最直接与胚胎接触的母体组织，着床期和早孕时，蜕膜部位出现大量免疫细胞，包括吞噬细胞、大颗粒淋巴细胞和T淋巴细胞等。特别是大颗粒淋巴细胞，因为它是自然杀伤细胞，在免疫防护中可以不经感敏而对外来抗原直接进行免疫反应。抗精子抗体、血型抗原、孕期甲胎蛋白及组织相容性抗原等都可影响受精卵，阻止其发育，导致流产。

二、中医病因病机

（一）发病原因

妇科病的致病因素，可概括为寒、热、湿、生活所伤、内伤七情和体质因素四大类，其中与不孕（育）症直接有关。

1. 寒、热、湿邪

风、寒、暑、湿、燥、火（热）皆能导致妇女不孕，但因妇女以血为本，寒、热、湿邪更易与血相搏而导致诸症。

寒邪致病，一为外寒，一为内寒。女性的病变，主要是病邪影响生殖系统。寒邪从皮肤肌表入侵者，为外寒。如气候骤冷，衣着不足，或兼冒雨涉水，而妇女适在行经期、产褥期，血室正开，一方面肌表受寒，一方面寒邪由阴部上犯，影响冲任。寒为阴邪，性主收引、凝集，能抑遏阳气，使脉道收引，血液运行不畅，以致胞脉阻滞，因而导致月经不调、痛经、闭经、带下增多、胎动不安、堕胎或小产等。有些妇女素体阳虚，再加以生活不节，如过食寒凉生冷食物，以致脏腑、经气、经络凝滞，寒从内生，影响胞宫、胞脉、胞络的功能，而发生寒证的不孕疾病，这是内寒所致的不孕。由于内寒是阳微气虚、生化功能不足的一种表现，故常称为“虚寒”，即《黄帝内经》所谓“精气夺则虚”。

热为阳邪，其性炎上、亢奋。热能使血脉沸腾，血流加快。热邪为害，能使人发热，耗气伤津，甚或损伤血络，迫血妄行。热邪可分为外热和内热。如外感火热之邪而出现高热的女科疾病，属外热，例如热入血室、产褥感染、急性盆腔炎等均属外热。而内热常由脏腑、阴阳、气血失调而成。如有些妇女素体阳盛，加以过食温燥辛热之品，或七情过度，五志化火，以致火热炽盛，血分蕴热，热扰冲任，可出现月经过多、崩漏、经行吐衄、胎漏、恶露不绝等。实热主要是热邪炽盛，正气未虚，正邪交争激烈，如女科热症的高热，带下增多且黄稠臭秽，舌红脉数；又如血内蕴热，胎脉壅阻，经血瘀滞不行，烦躁而胸腹胀痛，舌苔深红或紫红，苔黄厚或干，脉弦数有力等证。虚热是体内虽有热邪，但不炽盛，同时患者身体比较虚弱，阴分不足，正邪交争不剧，往往迁延时日。临床可见产后低热，月经淋漓不断，色鲜红而质稀，烦躁不寐，口干不欲饮，舌偏红少苔，脉细数无力等。至于热毒，乃邪热炽烈，蕴积成毒，迅速蔓延全身且严重损害正气所致。如重症的盆腔感染，恶露臭秽，腹部膨胀，舌苔红绛，苔黄厚而干等。

湿属阴邪，其性重浊黏滞，足以困阻气机。湿与寒并，则成寒湿；湿郁日久，转化为热，则为湿热；聚液成痰，则成痰湿；湿热蕴积日久，或感受湿素之邪，浸淫机体，致成溃腐脓血，则成湿毒。湿邪可分为外湿和内湿。如生活在湿度较大的环境，或久卧湿地，或冒雨涉水，或在水中浸泡过久，以致影响身体气机的运生，因而发生肢体疲倦疼痛，头重纳呆，或发热缠绵不退，舌苔白腻，脉浮濡缓等，这是外湿。若因脾土虚弱，运化失职，水湿内留，停注下焦，影响冲任带脉，这是内湿。湿邪致病，可见带下增多，或经前泄泻，或月经前浮肿，肥胖妇女脾虚气弱，脂膏壅积，聚液成痰，可以成为痰湿不孕。湿毒之邪下注胞宫，浸淫冲任，以致生殖器官溃腐，排出臭秽脓液。

2. 生活所伤

女科疾病的病因除寒、热、湿邪以外，往往由于饮食、劳逸不知适度，影响脏腑、气血、冲任的正常功能而致病。

凡过食寒凉生冷、辛温燥热之品，或暴饮暴食、饥饱失常、偏食嗜食，均可致病。如过食辛热助阳之品，可使冲任蕴热，迫血妄行，因而出现月经先期、量多、经行吐衄、崩漏等症；过食寒凉生冷，尤其是在月经期，易致脾阳受损，寒凝血脉，影响冲任，出现痛经、闭经，或月经不调、带下等症。

妇女在月经期和妊娠期，若从事过重的体力劳动，或不适度的剧烈运动，若不慎跌扑闪挫，登高持重，或撞伤腰腹或头部等，可以影响冲、任、督、带，伤及血气，导致月经不调、崩漏、堕胎等病。此外，手术损伤，如刮宫不当，甚至穿破子宫，均可出现经、产诸病。

3. 内伤七情

属精神（心理）致病因素。凡突然、强烈或长时期的精神刺激，或生活环境改变，均可引起机体阴阳失调、血气不和、脏腑功能失常，进而影响冲任损伤而发生疾病。七情之中，尤以忧、怒、哀、恐影响较著。如郁怒伤肝，肝气失于调畅柔顺而损伤，可致月经失调、痛经、月经过多、经行吐衄等。忧思过度伤脾，脾为气血生化之源，又为统血之脏，脾气耗损，可致月经失调、闭经、崩漏等证。悲哀太甚伤肺，肺主一身之气，气道不畅，血亦随之而不调畅，可致月经不调等病。恐惧过度伤肾，肾失闭藏，则冲任不固，经、带、胎、产诸病均可发生，尤以崩漏、堕胎等症为多。

4. 体质因素

女性由于先天禀赋之差异和后天条件的影响，可形成不同类型体质，如发育不良，素体衰弱，或偏于阳虚，或偏于阴虚，或偏于脾虚，或偏于肾虚，或性情抑郁，或体形过胖，或过于消瘦。体质因素影响机体对某种致病原因的易感性，如素体肝郁气滞者，常致月经先后无定期、经行乳胀、产后缺乳等；素体脾虚气弱者，常致月经先期、月经过多等；素体肾虚者，往往出现崩漏、绝经前后诸证、不孕等。

（二）发病机理

1. 肾虚

肾主生殖，女性不孕与肾的关系密切，并与天癸、冲任、子宫的功能失调，或脏腑气血不和，影响胞脉、胞络功能有关。肾有阴阳之气。肾虚可分为肾气虚、肾阴虚、肾阳虚或肾阴阳两虚。肾气，乃肾精所化之气。冲任之本在肾，胞络系于肾，肾气虚往往导致冲任不调，可发生月经病、带下病、女科杂病等多种证候。肾阴亏损，精血不足，以致冲任失养，临床上可出现月经后期、量少、闭经、阴中干涩，或漏下淋漓不畅，以及不孕、胎萎不长等症状。肾阳虚弱，命门火衰，则胞宫失于温煦，临床可见阴部寒冷，性欲下降，宫寒不孕，胎萎不长或堕胎小产等症状；阳虚气微，封藏失职，以致冲任不固，出现崩漏、带下等症状。

2. 肝郁气滞

肝郁气滞，血行不畅，脉络受阻，临床上可出现经行乳胀、痛经、闭经、产后缺乳等；肝气郁结，疏泄无度，可致血海蓄溢失常，而见月经先后无定期。

3. 脾虚

脾失健运，一方面，不能正常运化水谷之精微，生化之源不足，以致血虚气少，血海不能按期溢盈，临床常见月经后期、量少、闭经等症状。另一方面，脾虚气弱，中阳不振，水湿停滞，泛溢于机体，临床常见经行湿滞、带下，或经行浮肿、子肿等症状。湿聚成痰，痰湿阻滞冲任，以致胞脉闭塞，或瘀湿凝聚胎中，结而成块，可出现闭经、不孕、癥瘕等症。

4. 血气失调

血气失调是妇科疾病的重要机理之一。因为月经、孕育都以血为用，而易耗损阴血，故机体相对血分不足。

5. 血虚

血虚可致血海不盈、冲任失养而引起多种妇科病，如月经后期、量少、闭经、痛经、妊娠腹痛等，导致不孕。血瘀为女科常见之病机，所致女科病有痛经、闭经、崩漏、异位妊娠、产后腹痛、恶露不绝、不孕（育）、癥瘕等。其病证虽各异，而机理都属于瘀阻胞脉、冲任，以致经隧不通，或血不归经，或壅聚而成之故，以致不孕（育）。血热与上述病因中感受热邪或肝火炽盛有关。热邪可以损伤血络而迫血妄行，出现月经先期、量多、崩漏、经行吐衄或经行头痛等症状。血寒与病因所述之寒邪有关。寒从内生，阳气不布，影响生化功能；外寒入侵，寒客胞中，血为寒凝，经脉受阻，影响冲任胞宫的正常功能而出现月经延期、量少、痛经、闭经、不孕、胎萎不长等症状。

第三节 女性不孕（育）的诊断与检查

一、病史采集

完整的病史是对疾病诊断和治疗的重要依据，也是总结经验、进一步提高医疗质量不可缺少的资料。在病史采集的过程中，应从关心患者的疾苦出发，耐心倾听病人的陈述，但不能给予诱导或暗示，应当以认真的科学态度，把从患者那里得到的病史资料加以整理，以便明确反映发病的全过程及其特点。病史中应着重反映患者的年龄、职业、文化、初潮年龄、月经情况、婚姻状况、性生活情况（次数、频度、和谐度，有无异常状况）、遗传病等，以及既往有无结核、腮腺炎、性病等，仔细询问病史，从中得到初步诊断及重要的鉴别诊断依据。

二、体格检查

1. 全身检查

包括测量体温、脉搏、呼吸、血压、神志及精神状况、面容体态，注意全身发育及毛发分布情况，皮肤有无黄染，淋巴结有否肿大，头颅大小与肢体是否对称，五官是否端正，颈部是否对称，甲状腺是否肿大，以及乳房、心、肺、肝、脾、脊柱及四肢应按系统进行检查。腹部是否隆起不对称，腹壁有无瘢痕、静脉曲张、妊娠纹、腹壁疝、腹直肌分离等异常。扪诊时注意腹壁厚度，肝、脾、肾有无增大或压痛，腹壁有无压痛、反跳痛、肌紧张，能否触及肿块，若有肿块明确其大小、活动、形态、质地、表面是否光滑，呈结节状还是分叶状以及有无压痛，叩诊时注意鼓音及浊音分布区，有无移动性浊音。

2. 妇科检查

检查外阴部，观察外阴部发育情况，有无畸形，阴毛的多少及分布、阴阜、阴蒂、大小阴唇、会阴、外阴和尿道口有无异常，有无红肿或慢性炎症，外阴皮肤色泽，前庭大腺是否肿大，阴道口处女膜状态（完整为未婚型，破裂为已婚型，仅残余处女膜瘢痕为经产型），有无红肿及处女膜闭锁。检查阴道前后壁有无膨出，用腹压时有无子宫脱垂、尿失禁。外阴检查还应注意有无溃疡、静脉曲张、肿瘤、瘢痕、裂伤及分泌物性状，有无疣状生物。

3. 阴道窥器检查

检查时应注意旋转窥器，检查阴道壁的色泽、分泌物及其性状，皱襞弹性、宽度及长度。黏膜有无充血、出血及溃疡等。观察子宫颈大小、颜色、外口形状，有无糜烂、撕裂、外翻、息肉或肿块，有无肥大的颈腺囊肿、异物、白斑、着色、接触性出血等。

4. 双合诊

经阴道手指触诊的同时用手在腹部配合检查，称为双合诊。检查阴道、宫颈、子宫、输卵管、卵巢及宫旁组织和韧带，以及盆腔内壁的情况。一般在窥镜检查后即进行，体位与窥镜检查时相同。检查时嘱患者放松腹肌或做规律的深呼吸，以利于检查。

5. 三合诊

经直肠、阴道、腹部联合检查称为三合诊。检查时，右手（或左手）食指置于阴道内，中指置于直肠，另手置于小腹部下部协同触诊，以便清楚地了解位于骨盆较后部的子宫直肠窝肿块及子宫和直肠的关系。三合诊在生殖器官良性、恶性肿瘤、结核、内膜异位症、炎症的检查和后倾后屈子宫活动不良不能复位时的检查中尤为重要。

6. 肛腹诊

检查者食指伸入直肠，另一手在腹壁辅助。适用于未婚少女、阴道狭窄或阴道闭锁者。

三、实验室及其他检查

血常规：血红蛋白测定，白细胞计数，白细胞分类计数，红细胞计数，出凝血时间测定，血小板计数。

尿常规：尿液 pH、尿糖、尿酮体、尿蛋白、尿比重、尿沉渣镜检等。通过血、尿常规检查以排除引起不孕不育的急性、慢性疾病的可能性。

大便常规：按需要检查。

白带常规检查：临床上白带常规检查主要有滴虫、霉菌检查。

血型：人类独立的血型系统有 15 种，在输血及妇科不孕症及习惯性流产中，意义最大的是 ABO 血型系统，其次为 RH 血型系统。ABO 血型系统是根据红细胞表面是否有 A 或 B 抗原（又称凝集原）而定。不同血型的血清中又含有不同的抗体（又称凝集素），即抗 A、抗 B 凝集素。当孕妇与胎儿血型不合时就会产生同族血型免疫性疾病。

血沉：妇科中用于诊断有无结核性活动性输卵管炎、子宫 TB 或急性盆腔炎。

红细胞比容：红细胞比容减少见于妊娠毒血症、贫血及血中水分过多，红细胞比容增多见于各种原因引起的血液浓缩（如 OHSS）、红细胞增多症。

血清电解质：临床中主要见于各种原因引起的呕吐、腹泻（如妊娠剧吐、腹泻 OHSS）、垂体前叶肿瘤、肾功能衰竭、肾上腺皮质功能减退、肿瘤等。

肝功能：包括蛋白质、糖、脂类代谢，胆汁分泌与排泄，有毒物质的解毒与排泄，酶的合成，多种凝血因子的生成，激素灭活能力受阻，即间接引起子宫出血。

肾功能：协助了解病情，估计预后，制订治疗方案及观察疗效。

胸部透视：主要用于检查输卵管 TB 时，有无原发病灶在胸部，一般在基层医院较为实用。此外，也可用来排除先天性心脏病、心脏扩大等。

X 线平片检查：①头颅相：一般采用侧位 X 线摄片，临床用于排除蝶鞍有无肿瘤或空鞍的可能。②胸片：子宫内膜异位在气管或支气管的患者，有时在经期胸片上出现异常的小片状阴影。子宫内膜异位在胸膜、横膈膜者，经期胸片中常见气胸，特别是右侧，患者常伴有盆腔内膜异位症及右侧横膈膜缺损。伴盆腔子宫内膜异位症，准确诊断应以病理为准，但手术很难找到异位病灶。排除子宫输卵管 TB，有时原发病灶可在肺内找到，表现为大小不一的云絮状模糊影。③盆腔平片：了解盆腔炎症或肿瘤有无钙化及骨化现象，并观察骶尾骨及两侧髋骨有无病理改变，对不孕不育的诊断有一定价值。

四、特殊检查

（一）基础体温测定

具有正常卵巢功能的育龄妇女的基础体温呈特征性变化。在月经后及卵泡期基础体温比较低（36.6℃以下），排卵后体温上升 0.3 ～ 0.5℃，一直持续到经前 1 ～ 2 日或月经前第一天，体温又降到原来的水平。排卵后体温上升是由于卵巢排卵后有黄体形成，产生孕酮作用于下丘脑体温调节中枢，有致热作用使体温升高。将月经周期每日测量的基础体温画成连线后呈双相曲线，若无排卵则基础体温无上升改变而呈单相曲线。正常排卵妇女，体温升高应持续 12 ～ 16 日，若持续时间短于 11 日，则表示黄体发育不健全。

测定方法：每晚临睡前将体温计水银柱甩至36℃以下，并将其放在伸手即能取到的地方。次日清晨睡醒后，不要活动，不要起床，不要说话，立即将体温计放于舌下，测口腔温度5分钟，每日测量时间最好固定。夜班工作者应在睡眠休息6～8小时后，按上述方法测定体温。将每日测得的体温记录在基础体温单上，最后绘成曲线。应将生活中的有关情况，如性生活、月经期、失眠、感冒等可能影响的因素及所用的治疗，随时记录在基础体温单上，以便做参考。一般连续测量，至少测3个月经周期。

临床应用：①检查不孕原因：测量基础体温以了解卵巢功能、有无排卵以及黄体功能。②指导避孕与受孕：基础体温上升前后2～3日是排卵期，称为易孕期，故可用以指导不孕妇女掌握易受孕的时期应有性生活。③协助诊断妊娠：基础体温于排卵后持续升高。基础体温上升持续3周以上则提示有妊娠的可能。④协助诊断月经失调：基础体温可以反映排卵功能，例如，无排卵性功能失调性子宫出血患者，其基础体温为单相型。根据基础体温上升持续的时间、体温的高低以及下降的方式，又可以反映黄体功能状态。

（二）子宫颈黏液检查

宫颈黏液是宫颈腺体的分泌物，有正常卵巢功能的育龄妇女在卵巢性激素的影响下，宫颈黏液的物理、化学性状有周期性变化。排卵期，在体内高水平雌激素的作用下，宫颈黏液的分泌量增多，含水量增加，宫颈黏液稀薄、透明，黏液丝可拉长达10 cm以上。排卵后，在孕激素作用下，宫颈黏液分泌量减少，变为混浊、模糊，黏液丝仅能拉至1～2 cm。月经干净后到排卵期，宫颈黏液的拉丝度逐渐增加，排卵后黏度逐渐增加，拉力迅速减弱。临床上，通过观察宫颈黏液结晶变化及黏液拉丝试验了解卵巢功能。

临床应用：①预测排卵期：以指导避孕或受孕。②诊断妊娠：若月经过期、宫颈黏液检查出现椭圆体持续2周以上，则可能为妊娠；若出现羊齿状结晶，则提示为月经失调而非妊娠。③估计早孕预后：早孕时涂片若见到不典型结晶，提示孕激素不足，有发展为先兆流产的可能。④鉴别闭经类型：闭经患者宫颈黏液出现正常周期性变化，提示卵巢功能良好，闭经原因在子宫；若无周期性变化，则闭经原因在性腺以上部位。⑤诊断功能失调性子宫出血：了解有无排卵，功血患者在无流血时定期检查宫颈黏液，若在流血或流血当日见到羊齿状结晶则提示无排卵。

（三）阴道细胞学检查

观察阴道脱落细胞以间接了解卵巢功能及胎盘功能，一次涂片检查仅能反映当时的卵巢功能或胎盘功能，必须定期连续观察，才能正确掌握卵巢功能或胎盘功能情况。

临床应用：①用于早期宫颈癌的辅助诊断，以及内生殖器恶性肿瘤如子宫体癌、输卵管癌、卵巢癌的辅助诊断。②观察女性激素的分泌情况，了解雌激素的水平，辅助诊断功能性卵巢囊肿。③用于药物治疗后月经的拉丝试验观察。

（四）内分泌试验：激素测定

1. 卵泡刺激素测定

卵泡刺激素（FSH）是脑垂体前叶接受下丘脑促卵泡激素释放因子的作用而分泌的一种激素，主要作用于卵巢，促使原始卵泡生长发育成熟，协同黄体生成素促进发育成熟的卵泡分泌雌激素和排卵，参与正常月经周期的形成。参考值：卵泡期为 5 ～ 20 U/L，在排卵期为 12 ～ 30 U/L，在黄体期为 5 ～ 15 U/L，绝经期为 30 ～ 118 U/L。

临床应用：①诊断性早熟，如女性儿童 FSH 达到成年期水平，应考虑为中枢性；如果 FSH 处于青春期前水平，应考虑为外周原因，如卵巢功能肿瘤或外源性激素所致。②如 LH/FSH 比值大于 3，提示为多囊卵巢综合征。③ FSH 低于正常水平，见于席汉氏病、垂体无功能腺瘤、嗜碱性细胞瘤及嗜酸性细胞腺瘤等。为进一步确定闭经的原因，可做垂体兴奋试验。④如 FSH 升高，达到绝经期水平，提示为卵巢早衰。

2. 黄体生成激素（LH）测定

黄体生成激素（LH）在月经中期促进排卵，参考值：卵泡期为 2 ～ 15 U/L，排卵期为 30 ～ 100 U/L，黄体期为 4 ～ 10 U/L，绝经期为 20 ～ 80 U/L。

临床应用：①估计排卵时间及了解排卵情况。②当 LH/FSH 比值大于 3 时，提示为多囊卵巢综合征。③闭经患者如 LH 水平低于正常，闭经原因在垂体部位及其以上的部位，可做垂体兴奋试验：注射 LH 激素释放激素，比较注射前后血中 LH 的含量，如注射后 15 ～ 30 分钟，LH 较注射前增高 3 倍或更高时，表示垂体功能正常，病变在垂体上部；如注射结果变化不大，可再重复一次试验，若重复结果仍相同，则可认为闭经的原因在垂体本身。

3. 催乳素（PRL）测定

测定 PRL 浓度可间接了解下丘脑、垂体及卵巢的功能状态。

临床应用：①对月经失调、不孕或闭经患者，可检测 PRL，以除外高催乳素血症。②溢乳可与月经失调同时出现，也可迟于月经改变之后出现，如溢乳量少，患者不易发现，为明确诊断，应测 PRL 水平。③ PRL 异常增高，可做 PRL 兴奋或抑制试验，用于下丘脑、垂体功能失调、垂体瘤患者的鉴别诊断。④垂体前叶功能减退症、单纯 PRL 缺乏者，PRL 可减低。

4. 雌激素测定

雌激素主要在卵巢内合成，男女肾上腺皮质网状带也可合成微量雌激素。雌激素的生理作用是维持和促进女性生殖器官和副性征的发育。除此之外，它对中枢神经和体内代谢也有明显的作用。人类血浆中有雌酮（E_1）、雌二醇（E_2）、雌三醇（E_3）等雌性激素，E_2 的生物活性最强。

临床应用：①女性体内雌激素的水平会随着月经周期而呈现周期性变化。如患者突然闭经、雌激素水平持续在早卵泡期或更低的水平，闭经可能是卵巢早衰所致或继发于下丘脑疾病，或是由于高催乳素血症、垂体功能失调或某些药物的作用，如果测定结果符合正常的周期变化，表示卵泡发育正常，可考虑为子宫性闭经。②如果雌激素水平持续在早、中期卵泡期水平，不出现周期变化，常见于多囊卵巢综合征、无排卵性功能性子宫出血的患者。③可以监测卵泡发育。④肾上腺皮质增生或肿瘤患者血浆雌激素升高，尤其是 E_3 升高明显。⑤正常妊娠期妇女的血中雌激素迅速增加大部分为 E_3，是否有胎盘功能不良，尚需配合其他检查，才能正确诊断。⑥雌激素主要在肝脏代谢，肝功能受损时雌激素升高。⑦卵巢炎症或卵巢被切除的妇女，绝经期的血浆雌激素水平降低。

5. 血孕酮测定

参考值：成年女性：卵泡期为 0.64 ～ 4.8 nmol/L，黄体期为 7.7 ～ 80 nmol/L，妊娠晚期为 447 ～ 662.4 nmol/L，绝经后期为 0.19 ～ 2.4 nmol/L。

临床应用：①作为判断妇女卵巢功能的指标之一，正常妇女月经周期中黄体期孕酮值最高，卵泡期最低，可据此确定排卵日。②了解黄体功能，如果孕酮结果低于生理值或月经来潮 4 ～ 5 日仍高于生理值，分别说明黄体的功能不足及黄体萎缩不全。③肿瘤或肾上腺皮质功能亢进者，孕酮升高。④毒血症、流产、严重妊娠中毒症的患者，孕酮一般降低。⑤探讨避孕药及抗早孕药物作用的机理。⑥观察促排卵的效果。

6. 血睾酮测定

女性睾酮一半来自卵巢和肾上腺皮质，另一半来自外周组织的转化。睾酮有促进蛋白质合成的作用，对机体的生长发育有很大的影响，对女性性功能的维持也有一定的作用。

临床应用：①女性多囊卵巢综合征、女性先天性肾上腺假两性畸形、女性两性畸形者睾酮均升高，故测定血睾酮有助于确立诊断。②肾上腺髓质增生症，如 21-羟化酶缺陷或 11- 羟化酶缺陷，或有肿瘤者，排出量明显增加。③先天性卵巢发育不全综合征及原发性的或继发性的肾上腺皮质功能减退者，排出量则减少。④长期服用甾体类口服避孕药者，排出量减少。⑤甲状腺功能亢进、肝硬化、严重外伤及病虚损者血睾酮可略低于正常。

7. 血浆皮质醇测定

皮质醇是由肾上腺皮质分泌的糖皮质激素，其分泌具有鲜明的昼夜节律变化，并与机体的正常活动及应激反应等有十分密切的关系，一般在早晨分泌量最多。参考值：在 8：00 为 50 ～ 280 ug/L，在 16：00 为 20 ～ 90 ug/L，在 24：00 为 20 ～ 50 ug/L。

临床应用：①妇女妊娠或体内雌激素增高引起血皮质类固醇结合球蛋白含量升高时，可使血浆总皮质醇含量升高。② ACTH 激发试验，正常人结果明显增高，而肾上腺功能减退者则变化不显著。③地塞米松抑制试验，单纯性肥胖症和正常人的结果明显降低，而皮质醇增高者不下降。④肾上腺皮质功能亢进、手术、肥胖、创伤、心肌梗死患者的监测值可增高。⑤垂体前叶功能减退、肾上腺皮质功能减退症、垂体肿瘤患者，血皮质醇的含量可降低。

8. 甲状腺激素测定

甲状腺能分泌甲状腺素（T_4）和三碘甲状腺原氨酸（T_3）两种激素，前者合成较多，但后者的生理作用比前者强数倍。甲状腺素有增进生长发育并促进物质代谢的功能，也可直接作用于卵巢改变对促性腺激素的敏感性，或由于全身新陈代谢异常而使性激素的代谢失常，或间接作用于下丘脑，影响下丘脑 GnRH 的分泌，转而使 FSH 及 LH 的产生与释放失调，从而影响卵巢的功能。

临床应用：甲状腺功能的改变对月经生理有重要的影响，功能减退能引起月经过多、闭经或卵巢萎缩，功能亢进则引起月经减少或闭经。

9. 尿 17- 酮类固醇测定

17- 酮类固醇（尿 17-KS），在女性主要来自肾上腺皮质，部分来自卵巢，本测定主要反映肾上腺皮质的功能状态。参考值：成年女性 24 小时的尿 17-KS 为

13.9 ～ 35 mmol（4 ～ 10 mg）。

临床应用：①卵巢男性化、肿瘤及多囊卵巢综合征患者，尿 17–KS 排出量正常或稍高。②睾丸间质细胞瘤、肾上腺皮质功能亢进和肢端肥大症的患者的尿 17–KS 增高。③长期服用甾体类避孕药及先天性卵巢发育不全综合征患者的尿 17–KS 排出量减少。④性机能减退、肾上腺功能减退以及某些慢性病（如肝病、结核、糖尿病）等患者的 17–KS 排出量减少。

10. 尿 17– 羟皮质类固醇测定

尿中的 17– 羟皮质类固醇为肾上腺皮质所分泌激素的代谢产物，尿中的主要成分为四氢可的松、葡萄糖醛酸苷及四氢皮质醇等。检查尿中的含量可以反映肾上腺皮质功能。

临床应用：①垂体前叶功能亢进、肾上腺皮质功能亢进、肾上腺皮质肿瘤及多囊卵巢综合征等患者的排出量增高，尤以肾上腺皮质肿瘤患者最显著。②慢性肾功能不全，如阿狄森氏病及西蒙兹氏病，或因受地塞米松等药物抑制而使排出量减少。

（五）内分泌功能试验

1. 黄体酮试验

可推测卵巢有无雌激素分泌。方法为每日肌注黄体酮 20 mg，共 3 日；或每日肌注 10 mg，共 5 日；或每日口服甲羟孕酮 12 mg，共 5 日。若停药后 3 ～ 7 日出现撤退性阴道出血，则属Ⅰ度闭经；若无出血，即所谓阴性，可能因体内雌激素水平极低，子宫内膜增生不良，子宫内膜先天性缺乏或遭破坏，如幼稚型子宫、严重子宫内膜结核或宫腔粘连等所致。

2. 雌激素试验

孕激素试验后无阴道出血，可做雌激素试验，如每日口服乙酸雌二醇（E_2）0.05 mg，或乙酚 1 mg，共 20 日。若仍无阴道出血，则提示子宫性闭经。若出现撤药后阴道流血，则属Ⅱ度闭经，提示体内雌激素水平低下，其原因在卵巢、垂体或下丘脑功能不良，进一步鉴定需做 FSH、LH、PRL、E_2 测定和 LHRH 试验。

按血清 FSH、LH、PRL、E_2 值鉴别卵巢或垂体性排卵障碍与闭经，PRL 异常增高，而 FSH、LH 水平低，则属高催乳素血症。若 PRL 正常，则按促性腺激素（FSH、LH）水平分成低、正常或高促性腺激素三类。FSH、LH 值＜ 5U/L 示下丘脑–垂体功能障碍；如 FSH、LH 值＞ 40 U/L，示卵巢功能障碍，卵巢功能早衰。如果

FSH、LH 值正常，则可能为多囊卵巢综合征。

3. GnRH 垂体兴奋试验

下丘脑功能不全型：用药前 FSH、LH 基值正常或偏低，用药后反应正常。

垂体功能不全型：FSH、LH 基值低，用药后无反应。发生此情况时，宜连续反复试验，以排除由于长期下丘脑功能抑制引起的垂体处于休眠状态的可能。如仍无反应，则诊断为垂体性闭经。

卵巢功能不全型：试验前 FSH、LH 基值均＞ 30U/L，用药后出现垂体过度反应，示卵巢性闭经。亦可进一步做促性腺激素兴奋试验加以证实。

多囊性卵巢：试验前 LH 基值较高（通常为 FSH 值的 1 倍），用药后 LH 呈过度反应，而 FSH 基值正常或偏低，试验后 FSH 反应值正常。

4. 克罗米芬试验

本试验常提示轻度下丘脑性闭经。如果临床或生化检查证实有良好的反应，则基本上可排除生殖轴的器质性病变的可能。

5. 催乳素功能试验

催乳素（PRL）兴奋试验：①促甲状腺激素试验：正常妇女 1 次静注 TRH100 ～ 400 mg，15 ～ 30 分钟 PRL 较注药前升高 5 ～ 10 倍、FSH 升高 2 倍为阳性反应。垂体肿瘤时不会升高。②氯丙嗪试验：氯丙嗪经受体机制，阻抑去肾上腺素吸收和转化及多巴胺功能，促进 PRL 分泌。正常妇女肌注 25 ～ 50 mg 后 60 ～ 90 分钟血 PRL 较注药前升高 1 ～ 2 倍，持续 3 小时后恢复正常。垂体肿瘤时不升高。③灭吐灵试验：该药物为多巴胺受体拮抗剂可促进 PRL 的合成和释放。正常妇女静注 10 mg 后 30 ～ 60 分钟 PRL 较注药前升高 3 倍以上者为阳性。垂体肿瘤时不升高。

催乳素抑制试验：①左旋多巴试验：该药为多巴胺受体，经脱羧酶作用生成 DA 而抑制 PRL 分泌。正常妇女口服 500 mg 后 2 ～ 3 小时 PRL 明显降低。垂体肿瘤时不降低。②溴隐亭试验：该药为多巴胺受体激动剂，强力抑制 PRL 的合成和释放。正常妇女口服 2.5 ～ 5.0 mg 后 2 ～ 4 小时 PRL 降低 ≤50%，持续 20 ～ 30 小时。功能性 HPRL 和 PRL 腺瘤时下降明显，而 GH、ACTH 的下降幅度低于前两者。

（六）活组织检查

1. 外阴、阴道活组织检查

适应证：①确定外阴白色病变的类型及排除恶变的可能。②外阴、阴道生物，久治不愈的溃疡，为明确诊断，需排除恶变。③滋养细胞肿瘤转移结节或黑色素瘤患者。

2. 宫颈活组织检查

适应证：①可疑宫颈癌或细胞学检查发现可疑恶性细胞或癌细胞，需要明确诊断者。②患慢性特异性炎症，如结核、久治不愈的宫颈炎等，为了明确诊断而行宫颈活组织检查。③宫颈息肉、子宫内膜异位症患者禁用。

3. 宫颈锥形切除术

适应证：①经宫颈刮片、涂片检查多次发现恶性细胞，而经宫颈多次活检或分段诊刮术均未发现病灶者为进一步明确诊断。②宫颈活检为原位癌，或阴道镜发现早期浸润癌，而临床疑有浸润癌，为了确定手术范围。

4. 子宫内膜活组织检查

包括诊断性刮宫及子宫内膜活组织检查。

诊断性刮宫：刮取宫腔内容物（子宫内膜和其他组织）做病理检查。若同时疑有宫颈管病变，则需分段进行刮宫，称为分段诊刮。

适应证：①子宫异常出血，需证实或排除子宫内膜癌、宫颈管癌者；②月经失调，需了解子宫内膜变化及其对性激素反应者；③不孕症，需了解有无排卵；④疑有子宫内膜结核者；⑤因宫腔残留组织或子宫内膜脱落不全导致长时间多量出血者，刮宫不仅为诊断起作用，还起治疗作用。

（七）子宫输卵管造影（HSG）检查

将子宫输卵管造影剂注入子宫输卵管，以显示其内腔情况、位置、大小、形态，有无畸形或病变部位、范围等的一种X线检查方法。此方法对观察输卵管有无阻塞、追查阻塞的原因及了解子宫颈畸形方面有很大帮助。通过造影，偶尔可使阻塞的输卵管畅通。

适应证：①不孕症经丈夫精液检查无异常，患者BBT为双相且黄体功能良好连续3个月经周期，仍未能受孕者。②曾有腹部手术史，如阑尾炎切除术、剖宫产术；曾有盆腔炎病史，如淋球菌感染、产褥期感染等；曾有慢性阑尾炎史或腹膜炎史；患子宫内膜异位症等，因不育而诊治，怀疑有输卵管阻塞。③观察子宫形态，确定有无子宫颈畸形及其类型以及有无子宫腔粘连、子宫黏膜下肌瘤、子宫内膜息肉及异物等。④腹腔镜检查发现有输卵管外粘连，拟行输卵管成形术的术前检查，用HSG能进一步了解输卵管腔内的情况。⑤对多次中孕期自然流产，怀疑有子宫颈内口闭锁不全者，于非孕时观察子宫颈内口是否松弛。

（八）盆腔造影检查

1. 盆腔充气造影检查

盆腔充气造影，是将气体注入盆腔，使盆腔脏器周围充盈气体，以显示女性内生殖器轮廓的一种影像学检查方法。子宫位于盆腔正中，长 7 ～ 8 cm，其最大前后径为 4 ～ 5 cm，厚 2 ～ 3 cm，可偏向一侧或偏向直肠后方。经产妇的子宫大于未产妇的子宫。输卵管自子宫峡部开始向盆腔两侧扩展，管壁光滑，粗细不均，位于卵巢上方，其伞部为软组织影，在充气造影的情况下显示较清楚。卵巢的大小和形态随人的年龄而有差异，幼女的卵巢表面光滑，性成熟者卵巢最大，由于多次排卵使卵巢表面凹凸不平，35 ～ 40 岁者的卵巢开始萎缩，50 岁以上者的卵巢萎缩最明显。输卵管前方延伸有一较薄的软组织影，为圆韧带，充气造影时不易显示清楚。

适应证：①未婚或肥胖妇女疑有盆腔肿块，而双合诊或肛诊不能明确诊断者。②疑有内生殖器发育不全或畸形，如先天性无子宫或两性畸形，输卵管发生畸形及阴道闭锁，不能进行输卵管子宫造影检查者。③疑有卵巢肿瘤及卵巢囊肿者。④观察内分泌失调患者卵巢大小和形态。

2. 盆腔血管造影检查

（1）盆腔动脉造影：通常在局部麻醉下进行，医生持一根导管插入患者的股动脉（大腿动脉），通过导管注入造影剂，以显示盆腔动脉的图像。

适应证：①诊断子宫附件的肿瘤（良性的或恶性的），盆腔肿块过大或粘连时，盆腔造影困难者。②前置胎盘不能明确诊断者。③盆腔脏器出血或动静脉畸形出血者。④检查胎盘在子宫上着床的部位。⑤检查葡萄胎及绒毛膜上皮癌患者的癌细胞有无子宫肌壁及淋巴结转移。⑥内生殖器官血管性疾病的诊断及鉴别诊断，如动脉瘤、血管栓塞、先天性及后天性动静脉畸形等。

（2）盆腔静脉造影：是将造影剂注射入盆腔静脉内，对子宫静脉、卵巢静脉及部分阴道静脉进行显影，以了解盆腔血液流出盆腔的时间。

适应证：①盆腔内有恶性肿瘤，包括原发性肿瘤和继发性肿瘤。②骨盆外伤，疑有盆腔静脉受损者。③盆腔静脉瘀血症或阔韧带静脉曲张者。④子宫颈癌手术放疗后，疑有复发者。⑤疑有盆腔静脉血栓形成者。

（九）妇科影像检查

1. 超声检查在妇科不孕不育中的应用

①监测卵泡发育情况。②观察生殖器官发育是否异常。③阴道 B 超和 C 型超声波检查：C 型超声波比 B 型超声波检查的优点是图像清晰，分辨率高。

彩色多普勒超声检查：多普勒超声诊断技术可显示脏器断面结构，了解脏器内部血管分布及血流动力学信息。

2. 电子计算机体层扫描（CT）

妇科盆腔疾病几乎都可通过 CT 检查而诊断，但对下述几种情况更为适宜。①估计盆腔肿块的来源、大小、性质及与邻近组织的关系，判断良恶性肿瘤及恶性肿瘤的级别。②检查盆腔肿瘤有无复发，衡量手术加放射治疗或化疗后的效果。③病变定位：指导穿刺活检或放射治疗计划的制订。④对临床已知肿块进行鉴别，如囊性、实体性、脂肪性、脓肿等。

3. 核磁共振检查（MRI）

MRI 提供的信息量大于医学影像中的其他许多成像方法。用于妇科生殖系统检查，可以从冠状面、矢状面和横断面三维空间直接显示图像。

适应证：①子宫平滑肌瘤：MRI 探查平滑肌瘤的阳性率很高，直径为 0.5 cm 即可发现，而且能确定其来源为黏膜下、子宫壁内或浆膜下，判断平滑肌瘤有无变性。生育期患者需保留子宫时，可用 MRI 定位，然后在子宫镜下直接切除小肌瘤。②子宫内膜异位：在 T2 加权图像中病灶信号比子宫平滑肌瘤的信号高。③子宫内膜积血或积脓：在 T1 加权像中，这种血性和炎性的混合物液体产生高信号，可做出特异性诊断。④卵巢囊肿：在 T1 加权像中产生低信号，在 T2 加权像中产生高信号。当黄体发生囊性病变时，MRI 表现与功能性囊实性病变一样，在 T1 和 T2 加权像中表现为高信号，与其他含血液的病变如出血性功能卵巢囊肿或子宫腺肌瘤表现相似。⑤卵巢畸胎瘤：在 MRI 上表现为多样，在 T1 加权像为低信号，而在 T2 加权像则为高信号，与含有液体的囊肿具有相同的特征。⑥盆腔炎症：MRI 可显示急性或慢性盆腔炎的疾病范围，并可显示远期的输卵管炎症情况。在 T1 加权像上可以看到沿着子宫表面和盆腔腹膜隐窝内由炎性渗出液产生的低信号区域，在有炎症的盆腔内筋膜线显示得更加明显。在 T2 加权像中，炎性渗出的信号可低于、等于或高于盆腔脂肪的信号。腹腔脓肿可能是急性或慢性感染疾病的并发症，可在 MRI 中显示。在 T1 加权像中，脓肿表现为低至中等强度的均一信号，利用 T2 加权像技术可显示含气的病灶。输卵管积水或积脓，其 MRI 图像均表现为高信号。⑦子宫外子宫内膜异位症：常见部位为卵巢、盆腔、腹胀、直肠膀胱间隔、输卵管、直肠、乙状结肠、子宫颈、子宫韧带、阴道和盆腔其他部位，表现为局部多发的小肿块或大肿块。MRI 可确定其存在部位和分期，但不能显示粘连的程度。

（十）介入放射学

介入放射学在妇科的应用主要包括两大类：一类是血管内介入放射治疗，另一类是非血管性介入放射治疗。

适应证：①各段输卵管阻塞均可试行选择性输卵管造影、通液。②间质部至壶峡部交界部阻塞可试行输卵管复通术。③常规子宫输卵管造影因宫颈太松弛而未完成者。

（十一）子宫探针检查

用金属探针探测生殖器官正常或异常孔道的方法。

临床应用：①宫腔镜手术前的探测。如人工流产、诊断性刮宫及放置或取宫内节育环前，探测宫腔的深度及方向、曲度，以指导宫腔操作。②探测宫颈或宫腔长度，了解子宫发育情况。③检查宫颈及宫腔有无粘连、肿瘤或异物。④探查子宫与盆腔内肿物的关系。⑤探查子宫及阴道有无畸形。⑥了解生殖道瘘管的位置、方向及长度。

（十二）腹腔穿刺检查

妇科病灶多集中在下腹部或盆腔，在 B 超的监测下若有包裹性积液或游离性积液（或结合病史初步判断）行腹腔穿刺检查以协助诊断，有经腹壁和经阴道后穹窿两种途径。

1. 经腹壁穿刺术

适应证：①若疑有异位妊娠破裂出血或腹膜炎性渗出液时，用以辨明腹腔积液的性质和原因。②鉴别贴于腹壁的炎性或血性肿块。③鉴别贴接腹壁且疑为肿瘤而性质不明的病变。④放出大量的腹水以缓解症状，或便于盆腔病灶的检查，此外还可以通过穿刺术向腹腔内注入药物。⑤行盆腔充气造影时，经腹腔穿刺术注入气体，以利于 X 线照射时盆腔器官的充分显示。

2. 经阴道后穹窿穿刺术

常用以辨明直肠子宫陷凹积液或贴接腹部肿块的性质及原因，若为异位妊娠或卵泡破裂等所引起的内出血，或盆腔炎性积液或积脓，多积聚或贴接于直肠子宫陷凹部，经此处穿刺吸取标本送检，可以明确诊断。此外，对贴接阴道后穹窿疑为肿瘤而性质不明者，只可用此法取标本做细胞学和组织学检查以判定。

（十三）内窥镜检查

1. 腹腔镜检查

能直接观察盆腔、腹腔内各类脏器及组织，对某些病因不明的盆腔、腹腔疾病，通过腹腔镜检查可做出诊断。其适应证如下：

（1）诊断性腹腔镜，用于下列情况：①各种不明原因盆腔疼痛鉴别诊断；②对盆腔内各种肿块的定照、定位、分期和治疗后的复查；③子宫内膜异位症的诊断、分期及药物治疗后的复查；④探查不孕症的原因；⑤异位妊娠的诊断，内生殖道畸形的诊断如子宫颈畸形、两性畸形、威廉姆斯综合征等；⑥内分泌疾病的诊断，如多囊卵巢综合征，卵巢早衰等；⑦盆腔恶性肿瘤二次探查的疗效评价，以及卵巢癌的横膈探查等；⑧子宫穿孔的检查及宫腔操作的监护，如子宫穿孔后的吸宫术、畸形、病理子宫的宫腔操作，宫腔镜下电切术；⑨寻找盆腔内异位节育器或其他异物；⑩复孕手术前的评估；⑪原因不明的腹水的检查。

（2）手术性腹腔镜，用于下列情况：①输卵管绝育术（包括电灼绝育法和机械性绝育法）；②取出盆腔内异位的节育器或其他异物；③分离粘连；④小肿瘤穿刺或切割术；⑤取活组织检查；⑥电凝止血，电灼术和激光治疗子宫内膜异位症；⑦辅助生育技术，如镜下卵细胞收集、配子输卵管内移植；⑧局部注药，如异位妊娠或滋养细胞肿瘤患者局部注射 MTX 或 5-Fu；⑨多囊卵巢综合征的镜下治疗；⑩其他，如输卵管通液术、附件切除术、子宫切除术等。

2. 宫腔镜检查

直接观察宫腔，用于诊断和治疗宫腔疾病的宫腔镜有全景式宫腔镜、接触性宫腔镜、显微宫腔镜和显微阴道宫腔镜。其适应证如下：

诊断方面：①原因不明的异常子宫出血：如黏膜下肌瘤、子宫内膜息肉、子宫内膜炎、子宫内膜萎缩等疾病所致的出血。②原发或继发不孕：寻找子宫性不孕的原因，如子宫内腔粘连、子宫内膜结核、子宫颈畸形等。③寻找导致习惯性流产的子宫性原因：如子宫颈内口松弛、子宫纵隔、子宫黏膜下肌瘤等。④子宫腔内异物检查：如节育器移位、断裂、嵌顿及胎儿骨片残留等。⑤可疑子宫内膜癌：可观察癌浸润的范围、部位及宫颈管是否受累。

检查方面：①宫腔粘连：确诊粘连范围、部位，并可在宫腔镜直视下行粘连分离术。②宫腔内膜切除或生物切除术：如子宫内膜息肉、粘连下肌瘤、子宫内膜增生过长等。③必要时应在 B 超检查或腹腔镜联合监测下切除纵隔，以免发生子宫穿孔。④做计划生育手术，如宫腔镜下行输卵管阻塞绝育术（药物、电凝）、输卵管插管通畅术、节育器嵌顿、移位、断裂等，可在宫腔镜检查直视下取出。

3. 阴道镜检查

阴道镜是特殊的放大镜，放大 10 ～ 40 倍（一般放大 20 倍），主要用于对宫颈阴道部黏膜的观察，亦可用于外阴、阴道，一般在临床检查或阴道细胞检查发现异常后进行阴道镜检查。

适应证：①宫颈脱落细胞刮片检查为 LSIL 及以上者。②虽细胞学检查阴性，而肉眼检查观察可疑病变者，如宫颈硬结、白斑、重度糜烂、生物异物等。③慢性宫颈炎经长期治疗无效者。④宫颈糜烂行物理疗法前需排除恶变者。⑤宫颈活检前定位者。⑥宫颈上皮样肉瘤微波治疗后，隔一定时间随访治疗效果。

4. 后穹窿镜检查

阴道后穹窿镜又名子宫直肠窝镜或凹陷镜。该检查方法是经阴道后穹窿做小切口，将穹窿镜插入子宫直肠窝，对子宫、输卵管、卵巢进行观察的一种方法。

适应证：①可疑的宫外孕：当超声检查尚未破裂的输卵管妊娠时，可经穹窿镜确诊。②原发性或继发性不孕症：可用后穹窿镜检查有无炎症或粘连，伞部是否闭锁，亦可行宫腔色素液试验，观察有无色素液自伞部排出。③子宫内膜囊肿：需向穹窿无粘连者行分离粘连，或吸出囊内积液后行酒精注射治疗。④输卵管造口术或显微外科整形术后，了解手术效果，如有轻度粘连则予以分离。⑤包块鉴别：盆腔内小的包块需要与卵巢巧克力囊肿、卵巢单纯囊肿、早期卵巢癌、子宫浆膜下肌瘤、双角子宫、炎症包块等加以鉴别，必要时取活检。⑥计划生育手术：可经穹窿镜进行绝育手术。

（十四）性交后试验

性交后试验是检测精子对宫颈黏液穿透性和相容性的试验。试验前患者禁性交 2 ～ 3 日，当日深夜或该日清晨性交，于性交后 2 ～ 8 小时内检查。阴道扩张器上不涂润滑剂，插入阴道暴露子宫颈后，用消毒干燥长镊子或带有塑料管的针对性筒，伸入子宫颈外口上方 10 cm 处，夹取或吸取黏液，取出后在体外张开镊子观察黏液的拉丝度，或注在玻片上，用玻片覆盖后提起盖玻片，观察黏液的拉丝度。接近排卵期时宫颈黏液的拉丝度应超过 8 ～ 10 cm，将宫颈黏液置于清洁干燥的玻片上，放上玻片，在 400 倍的显微镜下观察。

正常生育能力妇女，精子在子宫颈黏液中滞留 4 ～ 10 小时后仍能保持一定的活力，故该试验可在性交后 6 ～ 24 小时进行。

宫颈黏液检测的实际意义：①精液内精子存在，表明性交方法是正确的。②精液内每高倍视野下有 21 条及以上活动精子，表示男方精液中的精子数至少每毫升超过 2000 万条，有足够的生殖能力；女方有足够的雌激素产生，有充分的宫颈黏液以贮留精子，精子与宫颈黏液的相容性是好的。③黏液稠浊、量少，不一定表示宫颈管不能产生黏液，可能是所选择的日期不恰当，可于 48 小时后重复检测，或于下次月经周期中，更细心地判断排卵日期，重复这一试验。④黏液稠浊、量少，但并非因选择日期不妥当者，可用小剂量雌激素来改善，对月经周期为 28 日的病员，可在月经周期的第 5 ～ 13 日间，每日口服炔雌醇环丙孕酮片 0.0125 mg、倍美力片 0.625 mg，以增加宫颈黏液量并改善其性状。由于重度子宫颈炎引起者，经做防癌涂片检查后，可做激光或电烧灼治疗。上述治疗并不引起子宫颈外口狭窄，相反，由于炎症被治愈，对 PCT 或生育更为有利。⑤精液中无精子或精子不活跃，经排除性交技术不良及外用润滑剂等原因影响外，要考虑隐伏的男性因素，如功能性不射精、逆行射精，或严重的精液不液化或无精子症。尚需注意免疫因素，进一步做有关免疫方面的检测。⑥如果采用氯米芬做促进排卵治疗，其剂量能有效促进排卵，但由于氯米芬有拮抗雌激素作用，使宫颈黏液稠浊者，可于停药后 5 日起，口服炔雌醇环丙孕酮片 0.0125 mg，每日 1 次，共 7 日，以增加宫颈黏液量及改善其质地。

（十五）相合试验

1. 宫颈黏液与精液相合试验

在预测的排卵期，取女方的宫颈黏液和男方新鲜精液各一滴，置同一玻片上，相距 2 ～ 3 mm，轻轻摇动玻片，使两液相互接近，然后在显微镜下，观察精子对宫颈黏液的穿透能力。如果精子不能进入宫颈黏液，或精子在宫颈黏液中活动受限，应做精子穿透交叉试验。

2. 宫颈黏液、精液交叉试验

对上述相合试验不成功者进行本试验。除受检的夫妇提供宫颈黏液及新鲜精液外，尚需一名健康男子提供新鲜精液，另一名健康妇女提供预测排卵期的宫颈黏液。其方法是：取受检者妇女之宫颈黏液 1 滴，供精液者精液 1 滴，置同一玻片并两者相距 2 ～ 3 mm；另一玻片取受检者精液 1 滴和健康妇女的宫颈黏液 1 滴，相距 2 ～ 3 mm。两片分别进行穿透试验，借以判断受检者之相合试验不成功的原因，在女方还是在男方。

皮肤温度测定法：根据乳房不同部位皮肤表面的温差来判断排卵日。测温点的选择，在室温 18 ～ 20 ℃内，裸露双侧乳房，静坐 15 分钟后，在红外线热像仪观察下，确定动态皮温点（热区）TD 在乳晕外侧缘；紧靠乳房下缘的无血管区为静止皮温点 TS。在排卵日前 3 天起，两处温度差别渐渐缩小，在排卵日两处温差最小，从排卵后第 1 天起两处温差即明显增大。

阴道电阻（VER）测定：利用宫颈黏液或唾液内离子含量的周期性改变，通过电阻的相应改变来预测排卵。

唾液电阻（SER）测定：唾液电阻测定是在女性的生理周期内，在唾液的结晶的变化与宫颈黏液结晶图像的变化是同步的。适用范围：①可得知正常的生理机能，监测排卵具有指导作用。②选择最佳妊娠时机。③精确掌握排卵时间，解决不孕问题。④选择避孕，防止意外妊娠。⑤若无排卵，及早就医，预防疾病。

雌二醇峰值测定及月经周期中的 LH 峰监测：可间接表明体内雌激素水平，亦可用放射免疫法直接测定血中雌激素值。

唾液激素的测定：唾液 E_2 及 P 水平与血内这两种激素含量有很好的相关性。因此近年国内外已开始测定唾液 E_2、P 值及上述酶的活性来预测排卵。

雌激素、孕激素受体的测定：子宫内膜及性激素靶组织（细胞）中雌、孕激素受体（胞浆受体和胞核受体）亚细胞结构、含量和功能，是性激素生物调节的重要机制。因此，性激素受体测定可了解性激素亚细胞水平的作用机理和功能状态，揭示某些妇科内分泌疾病的发生机理，指导抗孕药物的筛选和抗性激素的临床应用。

免疫学检查：了解宫颈黏液对精子的反应及精子穿透黏液的能力，是检测生殖道局部是否存在精子抗体的方法之一。

宫颈黏液精子抗体的测定：是诊断女方免疫性不孕的最可靠方法，精子－宫颈黏液接触试验用于判断精子抗体是存在于宫颈黏液中还是精液中。

母儿血型不合的检查：本病可造成同种免疫反应。母儿血型不合时，胎儿从父遗传下来的红细胞血型抗原，为其孕母所缺乏，这一抗原在妊娠分娩期可进入母体，激发母体产生相应免疫性抗体，当再次妊娠时受到相同抗原刺激时，可使该抗体的产生迅速增加。抗体通过胎盘进入胎儿体内，与胎儿红细胞结合产生免疫反应，使红细胞聚集破坏而发生溶血，称为新生儿溶血病。母儿血型不合，主要是威胁胎儿的生命，对孕母有时因胎盘过大而引起产后出血需预防。本病有两大类，即ABO 型和 Rh 型。ABO 型较多见，Rh 型少见，但 Rh 型胎儿（婴儿）的危险性大。

第四节　男性不孕（育）的诊断与检查

男性生育力的检查有其复杂性和特殊性。在不孕（育）夫妇中，男性生育力异常的比例不低于 50%，每对因不孕（育）而就诊的夫妇，男方都应首先进行生育力检查。

一、病史采集

采集详细而完整的病史对男性不孕不育的诊断十分重要，也是诊治患者的首要步骤。除了遵循一般疾病史的采集方法外，还应询问患者的性生活史、节育史、妊娠史及妇科疾病史，并着重询问影响男性生育力的各种因素和有关疾病。

婚姻史：结婚时间、年龄，是初婚还是再婚，婚后同居时间。女方年龄、职业，曾否结过婚，是否有过生育、流产，健康状况，是否做过全面检查，有没有引起不孕的原因。

性生活史：是否采取节育措施、节育方法、持续时间；性交技巧，插入、射精、是否采用润滑剂；性交频率与时间，是否与女方排卵期同步，女方有无停经史、妊娠史及流产史。

个人史：工作和生活环境，有无化学物接触史，是否从事高温作业，有无烟酒嗜好，饮食习惯，是否常食棉籽油等。

既往史：采集既往史时最好按下列顺序系统地、详细地询问。①发育史：睾丸下降年龄，青春发育年龄，青春前期有无肥胖史，有无乳房增生史。②传染病史：童年时患过腮腺炎，是否同时出现睾丸肿大、疼痛等症状；如果患过结核病，治疗是否及时、正规，是否治愈。③外伤、手术史：有无生殖器官外伤史，如有需说明损伤部位、治疗情况；是否做过泌尿生殖系统手术，包括尿道狭窄、尿道下裂修复术、睾丸固定术、前列腺切除术、膀胱手术、盆腔或腹膜后手术，腹股沟疝修补术、鞘膜积液翻转术、交感神经切除术、输精管结扎术以及其他可能与不孕不育有关的手术，因为这些手术有可能损伤生殖器官或者影响生殖器官的功能。④泌尿系统疾病史：有无慢性尿路感染病史（如性病及非特异性尿道炎），需详细询问治疗方法和治疗效果，因后尿道炎可引起精子凝集；并了解最近有无尿频、尿急、尿痛及血尿等不适症状。⑤呼吸系统疾病史：有无慢性呼吸道疾病（如慢性支气管炎、支气管扩张、慢性鼻窦炎等），因可能影响生育并发综合征。⑥其他疾病：如糖尿病、甲状腺疾病、心血管疾病、肾脏疾病、过敏性发热或病毒感染（可影响精液质量），以及先天性疾病等与不孕不育相关的病史。⑦药物史：详细询问患者近期和过去服用过的药物（许多药物可影响精子发生和阴茎勃起、射精）。⑧其他：化学物品、放射线、热水浴、桑拿浴等是否经常接触和使用。因高温会影响精子发生。

家族史：包括父母健康情况，是否近亲婚配，有无先天性疾病和遗传性疾病。母亲的生育史，包括是否足月顺产，兄弟、姐妹的生育史以及有无先天性、遗传性疾病。

女方妇科病史：妻子生长发育史、月经史，有无溢乳症、经间期痛经、多毛症等，以及患过何种妇科疾病及治疗效果。其女方的家庭史中有无先天性或遗传性疾病史。

二、体格检查

1. 全身检查

应注意体态、体型、营养发育情况、第二性征发育、体毛分布等。如有异常，应测量其身高、体重和肢体长度。如染色体异常疾病的克氏综合征在童年无异常体征，而青春发育延迟，到成年仍有小睾丸、小阴茎，体形较高、下肢细长、两指距超过身长的 10 cm，肩窄、臂宽大，可有智力迟钝，男性第二性征不发育：无胡须，无喉结，无阴毛，可见男性乳房发育。精液中无精子。血清睾酮低，而 FSH 升高，染色体检查发现有 2 条或 2 条以上 X 染色体。另外，脑垂体疾病可引起肢端肥大症。肾上腺皮质功能亢进，引起柯兴氏综合征。同时，注意测体温、血压和检查心、肺、胃、肠及神经系统等。

2. 男科检查

不孕不育症患者的生殖器官检查是重点，应认真按顺序进行检查。

阴茎：大小、长度，有无硬结，有无包茎，包皮能否外翻。如包茎口狭窄，可造成射精困难，应行包皮环切术。阴茎硬结症患者，阴茎在勃起时呈弯曲状态，可造成性交困难。另外，阴茎畸形、尿道下裂、尿道上裂等均会影响生育。

阴囊：检查时应注意有无皮疹、象皮肿、窦道、肿块，有无鞘膜积液、疝气及精索静脉曲张等。做精索静脉曲张检查时，患者取站立位，若静脉曲张不明显，可嘱患者屏气，加大腹压，能发现轻度静脉曲张。一般精索静脉曲张发生在左侧，双侧较少见。精索静脉曲张可分为四级：①重度：站立位或平卧位均见明显静脉曲张；②中度：站立位见明显曲张，卧位时隐约可见；③轻度：站立 10 分钟后屏气可见；④亚临床型：即隐匿型，无明显临床体征，需做多普勒超声检查、核素扫描或 X 线造影等特殊检查。

睾丸：检查时，患者取立位或平卧位。触诊检查有无睾丸，睾丸位置、硬度及弹性，有无触痛和肿块。软睾丸常提示生精障碍。软而小的睾丸提示预后不良。测量睾丸体积对男性生育力的评估有重要意义。研究者认为睾丸体积大小与精子密度的对数值及活动精子百分率呈显著的正相关关系，睾丸体积不仅可反映睾丸的内分泌状态，而且可初步估计睾丸的生精功能，因此睾丸测量具有重要的男性学意义，是一项方便而不可忽视的诊断手段。

附睾：正常情况下，在睾丸的后外侧可扪及质地软、表面光滑、边界清楚的附睾头、体、尾。有炎症时可扪及结节及触痛，常可引起附睾管阻塞，检查时还可扪到头部饱胀、肿大、表面光滑。不完全阻塞可导致少精症，完全阻塞可造成无精子症。

输精管：取站立位，在睾丸内上方可扪及质韧、平滑、粗细均匀、无触痛的输精管。若有结节、增粗或纤细均视为异常，若扪不到输精管，则应进一步确定是否系先天性双侧输精管缺如。

肛诊：主要检查前列腺和精囊，注意前列腺大小、质地、平滑度、中央沟是否浅平、有无结节及触痛。必要时按摩出前列腺液做化验检查。在正常情况下，精囊扪不到，当其肿大时可触及且有触痛。

三、实验室检查

1. 精液常规检查

精液颜色：正常为灰白色或乳白色，久置后变透明，禁欲时间长久后射出的精液可呈淡黄色。如为棕红色，则视为血精，可考虑精囊炎或前列腺炎。

精液气味：标本不应有异样恶臭。正常精液的气味是强烈刺激性气味，这是由于精氨氧化的缘故，精氨是由前列腺分泌的，若缺乏这种气味表示有前列腺功能损害，如前列腺炎患者的精液常缺乏这种气味。

精液液化时间：刚射出的精液呈稠厚的胶冻状。导致精液凝固的成分来自精囊分泌的凝固酶。先天性双侧输精管缺如，常伴有精囊不发育，因此这类患者的精液是不凝固的。精液液化可出现在射精后 3 ～ 5 分钟，亦可发生在 20 分钟后，精液变成稀薄的液体，如 60 分钟仍不液化，则视为异常，称为精液不液化症。精液的液化主要由前列腺分泌的精液蛋白酶所致。精液不液化症常见于前列腺和精囊疾病患者。精液黏稠度增加，提示前列腺液的液化酶系统分泌失常。

精液黏稠度测定：刚射出的精液呈胶冻状，经一系列蛋白酶的分解，精液液化，不液化或液化的不全的精液黏稠度增高，可引起精子穿透子宫颈黏液的障碍而造成不孕。测定已液化的精液黏稠度的方法是，将标本吸入一支 5 mL 吸管内，然后让标本依重力作用滴下，观察成丝的长度。正常标本离开吸管时呈不连续的小滴，异常时液滴形成大于 2 cm 的长丝。另一种方法是，将一根玻璃棒插入标本中，然后观察提起玻璃棒时形成的丝的长度，同样不应超过 2 cm。据观察，慢性前列腺炎患者的精液不液化的发生率明显升高。

精液量：以刻度离心管测定精液液化后的精液量。精液量与禁欲时间的长短有关。正常每次射出精液的容量为 2 ～ 6 mL，平均为 3 mL，如少于 2 mL 或多于 8 mL 视为异常。95% 的精液为前列腺液和精囊液，因此精液量极少可提示上述腺体有功能性缺陷或存在逆行性射精。而双侧输精管梗阻时，精液量不会显著减少，先天性双侧输精管缺如患者精液量极少（0.2 ～ 0.5 mL），且精液不液化。

精液 pH 测定：正常精液 pH 为 7.2 ～ 7.8。测定方法是将一滴精液均匀涂在 pH 试纸条上，30 秒后浸润区的颜色应一致，将其与标准带比较，读出数值。检查时应注意不能将精液搁置过久，应及时送检，否则会影响检查的准确性。偏酸时精子的活力和代谢水平呈直线下降，反之碱化达 8.4 时精子活力增加，过于碱性时精子活力又下降。夏天受气温的影响，排出体外的精液 pH 极易变化，pH 应在射精 1 小时内测定，搁置过久即变酸性。如 pH ＜ 7 伴少精症，可能是输卵管、精囊腺或附睾发育不全（世界卫生组织将 pH 正常范围定为 7.2 ～ 8.0）。

果糖：精浆中的果糖产生于精囊，是精子的营养物质，正常精浆中的果糖浓度为 1.2 ～ 4.5 g/L，低于 1.2 g/L，常见于精囊炎、雄激素缺乏、射精管部分梗阻或不全性射精。精浆中果糖消失，则见于精囊缺如或完全性射精管梗阻。

精子密度与精子总数：精子密度是指每毫升精液中所含精子数量。精子总数是指每次射出的精液所含精子的总数。若显微镜下未见精子，可将标本离心 15 分钟，去上清液，取沉淀物做镜检，仍未见精子，才能诊断无精子症。精子密度与精子总数的检查同样重要。若精子密度正常，精液量低，使精子总数低于 2000 万～ 4000 万 /mL 者，可引起生育力低下。反之，精子总数正常，而精液量过高，使精子密度下降至低于 2000 万 /mL 也可使生育力下降，此类患者可采用分步射精做人工授精。精子计数有一定误差，通常重复 2 次计数，研究者提出精液稀释 100 ～ 200 倍比稀释 20 倍测得的精子数更准确。

精子活率分析：检查精子活率，要求抽样正确，取样适当，温度合适，否则会影响检查结果。室温为 25 ～ 30 ℃，最好在恒温箱内分析检查，如精子活动不甚活泼而当时室温又低，可将标本加温至 31 ～ 35 ℃再计数。

精子活动力分析：精子活动力受多种因素的影响，如时间、温度、精液的液化程度等，因此必须注意温度适宜，精液液化充分，精液不能搁置过久。

精子速度试验：用精子速度试验（室温 28 ～ 34 ℃）检测 54 例生育力正常者精液标本，其平均速度为 3.49+21.39 μm/s，范围为 4.32 ～ 109.65 μm/s。将精子平均速度与摄片法所测得的前向运动精子平均速度进行相关性测验，结果为显著正相关。

精子活力和精子前向运动的刺激试验：精子存活率和刺激精子活力两种试验相结合检查，可以明确不活动精子是死精子还是由于各种原因使活动精子暂时失去运动能力。因为妇女生殖道中存在着刺激精子活动的因子，用刺激精子活力的方法处理后将精液用于人工授精的方法已被采用。

精子的形态检查：精子分为头、体、尾三部分，头部正面为卵圆形，侧面为扁平形，尾部长而弯曲，外形如蝌蚪。正常精子头部亦可有生理变异，如大头、小头、圆头或尖头。幼稚型精子有小头，头部有附加帽，体部有附加物。衰老型精子有头部胞浆出现黑点、头部全部着色、头部不着色等。

精浆生化检查：精囊分泌液量最大，为 50% ～ 80%；前列腺分泌液量为 30% ～ 54%；睾丸、附睾及输精管分泌量为 3% ～ 5%。精浆主要提供输送精子和营养精子的基质，且能激发精子的活力。精浆的生化分析，对分析附属性腺功能，可提供具有一定参考价值的资料。酸性磷酸酶、锌、镁是前列腺的特殊分泌物。果糖和前列腺素是精囊的分泌物。肉毒碱 95% 来自附睾。测定精浆中这些成分能评估前列腺、精囊腺和附睾的分泌功能。

2. 精子功能试验

常规精液分析评价生育力的准确率约为 70%。即使常规精液分析完全正常者仍存在不孕（育）的可能，精液分析不正常者仍有可能使生育力正常的女性怀孕。开展的测定精子功能的实验有：①精子活力；②膜完整性；③精子形态；④精子结合到透明带；⑤顶体形态及顶体反应；⑥精卵相互作用的评估，包括对透明带穿透的顶体酶活性试验等；⑦精子结合到卵膜试验；⑧精子染色质解聚试验。这些功能试验为预测精子的体外受精能力提供了更多依据。

性交后试验：试验方法简便易行，不需要精密的仪器设备，适用于基层医院检测。

精子毛细玻璃管穿透试验：穿透介质最好为排卵期妇女的宫颈黏液，其他替代的介质其理化性质应接近于排卵期妇女的宫颈黏液。

3. 前列腺液检查

显微镜检查：前列腺液在显微镜高倍镜下可见卵磷脂小体、血细胞、精子等。①前列腺发炎时，巨细胞可以吞噬卵磷脂小体，所以卵磷脂小体减少，而且有成堆的倾向。②正常时前列腺液内红细胞极少，往往在炎症时才出现。按摩过重也会引起前列腺损伤，而引起少量出血，镜下可见较多红细胞。除白细胞外，还可见到吞噬细胞。③患有滴虫感染，做前列腺液镜检可检出滴虫。

生化测定：测定前列腺液的生化成分，可以了解前列腺小体的生理活动、代谢状态和病理改变。测定 pH、锌、酸性物质的含量。

4. 内分泌检查

内分泌功能测定包括血清生殖激素测定和刺激试验两种。血清生殖激素测定能反映下丘脑 – 垂体 – 性腺轴的功能。

生殖激素测定：通常临床上只测定 LH、FSH、PRL、睾酮（T）、雌二醇（E_2）。

刺激试验：包括克罗米芬试验、促性腺激素释放激素（GnRH）试验、人绒毛膜促性腺激素（HCG）试验。

克罗米芬试验：实际上是下丘脑 – 垂体储备功能试验。如能直接测定血中 LHRH 含量，此试验有可能成为鉴别下丘脑和垂体水平病变的重要试验。临床上作为判断性腺功能低下症是原发性还是继发性的依据。此试验应用于低促性腺激素型性低下和青春发育期的评估。

GnRH 试验：一般采用促黄体生成激素释放激素（LHRH）做刺激试验，来检验垂体的储备功能。

HCG 刺激试验：HCG 具有 LH 的活性，能刺激睾丸间质细胞合成和分泌睾酮，该试验可以检查睾丸间质细胞的功能状态。肌注 HCG 吸收缓慢，正常反应需要 24 小时后达高峰，试验前先取血样测 T 基础值，然后每天肌注 HCG4000 IU，共 4 天，第 3 天、第 4 天各取血样 1 次，测 T 值，正常男性注射 HCG 后期延缓反应接近于正常。

测定血清生殖激素对男性不育症的诊断有重要意义，具体如下：

（1）当不育男性血清生殖激素测定出现 FSH、LH 及 T 明显降低，睾丸容积缩小，精液质量极差，甚至无精症时，可诊断为促性腺低下的性腺功能低下症。为了进一步明确患者是垂体病变还是下丘脑病变，必要时可做克罗米芬刺激试验，或进行影像学检查，以排除垂体、下丘脑肿瘤。

（2）激素测定可鉴别睾丸损害或输精管梗阻。如睾丸体积缩小而 FSH 明显升高，即可判断为睾丸生精功能有明显损害；若同时伴有 T/LH 值的明显降低或单独 T 值明显降低，可判断睾丸曲细精管和间质细胞的同时损害。如睾丸体积正常、生殖激素正常的无精症患者，可初步诊断为梗阻性无精子症。

（3）对同一类病因引起的不育症，如精索静脉曲张、附性腺感染不育、免疫不育、获得性睾丸损害不育等，以及特发性无精症、少精症、弱精子症、畸形精子增多等，其激素测定结果应结合睾丸体积测定、第二性征表现及精液检查结果，才能判断这些不孕不育患者睾丸损害程度，FSH、LH 升高和 T 下降与睾丸损害程度呈正比关系。

（4）从生殖素测定来判断睾丸功能的损害程度：睾丸容积与 FSH 呈负相关关系，当睾丸总容积小于 20 mL，血清 FSH 高于正常值数倍时，提示生精功能严重损害。LH 及 T 主要反映睾丸间质细胞功能，而与睾丸大小不成正比关系，可能与曲细精管多少有关，有些病例，虽睾丸体积明显缩小，但睾丸间质细胞损害较轻，因此 LH 及 T 值可保持在正常范围。T/LH 的比值更能反映间质细胞的功能。

（5）生殖激素测定也为睾丸活组织检查指征提供依据。当不育患者的精子密度为 0 或极低、睾丸总容积小且软，测得的 FSH 高于正常范围 2 倍以上，说明睾丸的生精功能严重损伤，而不必再做睾丸活组织检查来证实诊断。如不育者精子密度为 0，睾丸容积正常，并且 FSH 也在正常范围，精浆果糖阳性，患者绝大多数为梗阻性无精子症。在睾丸大小和 FSH 水平之间有差异的任何一个伴有无精子的病例中，为明确睾丸生精功能情况，则考虑做睾丸活组织检查。

5. 免疫学检查

检测循环或局部的抗精子抗体（ASAb），对于明确诊断和预后均有重要的临床意义。

精子凝集试验：临床上的检测方法有：①明胶凝集试验（GAT）测定的抗体类型为 IgG 和 IgM。②试管玻片凝集试验（TSAT）可以观察精子凝集的数量和精子凝集的类型，如头对头凝集、尾对尾凝集、头尾结合。计算精子凝集数与自由活动精子数的比值，10% 为阳性结果。研究者认为每 100 个活动精子中，有 8% 或更高比例的精子发生凝集，也可判定阳性结果。在 TSAT 试验中，血清内起凝集作用的活性物质为 IgG 和 IgM。③浅盘凝集试验（TAT）可以避免 GAT 的缺陷。TAT 比 GAT 灵敏度高，许多用 GAT 检测不出的头对头凝集型，用 TAT 能测定出来。在 TAT 试验中，血清内起凝集作用的活性物质为 IgG 和 IgM。

补体依赖法（或细胞病毒法）：又称细胞毒法。当抗体与精子表面抗原相互作用时激活补体系统，导致细胞膜损伤，引起精子制动，故亦称精子制动试验。

免疫标记法：测定特殊抗原和抗体免疫球蛋白，常用方法有两类，即间接免疫荧光法和酶联免疫吸附测定法。

免疫珠结合法（IBB）：也称 IBT。可以鉴别抗精体的类型，世界卫生组织（WHO）提示它与 GAT、GIT 呈显著相关，说明它们测定的一类抗体，IBB 灵敏度最高。

6. 细胞遗传学检查

每次射出精液中精子总数少于 2000 万，睾丸容积 ≤10 mL 者，应做性染色质和核型鉴定。

性染色质检查：在男性不育症或两性畸形病症中有一定诊断价值。性染色质分为 X 染色质（又称 x 小体）和 Y 染色质（又称 y 小体）。

染色体核型分析：染色体核型分析是诊断由染色体畸变引起的不孕（育）症的一种比较常用的检查方法。先将染色体计数，同时观察有无结构畸变。常规检查 50 ～ 100 个细胞，挑选 2 ～ 3 个细胞在油镜下显微摄影，冲洗放大，把每条染色体剪下，配对编组成染色体分析图。根据染色体的大小、形态把正常人的染色体分成 23 对。其中 22 对为常染色体，以 1 ～ 22 编号，共 7 组，一般用字母 A ～ G 代表 7 组，一对性染色体以 X 和 Y 命名。染色体畸变可引起不育或生育能力减弱。

染色体显带技术：染色体显带技术有 G 显带、Ag-NOR（即 N 带）和高分辨 G 显带等，广泛用于男性不育症的诊断。

7. 性传播疾病（STD）的检查

梅毒的实验室检查：暗视野显微镜检查。①早期梅毒皮肤黏膜损害可查到梅毒螺旋体。②梅毒血清试验：非螺旋体抗原试验常用方法有性病研究实验室玻片试验（VDRL）、血清不加热反应素玻片试验（usr）、快速血浆反应素环状卡片试验（RPR）及自动反应素试验（ART）；螺旋体抗原试验有荧光螺旋体抗体吸收试验（FTA–ABS）和梅毒螺旋体血凝试验（TPHA）等，螺旋体抗原试验特异性高，作为主要诊治断试验。③脑脊液检查：对神经梅毒的诊断、治疗及预后的判断均有帮助，检查项目包括细胞计数、总蛋白测定、VDRL 试验及胶体金试验。

淋病的实验室检查：在多形核白细胞内找到革兰氏阴性双球菌，对淋病才有诊断意义。①涂片：男性尿道口分泌物直接涂片染色，镜检在中性粒细胞中革兰氏阴性双球菌，即可明确诊断。涂片法对男性淋病性急性尿道炎阳性率检出达 93% ～ 99%，但对症状不典型，尤其是女性患者检出率低。②培养：淋球菌极其娇嫩，标本要注意保温或立即送检。接种预温的巧克力（色）血琼脂平板，在 5% ～ 10%CO_2 下孵育 24 ～ 48 小时，可疑菌做涂片染色镜检。③聚合酶链反应（PCR）对淋菌检测比较灵敏。

非淋菌性尿道炎的实验室检查：该病也是一种 STD，其病原体主要是衣原体及支原体，与男性不育有关。①衣原体感染的诊断主要依赖实验室检查。②支原体的实验室检查主要是人工培养和 PCR 检测。精液或前列腺液的 PCR 检测，在支原体的诊断中有快速、准确的优点。

软下疳的实验室检查：排除梅毒。确诊必须从生殖器溃疡中分离出杜克雷嗜血杆菌，或革兰氏染色找到菌体。

生殖器疱疹的实验室检查：有条件的可做病毒分离，用免疫荧光检查病毒包涵体；电镜检查病毒颗粒；酶联免疫吸附试验或放射免疫测定检测病毒抗原。

艾滋病的实验室检查：①免疫学检查：循环淋巴细胞显著下降、TH 细胞减少，TH/TS ＜ 1.0；T 细胞功能下降：迟发型皮肤试验转阴，体外试验证明以非特异性有丝分裂原刺激时，T 细胞反应降低，T 细胞的细胞毒作用下降，白细胞解毒 –2 及 r– 干扰素产生减少；B 细胞功能失调：多克隆性高球蛋白血症、新抗原刺激不产生应有的抗体反应，自然杀伤细胞活性下降。②病毒及抗体检查：检测病毒，细胞培养，分离病毒，检测病毒抗原，检测病毒核酸及检测逆转录酶活性等；检测 HIV 抗体。筛选试验有免疫荧光技术、酶联免疫吸附试验及放射免疫试验。特异性较强的检测方法有放射免疫沉淀法及蛋白质印迹法。

四、特殊检查

1.X 线检查

输精管、精囊造影：适应证：①睾丸形态、大小、质地均属正常范围，而精液中精子数少或无精症，精浆果糖偏低。②附睾无异常，睾丸活组织检查生精提示基本正常。③血清 FSH 正常，睾丸检查亦无异常。④有射精无力或性高潮时疼痛，疑有输精管道阻塞。⑤需做输精管或附睾吻合者，在阴囊探查时同时进行。

阴茎海绵体造影：阴茎海绵体造影是将造影剂注入阴茎海绵体内，借以检查阴茎海绵体及基底静脉回流情况的一种方法。临床上可用于检查静脉回流异常所致的阳痿。

尿道造影：下列男性不育患者可考虑进行尿道造影：①先天性尿道异常；②慢性复发性前列腺炎和尿道炎；③射精能力障碍；④前列腺和精囊腺在肛指检查时有异常发现者。

前列腺造影：适用于前列腺增生、前列腺癌、前列腺炎、前列腺囊肿等。①间接法：用尿道膀胱摄影或气体膀胱摄影检查。②直接法：把液体造影剂直接注入前列腺组织内，或采用前列腺周围组织充气法进行。造影剂经直肠或会阴注入，如经直肠法：病人取截石位，用 17 号长针经直肠刺入前列腺，用造影剂 20 mL，以每秒 1 ～ 2 mL 的速度注入，注射完毕后摄影。前列腺增大时，前列腺尿道延长、狭窄、向前弯曲；前列腺脓肿时，脓肿部分凸入膀胱内。用直肠摄影法可了解前列腺的大小、形态。

精索静脉造影：适用于诊断由隐匿性精索静脉曲张引起的男性不育症患者。精索静脉曲张造影方法有三种，即经股静脉造影法、阴囊静脉造影法和手术中直视下造影法。精索静脉造影不仅能为临床可疑患者确诊，而且能为选择治疗方法提供依据。

选择性阴部内动脉造影：是诊断血管性阳痿时必须进行的检查项目。它不仅能明确诊断，还可以了解血管闭塞的部位、范围、程度和性质，进行各种盆腔和阴茎血管的重建手术，以恢复功能。

2. 超声波检查

前列腺位于后尿道周围，紧贴直肠前壁，通常用 B 超显像仪的探头插入直肠做 360° 扫查，以获得前列腺的超声图像。也可用线阵式探头从耻骨上区通过充满尿液的膀胱，获得前列腺的横切面图像。

正常前列腺：①经腹壁途径：横切面图显示前列腺呈栗子形，边界清晰，内部回声均匀，尿道周围的内腺回声稍低，外腺回声略高。纵切面图往往只显示其上部，下部受耻骨遮挡，图像与直肠途径相似，但图像清晰度略差。②经直肠途径：纵切面图在正中线可见尿道内口，呈浅凹形，排尿时张开呈漏斗状，且显示前列腺尿道、膜部、球部尿道和精阜，前列腺右侧叶的纵切面图呈慈菇形，内部回声均匀，边界整齐。横切面图基本与经腹壁法相同，但图像更清晰。

前列腺增生症：可见前列腺形态增大。经腹壁途径常在内外腺分界线上发现结石；经直肠途径更易显示前列腺内的回声增生结节，形圆界清。

前列腺癌：①前列腺增大和凸出，但其程度不如前列腺增生症；②前列腺内部回声不均匀，出现强回声斑和低回声区；③前列腺失去常态，左右不对称或边界高低不平；④侵犯邻近组织，浸润膀胱颈部的三角区，使之增厚、高低不平，或向精囊侵犯，或累及直肠壁。

慢性前列腺炎：慢性前列腺炎声像图表现为前列腺的大小、边界无明显异常，内部有大小不定、部位各异的斑状回声，不伴声影。

阴囊超声检查：阴囊内容较浅表，用线阵式探头探测时，宜采用间接法。即在探头与阴囊之间隔一水袋，这样既可使接触良好，又可使阴囊内容物落入仪器的最佳探测范围。正常睾丸大小约为 2 cm × 3 cm × 5 cm。其声像图为卵圆形实质暗区，在暗区内有分布均匀的细小散在光点，外周有明亮的环状轮廓光带，甚易识别。睾丸萎缩时，睾丸的实质暗区缩小，而睾丸内光点改变。正常时，睾丸鞘膜在声像图中重合部分。当睾丸鞘膜积液时，在睾丸周围的大部分有无回声的暗区围绕，透声良好，无回声暗区的大小与积液量成正比。如为精索鞘膜积液，其无回声暗区不围绕睾丸。肿瘤侵及睾丸一部分时，超声显示睾丸暗区的一部分增大，光点增多。肿瘤侵及整个睾丸时，则正常睾丸图像消失，只见到光点增多的睾丸肿瘤图像。精原细胞瘤显示极多的散在光点，且分布均匀。畸胎癌和畸胎瘤声像图的光点分布不均匀，出现斑状光团。胚胎癌的声像图介于两者之间。混合性肿瘤的回声光点增多。

3. 电子计算机体层扫描（CT）

前列腺增生：常好发于中叶或外侧叶，CT 扫描可发现前列腺超过耻骨联合上缘 20 ～ 80 mm。另外，如前列腺内有结石或钙化时，也可清楚显示前列腺内的点状或圆密度图像。

前列腺癌：CT 扫描可发现如下征象。① 75% 的前列腺癌源于后叶包膜下，仰卧位扫描见膀胱精囊角消失，系癌肿外侵的一种特异征。②癌可延尿道黏膜扩展侵及膀胱壁。③约 80% 的癌肿累及精囊时，有盆腔淋巴结转移，如髂内、外动脉及腹主动脉旁处转移。

睾丸发育异常：CT 扫描可清楚显示未下降睾丸的位置，以及异常睾丸与睾丸发育不良的情况。

睾丸肿瘤：可显示睾丸肿瘤的大小、形态、程度及外侵现象，并可发现盆腔、腹腔及纵隔淋巴结转移。

4. 核磁共振（MRI）检查

MRI 在生殖系统的应用，可用不同断面扫描了解前列腺大小，与膀胱、尿道的关系。前列腺增生症多呈均质性增大，但也出现不均匀的信号。前列腺 T1 加权像显示减弱信号区，T2 加权像则为强的信号区。但炎症也可产生类似的变化，对诊断早期前列腺癌的价值尚待进一步探讨。对临床已肯定诊断的前列腺癌，可显示是否侵犯膀胱、精囊、淋巴结等。

5. 放射性同位素检查

阴囊同位素血池扫描检查：静脉注射同位素标记体内红细胞后，摄取阴囊区血池显像。左右阴囊明显不对称为阳性，程度不对称为边缘性，无不对称为阴性。单侧精索静脉曲张适宜用此法，但测定结果中有一定比例的假阳性和假阴性。

睾丸显像：主要用于鉴别睾丸扭转和急性附睾炎。正常双侧睾丸血运对称，若患侧较健侧血流减少，提示睾丸扭转；若血流增加则为附睾炎。

6. 活组织检查

（1）睾丸活组织检查：能直接判断精子发生的功能，或精子发生障碍的程度，以及睾丸合成类固醇激素的功能情况。

睾丸活组织检查有一定手术创伤，适应症为：①睾丸体积、激素水平正常的男性不育者。②不能解释的少精症（＜ 1000 万 /mL）FSH 在正常范围，可通过活组织检查判断生精能力。③无精症而 FSH 低于正常一半者，考虑为促性腺激素低下的睾丸功能低下症，可活组织检查，若曲细精管管腔大小尚可，且有生殖细胞，则为选择 HCG 治疗提供依据。④腮腺炎引起睾丸炎，而 FSH 不高的病例，睾丸活组织检查可提供支持治疗的证据。⑤药物治疗前后的评价，有时可采用活组织检查。⑥活组织检查可早期诊断生殖细胞瘤。⑦活组织检查同时可做阴囊探查，若怀疑有梗阻可做输精管造影及附睾头部穿刺检查。

（2）前列腺活组织检查：适用于性质难定的前列腺肿块，临床症状及直肠指诊疑属恶性病或伴有血清酸性磷酸酶升高者，用于确定前列腺肿块的组织学类型，以便选择治疗方案，判断前列腺癌经细胞毒或激素治疗后的效果。

7. 其他检查

阴囊热图像检查：利用红外线成像技术把人体表面温度分布状态转化为肉眼可见的图像的一种检查方法。阴囊的红外线图像可客观地反映精索静脉曲张时阴囊温度的变化，但此法的可靠性较差。

阴茎动脉血压和阴茎 / 臂指数检查：正常人和血管性阳痿病人之间阴茎血压有显著差异，而阴茎血压与上臂血压的比值更为敏感。首推多普勒超声技术。阴茎血循环正常时，阴茎收缩压与全身平均动脉压基本相等。如果阴茎收缩压＜ 4 kPa 则为异常。阴茎 / 臂指数＞ 1 则为正常，＜ 0.6 为异常。这时可做盆腔窃血试验。

盆腔窃血试验（PST）：研究人员发现当血管发生短路时，如供应大腿和小腿的血管阻塞后，盆腔的动脉血就会分流过去，从而使阴茎血液供应减少而导致阳痿，称之为“盆腔窃血”现象。这种现象在休息时表现不出来，只有在运动后才能显示出来。在运动前测阴茎 / 臂指数后，让患者运动大腿及臂部肌肉数分钟后，再测该指数，与运动前相比，如该指数下降 0.1 以上则有诊断意义。

内窥镜检查：如尿道镜检查尿道及精阜部位是否有病变，有时可做射精管插管造影检查。

第五节　中医诊断概要

一、女性不孕（育）症的诊断

（一）四诊要点

1. 问诊

（1）一般问诊：询问年龄、职业、民族、结婚时间、婚后生活情况以及配偶的健康状况和生育能力等。

（2）现病史：主要是指发病时间、主要症状、起病原因、发病经过和病情的发展过程，有哪些兼证或伴随症状，以及同时存在其他什么疾病，曾经做过何种检查，诊断是什么，做过哪些治疗，治疗效果如何，等等。

（3）旧病史（既往史）：可以按系统回顾的方法逐一进行。主要在于了解与女性不孕症关系比较密切的疾病有关的诊治经过，包括手术情况、疗效、对药物有无过敏反应等。

（4）月经史：对女患者必须问清月经情况，包括月经初潮的年龄、月经周期、持续时间、经量、经色、经质的变化、行经时有无痛处，以及末次月经的时间、性状等。如果月经初潮年龄过迟，周期不定，量少色淡，多为肾气不足、冲任欠盛。经行先后无定期，经量或多或少，多由肝郁或肾虚所致。

（5）带下史：主要了解带下量、色、质、气味的变化及其伴随症状，辨别其寒、热、虚、实等。

（6）婚育史：了解是否怀孕过，妊娠次数及妊娠、分娩时情况，有无流产、早产、难产和产后并发症、腹部手术史，计划生育措施情况和其他病史。如果屡次滑胎而男方功能正常者，多为肾气不足。

（7）个人史：主要了解患者的生活环境、工作性质、个人嗜好、主要经历、卫生习惯等。

（8）家族史：主要了解家族中有无遗传性、传染性疾病史，兄弟姐妹中有无雷同的病史。

2. 望诊

（1）望神色：神是指患者的神情、神志，即精神意识活动。色是指面部和肌肤的颜色与光泽。通过观察身体的形态动静、面部表情、肌肤色泽、语言动作等方面的表现，了解患者的脏腑、气血的盛衰。一般来说，双眼灵活、精力充沛、神志清楚、反应灵敏、面色红润且有光泽、肌肤润泽、语言清晰者，均为正常的表现，预后亦多良好。

（2）望形态：身体形态的强弱，与五脏功能的盛衰是统一的。主要包括望形体胖瘦、骨肉坚软、身体姿态、动作状态等。一般来说，身体强壮则外强，体虚弱则外也弱，若体形肥胖多痰湿或气虚，体形瘦弱多有疾病或阴虚火旺。

（3）望舌：包括观察舌质、舌形和舌苔两方面的情况。舌为心之苗，为脾之外候，苔为胃气所生，因此，脏腑的盛衰、气血的虚实、病邪的深浅，都可以在舌质和舌苔上反映出来。

望舌质：可以观察脏腑精气的盛衰，从而判断疾病的预后和转归。主要内容为察舌的颜色、形态的异常。舌淡白，多为虚寒证；舌红，多属热证，若为久病之人，则多为阴虚；舌绛红，为内热深重或热入营血；舌淡白而胖，多为阳虚；舌瘦红而少津，则为阴虚；舌紫，或有紫色斑点，多为血瘀之证。舌尖有芒刺，多为心火亢盛；舌边有芒刺，多为肝胆郁火；舌中有芒刺，则为胃肠热盛。

望舌苔：观察舌苔的变化，可以推断病情的变化，有助于了解病位的浅深、津液的存亡，为辨证论治提供依据。望舌苔，包括望苔色和苔质。白苔为病邪在表，或为寒证，或为湿证的征象；黄苔多主里证、热证，浅黄色为热轻，深黄色为热重，焦黄为热结之象；灰黑苔多指病重。病情轻者，舌苔多薄；病情较重，或内有积滞，则舌苔多厚。腻苔多为湿证的征象，白腻为寒湿，黄腻为湿热，腐腻为食积或痰浊内盛。镜面舌（舌无苔），则为阴亏枯竭之象。在望舌苔时，需注意假苔现象，即由于服药或食物等原因而在舌苔上染色，给人以一种假象，尤其是舌苔与疾病不符时更需注意，认真辨别，去伪存真。

（4）望性征：从乳房可以了解发育是否正常，通过观察两侧乳房是否对称，有无异常隆起，有无溢液，皮肤有无其他改变，可以粗略地了解第二性征是否发育成熟，再进行妇科检查，可以清楚地了解女性发育状况，对于女性不孕症的诊断具有重要的指导意义。女子先天性生理缺陷的“五不女”（“螺”“纹”“鼓”“角”“脉”）中的“螺”（阴道有螺旋纹，不能性交）、“纹”（先天性阴道狭小或缺如）、“鼓”（处女膜闭锁）、“角”（阴蒂过长，两性畸形）是指女子生殖器先天性发育不良、缺如、闭锁或畸形，这些情况可以在望诊过程中了解到。外阴检查，可以了解外阴发育是否正常，有无畸形，阴毛分布茂密或稀疏，阴蒂的大小长短，外阴有无炎症及损伤，前庭大腺有无炎症或肿大等异常情况。生殖器检查，可以了解处女膜是否闭锁，阴道大小、长短，有无闭锁或隔膜，有无溃疡、出血、瘘孔、肿物，阴道前后壁有无膨出等。通过望性征，了解患者的生殖器官发育情况，以便对其生殖能力做出初步诊断。

（5）望带下：正常的白带是指妇女阴道内流出的一种黏稠液体，如涕如唾，绵绵不断，津津常润。望带下主要是观察带下的颜色、数量和质地。带下色白量多为脾虚，色黄或赤为有热，清稀如水为肾虚；色黄质稠，或成脓状，或夹血液，或浑浊如米泔，多为湿热下注或湿毒内蕴之候。

（6）望月经：正常的月经是指妇女一月一次的月经，行经时间大约持续 3 ～ 7 天，经色多为暗红色，开始时色淡，中间逐渐加深，以后又成淡红，不凝结，无血块，不稀不稠，无特殊臭味，总量一般为 50 ～ 100 mL。望月经主要是观察月经的颜色、量的多少和质地。月经量多、经色深红、质稠有血块者，多为血热证；月经量多、经色淡红、质地稀薄者，多为气虚；月经量少、色淡、质清稀者，多为脾虚血亏；月经量少、色暗有块者，多为血瘀证。

3. 闻诊

闻诊主要是闻患者的声音、气息有无异常，闻月经、带下有无特殊气味。

听声音：主要是听患者语言气息的高低、强弱、清浊、缓急，有无叹息等。语低气弱者，多为气虚；语高气粗者，多为实证；语声重浊者，常见于外感。

闻月经、带下：主要在于辨别寒、热，有无兼杂病证。经、带腥臭者，多为寒湿为患；自秽者，多属热毒；腐臭难闻者，多为湿热蕴结或湿毒。

4. 切诊

切诊包括脉诊和触诊。医生运用手的触觉，在患者的一定部位进行触、摸、按、压，以了解患者的病情。

脉诊：采用三指定位法，寸口诊脉。主要体察脉动应指的形象，包括脉搏的频率、节率、充盈度、显现的部位、通畅的程度和波动的幅度等。通过诊察脉象，来辨别病症的部位、性质，以及正邪抗争的情况。一般来说，女子之脉比男子稍弱，略沉而柔，有的尺脉较盛，有的右脉大于左脉；正常的经期脉象应为弦滑或滑利；孕脉则为两尺滑利，即“手少阴脉动甚”。若诊到其他脉象，则多为病脉。脉诊是一种既重要又较难掌握的诊断方法，需要反复实践，细心体会，才能觉察出其中的细微变化，经过长期积累，才会掌握得比较熟练。脉诊可以反映人体脏腑、气血的盛衰、邪正消长的趋势，从而为辨证施治提供依据。

触诊：触诊是对患者的肌肤、四肢、脘腹以及其他部位，按一定的程序施行触、摸、按、压，以了解该部位的冷热、软硬、有无压痛和痞块或其他异常变化，以推断有无疾病。在女子不孕（育）症的检查中，主要为按腹部和按阴部。按腹部在于了解腹部有无肿块，查明其位置、大小、形态、质地和活动度，有无压痛，皮肤的润燥、冷热及弹性等。按阴部，即检查生殖器官，主要是检查外生殖器的弹性、有无触痛、硬结，前庭大腺是否肿大；阴道的长度、紧张度、弹性，有无畸形、疤痕或肿块，穹窿部是否粘连狭窄；宫颈的大小、硬度、有无摇举痛；宫口是否开大、宫口内有无内容物、宫颈有无接触性出血等。通过生殖系统的检查，了解患者生殖功能状况，以便对患者的生育能力做出正确诊断。

（二）辨证要点

女性不孕（育）症的辨证，除了根据女性特点——经、带、胎、产等临床表现的特征作为主要依据外，还应结合全身证候，通过对四诊所获取的症状、体征等资料进行分析，辨明其相互关系，然后进行辨证论治。

1. 八纲辨证

阴、阳、表、里、寒、热、虚、实八者，称为八纲。八纲辨证，就是运用这八个纲进行辨证。各种疾病所表现出来的症状、体征虽然错综复杂，但都可以用八纲来分析、归纳，说明病变的部位、疾病的性质、病情的轻重、病变过程中正邪的盛衰等。

2. 脏腑辨证

女性不孕（育）症的脏腑辨证还有其特殊性。主要表现为：肾气虚者，月经初潮较晚，月经先后无定期，量或多或少，头晕耳鸣，腰酸腿软，小便频数或余沥不净，舌淡红，苔薄白，脉沉弱。肾阳虚者，月经过少，经行泄泻，带下清稀量多，畏寒腹冷，腰脊酸痛，性欲减退，舌淡嫩，苔薄白而润，脉沉迟弱。肾阴虚者，月经先期，量少色红，或闭经或崩漏，五心烦热，颧红咽干，失眠盗汗，足跟痛，舌质红，或有裂纹，少苔或无苔，脉细数。肝郁气滞者，月经先后无定期，色暗有块，痛经，经前乳胀，或闭经，精神不舒，善叹息，小腹胀痛，苔薄，脉弦者。肝郁化热者，月经先期，量多，或崩漏，经行吐衄，头晕目眩，口苦咽干，心烦易怒，舌质红，苔薄黄，脉弦数。肝经湿热者，月经过多，经期延长，经色紧暗，有臭味，带下量多，黏稠，有秽臭味，胸胁满闷，心烦口苦，小便赤热，大便秽溏，舌质红，苔黄腻，脉弦数。脾气虚弱者，月经先期，量多，经期延长，带下量多，神疲肢软，少气懒言，食后脘胀，舌胖有齿印，脉缓弱者。脾虚湿困者，月经后期，或稀发、闭经，形体肥胖，头晕且重，胸脘痞闷，口淡而腻，苔白腻，脉滑缓者。心脾两虚者，月经先期、量多，或后期、量少，面色萎黄，头昏目眩，心悸气短，纳谷不馨，舌淡，脉细弱者。

3. 气血辨证

气血失调是女性不孕（育）症中最常见的发病机理。妇女月经以血为用，以致身体处于血分相对不足、气分有余的状态。正如《灵枢・五音五味》所云："妇人之生，有余于气，不足于血，以其数脱血也。"在生理上，气血又是相互依存、相互滋生的。凡伤于血必影响气，伤于气又必累及血，二者之间紧密相关。在病理上，仍要注意区别血病、气病的不同病机。一般来说，寒、湿、热常引起血分病变；情志的变化，又易引起气分病变，久病又会累及血分。只有充分了解其病理发展过程，才能做好辨证施治。

气虚病者，月经先期而行，或经期延长，经色淡、量多，面色白，少气懒言，倦怠乏力，舌淡，脉虚缓无力。气滞病者，月经过少，月经先期，经行乳胀，痛经，经色暗、有块，胸胁胀痛，小腹胀痛，舌淡红，苔薄，脉弦。血虚病者，月经色淡质稀，先后无定期，面色苍白或萎黄，头晕眼花，舌淡红，脉细无力。血寒病者，月经后期，量少色淡，痛经，得温则缓，面色不华，形寒肢冷，舌淡，苔白，脉沉。血热病者，月经先期，量多色红，经行吐衄，面红口渴，心中烦热，舌红，苔黄，脉数。血瘀病者，月经不调，量少色暗，质红，有血块，块下痛减，甚或闭经，下腹疼痛，痛有定处，舌质紫暗，或边有瘀点，脉弦或涩。

4. 冲、任、督、带辨证

女子冲、任、督三脉皆起于胞中，带脉则环腰一周，络胞而过，四脉均与胞宫有着密切的联系。其中，冲为血海，是气血汇聚之所，人身先天之元气与后天之水谷精气皆汇于冲脉。任脉主一身之阴，凡精、血、津、液都属于任脉总司，为人体妊养之本。督脉总领诸阳经，主一身之阳，维系人身元气。带脉约束诸经，使经脉气血循行保持常态。四脉相互调节与滋养，维持着女性的正常生理功能。无论任何因素影响了其中任何一个方面，均会导致机体发生病变，胞胎也随之，出现妇女经、带、胎、产诸疾。

冲、任、督、带受损的病因，可分为直接和间接两个方面。直接病因主要为邪毒感染和房室不节，间接病因则为脏腑功能失常和气血失和所致。常表现为：冲任不足者，月经后期量少，甚或闭经，面色苍白，眩晕乏力，舌质淡嫩，脉沉而迟；冲任不固者，月经先期，经期延长，月经过多，甚或崩漏，面色萎黄，肌肤不荣，头晕耳鸣，舌淡红，脉沉弱。若兼杂其他病因，则其病理表现亦可因此而具有相应的虚实证象，其中，实证常见的有寒凝气滞、气滞血瘀、血热妄行、湿热下注等，虚证可出现劳倦伤气、脾虚不固、精气不足等征象。

（三）确定病位与病因辨证相结合

一般来说，人类的正常生育需要具备三个基本条件，即有正常的精子和卵子，精子和卵子能够结合形成受精卵，受精卵的着床与发育。其中任何一个条件受到影响或损害，均会导致不孕或不育。根据妇女的生理特点，女性不孕症在病位上主要责之于肾、肝、脾、胞宫和冲、任、督、带诸脉，病因多种多样，主要有外感六淫、情志所伤、饮食劳倦、房事不节和不洁以及外伤等。

肾主藏精，为天癸之源，主生殖，肾无实证，故肾之为病多为虚证，或为肾阳虚，或为肾阴虚，多由素体阳虚，或久病失调，或房劳过度而致肾阳虚弱；因禀赋不足，或久病伤阴，或房事不节，或情志内伤，耗伤肾阴，导致肾阴亏损。

肝主疏泄，体阴而用阳，肝之为病有虚有实。虚证多为肝阴虚损、肝血不足，实证多为外邪浸淫或肝火亢盛，如肝肾阴虚、肝血不足，以及肝气郁结、肝火上炎、寒滞肝脉、肝胆湿热等。

脾为气血生化之源，人之天癸源于先天，然而有赖于后天水谷精气的不断滋养，方能日臻成熟、源源不绝。脾之为病，其病因多为寒、湿、燥、热、食积等因素，致病以虚证为多，如脾胃气虚、脾阳虚衰、脾气下陷、脾不统血、寒湿困脾等。

女子胞，又称胞宫，主月经和孕育胎儿，以气血为本。胞宫之为病，外感以寒、湿、热邪为主，内伤以情志不畅、房劳失节多见。寒、湿、燥、热邪易与气血相搏，影响气血运行以及气机的升降，导致血寒、血热、血瘀、血虚、湿热、寒湿、气逆、气虚、气陷、气滞诸病。

冲、任、督、带皆与女子胞关系密切，邪毒感染或房事不节，则径伤冲任，出现血凝气滞、血热妄行、湿热下注、气滞血瘀等，而脏腑功能失调、气血失调也会影响四脉，导致冲、任、督、带为病。

（四）宏观与微观辨证相结合

女性不孕（育）症在宏观辨证上既有先天因素，又有后天因素；既有外因，又有内因。在微观上可以分为卵巢功能异常、黄体功能不全、精子免疫和卵子免疫等。卵巢是卵子发育、成熟和排出的场所，因此，卵巢若有疾病就会影响排卵，造成不孕。黄体功能不全是指黄体分泌孕酮不足或黄体过早衰退，以致子宫内膜分泌功能不良，影响孕卵着床，造成不孕。精子免疫是指精液在阴道内作为一种抗原，被阴道或宫颈的上皮细胞吸收之后，在女方血液中产生了抗精子抗体，从而使进入阴道的精子发生凝集或失去活动能力，造成不孕。卵子免疫是指卵子细胞透明带上产生的一种特异性抗原，不仅阻止受精，而且会阻碍透明带酶的溶解与孵化机制，从而使孕卵无法着床，造成不孕。

因此，将宏观辨证与微观辨证相结合，卵巢功能异常大致可以辨为肾气不足、肾阴亏损、肝气郁结、肝郁化火、痰湿内蕴、气虚血瘀六个证型。黄体功能不全可以辨为命门火衰、肾阴不足、肝气郁结、痰湿内蕴四个证型。精子免疫缺陷可以辨为肾阳虚损、肾精不足、肝气郁结、痰湿内蕴四个证型。

（五）辨证与辨病相结合

女性不孕（育）症不是一种独立的疾病，常可由多种妇科疾病或全身性疾病引起。在这些疾病中，比较常见的有卵巢功能异常、输卵管炎、输卵管阻塞、子宫内膜炎、子宫内膜异位症、宫颈炎和阴道炎等。因此，要弄清女性不孕（育）症的病因，必须通过检查，掌握四诊的详细资料，把辨证与辨病结合起来，做出正确的诊断。根据各个疾病的病因病机与临床表现，一般来说，在这些妇科疾病中，卵巢功能异常可以辨为肾气不足、肾阴亏损、肝气郁结、肝郁化火、痰湿内蕴、气虚血瘀等证型。输卵管炎和输卵管阻塞可以辨为气滞血瘀、脾肾阴虚、寒湿瘀滞、痰浊阻滞、瘀热互结等证型。子宫内膜炎可以辨为气虚血瘀、脾肾阳虚、湿热下注、痰湿内蕴四个证型。子宫内膜异位症可以辨为阳虚血瘀、气滞血瘀、寒凝血瘀、瘀热互结、痰瘀互结等证型。宫颈炎可以辨为肾阴亏损、肝郁化火、湿热下注、湿毒壅盛等证型。阴道炎可以辨为肾气虚弱、阴虚火旺、湿热下注、湿毒壅盛等证型。

（六）常见证型

1. 肾阳虚

临床表现：婚后日久不孕，形寒肢冷，面色晦暗，精神疲惫，腰酸或痛，少腹发凉，初潮较晚，月经后期，量少色淡，甚至闭经，带下清稀，量多色白，小便清长，大便溏薄。舌质淡，苔白润，脉沉细尺弱。

证候分析：肾虚冲任失养，血海不足，故婚久不孕。肾阳不足，命门火衰，故形寒肢冷，面色晦暗，精神疲惫。腰为肾之府，肾阳虚则腰酸或痛。肾阳虚不能温煦胞宫，故少腹发凉。肾虚机体宫血不足，血海空虚，冲任虚损，故月经初潮较晚，月经后期，量少色淡，甚至闭经。阳虚则内寒，肾阳不足，带脉失约，任脉不固，故带下清稀，量多色白。肾阳虚，上不能温暖脾阳，下不能温煦膀胱，故小便清长，大便溏薄。舌质淡，苔白润，脉沉细而尺弱，均为肾阳虚衰之征象。

治疗法则：温补肾阳，调补冲任。

代表方剂：毓麟珠，艾附暖宫丸。

2. 肾阴虚

临床表现：婚久不孕不育，头晕耳鸣，形体消瘦，颧红潮热，五心烦热，心悸失眠，月经先期，量少，色鲜红，质稠或有小血块，带下量少。舌红，少苔，脉细数。

证候分析：肾主生殖，肾虚则精血亏损，冲任失调，无以孕育，故婚久不孕不育。肾主骨生髓，开窍于耳，肾虚则髓海不足，孔窍不利，故头晕耳鸣。阴虚生内热，消灼津液，故形体消瘦。阴虚不能敛阳，阳浮于外，故颧红潮热，五心烦热，心悸失眠。肾阴不足，虚火内扰，故月经先期，量少，色鲜红，质稠或有小血块，带下量少。舌红，少苔，脉细数，均为肾阴不足之征象。

治疗法则：益肾滋阴，调冲填精。

代表方剂：养精种玉汤，左归丸。

3. 肝郁

临床表现：婚久不孕，精神抑郁，烦躁易怒，嗳气食少，少腹坠胀，月经先后无定期，经行不畅，量或多或少，色暗，或有血块，伴有痛经。舌质暗红，苔薄白，脉细弦。

证候分析：情志不舒，则肝失条达，气血失调，冲任不能通盛，故婚久不孕。肝气郁结，则情志抑郁。郁久化火，故烦躁易怒。肝郁气滞，横逆犯脾，故嗳气食少。小腹为胞宫所居之处，肝经所至，气滞则小腹坠胀。肝失疏泄，气血逆乱，血海不宁，故经期或前或后，经量或多或少，经行不畅。气滞则血瘀，故月经色暗，或有血块，或伴痛经。舌质暗红，苔薄白，脉细弦，均为肝气郁结之候。

治疗法则：疏肝解郁，调理冲任。

代表方剂：开郁种玉汤，逍遥散。

4. 痰湿

临床表现：婚久不孕，形体肥胖，精神困倦，面色白，头晕心悸，胸闷泛恶，月经后期，量少色淡，或月经稀发，甚至闭经。脾虚湿困，湿浊下注，故带下量多。舌胖大，苔白腻，脉细滑，均为痰湿内蕴之征。

治疗法则：燥湿化痰，理气调冲。

代表方剂：启宫丸，苍附导痰丸。

5. 血瘀

临床表现：婚后久不受孕，或曾经流产、早产及妇科手术后两年不孕。胸闷烦躁，皮肤干涩，少腹胀痛，月经量少，经行不畅，色黑有块，痛经，块下痛减，或淋漓数日。舌质紫暗，或有瘀点、瘀斑，苔薄，脉沉涩。

证候分析：瘀血内停，经脉受阻，冲任失调，血滞胞脉，故婚久不孕。若因流产、早产和妇科手术，极易损伤胞宫及其脉络，气机郁滞，瘀血内聚，故继发不孕。气机阻滞，故胸闷烦躁。气血运行不畅，不能荣于肌肤，故皮肤干涩。瘀血阻于胞脉，故少腹胀痛。瘀血内阻，冲任失养，血海不充，故月经量少，经行不畅，经色黑、有块。气滞血瘀，不通则痛，故痛经，血块下则瘀滞稍通，故疼痛减轻。瘀血阻滞胞脉，新血不守，血不循经，故月经淋漓数日。舌质紫暗，或有瘀点、瘀斑，苔薄，脉沉涩，均为血瘀内阻之象。

治疗法则：活血化瘀，行气调冲。

代表方剂：桃红四物汤，少腹逐瘀汤。

二、男性不孕（育）症的诊断

（一）四诊要点

1. 问诊

（1）问婚育：患者的婚前和婚后情况是本病的诊断关键。主要在于了解患者的婚育情况、性功能状态、性生活是否和谐、同居情况、有无避孕、配偶有无人工流产、自然流产、再婚者有无生育史，用以区别原发性还是继发性。

（2）问年龄：年龄与男性生育和性功能的关系密切。男性的生理功能在各个年龄阶段有着不同的特点，尤其是随着年龄的增长，男性的性功能和生育能力会出现增龄性变化，即逐渐下降的趋势。

（3）问病史：应注意那些可能影响男性性功能和生育力的病史和因素。首先要了解患者儿童时期的健康和患病情况，如有无隐睾和腮腺炎病史，有无生殖器官的外伤和感染病史，身体发育情况，有无溃疡病史、糖尿病史、高血压病史和病毒性肝炎、结核病等传染病史，有无药物过敏史。在家族病史中，要了解父母两系及姐妹的健康状况和有无遗传性疾病史。

（4）问个人生活史：患者生活的环境、习性、嗜好与不孕（育）症有着密切的关系。要了解患者是否去过疫区，有无化学毒物和放射性接触史，有无烟酒等特殊嗜好，有无长期食用棉籽油史，有无不洁性生活史。

（5）问精候：对于不孕（育）诊断，问精候有直接的参考价值，包括射精情况，即射精时间的快慢迟缓，是否有力，或不射精，射精疼痛，射精后的感觉，精液的色泽、总量、质地、冷热等。这些症状对生育能力有直接的影响。

2. 望诊

（1）望神色：用于了解患者生命活动的现象，进而了解其机体正气的盛衰及病情的轻重。主要是观察患者精神是否饱满，目光是否明亮、灵活，语言是否清晰，面色及肌肤是否润泽，呼吸是否平顺，从而分析判断机体脏腑、气血功能的盛衰情况。

（2）望形态：形指体形，主要指患者身体的壮、弱、肥、瘦以及肌肉、骨骼、皮肤等；态是指动静姿态，主要指患者的体位、姿势和活动能力等。通过望形态，可以了解患者的体质、发育情况和营养状况，有助于了解其病情。

（3）望舌和苔：辨舌质可辨五脏之虚实，视舌苔可察六淫之浅深，通过望舌可以了解患者脏腑、气血的盛衰，望苔可以获悉患者病位所在的深浅、疾病的性质。

望舌质：主要包括舌的形状、色泽、动态和湿润情况。正常舌象应是舌体柔软、活动自如、颜色淡红。舌体胖嫩，多为脾虚，常伴有舌边齿痕；舌有裂纹，多为伤阴之候；舌质红绛，多为阴虚火旺，或热入营血；舌尖红，为心火上炎；舌边红，为肝经实热；舌质淡红，甚或淡白色，为命门火衰；舌质淡白无华为气血两虚之象；舌上有瘀点、瘀斑或紫暗，为瘀血内停之候。

望舌苔：苔是舌面上的一层苔状物，正常舌上均有一层白色薄苔，为胃气所生。望舌苔，主要包括苔的颜色、厚薄、形状、润泽和分布等的变化情况，常常与舌质结合起来分析。苔薄白而干，多为津液不足；苔薄白而滑，多为内有寒湿。苔厚白而干，多为热伤津液而湿浊不化；苔灰黑而润，为阳虚有寒。总之，从苔的颜色，可以了解病症的寒热属性；从苔的厚薄，可以了解邪气的盛衰；从苔的润燥，可以了解津液的存亡。

（4）望性征：从望喉结和乳房可以了解男性的第二性征，直接望外生殖器，对于男性不育更具有诊断意义。古代所说的“五不男”——“天”“漏”“犍”“怯”“变”中的“天”（先天性生殖器官发育不全）、“犍”（阴茎或睾丸缺如）、“变”（男性假两性畸形）指的是先天性男性外生殖器官发育不全、缺如或畸形，可以通过望诊了解到。在望性征中，还可以观察阴茎的大小和形态，阴毛的分布，阴囊的大小、形态，有无畸形、溃疡和湿疹，会阴部有无溃疡、外伤等，其他男性外生殖器的病理改变也可通过望诊做概括性了解。

（5）望精液：可以了解精液的多少、质地的稀稠、颜色有无异常改变等。精液量太少会影响精子的总量，精液量太多提示有生殖道炎症的可能；精液质地黏稠会影响精子的活动力，精液太稀可能为前列腺炎或精囊腺炎；颜色变黄应考虑炎症或积存时间过久；变红应考虑有无出血，血精则可能为前列腺或精囊腺炎症。结合精液的各项实验室检查，用来判定精液是否正常，判断患者的生育能力，从而做出正确的临床诊断。

3. 闻诊

闻诊包括听声音和嗅气味两个方面。在男性不育症的诊断中，嗅觉主要用来辨别患者的语言、呼吸、身体和排泄物（主要是精液）的气味。男性发育后，出现性成熟时，声音开始变得粗犷，若成年男子声如儿童，说明其性发育障碍，多为先天性疾病或发育不良。时时叹息，多为肝气郁结；呼吸短促而弱，多为中气不足。人体排出的精液正常气味应为淡淡的腥味，如果精液臭秽或有血腥气味，多属下焦湿热。

4. 切诊

（1）脉诊：多以食指、中指、无名指三指按压寸口脉，来探查患者脉动应指的形象，主要观察脉的频率、节律、充盈度、通畅的情况、运势的和缓、波动的幅度等。男子之脉，一般来说，较女子有力，但尺脉相对较弱，而寸脉明显盛于尺脉。人体脉象的变化多端，在男性不孕（育）症的诊疗过程中，需要认真切脉，并且脉证合参，这样才能得出正确的诊断。

（2）触诊：触诊是对患者的肌肤、胸腹、手足等部位进行触、摸、按、压，从而测知各个部位的冷热、软硬、压痛、有无痞块和其他变化。在男性不孕（育）症的检查过程中，触诊主要是检查生殖器的发育情况、有无病灶，如睾丸、附睾、精索、阴茎、前列腺、精囊腺的形态、大小、有无触痛、有无结块及其他异常变化情况。通过对生殖系统的触诊，了解患者的病情，探明病变范围和性质，从而对生育能力做出正确的评估。

（二）辨证要点

1. 八纲辨证

八纲，是阴、阳、表、里、寒、热、虚、实八类证候的总称。男性不孕（育）症的辨证也可归于八纲之中。八纲辨证在男性不孕（育）症的诊断中具有重要的作用。

2. 脏腑辨证

对于男性不孕（育）症来说，更多地还是责之于肾。因为肾主藏精，主发育与生殖，凡是有关生长发育、生殖机能和水液代谢失常，应考虑为肾的病变。

3. 气血津液辨证

（1）气病的辨证：头昏目眩、少气懒言、疲倦乏力等脏腑功能衰退所表现出来的证候，多属气虚证；头昏倦怠、脱肛坠胀等气机无力升举为特征的证候，多为气陷证；以胀闷疼痛等气机运行不畅所表现的证候，多为气滞证；咳喘、呃逆、呕血等气机上逆、升降失常的证候，多为气逆证。

（2）血病的辨证：面色苍白、唇色淡白、头晕眼花、脉细无力者，多为血虚证；体内有肿块，疼痛拒按，舌紫暗或有瘀点、瘀斑，多为血瘀证；心烦身热，口干不喜饮，舌红绛，脉数，多属血热证；面色不华，畏寒肢冷，腹冷，小便清长，舌淡红，苔薄白，脉沉迟者，多为血寒证。

（3）津液病的辨证：咽干舌燥，口渴少津或无津，皮肤干燥，常为津液不足；痰饮、水肿多由水液停滞所致。

（三）确定病位与病因辨证相结合

对于男性不孕（育）症的诊断要注意确定病位，通过四诊掌握患者客观表现于外的临床症状和体征，在辨证过程中，把病位与病因等加以认真考虑、分析，就能及时掌握疾病的发生、发展规律，从而做好辨证论治工作。从病位上说，男性不孕（育）症主要责之于肾、肝、脾、精室，以及冲、任、督、带诸脉。而其病因，在外感方面主要为寒、湿、热，在内伤方面主要为情志不畅、饮食不节、房事失节等。

精室与肝肾两脏关系较为密切，若化源不足，则精室空虚；先天不足，则精室亏乏；肾气不充，封藏失司，则精关不固；情志不畅，疏泄失司，则精室瘀阻；寒邪入侵，则精液清冷；湿热伏于内，则精室被扰。

冲、任、督三脉均起于胞中，皆约束于带脉，交叉贯穿于十二经脉之间，与肝、肾的联系较为密切。先天不足，或内伤过度，则冲任虚损；情志内伤，疏泄失常，则冲任闭阻；湿热侵入，则冲任湿热；寒邪入中，则督脉亏虚，阳虚阴盛；累及带脉，则精关失约，宗筋弛缓。

（四）宏观与微观辨证相结合

男性不孕（育）症的辨证，除了根据四诊提供的病情资料进行分析，分别进行八纲辨证、脏腑辨证、气血津液辨证，还应根据实验室检查结果做出适当的辨证，即微观辨证。由于精液的实验室检查结果不同，在临床上可以表现为少精或无精、精薄、精稀、精冷、精热、精滑、精败等病理变化。从宏观上讲，导致精液异常的原因，既有先天因素，也有后天因素。所谓先天因素，是由于禀赋不足，肾气亏损，天癸不荣；后天因素，是由于外感六淫之邪，或内伤七情、饮食劳倦、脏腑功能失调所致。从微观辨证出发，男子不孕（育）症大致可以分为少精子症、死精子过多症、精液不液化症、精子活动力低下症、无精子症、畸形精子过多症、精子增多症、精子自身免疫病等。

根据其各自的病因病机和临床表现，各微观之病又可以从宏观上分为若干证型。少精子症的原因主要责之于肾、脾两脏，并与败精阻窍、精室伏热有关，临床上可以辨为肾精亏乏、肾阳虚弱、肾气不足、气血两虚、气滞血瘀、精室湿热等证型。死精子过多症以虚为本，临床上可以辨为肾阳不足、肾阴亏损、气血两虚、气虚血瘀、精室湿热等证型。不液化症临床可以辨为阴虚火旺、肾阳虚衰、气血瘀滞、湿热下注、痰湿内蕴、脾肾阳虚等证型。精子动力低下症可以辨为肾阳不足、肾阴亏损、气血两虚、气滞血瘀、痰湿内蕴等证型。畸形精子过多症可以辨为肾阳虚弱、肾阴不足、脾肾两虚、脾虚湿盛等证型。精子增多症可以辨为肾气亏虚、气血两虚、湿热下注等证型。精子自身免疫病可以辨为肾阳不足、肾阴亏损、肝气郁结、湿热下注等证型。

（五）辨证与辨病相结合

男性不孕（育）症可以由多种相关疾病引起，其中尤以男性生殖系统疾病为主，临床上主要有睾丸发育不良、睾丸炎、附睾炎、前列腺炎、精囊炎、输精管阻塞、阳痿、不射精、逆行射精等。在临床诊断时，要注意疾病的发展过程和伴随症状，及时诊断出患者的原发疾病，弄清患者男性不育症的主要矛盾所在，把辨证与辨病结合起来，综合考虑，从而为治疗提供依据。

根据各个相关疾病的病因病机和临床表现，一般来说，睾丸发育不良可以辨为肾气不足、气血两虚、命门火衰、肾精不足等证型。睾丸炎可以辨为湿热下注、热毒壅盛、肝气郁结、气滞血瘀等证型。附睾炎可以辨为阳虚寒凝、气滞血瘀、湿热下注、痰湿内蕴等证型。前列腺炎可以辨为湿热下注、热毒炽盛、气血瘀滞、肝肾阴虚、肾阳不足、阴虚火旺、脾肾两虚、痰浊内阻等证型。精囊炎可以辨为阴盛火旺、湿热下注、瘀血内阻、脾肾两虚等证型。输精管阻塞可以辨为肾虚精亏、阴虚火旺、气滞血瘀、痰浊阻窍、寒凝肝脉、血虚闭窍等证型。阳痿可以辨为命门火衰、阴虚火旺、心脾两虚、阴阳两虚、肾虚血瘀、肝气郁结、惊恐伤肾、湿热下注、痰湿阻络、败精内蚀等证型。不射精症可以辨为命门火衰、阴虚火旺、肝气郁结、心脾两虚、湿热内蕴、瘀浊阻窍、败精瘀阻等证型。逆行射精症可以辨为肾阳不足、肾气不足、瘀血阻滞、湿热下注等证型。

（六）常见证型

1. 肾阳不足

临床表现：婚久不孕不育，精液清冷、稀薄，死精过多，精子活动力差，或伴性欲淡漠，阳痿，早泄，腰膝酸软，形寒肢冷，面色晄白，精神不振。舌质淡，苔白，脉沉细无力。

证候分析：肾主生殖，肾阳不足则婚久不孕不育。阳虚温煦失职，虚寒内生，故精液清冷、稀薄，精子活动无力，死精子多。阳气虚衰，作强失司，故性欲淡漠，阳痿不举，或举而早泄。腰为肾之府，肾主骨生髓，肾阳虚弱则腰膝酸软。阳虚不能温煦形体，故形寒肢冷，面色晄白，精神不振。舌质淡，苔白，脉沉细无力，均为肾阳不足之征。

治疗法则：温补肾阳，壮精种子。

代表方剂：右归丸，龟鹿二仙膏。

2. 肾阴虚损

临床表现：婚久不孕不育，阳事易举，性交过频，甚或早泄、遗精，精液黏稠、不液化，或死精过多，精子计数少，活动力低，头晕耳鸣，腰脊酸软，五心烦热，潮热盗汗，少寐健忘。舌质红，苔少或剥，脉沉细而数。

证候分析：肾阴虚损，则精血不足，冲任失养，精室空虚，故婚久不孕不育。阴虚阳旺，相火亢盛，故阳事易举，性交过频。阴虚火旺，精室受扰，固摄无权，故行房早泄，或有遗精。阴虚火旺，肾精受灼，故精液不液化，精子计数少、死精过多、活动力低。肾阴亏损，不能主骨生髓充脑，又肾开窍于耳，故头晕耳鸣。腰为肾之府，肾阴虚，骨骼失养，故腰脊酸软。阴虚生内热，故五心烦热、潮热盗汗。热扰心神，故少寐健忘。舌质红，苔少或剥，脉沉细而数，均为肾阴虚损之象。

治疗法则：滋补肾阴，填精种子。

代表方剂：左归丸，六味地黄丸。

3. 脾肾阳虚

临床表现：婚久不孕不育，性欲降低，精液清冷而稀，精液量少，精子活动力差，纳谷不馨，腰膝酸冷，腹泻便溏。舌质淡，苔白润，脉沉弱。

证候分析：脾肾两虚，先后天俱损，生殖无能，故婚久不孕不育，性欲降低。精室失于温煦，精子活动无力，故精液清冷而稀，精液量少，精子活动力差。脾肾阳虚，运化失健，水谷精微不能正常受纳化生，故纳谷不馨，便溏。腰为肾之府，四肢又为脾所主，脾肾阳虚，经脉凝滞，故腰膝酸冷。舌质淡，苔白润，脉沉弱，均为脾肾阳虚之候。

治疗法则：温肾健脾，生精补肾。

代表方剂：理中丸，附子理中汤。

4. 肾气虚衰

临床表现：婚久不孕不育，遗精早泄，死精子过多，精子活动力低，面色不华，神疲乏力，腰膝酸软，小便频数而清。舌质淡，苔白，脉细弱。

证候分析：肾气虚弱，精室不充，封藏固摄失职，故婚久不孕不育，遗精早泄。肾气不充，精子失养，故死精子过多，精子活动力低。肾气虚弱，精血不能上荣于面，故面色不华。肾气虚，机体功能活动衰减，故神疲乏力，腰膝酸软。肾虚不固，膀胱失于约束，故小便频数而清。舌质淡，苔白，脉细弱，均为肾气虚衰之候。

治疗法则：补肾益气，固精种子。

代表方剂：秘精丸，金锁固精丸。

5. 气血两虚

临床表现：婚久不孕不育，精液量少，质稀，精子计数少，活动力差，形体衰弱，房事后尤甚，面色苍白或萎黄，少气懒言，眩晕乏力，心悸失眠。舌淡红而嫩，苔薄，脉细弱。

证候分析：气与血阴阳相随，互为依存，精血同源，气血不足，精失化源，故精子计数少，活动力差，婚后久不生育。气血亏虚，故形体衰弱，房事后耗精动气，则气血更虚，故形体更弱。气血虚弱，不能荣于头面，故面色苍白或萎黄。气血亏虚，脏腑功能减退，故少气懒言，眩晕乏力。血不养心，故心神不宁，心悸失眠。气虚不能上承于舌，鼓动血行之力不足，血虚不能上荣于舌，又不能充盈于脉，故舌淡红而嫩，苔薄，脉细弱。

治疗法则：补气养血，生精种子。

代表方剂：十全大补汤，毓麟珠。

6. 肝气郁结

临床表现：婚久不孕不育，精液量少，死精过多，阳痿早泄，胸闷不舒，烦躁易怒，善太息，口苦咽干，纳差腹胀。舌红，苔薄，脉弦。

证候分析：肝失条达疏泄，气机郁滞不畅，精室被扰，失于荣养，故婚久不孕不育，精液量少，死精过多。情志不畅，抑郁伤肝，阴器不用，故阳痿早泄。肝经布于胸胁，肝气郁结，故胸闷不舒。情志不舒，所欲不遂，故烦躁易怒，善太息。肝经不畅，津液不能上承于口，故口苦咽干。气机郁结，横逆犯脾，故纳差腹胀。舌红、苔薄、脉弦，均为肝气郁结之象。

治疗法则：疏肝理气，通络种子。

代表方剂：开郁种玉汤，柴胡疏肝散。

7. 气滞血瘀

临床表现：婚久不孕不育，死精子过多，精子计数过少，甚或无精子，精液不液化，性欲低下，阳痿，胸胁胀满，走窜疼痛，情绪急躁，阴囊内隐痛，坠胀不适。舌质暗红，或有瘀斑、瘀点，脉弦或涩。

证候分析：情志不遂，肝失疏泄，气血瘀滞，精室失养，故婚久不孕不育，死精子过多，精液不液化。精道被瘀血所阻，通行不利，故精子计数少，甚或无精子。肝经为瘀血所阻，疏泄失职，故胸胁胀满，走窜疼痛，情绪急躁。情志不畅，所欲不遂，气血瘀滞，宗筋失养，故性欲低下、阳痿。肝经绕阴器，气血瘀结，故阴囊内隐痛、坠胀不适。舌质暗红，有瘀斑、瘀点，脉弦或涩，均为气滞血瘀之候。

治疗法则：行气活血，生精通络。

代表方剂：桃红四物汤，少腹逐瘀汤。

8. 湿热下注

临床表现：婚久不孕不育，精子活动力不良，死精子过多，精液黏稠不液化，或见精液内有脓、白细胞，射精疼痛，胸胁胀痛，两目红赤，会阴胀痛，小便频数，短赤而痛。舌质红，苔黄腻，脉弦数。

证候分析：湿热下注，扰乱精室，故婚久不孕不育。精子失于荣养，故精子活动力不良，死精子过多。湿热熏蒸，精液被煎，故黏稠而不液化。精室浸淫，精浊混淆，热盛肉腐，故精液有脓、白细胞，射精疼痛。肝经布胁肋，抵少腹，绕阴器，湿热下注肝经，故胸胁和会阴胀痛。湿热上扰于目，故两目红赤。湿热下注膀胱，故小便频数，短赤而痛。湿热熏蒸，故舌质红，苔黄腻，脉弦数。

治疗法则：清热利湿，解毒养精。

代表方剂：龙胆泻肝汤，八正散。

9. 肝经寒凝

临床表现：婚久不孕不育，精液不液化，死精子过多，精子活动力差，性欲低下，阳痿，胸闷嗳气，会阴坠胀疼痛，受寒则甚，遇热得缓。舌淡，苔白而滑，脉沉弦。

证候分析：肝脉绕阴器而抵少腹，寒滞于肝脉，气血凝滞，精室失于荣养，温煦无力，故婚久不孕不育，精液不液化，死精子过多，精子活动力差。阴茎为肝之经络、宗筋之会，经脉为寒所侵，宗筋弛缓，故性欲低下、阳痿。肝经布胸胁，故胸闷嗳气。寒凝肝经，阴器受困，寒则凝涩，热则通利，故会阴部位坠胀疼痛，受寒则甚，遇热则减。舌淡，苔白滑，脉沉弦，均为寒凝肝经之征。

治疗法则：暖肝散寒，温经种子。

代表方剂：暖肝煎，天台乌药散。

10. 痰湿内蕴

临床表现：婚久不孕不育，精液稀薄，精子计数少，性欲淡漠，不射精，面色不华，形体肥胖，肢体困倦，神疲气短，脘腹胀满。舌胖质淡，苔白腻，脉沉滑。

证候分析：脾胃受损，运化失司，内生痰湿，蕴结于内，困扰精室，故婚久不孕不育，精液稀薄，精子计数减少。痰温蕴结，下注阴器，蒙蔽精窍，故性欲淡漠，房事不射精。脾运失健，升清失司，气血不能上荣于面，故面色不华。脾气虚弱，痰湿内困，故形体肥胖，肢体困倦。脾虚湿困，升降失常，阻碍气机，故见神疲气短，脘腹胀满。舌胖质淡，苔白腻，脉沉滑，均为痰湿内蕴之象。

治疗法则：健脾助运，燥湿化痰。

代表方剂：实脾饮，胃苓汤。

第四章

治法概要

第一节　中医治法概要

一、内治法

（一）辨证论治

1. 女性不孕（育）症的常用治疗方法

（1）温补肾阳法：肾为先天之本，胞脉系于肾，是人体生长、发育、生殖的根本。应当温补肾阳，参以填精，使阳有所附，阴得温化，阴阳协调。这是治疗女性不孕（育）症的一种常用方法。肾阳衰弱，气化失常，可见形寒肢冷，精神疲惫，腰膝酸软，小腹发冷，小便清长，大便溏薄，初潮迟到，月经后期，量少色淡，或有闭经，性欲淡漠，带下清稀，量多色白，婚后日久不孕不育等症状。肾阳不足，则上不能温煦脾阳，下不能温养胞脉，治宜温阳补肾。常用的代表方剂有右归丸、右归饮、毓麟珠等。若肾阳衰微，不能温化水湿，气化不利，水湿停留，则应当在温阳的基础上适当配伍利水之品以消除水邪。

（2）滋补肾阴法：肾主藏精，对天癸的成熟和冲任二脉的通盛，起着极为重要的作用。肾阴受损，阴不敛阳，导致阳失潜藏，出现阴虚阳亢者，治疗当以壮水为主。这是治疗女性不孕不育症的又一治疗方法。肾阴亏损，精血不足，可见头晕目眩，腰腿酸软，形体消瘦，五心烦热，口干咽燥，颧红唇赤，血海不足，治宜滋阴补肾。常用的代表方剂有左归丸、左归饮、养精种玉汤、六味地黄丸等。若阴虚内热，热伏冲任，迫血妄行，则宜滋阴清热为主，方选知柏地黄丸、大补阴丸，使相火得清、真阴得补。若肾中阴阳俱虚，则宜阴阳双补，正所谓“善补阳者，必于阴中求阳，则阳得阴助而生化无穷；善补阴者，必于阳中求阴，则阴得阳升而源泉不竭”。

（3）调理气血法：气血是维持人体生命活动的基本物质与动力，借经络运行全身，循环不息，维系着人体正常的生理活动。妇女以血为本，经、带、胎、产全赖精血充足、任通冲盛。气血两虚，冲任失调，可见面色苍白或萎黄，唇色淡红，头晕眼花，少气倦怠，月经过多，经血色淡质薄，经期延长，甚或闭经，婚久不孕等。气血不足，则冲任受损、胞宫失养，治宜益气养血。常用的代表方剂有八珍汤、人参养荣汤、泰山磐石散等。若气虚下陷，则宜补中益气升提，方选补中益气汤。如气运不畅，则宜开郁行气，方选加味乌药汤。如以血虚为主，则宜补气生血，方选当归补血汤合四物汤，以使气血调顺，则五脏安和，经脉通畅，胞宫得养。

（4）疏肝养血法：肝藏血，主疏泄，喜条达，全身血液的贮藏与调节以及筋脉、关节的濡养，皆有赖于肝。冲为血海，是气血汇聚之所，人身的先天之元气与后天水谷之精气皆汇于冲脉，对女性生理的发育与生殖功能起着重要的作用，而冲脉又附于肝。任脉主一身之阴，凡精、血、津液都属任脉总司。情志内伤，肝气郁结，可见精神抑郁，烦躁易怒，嗳气食少，经前胸胁、乳房、小腹胀痛，经期先后不定，行而不畅，量少色暗，或有血块，伴有痛经，婚久不孕等。肝失条达，则疏泄失常，冲任不调，治宜疏肝清热，方选丹栀逍遥散，以清肝经血虚郁热。若肝肾阴亏，血燥气郁，则宜滋阴疏肝，方选一贯煎，以疏肝理气，滋阴泄热。本证虽为气机不畅，切不可一见气滞，便妄用辛温香燥之品，以免劫津伤阴，以致肝血愈亏。

（5）健脾养血法：脾胃为后天之本、气血生化之源，人体五脏六腑、四肢百骸，皆赖脾胃。冲脉隶属于阳明，精气充足，气血充沛，则经、带、孕、产均正常。脾与胃为表里，相互滋生，有益气、生血、统血、运化之功能。脾胃虚弱，无养胞脉，可见面色萎黄，四肢倦怠，食少不眠，心悸盗汗，月经过少，或闭经，或崩中漏下，婚久不孕等。中气不足，则脾虚血少，冲任失养，治宜健脾养血。常用的代表方剂有归脾汤、十全大补汤等。若脾阳虚弱，无以温煦，运化无权，则宜温运脾阳，方选理中丸、实脾饮等以温阳建中。本证之用药不宜过于滋腻、克伐，以免损伤脾胃正气，导致运化功能失常，发生其他疾病。

（6）温经散寒法：寒主收引，其性凝滞，寒为阴邪，易伤阳气，阳气受损，失去了正常的温煦气化作用，会出现脏腑功能减退的寒证。寒凝血瘀，冲任不畅，可见面色不华，唇干口燥，畏寒便溏，少腹冷痛，得热则舒，按之痛减，经行后期，量少，色暗有块，婚久不孕等。寒入胞脉，则气血不畅、冲任受阻，治宜温经散寒。常用的代表方剂有温经汤、生化汤等。若冲任虚损，不能统摄血脉，阴血不能内守，则宜养血调经，安胎止漏，方选胶艾汤，以标本兼顾，塞流澄源。本法为治血虚有寒而立法，若血分有热者，则非本法所宜，临证时须详细审查，以免虚虚实实。

（7）燥湿化痰法：湿为阴邪，重浊黏滞，其中人缓，阻碍气机，病情缠绵，病程较长。湿困脾胃，中阳不振，脾不健运，湿聚成痰。痰在体内，随气升降，无处不到，变生诸症。痰湿内蕴，冲任受阻，可见面色㿠白虚浮，形体肥胖，精神困倦，头晕心悸，胸闷泛恶，性欲淡漠，月经后期，量少色淡质稀，甚或月经稀发，婚久不孕等。痰湿凝集，则气机阻遏、胞脉闭塞，治宜燥湿化痰。常用的代表方剂有启宫丸、苍附导痰丸、实脾饮等。若兼经闭不行，小腹痛而拒按，则宜配伍活血化瘀之品，方如失笑散，以化瘀止痛。因湿邪易于阻碍气机，故在用药时宜配伍理气之品，使气机调畅，从而湿邪易去。

（8）活血化瘀法：气血的运行，保持着相互对立又相互依存的关系。气属阳，是动力；血属阴，是物质。血液在经脉中，之所以能周流不息地运行于全身，皆有赖于气的推动。气行则血亦行，气滞则血滞，正所谓气为血之帅。但是，气又必须依赖营血才能发挥作用，即血液营养组织器官而产生机能活动，而机能的正常活动又推动了血的运行。气机则不畅，瘀阻胞宫，可见情绪不稳定，皮肤干涩，胸闷烦躁，少腹疼痛，月经量少，经行不畅，色黑有块，痛经，块下痛减，或淋漓拖日，婚后久不受孕等，或曾经流产、早产以及妇科手术治疗而不孕不育等。气血瘀滞，则冲任失调，累及胞脉，治宜活血化瘀。常用的代表方剂有少腹逐瘀汤、桃红四物汤、血府逐瘀汤等。活血化瘀的目的在于使气血调和、冲任通畅。用药不可过于耗散，以免损伤气血，须标本兼顾、补泻并施。

2. 男性不孕（育）症的常用治疗方法

（1）温补肾阳法：肾为先天之本、水火之宅，肾阳为一身之元阳，是人身阳气的根本。壮命门火，振奋人体阳气，消除机体虚衰及生殖与性功能降低等症，是男性不孕（育）症治疗中最常用的治法之一。肾阳不足，命门火衰，症见形寒肢冷，面色㿠白，精神不振，腰膝酸软，婚久不孕不育，精液稀薄而清，死精症，精子活动力低下，性欲淡漠，阳痿，缩阳，不射精，色厥等。肾阳虚衰，则温煦失职、气化无权，治宜温补肾阳。常用的代表方剂有金匮肾气丸、右归饮、赞育丸、人参鹿茸丸等。若病症出现色厥、色脱，则宜回阳救逆，方选独参汤、参附汤等。对于因肾阳不足所致的精液异常和性功能低下的病症，在治疗时，适当选用鹿茸、鹿角胶、海马、海狗肾、蛤蚧等动物类药物，都能提高疗效。凡属先天禀赋不足或病后的肾阳虚衰致男性不育的患者，因其病程较长，疗程又较长，可以使用膏、丸等剂型，长期服用，缓缓图之。

（2）温肾健脾法：脾为后天之本，主运化、统血，乃气血生化之源。精血之间可以互相转化。而肾为先天之本，脾肾阳气互相资助，在温煦肢体、运化水谷精微、化生精血等方面起着协同作用。肾阳虚衰则不能温养脾阳，脾阳久虚亦不能充养肾阳，症见腰膝酸冷，纳谷不馨，小便不利，腹泻便溏，婚久不孕不育，精液清冷而稀，精子活动力差，性欲降低等。脾肾阳虚，症见阴寒内盛，运化失职，治宜温肾健脾。常用的代表方剂有实脾饮、理中丸、附子理中汤等。精血同源，血盛则精旺，对于兼有精血亏虚者，宜酌用补养精血之品，如龟板胶、鹿角胶、阿胶、紫河车等动物类药物，以血肉有情之品，直补精血，效果尤著。

（3）补肾固精法：肾藏精，主生殖，为生殖与房事等功能活动的根本，其生理特点为宜藏不宜泻，若过泻则多病虚损。而泻去的又都是肾藏之精，精损则伤阴，久之必肾虚。肾虚精亏，开关不固，症见头晕健忘，耳鸣目眩，腰膝酸软，精子计数减少，精子活动力低，婚久不孕不育，早泄、遗精等。肾精不固，则封藏失司，生殖无能，治宜补肾固精。常用的代表方剂有六味地黄丸、河车大造丸、金锁固精丸等。精不足者，补之以味，临床常选专补肾精之品，如熟地黄、枸杞子、山茱萸、制何首乌等补肾填精，也可选用阿胶、紫河车等血肉有情之品，涵养肾精。

（4）补肾益气法：肾中藏有元阳与元阴，为人体生殖发育的根本。无论元阳、元阴，均宜固秘，不宜耗泄，固秘则能维持人身生理功能的正常发挥，一旦耗伤则诸种病症由此而生。肾气不充，精血受损，症见面色不华，神疲乏力，腰膝酸软，小便不利，婚久不孕不育，遗精早泄，精子活动力低，死精子过多等症。肾气虚损，则机能衰减，精气不固，治宜补肾益气。常用的代表方剂有黑锡丹、秘元煎、秘精丸、桑螵蛸散等。对于肾气虚衰者，在治疗上应加强补肾益气固摄的作用，酌用巴戟天、淫羊藿、补骨脂、沙苑子等。对于遗精的患者，还需加用煅龙骨、煅牡蛎、芡实、金樱子等收涩止遗之品，分清标本、轻重、缓急，以求速效。

（5）滋阴降火法：肾藏精，乃先天之本，肾阴为一身阴液之根本，有滋润形体、脏腑，充养脑髓、骨骼，抑制阳亢火动，以维持正常的生长发育与生殖等功能。机体阴液充足，则阴器得以濡养，精液得以补充，髓海得以有余。肾阴受损，虚火内动，症见头晕耳鸣，颧红盗汗，午后潮热，五心烦热，健忘少寐，腰脊酸软，婚久不育，阳事易举，性交过频，精液不液化，死精子过多，精子计数少，精子活动力低等。肾阴不足，则精血亏少，虚火上炎，治宜滋阴降火。常用的代表方剂有知柏地黄丸、大补阴丸、一贯煎等。以阴虚为主，虚火尚未形成之前，则宜以滋补肾阴为主，方选六味地黄丸、大补丸、左归丸、左归饮等。补阴之品多属滋腻，临床应用需注意适当配伍健脾、和胃、理气等药，以免碍胃，倘若胃气受损，则百药难施，故须时时留意。

（6）益气养血法：气之于血，有温煦、推动、化生、统摄的作用。血之于气，则有营养、滋润、运载的作用。气属阳，血属阴，气与血的生成都需要水谷精微和肾中的精气。男子的生精种子，又全赖精气为本，以血为用。精血同源，气血旺盛，则肾精充足，化源无穷。气血不足，累及肾精，症见形体虚弱，面色苍白或萎黄，眩晕乏力，少气懒言，婚久不孕不育，精液量少，精子计数少，精子活动力差等。气血两虚，则化源不足，精室失养，治宜益气养血。常用的代表方剂有十全大补汤、毓麟珠、当归补血汤、人参养荣汤等。若以脾气虚弱、中气下陷为主者，则宜补中益气，方选补中益气汤，以助脾健运，升清降浊，则水谷精微得以转输布散。若心脾虚损，神志不宁，则宜健脾养心，方选归脾汤，以补养心血、健脾益气，以资气血之化生。

（7）清热凉血法：热为阳邪，热极则为火，其性炎上，最易迫津外泄，消灼阴液，使人体的阴津耗伤。若燔灼肝经，则使筋脉失养，而致肝风内动，入于血分，则能迫血妄行，而致出血诸症；聚于局部，则会腐蚀血肉，而发为痈疡之疾。热邪为患，郁而化火，症见头痛眩晕，面红目赤，烦躁易怒，咽干舌燥，精液黏稠，死精子过多，或有血精，婚久不育等。血热炽盛，则阴血易耗，精室被扰，治宜清热凉血。常用的代表方剂有清营汤、犀角地黄汤、青蒿鳖甲汤等。如属肝郁化火、灼伤精血者，则宜以清泻肝火为主，方选龙胆泻肝汤、当归龙荟丸，寓补于泻，即泻肝火与养肝体并用。如为血热妄行、血淋血精者，则宜凉血止血，方选小蓟饮子，止血之中兼以化瘀，清利之中寓以养阴之意。如热盛肉腐，发为痈肿，则宜凉血解毒，方选仙方活命饮，通经之结，行血之滞，消肿溃坚，活血散结。

（8）疏肝理气法：肝主疏泄，又主藏血，性喜条达，其生理功能以疏泄为机理。肝气平和，则气机顺畅，血液流通，精神舒畅。肝之经脉与前阴有着密切的联系，不仅精液的固藏与排泄受肝的调节，而且房事功能的发挥也受肝脏疏泄功能的控制。气机不畅，失于疏泄，症见胸闷不舒，烦躁易怒，口苦咽干，纳差腹胀，婚久不孕不育，精液量少，死精子过多，阳痿早泄等。肝气不舒，则耗伤阴血、经脉郁遏，治宜疏肝理气。常用的代表方剂有开郁种玉汤、柴胡疏肝散、逍遥散等。若肝郁化火，或肝郁血虚有热，则宜清热疏肝、养血健脾，方选丹栀逍遥散、逍遥散，以疏理肝气、清泄血热。本法之方药，药性虽然平和，但是，毕竟不属补法，不可久服、过服，以免耗气伤精。

（9）暖肝散寒法：肝体阴而用阳，肝之经脉绕阴器，素体肝肾不足，复因有寒内盛，或感受寒邪，寒滞肝之经脉，阳气被遏，气血凝滞，不仅会出现肝经不舒的症状，还会发生局部气血不畅，坠胀疼痛。肝经受寒，寒湿凝聚，症见胸闷嗳气，会阴和阴囊内以及少腹坠胀疼痛，受寒更甚，得热则缓，婚久不孕不育，精液清冷，不液化，死精子过多，精子活动力低下，阳痿等。寒滞肝脉，则阳气不存，精室受寒，治宜暖肝散寒。常用的代表方剂有暖肝煎、天台乌药散、茴香橘核丸、当归四逆汤等。对于寒邪凝聚而致的阴囊内硬结肿物，在治疗上除了温散寒邪外，还必须加用活血化瘀、理气化痰、软坚散结之品，以利早日散结消肿、疏通精道。

（10）活血化瘀法：气为血之帅，血为气之母，气血运行顺畅，精室得以濡养，则肾精化生充足。血液的正常运行有赖于各个脏器的共同作用，心气的推动是血液循行的基本动力，肺气的作用才能使血液得以布散全身，脾气的统摄使血液运行于经脉之内，肝的藏血以贮藏血液和调节血量，肝气的疏泄保持血液顺畅运行，肾气的充实使血液循环不息，维持人体的生长发育和生殖功能。任何一个脏器的功能受损，都会影响血液的运行，肝脏在这其中是比较容易甚至首先受到影响的。肝经气滞，瘀血内停，症见胸胁胀满疼痛，情绪急躁，阴囊内隐痛，婚久不育，性欲减退，死精子过多，精液不液化，甚或无精子等证。瘀血阻滞，则气血不畅、精室失养，治宜活血化瘀。常用的代表方剂有桃红四物汤、少腹逐瘀汤等。气行则血行，气滞则血瘀，所以在使用时还需要配伍一些行气导滞的药物，如香附、乌药、木香、青皮、枳实、荔枝核等。血得温则行，得寒则凝，所以处方遣药时要注意选用温经活血的药物。气旺则血行，所以临证用药勿忘加用补益元气之品，协同配伍，以使瘀去新生。活血化瘀之剂，毕竟属于消法，只可暂用，中病即止，以顾护正气。

（11）清利湿热法：湿为阴邪，重浊黏滞，其性类水，侵犯人体最易损伤阳气。热为阳邪，易耗伤阴津，生风动血。湿热交织，蕴结于里，下注精室，则生精浊；下注膀胱，则发淋浊；灼伤脉络，则有血精。湿热内蕴，注于下焦，症见胸胁胀痛，目赤口苦，小便频数、短赤，会阴胀痛，婚久不育，精液黏稠，死精子过多，精子活动力差，精液中带血，或见脓细胞等。湿热下注，则气机不畅，扰乱精室，治宜清利湿热。常用的代表方剂有龙胆泻肝汤、八正散、萆薢分清饮等。辨湿热之征，还须分清是热重于湿，还是湿重于热或湿热并重，临证用药，适当加减。对于湿热郁久，或见热毒之候者，可以酌加败酱草、马齿苋、土茯苓、蒲公英等，以清泄热毒。

（12）燥湿化痰法：脾主运化，有消化饮食和运输水谷精微的功能。脾不健运，则消化、吸收、运输水谷精微的功能失司，水液代谢失常，中阳受困，凝集而成痰湿之邪。痰湿内生，蕴结于里，更致脾胃虚弱，气血生化之源不足，生精功能也差。脾虚湿胜，精源不足，症见面色不华，形体困倦，神疲气短，脘腹胀满，婚久不育，精液稀薄，精子数量少，不射精等证。脾失健运，则聚湿生痰，精无所生，治宜燥湿化痰。常用的代表方剂有苍附导痰丸、胃苓汤、实脾饮、萆薢渗湿汤等。若以湿盛为主，则宜芳香醒脾，苦温燥湿，方选平胃散、藿朴夏苓汤，以使脾运复常、中气和降。若以痰浊为主，则宜理气化痰，方选二陈汤、温胆汤等，以祛痰散结、平调气机。

（二）专病专方

1. 调整月经周期

根据女性周期的生理变化，分为卵泡期、排卵期、黄体期和行经期四个时期，可分别选方如下。

促卵泡汤：熟地黄 15 g，炒当归 12 g，炒白芍 9 g，枸杞子 15 g，菟丝子 12 g，制首乌 15 g，山茱萸 6 g，太子参 15 g，山药 12 g，鹿角霜 9 g，砂仁 6 g。于月经周期第 5 ～ 10 天，每日 1 剂（共 6 剂），水煎服。

促排卵汤：淫羊藿 15 g，仙茅 12 g，菟丝子 12 g，肉苁蓉 12 g，枸杞子 15 g，熟地黄 15 g，炒当归 12 g，山药 12 g，丹参 12 g，鸡血藤 15 g，续断 9 g，泽兰 9 g，桂枝 6 g。于月经周期第 11 ～ 14 天，每日 1 剂（共 4 剂），水煎服。

促黄体汤：淫羊藿 15 g，巴戟天 12 g，菟丝子 12 g，枸杞子 15 g，杜仲 9 g，女贞子 12 g，墨旱莲 12 g，石莲子 12 g，当归 12 g，党参 15 g，山药 12 g。于月经周期第 15 ～ 24 天，每日 1 剂（共 10 剂），水煎服。

调经汤：当归 12 g，赤芍 9 g，川芎 6 g，丹参 9 g，泽兰 9 g，益母草 9 g，制香附 6 g，小茴香 6 g，茯苓 12 g。于月经周期第 25 天起，每日 1 剂，水煎服，连服 3 剂。

2. 卵巢功能异常

毓麟珠：人参 6 g，炒白术 9 g，山药 12 g，枸杞子 9 g，胡桃肉 9 g，巴戟天 9 g，鹿角胶 6 g，鹿角霜 12 g，山茱萸 9 g，炒杜仲 9 g，菟丝子 9 g，川椒 1.5 g，茯苓 12 g，炙甘草 6 g，当归 9 g，熟地黄 12 g，川芎 6 g，炒白芍 9 g。水煎服，每日 1 剂。有温肾养血、调补冲任之功效。适用于子宫发育不全、卵巢排卵功能不良者。

温肾丸：鹿茸 30 g，山茱萸 90 g，巴戟天 60 g，菟丝子 60 g，当归 60 g，熟地黄 90 g，生地黄 30 g，杜仲 30 g，益智仁 30 g，茯神 30 g，山药 30 g，远志 30 g，续断 30 g，蛇床子 30 g。上为细末，炼蜜和丸，温酒送服。有温肾助阳、益精种子之功效。适用于卵巢排卵功能不良之属于肾阳不足者。

3. 输卵管阻塞、输卵管炎

通管汤：赤芍 9 g，川芎 9 g，三棱 9 g，莪术 9 g，乳香 9 g，没药 9 g，桃仁 9 g，昆布 9 g，海藻 9 g，夏枯草 9 g，炮穿山甲 9 g，皂角刺 9 g，益母草 15 g，丹参 30 g，路路通 15 g。具有活血通络之功效。

补肾通络汤：当归 12 g，赤芍 9 g，山药 12 g，桑寄生 12 g，续断 12 g，牛膝 15 g，丝瓜络 6 g，穿山甲 9 g。具有补肾活血通络之功效。

4. 子宫内膜炎、子宫内膜异位症

益肾化瘀汤：巴戟天 12 g，续断 12 g，淫羊藿 12 g，菟丝子 12 g，制女贞子 12 g，党参 12 g，黄芪 12 g，三棱 9 g，莪术 9 g，桃仁 9 g，赤芍 9 g，制乳香 9 g，制没药 9 g，香附 9 g。3 个月为 1 个疗程。具有补肾益气、活血化瘀之功效。

七厘散：七厘散（中成药）半瓶，敷于脐部或腹痛部位，外贴麝香壮骨膏，连续使用 3 个月经周期。具有活血止痛之功效。

5. 宫颈炎

完带汤：白术 30 g，山药 3 g，人参 6 g，白芍 15 g，苍术 9 g，车前子 9 g，甘草 3 g，陈皮 1.5 g，柴胡 1.5 g，荆芥 2 g。具有补脾疏肝、化湿止带之功效。适用于脾虚肝郁型之宫颈炎患者。

锡类散：用喷粉器具将药均匀地喷撒于宫颈糜烂处，每次 0.25 g，每日 1 次。

山豆根粉：山豆根研末，消毒备用。每次取药1g，包以糯米纸，置于宫颈处，每日1次，10次为1个疗程。

6. 阴道炎

冰硼散：单用，或加入少许甘油调匀，于清洁阴道后，取少许药末（药油）涂敷，每日2次。

川椒洗剂：川椒15 g，蒲公英15 g，艾叶15 g，水煎取汁，熏洗坐浴或冲洗阴道，每日2次，有解毒杀菌之效。

7. 黄体功能不全

培肾助孕汤：杜仲9 g，桑寄生12 g，续断12 g，菟丝子9 g，山茱萸9 g，熟地黄15 g，白术9 g，山药9 g，石莲子9 g，升麻6 g。于排卵后服7～10剂，每日1剂，水煎服。

补肾疏肝汤：鹿角霜10 g，巴戟天10 g，肉苁蓉10 g，续断10 g，王不留行10 g，女贞子10 g，枸杞子10 g，炒白芍10 g，桃仁10 g，红花10 g，山药30 g，枳壳15 g，柴胡5 g，甘草5 g。于月经第7天开始，每日1剂，水煎服，月经期停服。

8. 免疫性不孕

补气抑抗汤：黄芪15 g，党参15 g，炙甘草9 g，鹿角片9 g，茯苓9 g，白术9 g，丹参12 g，续断12 g，菟丝子12 g。每日1剂，水煎服，经期停用。

养血抑抗汤：当归9 g，白芍9 g，地黄9 g，山茱萸9 g，牡丹皮9 g，山药9 g，制黄精12 g，钩藤15 g，柴胡6 g。月经净后开始服药，至下次月经前7天，每日1剂，水煎服。

9. 前列腺炎

清利湿热汤：败酱草30 g，龙胆草9 g，土茯苓30 g，川萆薢15 g，延胡索15 g，牡丹皮9 g，枳壳9 g，川牛膝12 g，炒谷芽30 g。具有清利湿热之功效。适用于前列腺炎之湿热型患者。

瞿麦糖浆：瞿麦15 g，三棱9 g，红花6 g，益智仁15 g，浙贝母12 g，麦芽30 g。具有活血化瘀、散结利尿之功效。适用于前列腺炎之瘀滞型患者。

10. 阳痿

温肾散：熟地黄500 g，肉苁蓉250 g，巴戟天250 g，麦冬250 g，五味子250 g，牛膝250 g，炙甘草250 g，茯神156 g，炮姜156 g，炒杜仲94 g。研细末，和匀，入散剂。每日2～3次，每次6 g。有温肾助阳之功效。适用于肾阳虚衰之阳痿。

仙茅酒：仙茅 120 g，淫羊藿 120 g，五加皮 120 g，龙眼肉 100 枚。浸入白酒 10 斤，一周后饮酒。具有补肾壮阳、养血安神之功效。适用于精血不足之阳痿患者。

疏肝益肾汤：柴胡 9 g，枳壳 9 g，炒白芍 9 g，制香附 6 g，阳起石 15 g，淫羊藿 15 g，菟丝子 12 g，桑螵蛸 9 g，制何首乌 15 g，牛膝 12 g。具有疏肝理气、益肾壮阳之功效。适用于肝郁肾虚之阳痿患者。

11. 不射精

通窍活血汤：赤芍 3 g，川芎 3 g，桃仁 9 g，红花 9 g，生姜 9 g，红枣 7 枚，麝香 0.15 g。具有活血通窍之功效。适用于瘀血停滞而不射精患者。

行气通窍汤：柴胡 9 g，枳壳 9 g，路路通 15 g，麻黄 6 g，蜈蚣 3 g，白芍 12 g，淫羊藿 12 g，川牛膝 9 g，炙甘草 6 g。具有调理肝肾、活血行气之功效。适用于肝肾失调而不射精患者。

12. 少精子症

十全大补汤：熟地黄 18 g，白芍 12 g，当归 12 g，川芎 9 g，人参 15 g，白术 9 g，茯苓 9 g，黄芪 15 g，炙甘草 9 g，肉桂 2 g，生姜 3 片，红枣 2 枚。具有补养气血、助肾填精之功效 。适用于气血两虚之少精子症。

滋精汤：熟地黄 30 g，枸杞子 15 g，山茱萸 6 g，菟丝子 12 g，制首乌 15 g，淫羊藿 9 g，黄芪 15 g，当归 12 g，炒谷芽 15 g。具有滋肾填精、补益气血之功效。适用于肾虚之少精子症。

13. 死精子过多症

益肾壮精汤：淫羊藿 15 g，黄芪 15 g，菟丝子 12 g，熟地黄 30 g，当归 12 g，桃仁 9 g，红花 6 g，川芎 6 g。具有补肾益气、活血壮精之功效。适用于死精子过多症之属于肾虚型者。

解毒养精汤：川萆薢 12 g，黄柏 6 g，车前子 9 g，淡竹叶 9 g，茯苓 9 g，白术 6 g，泽兰 9 g，丹参 9 g，甘草 6 g。具有清利湿热、益肾理脾之功效。适用于死精子过多症属于湿热型者。

14. 不液化症

活血化瘀汤：当归 12 g，桃仁 9 g，红花 6 g，牡丹皮 9 g，赤芍 12 g，川芎 6 g，牛膝 12 g，枳壳 9 g，佛手 9 g，黄芪 12 g，地黄 15 g，淫羊藿 15 g，炒谷芽 15 g。具有补益气血、活血强精之效。适用于气血瘀滞之精液不液化患者。

养阴清化汤：知母 9 g，黄柏 6 g，地黄 15 g，茯苓 12 g，牡丹皮 9 g，山药 12 g，山茱萸 6 g，泽泻 12 g，丹参 15 g，玄参 15 g，麦冬 9 g。具有养阴清热、益精化浊之功效。适用于阴虚火旺之精液不液化患者。

15. 精子活动力低下症

温肾助精汤：淡附片 9 g，肉桂 3 g，吴茱萸 9 g，炮姜 9 g，淫羊藿 15 g，巴戟天 12 g，黄芪 15 g，当归 12 g，熟地黄 15 g，丹参 15 g。具有温肾助阳、活血壮精之功效。适用于肾阳不足之精子活动力低下症。

龙胆草糖浆：龙胆草 9 g，马齿苋 30 g，败酱草 30 g，滑石 15 g，通草 6 g，川萆薢 15 g，川牛膝 15 g。具有清热利湿之功效。适用于湿热下注之精子活动力低下症患者。

16. 精子增多症

肾气丸：附子 30 g，桂枝 30 g，熟地黄 250 g，山茱萸 120 g，山药 120 g，牡丹皮 90 g，茯苓 90 g，泽泻 90 g，炼蜜和丸。具有温肾补阳之功效。适用于肾阳不足之精子增多症患者。

败酱草合剂：败酱草 30 g，马齿苋 30 g，马鞭草 30 g，川萆薢 15 g，牛膝 12 g，延胡索 30 g，牡丹皮 10 g，黄芪 15 g，蜂房 6 g，枳壳 10 g。具有清利湿热之功效。适用于湿热下注之精子增多症患者。

17. 精子自身免疫病

柴胡疏肝散：柴胡 6 g，陈皮 6 g，川芎 4.5 g，白芍 4.5 g，炒枳壳 4.5 g，香附 4.5 g，炙甘草 2 g。具有疏肝理气、活血解凝之功效。适用于精子自身免疫病之肝气郁结型患者。

右归丸化汤剂：熟地黄 24 g，山药 12 g，山茱萸 9 g，枸杞子 9 g，菟丝子 12 g，鹿角胶 12 g，炒杜仲 12 g，当归 9 g，肉桂 6 g，制附子 6 g。具有温补肾阳、养血填精之功效。适用于精子自身免疫病之肾阳不足型患者。

（三）常用中成药

温肾丸：具有温肾养血、调补冲任之功效。适用于肾虚所致之不孕不育症。每次服 1 丸，每日 2 ～ 3 次。

艾附暖宫丸：具有温经散寒、调经种子之功效。适用于冲任虚寒之不孕症。每次服 5 g，每日 2 次。

启宫丸：具有健脾理气、燥湿化痰之功效。适用于痰湿内蕴、冲任失调之不孕症。每次服 9 g，每日 2 次。

逍遥丸：具有疏肝解郁、健脾养血之功效。适用于肝气郁结、脾弱血虚之证。每次服 8 粒，每日 2 次。

归脾丸：具有益气补血、健脾养心之功效。适用于心脾两虚、气血不足之证。每次服 8 粒，每日 2 次。

理中丸：具有温中散寒、补气健脾之功效。适用于脾胃虚寒、中阳不足之证。每次服 8 粒，每日 2 次。

补中益气丸：具有补中益气、升阳举陷之功效。适用于中气不足、脾胃虚弱、气虚下陷之证。每次服 8 粒，每日 2 次。

六味地黄丸：具有滋阴补肾之功效。适用于肾阴亏损之证。每次服 8 粒，每日 2 次。

知柏地黄丸：具有滋阴降火之功效。适用于阴虚火旺、骨蒸潮热之证。每次服 6 g，每日 2 次。

左归丸：具有峻补真阴、填精益髓之功效。适用于肾阴不足、精血亏损之证。每次服 10 g，每日 2 次。

大补阴丸：具有滋阴降火之功效。适用于阴虚火旺、虚劳烦热之证。每次服 8 粒，每日 2 次。

金匮肾气丸：具有温补肾阳之功效。适用于素体阳虚、气化不利之证。每次服 8 粒，每日 2 次。

右归丸：具有温补肾阳、养血填精之功效。适用于元阳不足、命门火衰之证。每次服 10 g，每日 2 次。

金锁固精丸：具有补肾固精、交通心肾之功效。适用于肾气虚弱、精关不固之证。每次服 10 g，每日 2 次。

五子衍宗丸：具有疏利肾气、益精补髓之功效。适用于各类不孕不育症。每次服 6 g，每日 2 次。

河车大造丸：具有益气养血、补肾填精之功效。适用于肾虚所致不孕不育症。每次服 6 g，每日 2 次。

苍附导痰丸：具有祛湿化痰、解郁散结之功效。适用于内蕴气机不畅之证。每次服 9 g，每日 2 次。

神效黑附丸：具有温经理气、和血调经之功效。适用于肝郁气滞血瘀之证。每次服 10 g，每日 2 次。

（四）单验方

胎盘粉胶囊：取健康产妇新鲜胎盘一具，剪除胎膜，用凉水反复漂洗去血污，干燥后研粉，装入胶囊。早晚各服 5 粒，长期服用。具有益肾生精之功效。适用于元气衰弱、精血不足之不孕不育等证。

枸杞子：日服 15 g，嚼碎后徐徐咽下，连服 1 个月。具有补肾生精之功效。适宜于精子活动力低下之男性不育症。

蛤蚧鹿茸散：蛤蚧尾 10 g，鹿茸 5 g，共研末，拌匀后装入胶囊。每次服 2 粒，每日 3 次。具有补肾壮阳之功效。适用于肾虚阳痿、早泄及男性不育症等。

参蛤宝：紫河车 70 g，蛤蚧 20 g，五味子 60 g，高丽参 20 g。上药共研细末，炼蜜为丸，每丸 6 g。每次服 6 g，每日 2 次。具有补肾益精助阳之功效。适用于肾虚阳痿、早泄、精少及不孕不育症等。

育精汤：制何首乌 15 g，韭菜子 12 g，淫羊藿 12 g，菟丝子 12 g，当归 12g，熟地黄 12 g，覆盆子 12 g，川牛膝 12 g。具有补肾益精之功效。适用于肾虚之精液不液化、少精子等男性不育症。

理气助孕汤：郁金、香附、路路通、乌药、青皮、枳壳、白术、合欢皮、赤芍。具有疏肝解郁、行气理脾之功效。适用于肝郁脾虚型不孕症。

清血养阴汤：地黄、牡丹皮、白芍药、黄柏、玄参、女贞子、墨旱莲等。具有养阴清热之功效。适用于阴虚火旺之不孕症。

育阴汤：熟地黄、山药、龟甲、续断、牛膝、山茱萸、白芍、杜仲、桑寄生、牡蛎、海螵蛸。具有补益肾阴、养血填精之功效。适用于肾阴虚损之不孕症。

二、外治法

外治的方法很多，一般多为选用药物、手法或配合适当的医疗器械，作用于体表或相关部位，以达到治疗的目的。其具体方法，除了手术治疗，还有药物熏洗、敷贴疗法、针灸、按摩、理疗等。

（一）女性不孕（育）症

1. 外阴熏洗

蛇床子洗剂：蛇床子 30 g，苦参 30 g，土茯苓 30 g，白矾 15 g，川椒 10 g。加水煎汁，熏洗外阴，每日 2 次。具有杀虫止痒之功效。适用于外阴感染及阴道炎等。

徐长卿洗剂：徐长卿 50 g，加水煎汁，熏洗外阴，每日 2 次。具有清热解毒之功效。适用于外阴感染及阴道炎等。

2. 阴道冲洗

虎杖根洗剂：虎杖根 100 g，水煎取汁，冲洗阴道。具有清热解毒利湿之功效。适用于霉菌性阴道炎。

蛇椒洗剂：蛇床子 30 g，花椒 9 g，黄柏 9 g，白矾 9 g，苦参 15 g。水煎取汁，冲洗阴道。具有解毒杀虫止痒之功效。适用于滴虫性阴道炎。

3. 阴道纳药

鱼腥草素钠栓：由鱼腥草素、冰片、椰油脂基质配制而成。每晚临睡前，于阴道深处上药 1 枚，经期停用。具有清热解毒之功效。适用于各种阴道炎、宫颈炎等。

紫草油：紫草 200 g，香油 500 g。将药放入油锅中，炸枯后去渣，取油备用。清洁消毒后，外涂于宫颈及阴道，每日 1 ～ 2 次。具有清热凉血解毒之功效。适用于阴道炎、宫颈炎。

4. 肛门导入

复方大血藤合剂：大血藤 30 g，赤芍 9 g，败酱草 30 g，半枝莲 20 g，皂角刺 12 g，三棱 9 g，莪术 9 g，桃仁 9 g。水煎取汁，约 150 mL，于大便后保留灌肠，每日 1 次或隔日 1 次，10 次为 1 个疗程，经期停用。具有清热解毒之功效。适用于慢性盆腔炎。

5. 外敷疗法

温经止痛散：吴茱萸 50 g，肉桂 50 g，细辛 50 g，当归 50 g，制乳香 30 g，制没药 30 g，樟脑 15 g。共研细末，拌匀备用。经前 3 天，取药粉 5 g，加少量黄酒调成糊状，敷于神阙穴，外贴麝香壮骨膏，每日更换 1 次，连续使用 7 天。具有温经理气、活血止痛之功效。适用于痛经、不孕等症。

盆腔炎膏：大枫子 500 g，木鳖子 500 g，绿铜 500 g，白矾 500 g。共研细末，拌匀后调入凡士林 1000 g，搅匀成膏备用。每次取药适量敷于腹部疼痛处，每日 1 次，10 日为 1 个疗程。具有凉血解毒之功效。适用于盆腔炎患者。

暖宫散结方：艾叶 30 g，小茴香 30 g，当归 10 g，赤芍 10 g，穿山甲 20 g。共研细末，装入布袋中，每晚睡前用，放于小腹上，上置热水袋，每次 30 分钟，每日 1 次，经期停用。具有暖肝理气、活血散结之功效。适用于盆腔炎患者。

6. 热熨疗法

因输卵管梗阻或子宫内膜异位症而导致的不孕症，可先按辨证施治处方，然后将煎汁后的药物装入布袋中，或者直接把药物研末放入布袋中蒸热，趁热将药布袋热敷于输卵管、盆腔包块或小腹痛部位，等药凉后再蒸热反复使用。每日 2 次，经期停用。

7. 针刺疗法

（1）穴位：主穴：中极、三阴交；配穴：大赫。操作：于月经周期第 12 天开始连续针刺 3 天，每天 1 次，每次留针 15 分钟。功效：促排卵。

（2）穴位：一组：中极、三阴交、归来；二组：中极、大赫、血海。操作：两组穴位交替使用，于月经第 10 天开始，每日 1 组，连续 6 天。针刺至有尿意感时停针，5 分钟后捻转 1 次，留针 15 分钟。功效：补肾调经，促排卵。

（3）穴位：气海、三阴交。操作：直刺 1.5 ～ 2 寸，补法捻针，得气后停留针 15 分钟，每日 1 次，经期停用。功效：补肾益气，调理冲任。

8. 艾条熏穴

将艾绒制成艾条（长约 20 cm），取下腹部输卵管部位之阿是穴，局部熏烧，每日 1 次，每一侧约半支艾条。具有温经通络、补肾益气的功效。

9. 推拿按摩疗法

沿任脉上下按摩：患者仰卧位，医生以手掌起于神阙穴，向下，逐个按摩神阙、气海、关元、天枢、四海、归来、子宫、气冲等穴，每穴按摩 1 分钟，每日 2 次。具有疏经通络的功效。

沿任脉上下推拿：患者仰卧位，医生用双手的食、中、无名三指指腹沿任脉上下推拿，从神阙穴开始，依次推拿气海、关元、中极，随后按摩天枢、四满、归来、子宫、气冲等穴，最后按摩小腹部，每日 1 次，每次 20 分钟，从经前 7 天开始，连续 10 天为 1 个疗程。具有补肾调经的功效。

腰骶部推拿按摩：患者取俯卧位，医生以手掌在腰骶部常规按摩 5 分钟，再点按肾俞、次髎、命门、大肠俞等穴位各 1 分钟，再在腰骶部推拿 5 分钟。具有活血通经的功效。

捏脊法：先在尾骶部向左右两侧各按摩半分钟，然后提起脊柱下端正中两侧的皮肤及皮下组织，沿脊柱正中线由上而下移动，边提边捏，向上推进，到第一胸椎处。具有疏通督脉、调理肾气的功效。

脊柱按摩法：又名斜扳复位法。患者侧卧位，医生以一手挟住患者上肩部，另一手扶住臀部，两手同时扶住患者向相反方向用力，使患者腰部旋转，以听到“咔”“咔”声为度。每周1次，10次为1个疗程。具有疏经通络、舒利关节的功效。

（二）男性不孕（育）症

1. 外阴熏洗

蛇床子洗方：蛇床子50 g，浓煎取汤，熏洗男性外生殖器，每日2～3次，每次20分钟。具有温肾壮阳的功效。适用于肾阳不足的患者。

双妙丹：吴茱萸30 g，细辛30 g，川椒30 g，蛇床子30 g，附子30 g，梨花30 g，甘草30 g。水煎取汁，熏洗外生殖器，每日1次，每次20分钟。具有益肾壮阳的功效。适用于阳痿、早泄等症。

2. 中草药坐浴

茴姜汤：小茴香50 g，生姜20 g。水煎取汁，置盆内坐浴，每日1次。具有温肾散寒的功效。适用于肾阳不足、阴寒内盛之证。

附桂二核汤：淡附片9 g，肉桂9 g，荔枝核15 g，橘核15 g，透骨草15 g，红花6 g。水煎取汁，置盆内，坐浴，每日1次。具有温肾活血的功效。适用于寒凝血瘀之会阴不适、输精管梗阻等症。

3. 保留灌肠

复方韭子合剂：韭菜子15 g，阳起石15 g，制附子9 g，淫羊藿9 g，沉香6 g。水煎取汁，保留灌肠，每日1次。具有温肾助阳的功效。适用于肾阳不足诸症。

马齿苋合剂：马齿苋30 g，大血藤30 g，制乳香10 g。水煎取汁，大便后保留灌肠，每日1次。具有清热解毒利湿的功效。适用于湿热下注或热毒蕴结之前列腺炎等症。

4. 肛门纳药

马应龙麝香痔疮膏：于大便后往肛门内挤入适量马应龙麝香痔疮膏，每日1次。具有凉血活血的功效。适用于热毒炽盛或瘀血内停引起的前列腺炎等症。

败酱草栓：将败酱草制成栓剂，每晚睡前置药于肛门内，每日1次，每次1枚，15日为1个疗程。具有清热解毒的功效。适用于前列腺炎、精囊炎等症。

5. 外敷疗法

（1）取关元穴，将白芥子、生姜适量捣烂，外敷于关元穴，以皮肤潮红、起泡为度，剔去药物，每5日一次，10次为1个疗程。具有益肾强精的功效。适用于死精子过多症、精子活动力低下症。

（2）兴阳酊：丁香 100 g，细辛 100 g，白酒 500 mL，药浸酒中，半个月后取液外敷小腹、会阴和外生殖器。具有温经助阳的功效。适用于阳痿、早泄等症。小心勿洒在龟头、黏膜处。

6. 贴脐疗法

（1）五倍子研末，每次取 15 g，用醋或黄酒调成糊状，敷脐，隔日一换。具有补肾固涩的功效。适用于肾虚遗精、男子不育等症。

（2）小茴香、炮姜等分，研末，用蛋清或蜂蜜调成糊状，敷脐，外覆纱布固定，每 2 日一换。具有温补肾阳的功效。适用于肾阳虚衰等症。

（3）阳起石 30 g，韭菜子 30 g，蛇床子 30 g，蝼蛄 7 个，麝香 2 g，研细末，炼蜜和丸，贴脐上，每日一换。具有补肾壮阳的功效。适用于阳痿、早泄、少精子症等。

7. 针灸疗法

（1）取穴：命门。灸法：隔姜灸，以姜片置命门穴。用艾灸。每日 1 次，每次灸 2 ～ 3 壮。具有温补肾阳的功效。适用于肾阳虚弱之阳痿、早泄、不育等症。

（2）取穴：神阙、关元等。灸法：雀啄灸。每日或隔日 1 次，每穴灸 15 分钟。具有补益脾肾的功效。适用于脾肾阳虚。

8. 推拿按摩法

推拿按摩治疗男性不育症简便易行，有一定的疗效，常用手法有摆动类手法、摩擦类手法和挤压类手法等。

（1）腧穴按摩：多选取命门、肾俞、关元、气海、中极、会阴、足三里、三阴交、太溪、腰眼等穴位。

按摩时，采取适当的体位，充分显露腧穴部位。常用方法如下。

指按法：用拇指端或指腹按压穴位，轻轻按压并逐渐用力，以产生酸、麻、胀、热的感觉为度。具有舒筋通络、补益肾气的作用。

揉法：掌揉法是用手掌大鱼际或掌根置于穴位上，腕部放松，以肘部为支点，前臂做主动摆动，带动腕部做轻柔缓和的摆动；指揉法是将手指指腹置于穴位上，呈环行揉按。逐渐加力，动作要协调且有节奏，一般速度为每分钟 120 ～ 150 次，以有酸痛感为宜。

掌摩法：用手掌附于穴位上，以腕关节为中心，连同前臂做节律性的环旋运动，频率为每分钟 120 次。

掌推法：用手掌着力于穴位或一定部位，进行单方向的直线移动。

捏法：三指捏是用大拇指与食指、中指挤捏肢体或穴位表面，五指捏是用大拇指与其他四指挤捏肢体或穴位表面，动作用力均匀而有节奏。

拿法：用手指捏而提起，在一定部位和穴位上进行节律性地提捏。

（2）部位按摩：采用部位按摩推拿方法，多结合具体病证施治，常见的有：

肾阳不足者可选用下腹掌摩法、掌摩命门法、背部掌推法、指按涌泉法、腹肌提拿法。

阴虚火旺者可选用小腹掌摩法、指按神门法、小腿内侧捏法。

脾胃虚弱者可选用腹肌提拿法、脐部掌摩法、背部掌推法。

第二节 西医常用药物治疗

一、内分泌药物治疗

根据正常男女生殖生理和生殖内分泌的基本理论，应用自然提取和人工合成的生殖激素和相关药物，治疗因下丘脑－垂体－性腺（卵巢或睾丸）轴及其他靶腺轴功能异常引起的妇科、男科疾病。纠正、调整、恢复正常的男女生殖生理和生殖内分泌节律和功能，维系正常的女（男）性精神、心理、内分泌、代谢和躯体功能状态，以保障女性或男性的身心健康和正常的生育功能。

（一）常用激素的分类及药物

1. 性激素及药物

性激素可分为三大类，即雌激素、孕激素和雄激素，在化学上都属于类固醇激素。

雌激素主要由卵巢、胎盘产生，少量由肾上腺产生，包括雌酮、雌二醇及雌三醇等。

孕激素：孕激素类主要由卵巢的黄体分泌，故称黄体酮。妊娠后逐渐改由胎盘分泌。临床用药有甲孕酮（安宫黄体酮）、甲地孕酮等。

雄激素：天然的雄激素主要为睾丸素（睾酮），具有雄激素活性，并有一定的促进蛋白质合成作用（即同化作用）。临床用药有甲睾酮、丙酸睾酮等。

2. 促性腺激素及药物

促性腺激素属糖蛋白激素，包括垂体前叶嗜碱性细胞分泌的促卵泡激素（FSH）和黄体生成激素（LH），以及胎盘合体滋养层细胞分泌的人绒毛膜促性腺激素（HCG）。常用的有人绝经期尿促性腺激素（HMG），高纯度尿促卵泡成熟激素（FSH_{HP}），重组 DNA 促卵泡成熟激素，绒毛膜促性腺激素（HCG）。

3. 促性腺激素释放激素及其类似物

促性腺激素释放激素（GnRH）是下丘脑弓状核和视前区释放的一种多肽激素，可经门静脉到达垂体前叶，使促性腺细胞分泌 LH 和 FSH。因该物质的促黄体生成激素的能力强于促卵泡激素的释放，故又称为黄体生成素释放激素（LHRH）。临床广泛应用的是人工合成的 LHRH（戈那瑞林）以及 GnRH 的增效剂（GnRH-α）。

4. 抗激素及药物

此处指的是对性激素有不同程度拮抗作用的药物。临床上相应地分为抗雌激素类药，如他莫昔芬；抗孕激素药，如内美通；抗雄激素类药，如螺内酯；抗催乳素药，如溴隐亭等。

5. 其他内分泌激素及药物

不孕不育临床治疗常用的其他内分泌激素还包括基因重组人生长激素，肾上腺皮质激素如地塞米松、甲状腺素等。

（二）常用的内分泌治疗方法

1. 性激素止血法

雌激素止血法：对于大量出血的功血患者，可采用雌激素大剂量止血后递减的方法。因大剂量雌激素可促进子宫内膜生长，短期内修复创面而止血；对于卵泡期或排卵期少量出血患者，可给予少量雌激素止血，少量雌激素不影响卵泡发育和排卵。

孕激素止血法：适用于体内有一定雌激素水平或子宫内膜呈腺瘤型或腺型增生过长的功血患者。对于大量出血患者，可用大剂量孕激素止血后递减的方法；对于少量淋漓不断的出血患者，可给予一般剂量的黄体酮或安宫黄体酮 3 ～ 5 天止血，停药后 2 ～ 3 天出现撤药性出血。

雄激素止血法：一般用于子宫肌瘤阴道出血及更年期功血患者。因其具有拮抗雌激素作用，能增强子宫平滑肌及子宫血管张力，减轻盆腔充血而减少出血量，但因止血效果差，临床较少单独使用，往往与孕激素联合应用。

雌、孕激素联合止血法：对于出血量大、时间较长的患者可采用大剂量雌、孕激素联合止血后递减的方法；对于生育年龄大或更年期患者，内膜生长过长、月经不规则、月经量过多、经期过长者可采用一般剂量全周期合并法进行治疗。

雌、孕、雄激素联合止血法：即三合激素止血法。适用于出血量大、其他方法止血疗效欠佳的育龄期或更年期功血患者，此法止血快，撤退性出血量少。

HCG 止血法：适用于功能性子宫出血，每日肌注 300 ～ 1500 U，连用 3 ～ 5 日。

2. 性激素周期疗法

雌激素周期疗法：用以替代体内缺少的自泌雌激素以维持性器官功能或促进性器官的发育，并形成每月一次的撤退性出血。一般于月经周期第 5、6 天开始服药，连用 20 ～ 22 天。

孕激素周期疗法：适用于痛经、子宫内膜异位症患者，病变轻微且暂无生育要求的妇女。于月经周期第 6 ～ 25 天服药以抑制排卵。

雄激素周期疗法：适用于子宫肌瘤、子宫内膜异位症、经前期综合征等。于月经周期第 6 ～ 25 日服药，以对抗体内过多的雌激素。

人工周期疗法：全量雌孕激素人工周期适用于生殖器官发育不良、功血、卵巢早衰患者，此法因雌激素用量大，对垂体起抑制作用，也抑制了排卵功能；低剂量雌孕激素人工周期适用于下丘脑 - 垂体性闭经、月经稀发、雌激素水平偏低但子宫发育尚佳的患者。尚可用于功血、出血控制后出现闭经的患者。

雌、孕激素联合周期疗法：同雌、孕激素联合止血法中的全周期合并法的用法。适用于功血、多囊卵巢综合征患者。雌激素使子宫内膜再生修复，孕激素限制雌激素引起的内膜增生。

3. 诱导排卵法

排卵是妊娠者所必需的条件，也是治疗月经失调的最终目的。针对各种因下丘脑、垂体、卵巢功能性紊乱引起的无排卵，临床常用的促排卵方案有：①雌激素，如少量 DES、EE 或倍美力周期疗法。②促性腺激素，如 HCG 或 HMG（FSH）+HCG 疗法。③促性腺素释放激素，如 LHRH 脉冲法、LHRH 月经中期冲击疗法。④抗激素疗法，如 TMX、赛可芬疗法等。⑤联合用药法，如 CC+HCG、CC+HMG（FSH）+HCG、CC+LHRH、GnRH-a+HMG（FSH）+HCG 即控制超排卵法。

4. 黄体支持疗法

适用于黄体功能不全、经前期综合征及辅助生育技术需要黄体支持者，如黄体酮、安宫黄体酮及HCG等，于排卵后且基础体温上升1～3天连续用药1～2周。

5. 改善宫颈黏液

适用于雌激素缺乏、宫颈黏液腺体分泌不足的患者。于月经周期第5天开始，少量雌激素口服或阴道宫颈局部用药，连续10日，使宫颈黏液稀薄以利于精子穿过。

6. 假孕疗法

长期口服大量高效孕激素，并辅以引起的小剂量雌激素防止突破性出血，以造成类似妊娠的人工闭经。适用于子宫内膜异位症患者。

7. 假绝经疗法

适用于轻度、中度内异症，痛经明显，要求生育者。如用达那唑使子宫内膜萎缩，导致短暂闭经。

8. 抑制 HPO 轴功能的 GnRH-a 疗法

长期大量应用GnRH-a治疗，基于其降调和垂体脱敏作用以抑制垂体－卵巢功能，用于治疗性激素依赖性疾病，如子宫内膜异位症、子宫肌瘤、多囊卵巢综合征、高雄激素血症、乳腺癌、前列腺癌等。

9. 生精法

生殖激素可通过调节下丘脑、垂体、睾丸功能，促进生殖器发育，促使精子生成，改善精子质量。具体用药方案：①少剂量雄激素。② CC 或 CC+HCG。③ HMG 或 HMG（FSH）+HCG。④ LHRH 微量脉冲注射，或每周2次，每次25 mg 肌肉注射。

10. 改善男性性功能

①口服甲基睾丸素或肌注丙酸睾丸酮，用于雄激素缺乏引起的性功能障碍。②肌注 HCG，用于促性腺激素低下性的性腺机能减退。③肌注或脉冲注射 LHRH，用于特发性促性腺性功能低下及男性性发育不良。

二、抗微生物药物治疗

感染是造成不孕不育的重要原因之一，目前临床上常用的抗微生物药物有以下几类。

抗生素类：β－内酰胺类，如青霉素和头孢菌素；氨基糖苷类，如庆大霉素、丁胺卡那霉素、链霉素、小诺霉素等；四环素类，如四环素、米诺环素；酰胺醇类，如氯霉素；大环内酯类，如红霉素、阿奇霉素、乙酰螺旋霉素等。

合成的抗菌药：包括磺胺类，如磺胺甲噁唑等；喹诺酮类，如诺氟沙星、氧氟沙星、环丙沙星等；硝基咪唑类，如甲硝唑、替硝唑等。

抗感染植物药：如板蓝根、鱼腥草素钠、双黄连等。

抗结核药：如异烟肼、利福平、乙胺丁醇等。

抗病毒药：如阿昔洛韦、利巴韦林、奥平、干扰素栓等。

抗真菌类：如酮康唑、制霉菌素、克霉唑等。

三、抗肿瘤药物治疗

随着现代医学的发展，因患肿瘤而不能生育的患者恢复生育已成为可能。

常用的抗肿瘤药物有：①烷化剂，如盐酸氮芥、环磷酰胺、塞替哌等。②抗代谢药物，如氨甲蝶呤、氟尿嘧啶等。③抗肿瘤抗生素，如放线菌素 D 等。④抗肿瘤激素类药物，如他莫昔芬、甲羟孕酮等。⑤其他抗肿瘤药物，如卡铂、顺铂等。

选用合适的药物和剂量，采取适当的给药途径，制订合理的综合用药方案，使抗肿瘤药物充分发挥抗肿瘤作用，在不孕不育的治疗中显得尤为重要。

第三节 药物特殊注射疗法

一、封闭疗法

封闭疗法是应用麻醉药物及其他药物，在病变局部或按神经分布情况进行区域性注射，以阻断不良刺激，促进病变组织康复的治疗方法。

1. 骶前封闭

适应证：亚急性、慢性盆腔炎，痛经，宫颈癌浸润盆神经者。

操作方法：让患者取侧卧位，或胸膝卧位，在骶尾骨及肛周常规消毒，铺无菌纸巾。操作者左手食指戴橡皮手套，伸入患者肛门内，以指引针头刺入的方向，右手持 9 号腰穿针经皮肤沿骶前刺入 6 ～ 8 cm，注入 0.25% 的普鲁卡因 20 ～ 40 mL。

注射完后嘱患者休息 10 ～ 30 分钟，隔日 1 次，5 次为 1 个疗程。

注意事项：①防止将药物注入血管，推药前应回抽针栓，无回血时方可注入。②注药速度宜慢，注完药拔出针头后局部应压迫 1 ～ 2 分钟以避免出血。③术前先做普鲁卡因皮试，皮试为阴性者方可施行。

2. 宫旁封闭

适应证：慢性盆腔炎，痛经。

操作方法：常规消毒外阴、阴道，用阴道窥器暴露阴道及宫颈，以宫颈钳固定宫颈并向一侧牵引，充分暴露一侧穹窿，取 0.25% ～ 0.5% 普鲁卡因 200 mL，青霉素 40 万 U，链霉素 0.5 g 或庆大霉素 8 万 U，醋酸可的松 25 mg，从宫颈外侧 lcm 处阴道穹窿进针，方向与宫颈平行，深度 2 ～ 3 cm，缓慢注射，每侧 10 mL。根据病情每日或隔日 1 次，7 ～ 8 天为 1 个疗程。必要时可重复 1 ～ 2 个疗程。

注意事项：同骶前封闭。术前应做青霉素或链霉素过敏试验，阴性者方可施行手术。

3. 直肠封闭

适应证：慢性盆腔炎。

操作方法：用 12 号橡皮导尿管轻轻插入肛门 10 ～ 15 cm，然后将 0.25% ～ 0.5% 普鲁卡因 40 mL 加链霉素 0.5 g，保留灌肠，每天 1 次，5 次为 1 个疗程。

注意事项：治疗前先做过敏试验，阴性者方可进行治疗。严守无菌操作规程。

4. 局部封闭

适应证：神经性排尿障碍。

操作方法：用 0.5% ～ 1% 普鲁卡因在脐耻之间做倒“T”形封闭。

注意事项：同直肠封闭术。

5. 经穴封闭

适应证：慢性盆腔炎，骶前酸痛者。

操作方法：用注射用水 1 mL 加入青霉素 40 万 u、链霉素 0.5 g、0.25% 普鲁卡因 2 ～ 3 mL 进行次髎穴位注射，每日 1 次，5 ～ 10 次为 1 个疗程。

选穴：子宫、关元、次髎、中极等。也可用当归注射液代替抗生素注射治疗。

注意事项：治疗前先做过敏试验，阴性者方可进行治疗。严守无菌操作规程。

二、宫腔注射疗法

宫腔注射是通过圆锥形通液器或双腔橡皮导管向宫腔内注射药物，以达到治疗疾病目的的一种方法。

适应证：慢性子宫内膜炎、子宫结核及输卵管部分梗阻、粘连等。

禁忌证：急性盆腔炎、结核活动期患者禁做此项治疗。

常用药物：①生理盐水 20 mL，庆大霉素 8 万 U（或链霉素 0.5 g 等），α- 糜蛋白酶 5 mg（或玻璃酸酶 1500U）。② 0.25% 普鲁卡因 15 mL，庆大霉素 8 万 U，氢化可的松 15 mg。③ 1% ～ 2% 碘甘油 5 ～ 10 mL。

药物注入方法：于月经后第 3 天进行。让患者取膀胱截石位，常规消毒其外阴、阴道，用阴道窥器显露子宫颈，用圆锥形通液器堵紧子宫颈外口，缓慢注药，如患者感到下腹胀痛严重则停止注药。注药完毕后让患者抬高臀部，卧床 0.5 ～ 1 小时。如治疗输卵管阻塞，可逐渐加大剂量，每 3 ～ 5 日注射 1 次，10 次为 1 个疗程。

注意事项：①体温高于 37.5 ℃者禁做此治疗。②若无圆锥形通液器，可用双腔橡皮导管代替。置入有困难时，可先用 5 ～ 6 号宫颈扩张器扩张宫颈管，然后插入导管，自侧管注入 5 mL 空气，使气囊膨大，用线扎紧侧管后，向下牵拉导管，使气囊堵塞宫颈口，然后自导管注入药液。③注药量依宫腔大小及输卵管阻塞的程度而定，可逐渐增加，首次剂量不宜超过 10 mL。药液温度不应低于室温，以免引起输卵管痉挛。注药速度不可过快，以每分钟 1 mL 速度缓慢注入，注毕立即用线扎紧导管，使其盘曲存于阴道内，保留 4 ～ 12 小时。治疗输卵管阻塞患者，输卵管通畅后即不必保留导管。④取导管前，先将侧管缚线拆除，排空气囊，再取导管。⑤严密观察患者反应，发现异常情况，及时进行处理。

三、输精管通液疗法

适用证：男性精液不液化引起的不育症。

操作方法：术前吡哌酸、SMZ_{CO} 常规用药 1 周，控制感染后手术注射药物治疗。行局部麻醉，于双侧阴囊外上方 4 cm 处切开皮肤，分离精索提出输精管，用 4 号针尖刺入输精管内，将 0.5% 普鲁卡因 2 mL 溶解糜蛋白酶 5 mg 后，注入输精管内，分层缝合，术后 7 天拆线。

第四节　放射疗法和化学疗法

1. 放射疗法

放射疗法简称放疗，在临床上应用于恶性肿瘤的治疗，特殊情况下，也可用于非癌症性疾病的治疗。目前放射治疗已发展到高能射线的治疗阶段，直线加速器 ^{60}钴、^{137}铯、^{197}铱等放射性核素已普遍用于临床，传统的腔内镭疗，已被 ^{60}钴的后装腔内放疗所取代，提高了放疗的疗效，减少了放射损伤。

对放疗敏感的恶性肿瘤有宫颈癌、卵巢无性细胞瘤及颗粒细胞瘤、前列腺癌、阴茎癌、睾丸附睾等恶性肿瘤。此外，对子宫内膜癌也可做术前、术后放疗，作为手术的配合治疗。对绒毛膜癌转移灶进行局部照射，以及对外阴癌、阴道癌、前列腺癌进行放疗，亦有较好的疗效。此外，也可用于妇科良性疾病，如子宫内膜异位症、严重的功能失调性子宫出血或子宫肌瘤出血，因不能耐受手术而行人工放射绝经者，以及男科精索良性肿瘤等患者。

2. 化学疗法

恶性肿瘤的化学药物治疗，目前对妇科滋养细胞疗效最好，早期患者单用化疗即可治愈，对年轻妇女进行化学治疗尚可保留其生育能力。对前列腺癌、卵巢恶性肿瘤也较敏感，无论早期患者还是晚期患者与手术配合使用，均可提高存活率，缓解病情，降低复发率。

第五节　物理疗法

物理疗法简称理疗，是利用自然界和人工的物理因素作用于机体以防治疾病的方法。理疗包括电疗、火疗、热疗及冷疗等。在不孕不育的诊疗中，理疗应用范围广，既可单独应用，又可与其他疗法（比如药物、手术等）联合应用，是妇产科尤其是治疗不孕不育的重要手段之一。

应用理疗的具体禁忌证有生殖器官广泛化脓性急性炎症，生殖器官有恶性肿瘤，月经期，不全流产、功能失调性子宫出血等出血疾病。

同时，应用理疗还必须熟悉各类理疗的特性及其适应证等，以便根据病情、机体情况正确选择理疗的类型，同时掌握其作用、特点及剂量。某些理疗如温热疗法、紫外线疗法及某些电疗法等，在治疗过程中有时出现病情恶化，这种情况称为加剧反应，可分为局部和全身性两类。①局部加剧反应：多见于治疗炎症时，局部出现红、肿、热、痛等加剧的现象。主要表现为局部血液循环旺盛或代谢增强，加速了病灶的活动与修复过程。这种反应可以很快消失，炎症吸收好转，故也称一时性反应，如果反应持续时间较长，可能与剂量或频度有关，应及时停用，或调整剂量和频度。②全身性加剧反应：在理疗过程中，有时可造成全身不适、性情烦躁、食欲不振、失眠和倦怠等症状，一般认为是剂量过大或次数过频所致。如果剂量不大，可能为患者对该理疗过敏所致，此时应减少剂量或延长间隔时间，必要时应暂停治疗，注意休息。

一、电疗法

1. 直流电药物离子导入疗法

利用直流电场的作用，将药物离子经皮肤或黏膜导入机体以达到治疗疾病的目的。又称药物电泳疗法。其特点是：①可把药物直接导入病灶局部，使局部保持高浓度；②导入机体的是纯离子，即能起主要治疗作用的部分；③导入机体的药物能在体内保留及发挥作用的时间都很长；④不损害皮肤，无胃肠刺激及疼痛；⑤直流电与药物在治疗过程中有着相加作用；⑥操作简单方便。

对于盆腔炎、子宫内膜炎、输卵管炎、子宫内膜异位症，用碘化钾置于耻骨联合上方小腹部接阴极，丹参注射液置于腰骶部接阳极，强度为 10 ～ 20 mA，20 分钟，每日 1 次，10 ～ 20 次为 1 个疗程。对于慢性前列腺炎患者，在患者排除二便后，将药液注入直肠内，在下腹部及腰骶部放置电极（极性视所用药物决定）15 ～ 30 mA，每日 1 次，每次 20 ～ 30 分钟，1 个疗程共 15 次。常用的药液：① 10% 黄连煎剂配制的 3% 大蒜液；②穿心莲、黄芩等具有清热解毒作用的草药煎剂；③抗生素，如庆大霉素、链霉素等。对于特发性阴茎硬结症患者，可将 0.2% 磷酸组织胺液洒在主电极衬垫上，并将阳极固定于阴茎硬结区，阴极放置于腰骶部。以 1 ～ 3 mA 电流，每次 10 分钟，每 15 次为 1 个疗程。

2. 超短波疗法

应用频率为 3000 万～ 3 Hz/s、波长为 10 ～ 1 m 的电磁振荡波，又称超短波电场疗法或高频电场疗法。由于治疗频率甚高，以位移电流为主，因而产热比较均匀，机体的任何深度组织均可获得较明显的热量，故适用于深部组织的疾患，并且使用较低温度亦可得到较显著的效果。所以，超短波治疗对急性炎症效果更好，能产生良好的镇痛作用，使血管扩张，血循环加强，组织营养改善。适用于生殖器官炎症，尤其适用于急性盆腔炎、慢性盆腔炎急性发作的患者。也可用于外阴炎、痛经、月经不调等的治疗。

操作方法：用下腹－腰骶对置法，或阴道电极置于阴道内，用微热量或温热量。每次 15 ～ 20 分钟，每日或隔日 1 次，7 ～ 15 天为 1 个疗程。在男性患者中超短波疗法适用于慢性前列腺炎、精囊炎、前列腺肥大等疾患，将电极对置于耻骨上区及骶部，间隙 1 ～ 3 cm，微热量 10 ～ 15 分钟，每日 1 次，15 次为 1 个疗程。对于精囊炎患者，还可使用体腔中极，涂以液体石蜡后插入直肠内 10 ～ 15 cm。另一电极置于耻骨部，空气间隙 3 cm，无热量，治疗 10 分钟，每日 1 次，15 次为 1 个疗程。

3. 高级电脑中频疗法

采用先进的微电脑数控技术的中频电治疗仪，输出适当中频电流，使其进入人体一定深部，引起强烈的肌肉收缩（并不致引起疼痛），并能改善局部血液循环，从而起到治疗作用。适用于盆腔炎、盆腔瘀血症、附件炎、瘢痕疙瘩、术后粘连、肥胖症等。治疗剂量一般取耐受限或低于耐受限的剂量。10 次左右为 1 个疗程，慢性疾病 20 次左右为 1 个疗程，每天 1 ～ 2 次。

4. 电灼及电熨术

电灼及电熨术是利用电源治疗疾病的方法之一，常用于治疗外阴湿疣、尿道口肉阜及宫颈某些良性疾病。其优点是将整个糜烂面均匀烙通，包括深部腺体予以彻底毁坏，形成凝固、坏死的焦痂。焦痂脱落后，由周围增生的鳞状上皮覆盖原来的糜烂面而达到治疗目的。宫颈良性病变（宫颈糜烂、宫颈息肉、腺体囊肿等），均可选用电灼术或电熨术。但术前须行细胞学检查或活组织检查，以排除癌变或其他特异性炎症，如结核等。患滴虫性或霉菌性阴道炎、急性盆腔炎，或有全身性疾病，如严重心脏病、肝脏病、血液病等，均不宜行电灼或电熨术。

手术一般在月经干净后 3 ～ 7 天进行。术前要详细询问病史、查体并排除禁忌证。如用电熨器，先将按好电极的铝板置于患者臀下，术者手持电熨器头，接触宫颈病变部位，从 6 点开始，逐渐向两侧伸展，依次熨遍整个糜烂面。深度一般为 2 ～ 3 mm，不宜过深，否则会引起出血或糜烂且不易愈合。越近宫口处越深，越近边缘处越浅。其范围要超过糜烂面 1 ～ 2 mm，并深入颈管 0.5 ～ 1 cm。

手术中要严格进行无菌操作，并注意保护阴道壁，避免烧伤正常组织。不宜过于伸入颈管，否则会造成宫颈粘连或狭窄。术后，宫颈表面涂以 10% 的龙胆紫或喷撒少许呋喃西林粉。术后 2 ～ 3 天由于坏死痂皮脱落，阴道可流出多量水样分泌物，2 周后可出现血性分泌物或少量流血的情况。2 ～ 3 周后阴道分泌物逐渐减少，月余即净，出现新鲜健康肉芽面，新生的鳞状上皮逐渐从外缘向内生长而痊愈。此时一般不宜进行妇科检查。对流血增多或有臭味的患者，应考虑感染的可能。因此，术后与复查前应禁止性生活和坐浴。要注意外阴清洁。复查时询问患者有无痛经及月经排出不畅，必要时可用探针探查宫颈，了解有无粘连。如果患者下腹疼痛并伴有发烧，应进行肛诊，如果发现盆腔感染则应给予相应的治疗。

5. 超声波疗法

此法是利用超声波治疗疾病的一种方法。随着现代超声技术的发展，超声疗法在医疗上已广泛应用。目前开展的超声疗法，除一般超声疗法外，还有超声药物透入疗法、超声雾化吸入疗法，以及超声 - 电流疗法等。其治疗作用是超声波能加强物质通过细胞膜的弥散过程，并由此克服血液 - 前列腺屏障，通过涂敷、按摩、温热等方法，使瘢痕松解达到康复的目的。

二、光线疗法

光线疗法简称光疗，是指利用光线特别是光线中不可见部分（紫外线、红外线等），达到防治疾病的方法。

1. 紫外线疗法

利用人工紫外线照射人体来防治疾病与促进康复的一种物理疗法。紫外线照射对上皮细胞有直接作用，使之产生化学物质——组织胺酸的衍生物，分布于血液内，能扩张血管，增强代谢。其治疗作用为抗炎、抗神经痛及脱敏等，可用于急性外阴炎、外阴瘙痒症、盆腔炎。

具体方法：局部照射，每次 2 ～ 3 个生物剂量，每次加 1 ～ 2 个生物剂量，隔日 1 次，5 ～ 6 次为 1 个疗程。

2. 红外线疗法

红外线是长波（红外光谱）的电磁波。因其为温热疗法中辐射疗法的典型疗法而被广泛利用，其危险性最小，最为普及。其治疗作用基于其引起的组织充血性能，充血能使病灶消散并起到镇痛作用，同时具有抗神经痛及消炎功效。适用于亚急性或慢性外阴炎、腹部切口、会阴裂伤等的治疗。

具体方法：照射时灯距 40 cm，每次 20 ～ 30 分钟，每日 1 次，8 ～ 12 次为 1 个疗程。

3. 激光疗法

激光是一种受激辐射产生的光。应用激光来治疗疾病的方法称为激光疗法。激光疗法可治疗的疾病有：①外阴疾病：各种外阴皮肤病，包括外阴白斑、慢性皮肤炎、白癜风、溃疡及湿疹等。②宫颈病变：慢性宫颈炎（宫颈糜烂）。③早期诊断宫颈癌：应用氦镉激光诱发荧光光谱分析法，可以作为区别子宫颈癌与炎症的新方法。

三、热疗法

热疗法是指以热源为介质，将热直接传至机体达到治疗作用的方法，其常用的热源有泥类、石蜡、砂、蒸汽、热空气及坎离砂等。其作用机理为：热的作用能使局部皮肤及皮下组织温暖，使表浅、深部的血管扩张，动脉血流增加，淋巴循环加强，因而使炎症消退，疼痛缓解，刺激组织生长和再生。

1. 坎离砂疗法

是利用氧化铁加醋产生热而用于治疗的一种传导热疗法，既具有热作用，又具有药物作用，具有良好的治疗效果。坎离砂由净铁末 50 kg、米醋 3 kg、防风 0.25 kg、当归 0.2 kg、川芎 0.25 kg、透骨草 0.25 kg、清水 30 L 制成。操作方法：将坎离砂倒入盆中，用 2% 醋酸或食醋拌匀至全部潮湿，然后分布于大小不同的布袋中，用厚布、毛巾包好，待其发热达 60 ℃时，放置于局部，能增加局部血液循环，促进炎症消散。用于盆腔炎、输卵管炎、痛经（虚寒性）。

2. 食盐或石英热敷法

粗制食盐或石英炒热后，装入布袋中，置于小（少）腹患部，以不灼伤皮肤为度。每晚 1 次，10 ～ 15 次为 1 个疗程，经期停用。

适应证：盆腔炎、输卵管炎、痛经（虚寒性）。

3. 蒸汽疗法

又称熏蒸疗法、气浴疗法，是利用药物煮沸后产生的蒸气来熏蒸机体，以达到治疗疾病目的的方法。其治疗作用是引起中枢神经系统产生不同程度的兴奋或抑制过程，借以调整人体各器官、神经、体液、内分泌系统的功能，促进各器官功能正常化，从而达到治疗目的。

操作方法：①局部熏疗法：可分为蒸熏法与喷熏法。每次 20 ～ 40 分钟，每日 1 次，急性期 3 ～ 7 次，慢性期 15 ～ 20 次为 1 个疗程。治疗时应暴露治疗部位，体位应舒适。②蒸汽浴（桑拿浴）。③中草药蒸汽浴：是利用蒸煮药物时产生的蒸气治疗疾病的方法，一般隔日蒸疗 1 次，5 ～ 7 次为 1 个疗程，疗程中间休息 3 ～ 5 日，必要时进行第二个疗程。

适用证：慢性子宫颈炎、输卵管炎、盆腔炎、痛经、陈旧性宫外孕、子宫脱垂、阳痿、重症贫血、大失血、急腹症等。

四、冷冻疗法

利用制冷物质产生低温以治疗某些疾病的方法称为冷冻疗法。

1. 冷冻疗法的适应证

①外阴、阴道的良性病变，如外阴白斑、尖锐湿疣、血管瘤、阴道断端肉芽、阴道子宫内膜异位症结节等。②宫颈良性病变，如子宫颈糜烂、宫颈息肉、宫颈癌前病变等。③子宫内膜增生症，多用于近绝经期患者。④盆腔、腹腔子宫内膜异位症。⑤其他如宫颈原位癌、早期或晚期鳞状上皮癌、葡萄状肉瘤等。

2. 子宫颈糜烂的冷冻治疗

须先经阴道涂片或宫颈刮片检查证明宫颈为良性病变，治疗时间以月经干净后 3 ～ 7 天为宜。用窥阴器扩张阴道，充分显露子宫颈，用 0.2% 的新洁尔灭洗净阴道及子宫颈，擦干后，用冷冻探头接触子宫颈糜烂处，用力按压，使其紧密接触。探头必须覆盖病灶面，但不宜超过很多。一般冷冻 1 ～ 3 分钟。此时冷冻部位呈冰块状，探头与局部组织脱离，局部暂时恢复原状。再冷冻一次，可促使细胞内、外形成冰晶，以增强效果。探头连接管中装有加热设备，40 秒钟探头即可脱离，但为了使细胞充分坏死，最好等待其自然复温，溶解脱离。

宫颈冷冻一般无痛苦，个别患者可出现面部潮红、头晕、腹痛等症状，但不需要特殊处理。术后的主要反应是阴道分泌大量水样白带，量多者每日可达 200 ～ 400 mL，术后 1 ～ 2 天出现，持续 2 周左右。如不注意，可导致脱水甚至低钾血症。因此需适当地补液、补钾（口服即可），并预防感染。另外，冷冻后 1 周左右宫颈痂皮开始脱落，并有新生上皮开始生长，约需 1 ～ 3 个月完全愈合。此期间应禁止性生活，不要盆浴，避免不必要的妇科检查。

第六节　心理疗法

心理疗法是指通过心理学的方法来解除病人的心理压力，尤其是指那些经过专门训练的心理治疗医生运用言语的方式达到治疗目的。心理疗法对不孕不育疾病如“心因性不孕”“精神性闭经性不孕”“(男女)性功能失调性不孕”“假孕”等，已被认为是一种非常重要的治疗技术和手段。

一、精神疗法

精神疗法又称精神调治法，即运用调理精神情志的方法治疗精神神经性疾病的治疗方法。中医称为“七情疗法”。约 15% ～ 20% 的不孕不育夫妇在临床中发现不了器质性原因。

1. 愉悦舒畅法

情绪与健康有密切关系。愉快的心情有助于人体安康与长寿，通过医家的言传身教，诱导患者心情舒畅，怡悦开怀，消除抑郁、悲哀等不良情绪有助于疾病痊愈。《慎斋遗书》记载：“一人二十七八，奇贫寡居，郁郁不乐，遂成阳痿，终年不举”，说明精神因素可以导致性功能障碍。所以应注意调节情志，使患者怡悦开怀以治疗疾病。精神心理障碍不仅可以导致不育，而且即使受孕，如果心情不好也可造成妊娠不顺利。张子和云：“胎借原气以生，呼吸相通，喜怒相应，若有所逆，即致子疾”，可见胎儿与母亲心心相印，脉脉相通。孕妇的喜、怒、哀、乐皆可使气血失调，影响胎儿，甚至造成早产、流产，使孕育不能成功。因此，孕妇也应注意自我调节，心情舒畅，遇事乐观。气血平和，就能养胎、安胎。

2. 纾难解疑法

病者多疑，人们一旦患上某种病后，容易产生各种各样的怀疑和猜测，或小病疑大，或轻病疑重。有些性功能障碍的患者，是由于初次或偶尔性交失败后就疑心重重，怀疑自己的能力，久之恐惧担忧，这样就容易导致性功能障碍。对于这类患者，医生应针对患者存在的思想负担，通过一定的方法，解除其不必要的怀疑和猜测，帮助患者去掉思想负担，恢复健康。

3. 精神转移法

精神转移法就是把患者的注意力从疾病的缠绕中转移到其他方面，以便减轻疾病负担并转向痊愈。转情就是转移患者的精神、意志、思念和注意力，变气是指通过注意力的转移，交通气血，以调整气机，从而有利于疾病的治愈。男性不育患者，由于育子无能而心情焦虑，常将注意力集中在疾病上。女性不孕患者，由于不孕则心境进入恶性循环，更将产生严重的心理障碍，惶惶不可终日。对于这些患者，医生应注意多加以诱导，使其转换注意力，例如多进行一些文体活动，欣赏优美抒情的轻音乐或喜爱的戏曲唱段，既是美的享受，又是很好的松弛方法，这样可以分散对疾病的担心，再配合药物治疗，就能加快疾病的痊愈。

4. 心理疏导法

通过医生的疏导、解释使患者了解所患疾病的原因、演化、治疗及预后，以配合治疗。不孕不育患者，许多是缺乏性知识的人，医生在详细了解患者的病史后，应当向患者介绍疾病产生的原因、疾病的轻重，说明疾病的发展、治疗情况以及介绍性知识。这样有利于患者了解疾病，消除精神紧张，进行自我调理，从而有益于疾病的治疗。

5. 以情节调情法

喜、怒、忧、思、悲、恐、惊是人体正常情志表现。当其过激时，又可成为致病的重要因素，脏腑病变也可通过情志变化反映出来。此法在治疗不孕不育中也可有效应用。

二、音乐疗法

音乐疗法是一种声疗法。音乐是周期性波动的声源发出的声波，是特殊信息，通过听觉神经系统起作用。临床应用时，可根据不同疾病选择音乐带，一般如由精神、神经因素引起的闭经等，可选用节奏平稳，速度与力度适中，电流刺激转弱的音乐带；神经厌食引起的闭经可选用节奏激烈、力度强、速度慢的音乐带，并将音量调节至适当。治疗结束时先将输出旋钮降至零位，再将音量调节旋钮调低，关闭音响。治疗前应先向患者交代音乐治疗时的感觉、电流的波动是正常现象，要求患者注意力集中，静听音乐。当患者感觉刺激太强或有刺痛感时，应及时进行检查和调整。

三、放松疗法

这种疗法可单独用来缓解焦虑或紧张，或与其他方法结合使用。要求患者逐一地绷紧和放松身体的不同部分，通常从下肢开始，比较一侧紧张的脚部和对侧放松的脚，慢慢地从腿、盆腔、腹部、胸部、上肢、颈部，到头面部肌肉，顺次地收缩和松弛。这些肌肉体操还可同呼吸操联合采用。在身体达到放松后，由治疗者帮助患者在精神上也达到放松，所用方法为暗示和想象等。在妇科方面，用于对妇科检查和阴道炎反应感到焦虑的妇女。全面放松和专门的阴道体操能使患者在检查时避免不适感。放松的做法经常与性治疗技术协同使用。

四、催眠疗法

催眠疗法是一种以某些感觉、运动和认知现象为特征的、被改变的意识状态。在这种状态下，下意识的通道开放，患者对于催眠师的指令视为权威性，毫无批判地全盘接受，像海绵一样汲取、贮存在潜意识之中，从而发挥持久的作用，调整自己的情绪，改善机体功能。又称催眠术。催眠疗法可作为其他心理治疗的辅助治疗，或利用其催眠现象的有益方面，如解除疼痛、处于放松状态等。催眠疗法可通过加速移情、克服抑制和加强暗示等方法，对以心理分析为基础的治疗起催化作用。使用催眠疗法，需要在催眠技术与心理治疗两方面接受培训，以便两种方法能配合使用。催眠疗法在不孕不育临床中主要应用于性功能障碍，如阳痿、阴道痉挛，以及妊娠剧吐、预防流产、早产等。

五、调整心理状态的药物治疗

在心理治疗的同时，辅以调整心理和精神状态的药物治疗，有助于增强疗效。中医认为人之七情由五脏精气化生，《素问·阴阳应象大论》云："人有五脏，化五气，以生喜怒悲忧恐。"七情致病除精神调理外，应配合宁心安神、清心泻火、疏肝解郁、平肝泻胆、益肾安志等中药治疗，以调整脏腑功能，使神志平和。西医认为，心理活动与生殖内分泌功能是受大脑皮层及中枢神经系统支配的，一些作用于中枢神经系统的镇静、催眠、抗焦虑及抗躁狂抑郁症药物，如安定、氯丙嗪、利眠宁、谷维素等，均有调治神经心理功能的作用。若在精神调整的同时配合适当的药物治疗，自然相得益彰，使因精神心理致病导致不孕不育的患者早日康复。

第七节 手术治疗

一、女性手术

1. 外阴手术

月经净后 3 天，在局部麻醉下取 2、7 点，4、10 点斜行交叉，剪开处女膜，使其放松。如处女膜闭锁，可行无孔处女膜切开术，使潴留的经血排出。术后 1 个月复查，子宫输卵管血肿多已消失，必要时可服中药或行剖腹探查。

2. 阴道手术

如阴道横隔、阴道纵隔、阴道肿瘤等，除影响性交外，还妨碍精子进入宫腔导致不孕。经净 3 ～ 7 天后行局麻或腰麻，将阴道横隔、纵隔或肿瘤切除，使阴道通畅、扩展，不再影响性交，使精液易于进入宫腔而妊娠。

3. 宫颈手术

如宫颈口狭小或粘连，可用宫颈扩张条扩开宫颈，使精子易于进入宫腔；如宫颈口有息肉则摘除；如宫颈有炎症、中度糜烂等，可用电灼或 KS 治疗仪、激光法治疗宫颈炎，但应避免过度灼伤，以防形成瘢痕或宫颈狭窄影响受孕，如宫颈裂伤可行缝合术。

4. 子宫体手术

子宫体可患有子宫肌瘤、子宫腺肌瘤，还有子宫畸形等病症，这些病症不利于受精卵着床而致不孕。如子宫肌瘤，可在经水干净 1 周内，硬膜外麻醉下行子宫肌瘤切除术，把子宫肌瘤剥出；如果是双子宫，经净后在局部麻醉下行一侧子宫切除术，并进行修补；如果宫腔粘连，可在经净后行宫腔粘连分离术。为防止严重粘连，应在术后放置节育环，3 ～ 6 个月后取出，子宫恢复正常后利于受精卵着床发育。

5. 输卵管手术

输卵管粘连分离术：经净后在局部麻醉下，按常规剖腹，将输卵管周围粘连特别是伞端的粘连分离，必须结扎出血点，分离后的创面必须用浆膜层包好，操作须细致以免再次形成粘连。

输卵管通液术：检查输卵管是否通畅的方法，可用酚红液、美蓝液或生理盐水做检查。子宫腔的容积约 4 ～ 6 mL，输卵管阻塞时注射量超过此量，患者即感下腹胀痛，液体外溢至阴道。如顺利注入 30 mL 而不引起任何不适，则表示输卵管通畅。通液还可作为治疗之用，常用于输卵管伞端阻塞，注入青霉素 40 万 U，链霉素 0.5 ～ 1.0 g，透明质酸酶 1500U，溶于 0.25% 普鲁卡因 8 ～ 10 mL 内，于月经干净后 3 ～ 4 日开始，每月通液 3 ～ 5 次，3 个月为 1 个疗程。治疗后可行输卵管碘油造影检查，以观察疗效。

输卵管造口术：一般在造影后半年，经净后进行，以免感染，将闭锁、阻塞的部分切除，输卵管黏膜层翻出，在闭锁处做一圆形或斜形切口，使输卵管黏膜全部外翻，形同袖口向外翻一样，从而使新造的输卵管口扩大，输卵管与腹腔相通。为了保持新造口通畅，可在输卵管内放入一根肠线，日后可自然吸收。术后 1 个月可行输卵管通液术，重复 3 个月均通畅，表示造口术获得成功。

输卵管移植术：输卵管峡部或间质部阻塞，但输卵管伞端及壶腹部基本正常者可选用本法。方法是将输卵管阻塞的部分切除，将通畅的输卵管部分插入细的塑料导管，将输卵管内端做一纵向切口，把输卵管分为前后缘，用两根肠线贯穿输卵管切口前后缘，再切除子宫角组织，将输卵管内的塑料导管插入子宫腔内，贯穿输卵管内的两根肠线从子宫前后壁缝出，使输卵管移植到宫角处，将羊肠线打结，使输卵管固定在宫角处，再缝合子宫角处的肌层。缝肌层时注意不要缝扎副输卵管，以免输卵管被缝扎而阻塞。塑料导管的外端可缝合固定在腹壁，通过塑料导管可注入抗菌消炎液，术后 48 小时再注入 1 次，以后每 3 天注入 1 次。术后 2 ～ 3 周可拔出塑料管，1 个月后可行输卵管通气术或通液术，以后每个月重复 1 次，共 3 次，均为通畅时，即为输卵管复通术成功。

输卵管吻合术：在输卵管结扎处打开输卵管浆膜，将输卵管暴露，剪除输卵管结扎处，在输卵管的断端插入一细塑料导管，一端插入宫腔，另一端自输卵管伞部出来，用肠线将输卵管两断端间断缝合，约缝 4 针，但缝合时不穿透输卵管系膜层，输卵管外面的浆膜层用细丝线间断缝合，输卵管内的塑料导管之腹腔内部分用肠线固定于输卵管伞端处，其外端缝合固定于腹壁，塑料导管内可注入抗菌消炎液，方法同输卵管吻合术。术后应服用抗生素以预防感染。施行输卵管结扎术后，由于治疗之故，输卵管易积水，故输卵管复通的成功率较低。

6. 卵巢手术

行卵巢手术的目的主要是使卵巢恢复排卵功能。如多囊卵巢因为卵巢包膜较厚，不能发生排卵，进行卵巢楔形切除术后，即能使卵子排出。还有部分卵巢囊肿可影响排卵，行卵巢囊肿剥除术后卵巢功能正常。卵巢上如有子宫内膜异位症，小者可用电灼术或激光术，如果已形成子宫内膜异位囊肿，则可采用剥离术或切除术。

此外，如垂体肿瘤所致的高催乳素血症，可行垂体肿瘤切除术。

二、男性手术

1. 睾丸固定术

对先天性隐睾症，最好在 7 ～ 10 岁之前进行睾丸复位固定术。其方法是手术切口做在腹股沟部，寻找并充分游离隐睾和与其相连的精索，连同睾丸、精索一起拖入阴囊内固定，如果发现有腹股沟疝，一并修复。

2. 精索静脉曲张结扎术

精索静脉曲张能影响精子的质量。常用方法是腹股沟管内精索静脉高位结扎。具体方法是在腹股沟韧带处切开皮肤，切开腹外斜肌筋膜，暴露精索，分辨精索静脉各分支，常见有 2 ～ 3 束静脉，分别将其钳夹、切断、双重结扎，再关闭创口。注意避免损伤精索内静脉与输精管。除上述结扎法外，还可在腹膜后行精索内静脉结扎术。

3. 输精管吻合术

男性已行输精管结扎术而绝育，或因外伤感染造成输精管或附睾阻塞，可选用此法做输精管复通术。应先做阴囊局部检查，以触及结节与压痛来判断阻塞部位。如果是输精管阻塞，可在局麻或骶管麻醉下，切开阴囊皮肤，暴露输精管，切除结节，一般为 1 cm 左右。必须到达管腔。灌注生理盐水或 1% 普鲁卡因 3 ～ 5 mL，出现尿意感，证实远端输精管通畅。扩张近睾丸端输精管，可见有精液溢出，用无组织反应带针尼龙线，将输精管全肌层间断缝合，使输精管不出现张力和扭曲。为防止吻合口因张力大而裂开，可将紧贴输精管外的精索内筋膜、外筋膜分别酌情缝合，以减少张力，再缝合皮肤。术后应用抗生素预防感染。如附睾尾段有阻塞，应做输精管附睾体吻合术；如为附睾头阻塞，应做输精管、睾丸口吻合术。

4. 尿道下裂成形术

常用阴茎皮肤作为重建尿道的整形材料，或用阴茎和阴囊皮肤作为重建尿道的整形材料，或用游离皮肤重建尿道等方法，对尿道下裂进行修补和整形。此手术最适宜的年龄为 5 岁左右，学龄前进行能使阴茎发育正常。

5. 睾丸移植术

分为自体移植术与异体移植术。对于高位隐睾无法下拖者，可将附睾连同血管一起切下，自体移植到阴囊内，将睾丸血管与阴囊内邻近血管利用显微外科技术吻合。先天性无睾丸或后天外伤等失去双睾者，可采用亲族供睾，即父亲给儿子或兄弟之间供睾，移植一般能成功。不同血缘、不同血型的异体睾丸移植也有成功的报道。

第八节　调整因素疗法

调整因素疗法，对不孕不育夫妇而言，即如何因人、因地、因时制宜，调整把握好易孕及优生的时间综合因素，既能够生育又能够优生的一种时间医学治疗方法。

1. 掌握好排卵期性生活，增加受孕机会

不孕妇女在请医生系统检查，寻找不孕病因并进行治疗的同时，还必须了解自己月经周期的变化规律，预测排卵期，正确掌握易孕期，这是提高受孕概率的重要手段之一。因为生育年龄的妇女在每个自然月经周期中一般只排一个卵子。排卵期主要是通过基础体温测定、宫颈黏液检查、生殖激素 E_2、LH 峰以及阴道 B 超监测等。此外，部分女性在卵巢发生排卵前后，机体还会发出信号，如感到一侧少腹或小腹疼痛（排卵痛），或少量阴道出血（排卵期出血），或乳房有胀痛、触痛，情绪与性欲的改变——可出现快感或抑郁感，大阴唇稍感水肿，带下增多、稀薄，透明如蛋清样，延展性增高，阴道潮湿滑润。因此，只要认真细致观察，排卵易孕期是可以掌握的。

2. 调整性交频度，提高受孕率

掌握好性交频度，保证易孕期性生活时精子的质量，也是提高受孕率的重要因素。无论是性生活过稀或过频，都不利于受孕。过稀，由于精子储藏时间过久，大多老化，以致精子活动力不强；过频，男方的睾丸不能产生足够的精液和高质量的精子，因而精液稀薄，精子数目少，活力低。不孕夫妇正确的性生活频度应从月经干净后 2 ～ 3 天起，以每周 1 ～ 2 次为宜，预测排卵日前 7 ～ 10 天禁欲，以保证易孕期性交精液的质量，排卵后进入黄体期应减少或避免性生活，以利于受精卵着床，防止早期流产。

3. 选择怀孕的最佳时间

所谓受孕季节与优生，实际上是根据各地实际，从气温变化、疾病的流行、蔬菜淡旺等客观因素综合考虑，进行优选。从优生角度分析，怀孕的最佳季节以6—8月为宜。原因如下：

孕后3个月，胎儿形成大脑皮层，亦称大脑形成期，这时正值秋凉季节，鱼肉禽类、瓜果旺季，孕妇、胎儿所需的蛋白质、矿物质、维生素等必要的营养成分，都可以从蔬菜中获取；冬春季节是流行性感冒、风疹、流脑等病毒性疾病的多发季节，畸形胎儿多感染这些疾病而发生，此时胎儿已超过4个月，已平安度过易畸形的敏感期。

3—5月，婴儿呱呱坠地，这时正值桃花盛开、气候宜人，产妇既可抱婴儿到户外呼吸新鲜空气，晒晒太阳，温暖的季节，婴儿可少穿衣，有利于四肢活动。3—5月，正是新鲜主副食品充足供应的季节，产妇可获得丰富的营养，从而保证哺乳的质量。

按照民间哺乳的习惯，6—8月怀孕出生的小儿的断乳期，恰是第3年的春夏之交，此时气候宜人、副食品丰富。

基于上述原因，怀孕季节要避开11、12月和1、2月，而以6—8月为佳。

第九节　中西医结合疗法

一、中医周期疗法

中医周期疗法常用于卵巢功能失调性不孕症患者，是根据祖国医学和现代医学对月经产生与月经失调机制的一些共同认识，以辨证论治为基点，按照异病同治、同病异治、治病必求其本的原则，结合现代医学关于月经的神经内分泌周期调节理论，运用阴阳常法调节的手段，针对月经周期的不同阶段（卵泡的发育、成熟、排卵、黄体形成及退化），选用不同的调节冲任治法及方药，调整脏腑气血阴阳的正常水平的动态平衡，以期恢复肾、肝、脾、心、冲任、胞宫（类似在大脑皮层控制下，下丘脑－垂体－卵巢，或下丘脑－植物神经与卵巢－子宫）的功能，从而治疗功能性月经失调等各种疾病。

（一）治疗原则

以辨证施治为主，辨证与辨病、整体与局部相结合。治疗时既要注意调节脏腑、气血、阴阳、盛衰，着重改善机体全身的功能，又要注意调节冲任（督带），纠正卵巢局部的功能紊乱，辨证地处理好调节阴阳与治病的相互关系。

急则治其标，缓则治其本。首先纠正紊乱的月经情况，改善月经失调的症状；然后再调整月经周期，即恢复排卵和黄体功能。

立法用药必须根据月经周期分期，区别对待。月经后期（卵泡发育期）以滋肾养血调冲为主，兼顾肾气，以促使卵泡发育，以月经周期28天计算，此期应是月经周期第5～9天；排卵前期（指卵泡渐趋成熟至排卵前的一个阶段）在滋养精血的基础上，辅以助阳调气活血之品，以触发排卵，此期为月经周期的第10～14天；排卵后期（黄体期）以温补肾阳为主，阴中求阳，使阴阳处于正常的平衡，以维持正常的黄体功能，相当于月经周期的第15～24天；行经期宜活血调经，以正常行经。

根据生理发育的不同时期，治疗应有重点，育龄期着重于调肝治肾。

必须充分重视调理冲任、奇经。常用调治奇经的基本治则可归纳为补肾填精调冲、滋肾养阴调冲、温肾助阳调冲、疏肝理气调冲、活血化瘀调冲、益气补血调冲、滋养心脾调冲、清肝平肝调冲、清热凉血调冲、温经散寒调冲、化湿祛痰调冲、润肺顺经调冲、敛回乳调冲和固涩止崩调冲等法。临床按辨证不同，灵活运用。

注意气血、阴阳的相互关系。因为血为气母，气为血帅，阴阳互根，相辅相成，所以治气则要以血分药，治血要辅以气分药，治阴要顾阳，治阳要顾阴。

（二）具体治疗方法

1. 肾虚型

肾阳虚：温肾助阳，调冲。方用右归汤加减：熟地黄（或用砂仁拌）、鹿角片（先煎）、仙茅各12 g，炒山药、菟丝子、淫羊藿、党参、炙黄芪各15 g，山茱萸、枸杞子、炒当归各12 g，炙附片5 g（先煎），肉桂3 g（后下）。兼宫寒，合艾附暖宫丸加减；兼痰阻，合苍附导痰丸加减；兼血瘀，合红花桃仁煎加减；子宫发育不良，加续断、茺蔚子各15 g，紫河车6 g（研吞），紫石英30 g（先煎），以补肾助子宫发育；闭经溢乳，加牛膝 12 g，丹参、芡实各 15 g，五味子 6 g，炒麦芽 30 ～ 60 g，以通经敛乳。

肾阴虚：滋肾养阴，调冲。方用左归汤加减：生地黄、熟地黄、枸杞子、炙龟甲（先煎）、女贞子、制何首乌各 15 g，山药、墨旱莲各 12 g，山茱萸、菟丝子各 10 g。阴虚肝火旺，去菟丝子，加杭菊花 6 g，白蒺藜、夏枯草、白芍、钩藤（后下）、决明子各 12 g，茺蔚子 15 g，天麻 6 g，石决明 30 g（先煎）等平肝清火之品。

肝肾（精）血亏损：补肾（精）养肝（血）调冲。方用归肾汤加减：熟地黄、山药、制何首乌、鸡血藤各 15 g，枸杞子、党参、阿胶（烊冲）各 12 g，紫河车（研吞）、当归、山茱萸各 10 g，菟丝子 20 g。

2. 肝郁型

肝郁气滞：疏肝理气调冲。方用柴胡疏肝汤加减：柴胡、白芍、香附、川楝子、当归、延胡索各 10 g，枳壳、郁金各 6 g，陈皮、甘草各 3 g。若经前乳胀而有结块，加八月扎、王不留行各 12 g，玫瑰花 5 g，丹参 15 g，橘叶、橘核各 10 g，地龙 10 g 等，以行气活血、通络散结；若肝郁化热，宜用丹栀逍遥散加减。

肝脾失调：疏肝健脾，调冲。方用逍遥散加减：柴胡、佛手各 6 g，炒当归、焦白芍、炒白术、茯苓、制香附各 10 g，炒陈皮、炙甘草各 3 g，红枣 7 枚。经行泄泻、浮肿，宜重用茯苓 30 g，薏苡仁 20 g，泽泻、车前子各 15 g 等利水之品；经行肝胃不和而呕吐，去甘草、红枣，加吴茱萸 3 g，炒黄连 2 g，姜半夏、旋覆花（包煎）各 10 g，苏梗 6 g，代赭石 30 g（先煎）等和胃降逆止呕。

痰阻胞络：祛痰化瘀，调冲。方用苍附导痰汤加减：苍术、香附、当归各 10 g，茯苓、海藻、山楂各 12 g，法半夏、陈皮、川芎各 6 g，胆南星、石菖蒲各 5 g，益母草 15 g。出现功血，宜去川芎、当归、山楂，加花蕊石、蒲黄炭（包煎）各 10 g，参三七 3 g（研吞），茜草花、海螵蛸各 12 g 等化瘀固冲止血之品。

寒凝胞宫：温经散寒，调冲。方用艾附暖宫汤加味：炒艾叶、淡附片（先煎）各 6 g，制香附、小茴香、炒当归、焦白芍、续断、熟地黄各 10 g，吴茱萸、肉桂（后下）、川芎各 3 g，炙黄芪 15 g，紫石英（先煎）30 g。经行腹痛剧烈者，加乌药 10 g，九香虫 6 g，炒延胡索 12 g，失笑散 18 g（包煎），血竭 3 g（吞）等，温经理气、化瘀镇痛。

（三）使用方法及疗程

中医月经周期疗法，首先要根据月经失调的发病情况及病理机制，确定月经周期中的不同阶段，然后分别选用序贯疗法、经后疗法及经前疗法。

1. 序贯疗法

适用于各种原因导致的功能性月经失调，尤其是子宫发育不良者。

2. 经后疗法

适用于功能性排卵障碍所致的月经失调，如月经稀少、闭经、无排卵型功血（更年期除外）、多囊卵巢综合征等，亦可用于月经中期因卵巢雌激素水平暂时下降引起的排卵期出血。

3. 经前疗法

适用于经前期紧张症、排卵型功血、代偿性月经、月经过少或痛经等。1 个月经周期为 1 个疗程，连续使用直至症状消失或受孕为止。

二、中西医结合排卵、生精诱导法

1. 中西医结合排卵诱导法

在运用现代检测手段监测卵巢卵泡发育、成熟及排卵的同时，掌握适当时机，联合应用中医周期疗法和西医促排卵药物，使中西医证与病及整体与局部治疗有机互补结合，从而提高诱发排卵的效果。

2. 中西医结合生精诱导法

运用中医的温补肾阳、滋补肾阴、益肾化瘀生精等方法，辨证立法选方用药，以调整肾（天癸）–督、任–睾丸的功能，使精气溢泻；结合西药生殖激素，改善下丘脑–垂体–睾丸功能，促使精子生成，活力增加。

三、化疗、放疗加中药治疗

1. 直肠反应

早期直肠反应：属中医“肠风”“脏毒”范畴。大便频繁，里急后重，大便呈黏冻状，有时杂有鲜血，舌淡边尖略红或红，苔薄黄腻，脉细数。系湿热湿毒下注所致。治当清热解毒，祛瘀止痢。方以白头翁汤加白花蛇舌草、半枝莲、当归、赤芍、土茯苓等。

晚期直肠反应：大便出血，色鲜红，下而不爽，或夹黏冻，里急后重，口干舌燥，面色萎黄，神疲萎靡，舌苔薄色滞，脉细软。系气虚下陷、脏毒瘀阻所致。治以益气摄血、解毒祛瘀。方以补中益气汤合通幽汤加减。阳虚者，加炮姜、补骨脂，也可用黄土汤、附子理中汤；阴虚者，加小蓟、侧柏、阿胶，也可用槐花散、赤小豆当归散；气阴两虚者，加南沙参、北沙参、麦冬等。

2. 白细胞降低

属中医“虚损”范畴。

气虚血弱：头晕目眩，神疲乏力，面色萎黄或灰滞，小便频长，大便不实，舌淡苔薄，脉细软。治以益气养血。方用当归养血丸合补中益气汤加减。

肝肾亏损：头晕目眩，腰背痛，心烦易怒，尿黄，便秘，夜寐不安，口干欲饮，舌红，苔薄少或光剥，脉细数。治以滋阴清热、益气养血。方用六味地黄汤合当归养血汤加减。

第十节 辅助生殖技术

医学助孕也称为辅助生育技术，指的是采用医疗手段促使不孕夫妇达到生育目的的多种技术方法，是人类生育调节的主要组成部分。因为随着人类生殖技术的发展，生殖方式不再全是“自然而然”的了，特别是对那些不孕不育症的疑难患者，更适宜用医药助孕技术去帮助解决。

1. 人工授精（AI）

人工授精是通过非性交的方法将精子放入女性生殖道内，使精子与卵子结合而达到妊娠目的的一种助孕技术。

适应证：①性交障碍：男方或女方生殖器有器质性或功能性异常而致不孕，如男性阳痿、严重的阴茎海绵体硬结症，女性阴道畸形、狭窄、严重的阴道痉挛疼痛等。②精子运行受阻：精子与宫颈黏液不相容（性交后试验阴性）。女性患阴道炎、子宫颈炎、子宫颈肌瘤、子宫位置异常（过度前倾或后屈）等可妨碍精子的正常上行游动。③精液检查结果为轻度异常：指精子减少、精液减少、精子活动力减弱、精子活动率下降。④男方逆行射精。⑤免疫性不孕。⑥原因不明性不孕。⑦因各种原因需使用冷冻保存的精子。

2. 体外受精－胚胎移植

体外受精－胚胎移植（IVF-ET），俗称“试管婴儿”，即指使人类的卵子和精子在试管内进行体外受精、培养胚卵，然后把分裂相胚胎移植于适宜的子宫内孕育而出生的婴儿，是一种在实验室代替受孕的高精尖的技术方法。

临床适应证：最初是用于治疗双侧输卵管阻塞性不孕症，但随着技术的发展与普及，其临床应用指征已大大扩展。

选择条件：①女方年龄一般不超过 40 岁，男方年龄不超过 55 岁，否则成功率低，流产率增加。②卵巢功能正常，有自发的排卵或药物能诱发排卵，接受赠卵或赠胚胎者除外。③子宫正常，诊断性刮宫或宫腔镜检查显示子宫内膜功能正常，能接受胚胎着床及胎儿发育。④丈夫精液检查无病菌、无病毒感染，有条件时应进行精子对鼠卵的穿透试验，以检查精子的体外受精能力，即能否与卵子结合。⑤夫妇双方精神状态正常，无遗传病史。⑥女方白带常规检查无异常发现，身体健康，无肝炎、弓形体病、风疹、巨细胞病毒感染，无性病（包括艾滋病等性传播疾病），无结核等传染性疾病。⑦夫妇双方均要初步了解“试管婴儿”的概况，并自愿接受手术。

3. 配子移植

人类配子是指男性的精子和女性的卵子。当这两种配子结合受精后即成为合子——孕卵，其进一步发育成一个新个体。配子移植技术即精子配子移植进女性体内的生殖技术。按配子移植途径和部位的不同，目前有配子输卵管内移植、配子宫腔内移植、配子腹腔内移植等种类。适应证：除要求患者至少有一条形态和功能都正常的输卵管外，其他适应证与 IVF 相同。但对盆腔有中度、重度粘连和重度子宫内膜异位症者，即使输卵管通畅也不宜行 GIFT，因为这将增加宫外孕的危险。

4. 合子输卵管内移植和胚胎输卵管内移植

合子输卵管内移植和胚胎输卵管内移植都是近年来新发展的技术，也都需要输卵管通畅（至少经 HSG 和腹腔镜证实有一条输卵管通畅）的条件，用于年龄大、原因不明性不孕症、重度少精子症和弱精症以及某些宫颈性或免疫性不孕症。包括取卵、体外培养、受精后形成合子和前期胚胎，再将胚胎经腹腔镜或 B 超引导选用特殊输送导管经宫颈途径注入输卵管等步骤。不同之处是确保卵已受精或已形成前期胚胎，因此在 GIFT 重复失败后可以试用。

5. 阴道孵育技术（IVC）

又称为体外受精——阴道内孵育技术。将取卵后的卵细胞置含有血清的培养液试管中，加入预备好的精子将此管插入母体阴道内，44 ～ 50 小时后取出，找出胚胎，移入母体子宫。IVC 与经典 IVF-ET 比较结果无显著差异，并且利用患者自身环境孵育代替了培养箱的实验及培养过程，既节省了操作与设备，又增加了对患者未来母亲的信任感与亲切感。

6. 供卵或供胚移植

采用供者卵子（捐卵）与受者丈夫精子行体外授精发育成胚胎，或直接用供者胚胎移植入受者子宫腔内获得妊娠。此技术常用于解决卵巢早衰、卵巢去势（化学性、放射性、手术切除、免疫性）及遗传性疾病（染色体平衡异位、罗伯逊易位）患者的生育问题。同时对 IVF 中多次不受精夫妇为诊断不受精原因进行供卵子受精试验。

7. 精子刺激法

研究人员发现，用维生素、兴奋剂甚至电震，刺激精子的活动能力，可以提高生殖率。精子刺激法是一种值得研究及临床应用于少精、弱精引起的男性不孕的比较简单易行的医学助孕方法。

8. 显微注射授精技术

男性少弱精患者在体外受精中最大的困难是精子不能穿过卵母细胞透明带达到精卵融合，因而受精率低下。显微辅助受精技术主要指透明带下授精法和卵浆内单精子注射法。其特点是正常受精率高，可避免多精子受精；精子浓度和形态对受精无明显影响。

9. 第三代试管婴儿技术

即种植前对配子和胚胎的遗传学诊断是在第一代、第二代试管婴儿技术的基础上，结合显微技术和分子生物学技术发展而来的。它是从生理遗传学角度，帮助人类选择最健康的后代，为患有遗传病的未来父母提供生育健康孩子的机会（择优而孕），使行进的生殖医学研究即将人类生殖的自我控制推向了新的极限。

第五章

宫颈疾病

第一节　宫颈炎症

子宫颈及宫颈腺体分泌的黏液栓是阻止阴道内的病原体进入内生殖器的一道重要关卡及防线。虽然解剖位置独特，却受到各种致病因素的侵袭。特别是当宫颈受到物理、化学、生物等因素的侵害时，其防御功能受损，极易发生炎症。故子宫颈炎是生殖道炎症中最常见的疾病，分为急性子宫颈炎和慢性子宫颈炎，临床中以慢性子宫颈炎最为常见。中医学无“宫颈炎”之名，因其以阴道分泌物增多为主要症状，故将其归入“带下”范畴。

一、病因病理

多因分娩、流产或刮宫等手术损伤宫颈后，病原体乘虚而入引起感染。部分由不洁性生活带入病原体或经期使用不洁卫生巾而致感染。常见的病原体有葡萄球菌、链球菌、大肠杆菌、厌氧菌等。

分外邪及内伤两类。外邪由经期、产时、产后或宫腔镜手术等，血室正开，胞脉空虚，湿毒秽浊之邪乘虚而入，直伤胞脉，以致带脉失约而为带下。内伤由于脾虚失健，水湿不运，湿浊内蕴，久而化热，湿热互结，流注下焦，任脉失固，带脉失约，发为带下病；或因肝气郁结，郁久化热，或郁怒伤肝，肝火内炽，木克脾土，脾失健运，湿热蕴于带脉而致湿热带下。

二、诊断

1. 诊断要点

（1）病史：多有分娩、流产、宫腔操作或宫颈手术史，如上环、取环、刮宫以及激光、微波、冷冻、波姆光等治疗宫颈糜烂、取宫颈息肉等，或不洁性交史以及经期使用消毒不严的卫生巾等。

（2）临床表现：①带下量多、颜色黄白、黏稠脓性、臭秽污浊，伴有息肉时易有赤白带下或性交后出血。②外阴阴道灼烧感，有时伴外阴瘙痒。③炎症沿宫颈韧带扩散到盆腔时，有腰骶下腹坠痛不适，每于月经、性交或排便时加重。④有时合并小便刺痛。⑤急性期可发热。⑥不孕：宫颈炎症使白带黏稠不利于精子穿透，炎症可改变阴道内正常的酸碱平衡而不利于精子的存活。大量白细胞可能吞噬精子，消耗精液中存有的能量物质，减弱精子的活动力，缩短精子的生存时间，导致受孕率降低。

（3）体格检查包括以下几项。

急性宫颈炎：①宫颈充血、水肿，接触性出血；严重者宫颈上皮剥脱溃疡，宫颈黏膜向外翻出。②大量脓性分泌物自宫颈管流出。③全身可有不同程度的低热及白细胞增高。

慢性宫颈炎：①宫颈糜烂，按糜烂面积分为轻度、中度、重度。轻度糜烂占宫颈面积的 1/3 以内，中度糜烂占宫颈面积的 1/3 ～ 2/3，重度糜烂占宫颈面积的 2/3 以上。按糜烂深浅程度分为单纯型糜烂、颗粒型糜烂、乳头型糜烂三种类型。②宫颈肥大，质地稍硬，灰白色。③宫颈息肉，红色、舌状、带细长、易出血。④宫颈腺体囊肿，为灰白色小囊泡，可多发，突出于宫颈表面。⑤子宫颈管口充血水肿，常有脓性分泌物阻塞。

子宫颈特殊性炎症：①滴虫感染性宫颈炎：多为滴虫性阴道炎波及宫颈，阴道黏膜及宫颈充血，严重者有散在的出血斑点，后穹窿有多量灰黄色稀薄液体或黄绿色脓性分泌物，常呈泡沫状。②淋球菌宫颈炎：由淋球菌引起，表现为宫颈充血、水肿、组织脆、易出血、宫口排出脓性或黏液性分泌物，常合并尿道炎及子宫内膜炎、输卵管炎等。③非淋菌性宫颈炎：由衣原体或支原体引起，宫颈充血、水肿、组织脆、易出血、宫口排出脓性或黏液性分泌物，常合并尿道炎及子宫内膜炎、输卵管炎等。④疱疹病毒性子宫颈炎（生殖器疱疹）：宫颈出现小疱疹，有明显的疼痛感；以后转为小点的糜烂、溃疡，甚至坏死，融合成片。常与外阴、阴道的疱疹同发。⑤结核性宫颈炎：宫颈呈慢性炎症表现，可见肥大、糜烂、溃疡、乳头状或息肉样生长，触之易出血。常继发于子宫内膜和输卵管结核，好发于年轻妇女，多有月经异常及不孕史。

2. 诊断标准

宫颈红肿，有大量脓性白带，分泌物涂片为革兰氏阳性或阴性细菌。

3. 鉴别诊断

宫颈 HPV 感染：由病毒引起，根据形态分为尖锐湿疣和扁平湿疣。尖锐湿疣为宫颈上的淡灰色或浅红色疣状突起，有蒂，为多灶性，常与外阴、阴道同时发生。扁平湿疣用肉眼看无明显病变，阴道镜下可见醋酸白色上皮、点状血管等，病理组织检查可见中表层上皮内大量挖空细胞、棘细胞层增生等病变。

宫颈上皮内瘤样病变：包括宫颈不典型增生和宫颈原位癌。其外观可无特殊。宫颈刮片可见核异质细胞，阴道镜下可见白色上皮、点状血管等表现。

子宫颈癌：糜烂型宫颈炎其外观与早期宫颈癌不易用肉眼辨别，但后者一般质地较硬、脆，极易出血；而前者质地较软，虽有出血倾向，但多在检查时出现。宫颈刮片可找到癌细胞，阴道镜下可见白色上皮、点状血管、镶嵌、奇异血管等表现，宫颈活体组织检查即可确诊。

三、西医治疗

1. 一般治疗

保持外阴清洁，急性期禁性生活。不穿紧身裤，不用卫生棉条，以保持阴道分泌物引流通畅。急性期应积极治疗，以免转为慢性。注意鉴别子宫颈特殊性炎症，如淋球菌、衣原体、滴虫等感染，因为属于性传播疾病，用药必须规范化，并注意性伴同治及随访复查。急性期宜用全身及局部的药物治疗，不用局部的物理疗法如激光治疗等，以防感染加重及扩散。

2. 药物治疗

（1）全身治疗：青霉素 80 万 U，肌肉注射每日 2 ～ 3 次；麦迪霉素或螺旋霉素 0.2 g，每日 3 ～ 4 次。若为衣原体感染，可用阿奇霉素或四环素、多西霉素、米诺环素、红霉素、氧氟沙星等。若为淋球菌感染，用头孢三嗪 0.25 ～ 1 g 肌注或静脉滴注，或头孢噻肟 1 g 肌肉注射。

（2）局部治疗：每日用高锰酸钾稀释液冲洗阴道；冲洗后将甲硝唑片 200 mg 放入阴道内，每日 1 次；若为衣原体感染，可用盐酸环丙沙星栓剂（如曼舒林）放入阴道内，每日 1 次；慢性期，可用腐蚀剂治疗。

3. 其他治疗

电熨术、激光治疗、冷冻疗法。

四、中医治疗

（一）辨证施治

1. 湿热下注型

证候：带下量多，颜色黄白，黏稠，有味，胸闷纳差，心烦易怒，口苦咽干，但不欲饮，小腹作痛。舌红，苔黄腻，脉滑数。

治法：清热利湿，解毒杀虫。

方药：止带方。药用猪苓、茯苓、车前子、泽泻、茵陈、赤芍、牡丹皮、黄柏、栀子、牛膝等。肝经湿热下注者，症见带下量多，色黄如脓，阴部瘙痒，烦躁易怒，头晕目眩，口苦咽干，便结尿黄，舌红，苔黄腻，脉弦滑数。治宜泻肝清热、除湿止带，方用龙胆泻肝汤，药用龙胆草、柴胡、栀子、黄芩、车前子、木通、泽泻、地黄、当归、甘草，可加黄连、苦参以加强泻火燥湿。

2. 湿毒内侵型

证候：带下量多，黄绿如脓；或赤白相兼，或五色带下，质地稠厚，或如米泔，臭秽难闻；或见发热，小腹胀痛，腰骶酸楚，外阴瘙痒，灼热疼痛；小便黄赤，大便秘结。舌红，苔黄糙，脉滑数。

治法：清热解毒除湿。

方药：五味消毒饮加味。小腹疼痛者，加大血藤、败酱草、延胡索、川楝子；外阴灼痛者，加龙胆草、木通、六一散；小便淋痛者，酌加土牛膝、虎杖、甘草梢；带下夹血者，加地黄、椿根皮、小蓟。

（二）外治法

黄蜈散Ⅰ号：黄柏 64%，轻粉 13%，蜈蚣 7%，冰片 3%，麝香 0.7%，雄黄 12.3%。Ⅱ号：为Ⅰ号去麝香。Ⅲ号：为Ⅰ号去轻粉。上药分别研末和匀备用。清热消炎，消肿，促进宫颈糜烂面鳞状上皮再生，Ⅰ号适用于宫颈糜烂有核异质细胞者，Ⅱ号适用于一般宫颈糜烂，Ⅲ号适用于轻粉过敏者。清洁阴道，拭去宫颈分泌物，取 1 g 药末撒于带线棉球上，塞于阴道深部，次日取出棉球。轻者每周 1 次，重者每周 2 ～ 3 次。

消糜栓：由硼砂、蛇床子、川椒、枯矾、血竭制成每粒 1.5 g 的栓剂。活血祛瘀，消肿止痛，祛腐生肌，适用于不同程度的宫颈糜烂。用药前清洗外阴，将栓剂置于阴道深部宫颈处，隔日 1 次，每次 1 粒，5 ～ 8 次为 1 个疗程。

五、预防与调护

保持阴部清洁卫生，经期、产褥期、流产后尤应注意；提倡淋浴；使用公共浴盆前做消毒处理，防止病原体入侵；加强体质锻炼，长期从事坐位工作，易发生便秘和盆腔瘀血，而致带下增多，故提倡工作体操，以增强抗病能力；注意饮食卫生，勿过食辛辣及肥甘厚味，以免滋生湿热；采取避孕措施，减少人工流产等宫腔操作引发感染的可能；注意性生活卫生，坚决抵制婚外性行为；医务人员在进行人流、上环、取环等各种手术操作时应严格消毒，防止交叉感染，并注意手法轻柔，以减少宫颈损伤；定期做妇科检查和宫颈防癌刮片，重视宫颈炎的随访；采用各种治疗手段，及时治疗宫颈炎症。

第二节　宫颈黏液异常

宫颈管黏膜上皮细胞呈高柱状，黏膜层有许多腺体能分泌黏液，形成宫颈管内的黏液栓。精子若要通过宫腔进入输卵管内受精，则必须通过此黏液栓。故宫颈黏液的分泌量，其物理、化学性质的改变均可直接影响到精子的生存、活动及穿透能力。

一、病因病理

由于各种因素引起的卵巢分泌雌激素水平降低，均可致宫颈管分泌的黏液量减少，质地变黏稠，含水量明显下降，单纤维的网状结构网眼变小，pH 降低，均不利于精子的存活、运动及穿透从而影响受孕。

宫颈炎症使宫颈黏液的性质改变，使之变得黏稠，不利于精子的活动。炎症所分泌的大量带菌脓性液体有杀精作用，特别是其中大量的白细胞可以吞噬精子，并消耗精液中存有的能量物质，降低精子的存活力，缩短精子的生存时间，以致受孕力下降。

子宫颈是女性生殖道中参与分泌免疫活性物质的主要部分，其腺上皮中存在着产生大量免疫球蛋白的浆细胞，子宫颈分泌的黏液中包含着参与免疫反应的主要局部抗体成分，如分泌型 IgA、IgG、IgM 等免疫球蛋白。生殖道反复接触精子并不发生免疫性不孕，除非生殖道有创伤或受到细菌、滴虫、衣原体、支原体等的炎症刺激，才有可能产生抗精子抗体而发生免疫性不孕。

宫颈黏液中的抗精子抗体可刺激生殖道的巨噬细胞吞噬精子，限制精子穿越生殖道的能力，造成精子受伤和精细胞溶解等而导致不孕。

中医认为，先天禀赋不足，肾气不充，或后天房劳多产，久病失养及肾，或阴病久损及阳等，导致肾阳虚弱，命门火衰，冲任不足，胞宫失于温煦荣养，则出现宫颈黏液减少、阴道发干等症状。或产乳过多，失血伤津，精血两亏；或素体性躁多火，嗜食辛辣，暗耗阴血等导致肾阴不足，冲任失滋，子宫干涩；或肾阴不足，阴虚火旺，血海内热则荣血枯少而致子宫颈黏液更加黏稠、量少。或因摄生不当，湿毒内侵，或因脾虚湿盛，宿久化热，或肝郁火旺，木克脾土致湿热互结，流注下焦，表现为带下量增多，色黄、质稠、腥臭，特别是毒热化火，煎熬津枯，而至带下更稠浊污秽。毒邪之液不仅使宫颈黏液之物理化学性质改变，影响精子运行，而且有杀精作用，致受孕力进一步下降。

二、诊断

1. 诊断要点

（1）病史：原发不孕多年，经检查未发现明显病因，近一年没有用避孕药史；曾有阴道干涩、分泌物少或宫颈炎病史。

（2）临床表现：婚久不孕；月经规律；阴道发干，分泌物少或带下量多、色黄、质稠；可伴腰酸、腿软、乏力等症状。

（3）体格检查：全身及妇科检查无明显阳性体征；或于排卵期前检查发现宫颈分泌物少，宫口紧闭；或宫颈呈慢性炎症表现，如宫颈肥大、糜烂、伴脓性分泌物等。

（4）特殊检查包括：

基础体温（BBT）测定：BBT 为典型双相。B 超检查盆腔器官基本正常，月经中期经 B 超监测判定为有排卵。经子宫输卵管碘油造影（HSG）或输卵管通液术或通气检查，双侧输卵管通畅。男方精液常规检查，精子计数及活动力正常。

宫颈黏液检查：在预计排卵日前几天取宫颈管口黏液做拉丝试验，并置玻片上，在显微镜下观察，大多为Ⅱ型结晶，即呈金鱼草状，有二级及不典型三级分枝，提示未达排卵前最佳雌激素水平。宫颈黏液评分（CMS）低于5分，示宫颈黏液量，拉力等均未达到排卵时标准，宫颈欠成熟。

阴道脱落细胞检查：每周一次，根据基底细胞、中层细胞及表层细胞的比例估计卵巢功能。成熟指数（MI）在月经后呈右移趋势，但尚不能达到排卵期的0/30/70，说明雌激素水平虽有升高，但尚不能达到理想水平。

性交后试验（PCT）：是检测精子对宫颈管黏液穿透性和相容性的试验。在排卵前1～2天，性交后2～8小时内取宫颈黏液，观察有无活动精子，若每高倍镜视野下可见21个活泼精子者为最好，说明女方有足够的雌激素产生，有充分的宫颈黏液以储留精子；精子与宫颈黏液相容性好。仅有少许不活动精子为较差，无精子者为阴性。宫颈黏液异常性不孕应至少有一次性交后试验阴性，PCT不正常者，应再重复一次。

抗精子抗体检测：最常用的是精子宫颈黏液接触试验（SCMC），若活动精子与宫颈黏液接触后活力下降，甚至死亡，说明宫颈黏液中有抗精子抗体存在。

2. 诊断标准与鉴别诊断

首先应除外排卵障碍性不孕、输卵管阻塞性不孕以及男性不育；妇科检查见宫颈黏液量少、黏稠或伴有炎症，分泌物多，但色黄浊如稠脓；性交后试验阴性，可诊断为宫颈黏液异常性不孕。但应进一步鉴别诊断，若精子宫颈黏液接触试验阳性说明为免疫因素；若宫颈黏液检查不能达Ⅰ型结晶，说明雌激素水平不足；若同时伴宫颈肥大、糜烂及脓性白带，则为炎症因素而致黏液异常。

三、西医治疗

治疗宫颈黏液量少、黏稠，可在排卵前给予小剂量雌激素，可改善宫颈黏液，使精子易于穿透，提高妊娠率，如用炔雌醇（EE）0.025 mg，每日1次，或倍美力（CE）0.625 mg，每日1次，自月经周期第5日起连服7～9日。

促排卵药物克罗米芬（CC）使排卵率高达70%～90%，但妊娠率仅30%，这是由于CC与雌激素受体结合后，影响宫颈黏液的分泌，使其既少又稠，称为宫颈黏液不良。故可在周期的第5日起每日 加服炔雌醇0.25 mg或倍美力0.625 mg，连用7～9日，以改善宫颈黏液，提高受孕机会。

四、中医辨证论治

1. 肾阳虚

证候：婚久不育，月经后期、量少、色淡、带下量少，或伴随腰酸腿软，性欲淡漠，大便不实，小便清长。舌淡，苔薄白，脉沉细。

治则：温肾填精，调补冲任。

方药：右归丸加淫羊藿、紫河车。

2. 肾阴虚

证候：婚久不育，月经量少、质稠、色红、无块，带下量少，甚或阴道干。形体消瘦，腰酸头晕，耳鸣目花，五心烦热。舌红，苔少，脉细数。

治则：滋阴益精，调补冲任。

方药：左归饮加女贞子、墨旱莲、丹参、香附。阴虚火旺、五心烦热明显者，加地骨皮、黄柏清肾中虚火，牡丹皮凉血清热，沙参、麦冬、玄参滋阴壮水。

3. 湿毒内侵

证候：带下量多，黄绿如脓，质地稠厚，或如米泔，臭秽难闻，或见发热，小便短赤，大便燥结。舌红，苔黄糙，脉滑数。

治则：清热解毒除湿。

方药：五味消毒饮加土茯苓、薏苡仁等。

五、预防与调护

营养要均衡，不要因挑食或过度节食而导致营养不良。特别要注意摄取富含钙、锌的食品，如牛奶、豆浆及各种豆制品、瘦肉、蔬菜、水果等，以预防因宫颈黏液中微量元素失调而影响精子活力。

第三节 宫颈发育异常

宫颈发育及解剖的异常，如宫颈过小、宫颈畸形、宫颈息肉、宫颈肌瘤、宫颈粘连等均可致宫颈口狭窄，影响精子的运行及通过而导致不孕。另外，宫颈口松弛可造成孕中期反复流产而致不育。

一、病因病理

1. 先天性疾病

多由副中肾管发育异常引起。

（1）先天性宫颈缺如，常合并先天性无子宫、阴道畸形，由副中肾管未发育而致。

（2）先天性宫颈狭窄或闭锁，因副中肾管下段管腔形成和融合不全所致。

（3）双宫颈或宫颈纵隔，常与双子宫、子宫纵隔、阴道纵隔共存，若伴宫颈管狭窄，则影响精子上行造成不孕。

（4）宫颈发育不良，包括小宫颈、宫颈管发育不良和宫颈黏膜发育不良，前者宫颈管细长，影响精子穿行，后者常伴宫颈管腺体分泌功能不良。有些病例则由于后天雌激素水平低而导致整个生殖器官发育不良。

2. 后天性疾患

由于宫颈炎症刺激而致宫颈管息肉等引起的宫颈口狭窄。

宫颈肌瘤阻塞通道或改变宫颈管的朝向，使宫颈外口远离后穹窿的精液池，不利于精子进入宫颈管。

宫颈粘连、瘢痕性狭窄与闭锁，常由外伤、继发感染造成，偶见于人工流产后或宫颈电烙、激光、锥切术后，术中损伤宫颈管黏膜引起创面粘连，如人工流产手术时宫颈扩张不充分，带负压取出阴道等。

子宫颈内口闭锁不全，常继发于大月份人工流产后，由于必须较大地扩张子宫颈内口，容易造成宫颈内口处的括约肌损伤；也可继发于阴道分娩产钳等手术产引起的宫颈内口损伤；或子宫颈畸形切除术后；个别病例由先天性发育缺陷所致，如其母怀孕早期曾服用乙烯雌酚（DES）保胎治疗，此药能妨碍女胎子宫下段发育，使子宫峡部扩大而影响子宫颈内口的括约功能。

二、诊断

1. 诊断要点

病史：①患者可有原发性闭经、原发性不孕、原发性或继发性痛经等病史，有时合并其他生殖泌尿系统畸形。②有人工流产、宫颈电烙、冷冻、锥切等宫腔或宫颈操作史。③生殖器外阴史。④其母用 DES 保胎史。⑤反复流产史或孕中期先破膜后出现腹痛并排出胎儿的病史。⑥宫颈炎症史。⑦宫颈肌瘤史。

临床表现：根据先天畸形的不同，患者可有原发性闭经，月经过少，经血排出不畅，原发痛经，严重者初潮后经血潴留于子宫腔和倒流入腹腔，出现周期性下腹痛等症状。或有继发性痛经、性交痛等子宫内膜异位症症状。

体格检查：通过阴道扩张器窥视、肛查或双合诊检查，很容易诊断出宫颈缺如、双宫颈、宫颈纵隔、宫颈过小、宫颈细长等异常，以及宫颈息肉、宫颈腺体囊肿、肌瘤或由此引起的子宫颈畸形、增大等病变。

特殊检查：探宫腔术，宫腔镜检查，B 型超声检查。

2. 诊断标准

通过妇科检查及各种特殊检查，发现子宫颈在发育及解剖上的变异，常合并不孕、不育及流产等疾患。

三、治疗

宫颈发育不良，如宫颈细小、宫颈管长、宫颈口紧等可用雌激素治疗，如炔雌醇（EE）0.025 mg，或倍美力（CE）0.625 mg，每日 1 次，自月经周期第 5 天始服，连续 22 天为 1 个疗程，连用 3 个疗程，以促进宫颈和宫体的发育。

四、预防与调护

手术时应减少对子宫颈管的损伤，吸、刮时注意动作轻巧，不可用猛力扩张宫颈，取出吸引管时不应带负压。经阴道行产钳术、臀牵引术时，一定要等宫口开全，避免使用暴力。做各种宫颈、宫腔镜手术时，均应注意无菌操作，有感染时应积极治疗。广泛宣传计划生育，认真避孕，减少计划外妊娠及人工流产。人工流产术只是避孕失败的补救措施，而不是避孕措施，以减少手术对宫颈的损伤。

第六章

子宫疾病

第一节　子宫内膜炎

子宫体部的炎症以子宫内膜炎为主，当感染侵犯至子宫肌层，称为子宫肌炎，为子宫内膜炎的发展。子宫内膜炎多伴有子宫肌炎，无子宫内膜炎的单纯性子宫肌炎是不存在的。随着产科处理的进步及抗生素的发展，子宫内膜炎及子宫肌炎减少，但性行为混乱、性传播疾病迅速蔓延及宫内节育器的广泛应用又成为新的危险因素。临床上，因子宫因素引起妇女不孕症以子宫内膜炎为多见，因为有子宫内膜炎症时不能为着床孕卵供应足够营养，炎症渗出物亦有杀灭精子的作用；而子宫肌炎较少见，主要有急性子宫内膜炎及慢性子宫内膜炎。

一、急性子宫内膜炎

（一）病因病理

急性子宫内膜炎往往由流产或分娩感染史、宫内放置节育环及宫颈癌放疗后内膜坏死引起，经期性交亦可引起。另外，坏死的子宫内膜息肉、子宫黏膜下肌瘤或子宫内膜癌也可引起急性子宫内膜炎。引起急性子宫内膜炎的病原菌既为需氧菌，亦可为厌氧菌，或二者混合感染，病原菌侵入后沿子宫内膜表面直接蔓延引起炎症。

急性子宫内膜炎的病理变化为宫内膜充血、水肿或坏死，重度的内膜表面有脓性分泌物，中性多核粒细胞弥漫性浸润，宫内膜间质甚至被破坏，腺上皮充盈于腺腔内可形成溃疡，并向肌层蔓延，在子宫肌层中形成多发性脓肿。镜检可见宫内膜结构破坏，网状纤维断裂，呈浅表宫内膜坏死剥脱。

中医认为，该病的发生主要是产后余血浊液未净，胞宫胞脉空虚，产褥不洁，热毒之邪乘虚而入；或因阴部手术消毒不严，或经期同房，致温热之邪内侵。温、热、毒邪与血相搏，阻滞胞中，胞脉气血运行不畅，气血凝滞，冲任损伤而发为病。

（二）诊断

1. 诊断要点

（1）病史：患者往往有产褥感染史，或节育术感染史，如放置宫内节育器、人工流产，或中期妊娠引产史，经期性交或性生活紊乱、不洁性交史，患者多在育龄期。

（2）临床表现：起病较急，高热恶寒，脉搏加快，下腹剧痛。若为产后或流产后，恶露多、混浊，可伴腰酸、下腹坠胀；或白带增多，可呈血性、脓性或水样白带，若系厌氧菌感染可伴恶臭。

（3）体征：发热，下腹压痛，宫颈充血，举痛明显，子宫略大或正常，质软，压痛明显。

（4）辅助检查如下：

B 超：急性子宫内膜炎表现为内膜肿胀，增厚，中等回声；急性子宫颈炎早期为子宫轻度增大，回声衰减；重者子宫轮廓模糊不清，宫肌肿胀，回声衰减加重。

血常规：白细胞计数增高，中性粒细胞百分比明显上升，血沉增快。

宫颈活检：取宫颈分泌物涂片或培养，查明细菌种类及敏感药物。

2. 鉴别诊断

急性阑尾炎：腹痛开始于胃或全腹痛，最后疼痛固定于右下腹，其压痛点固定于此点，腹肌紧张且可伴反跳痛，体温 38 ～ 38.5 ℃，血沉正常。而急性子宫颈炎的疼痛多为下腹痛，一般无腹肌紧张和反跳痛，体温高，血沉增快。

异位妊娠：往往有停经史，多伴有阴道流血，妊娠试验可为阳性，无寒战高热，偶有低热、疼痛及内出血，可出现贫血或失血性休克。

卵巢囊肿扭转或破裂：扭转或破裂为突发性，疼痛剧烈，以痛侧突出，检查时可扪及病侧附件区包块，触痛明显，B 超检查有助于诊断。

（三）西医治疗

一般治疗：积极改善患者的一般情况，卧床休息，取半卧位，以利于宫腔内分泌物排出。

药物治疗：在做宫腔分泌物培养及药敏试验的同时，首选广谱抗生素，同时应用甲硝唑、替硝唑类药物控制厌氧菌，根据药敏试验结果选用细菌敏感的药物治疗。

（四）中医辨证论治

1. 湿热壅盛

证候：发热恶寒，或低热起伏，腰骶酸胀，小腹疼痛，按之痛甚，带下量多、色黄，质稠如脓，秽臭，或恶露不绝，量多混浊，或经血淋漓不净，质稠色暗。舌质红，苔黄腻，脉弦滑数。

治法：清热利湿，活血化瘀。

方药：解毒活血汤加减。药用连翘、葛根、柴胡、赤芍、牡丹皮、红花、桃仁、甘草、银花、败酱草等。产后恶露量多者，或经期延长，可加益母草、茜草，以化瘀止血；腹痛甚者，可加延胡索、川楝子、蒲黄、五灵脂，以理气行滞、化瘀止痛；腰痛者，可加续断、桑寄生，以补肾强腰。

2. 瘀热互结

证候：乍寒乍热，下腹痛甚，拒按，恶露不畅，或时下时止，色暗有块，或经期延长，带下量多或不甚多，色黄或赤，大便秘结。舌暗红，或有瘀斑，苔薄黄，脉细滑或滑数。

治法：活血化瘀，清热解毒。

方药：血府逐瘀汤。腹痛甚者，加乳香、没药，以化瘀止痛；腹胀明显者，加川楝子、木香，以理气行滞；恶露不绝、经期延长者，加益母草、茜草，以活血止血。

3. 热毒炽盛

证候：寒战高热，头痛，下腹胀满，疼痛拒按，腰痛甚，烦躁口渴，尿黄或尿频，尿痛，倦怠乏力，嗜睡，恶露时下时止，带下量多，浓稠，臭秽。舌质红，苔干黄，脉洪数或滑数无力。

治法：清热解毒，凉血化瘀。

方药：五味消毒饮合解毒活血汤加减。尿频、尿痛者，加车前子、泽泻，以清湿热、利小便；高热、烦渴、少气懒言者，加人参或西洋参、麦冬、天花粉以益气养阴；热入营血，症见高热、汗出、烦躁，甚或斑疹隐隐，舌红绛，苔黄燥，脉弦细而数者，用清营汤以清营解毒、养血滋阴；神昏肢厥者，用清营汤送服安宫牛黄丸，以开窍醒神；高热持续不退者，用穿琥宁注射液 160 mg，加入 5% 的葡萄糖注射液 500 mL 中，静脉滴注，亦可用清开灵注射液。

（五）预防与调护

做好产前检查及孕期卫生指导。如有产前慢性病、营养不良、贫血或全身感染性疾病，应及时处理，增强抵抗力；正确处理分娩及宫腔镜手术，严格无菌操作，尽量避免损伤及出血。凡有产道污染、滞产、产道手术、胎膜早破、产后出血等有感染可能者，应及时做预防性治疗；保持产妇居室温暖通风，衣着被褥温凉适宜。保持外阴及洗具清洁。妊娠晚期、产褥期、经期严禁房事，以防外邪入侵；恶露未尽，带下量多，宜取半卧位；宜食高营养、易消化的食物，补充足够水分；注意观察恶露、经血、带下的量、色、质、气味，以及下腹疼痛的情况，以了解病情转归情况。

二、慢性子宫内膜炎

（一）病因病理

慢性子宫内膜炎较少见，多半由急性子宫内膜炎转变而来。病因有放置宫内节育器，分娩或流产后有少量胎盘组织残留，子宫复旧不良，子宫黏膜下肌瘤或子宫内膜息肉等。另外，绝经期妇女体内雌激素水平下降，子宫内膜变薄，容易受到病菌侵犯导致炎症。常见的病原体为链球菌、葡萄球菌、大肠杆菌、淋球菌、消化链球菌、结核杆菌、沙眼衣原体和支原体等。

慢性子宫内膜炎因长期或反复受浆细胞及淋巴细胞侵袭，可导致间质纤维化及腺体萎缩，对月经周期性反应不敏感而缺乏良好的分泌机能，浅表的宫内膜糜烂、溃疡以及鳞化。老年性子宫内膜炎的内膜变薄，仅见少许或见不到腺体，间质部出现大片的纤维或肉芽组织。

中医认为，此病的发生主要是由于胞脉气血阻滞、冲任损伤所致。常见原因有，经行、产时或流产手术之际，湿热之邪内侵，蕴结胞脉；或瘀血内停，瘀久化热，瘀热阻滞胞脉；也可因年老阴亏，复感湿热之邪，损伤冲任胞脉而为病。

（二）诊断

1. 诊断要点

病史：慢性子宫内膜炎症往往有长期存在的附件炎或宫颈炎，长期放置宫内节育器，不洁性交史或绝经期，多伴有老年性阴道炎。

临床表现：慢性子宫内膜炎主要表现为不规则月经，经期延长，下腹疼痛或坠胀，白带增多，呈脓性分泌物，伴有臭味，少数患者低热，由于炎性分泌物有杀精作用且慢性子宫内膜炎的内膜不宜于孕卵着床，患者可表现为不孕。

体征：轻度炎症患者，双合诊可无异常情况。部分患者的子宫可稍增大，轻压痛。如有宫腔积脓，则子宫呈球形增大、柔软、压痛明显。

辅助检查：有条件可在宫腔镜下刮取子宫内膜活组织进行病理检查，可见子宫内膜间质内有大量浆细胞和淋巴细胞浸润。

2. 鉴别诊断

子宫内膜癌：阴道不规则流血，流液，合并感染则伴有恶臭，晚期时伴有腹痛，患者自己可触及下腹部固定包块，诊刮取内膜进行病理检查有助于诊断。

（三）西医治疗

去除与发病有关的因素，如取出宫内节育器，刮除子宫内膜息肉等。

刮宫：不但可以清除有慢性炎症的子宫内膜，同时亦可清除残留在子宫腔内的胎盘或胎膜，并可明确诊断。手术前后应给予患者抗生素治疗。

物理疗法：常用短波、超短波、红外线、音频、石蜡疗法等方法。如与抗生素同时应用，可以提高疗效。可促进血液循环，改善局部营养，以利炎症吸收。

宫腔注射：抗生素、激素、蛋白水解酶等。

（四）中医辨证论治

1. 湿热蕴结

证候：月经淋漓日久，量少，或时多时少，色暗如败酱，混杂黏液或臭秽，上腹疼痛或腰腹胀痛，行经时加重，带下量多，色黄，质稠如脓，臭秽，或有低热，或经行发热。舌质偏红，苔黄腻，脉濡数。

治法：清热利湿，理气化瘀。

方药：清热调血汤加味。药用牡丹皮、黄连、地黄、当归、白芍、川芎、红花、桃仁、莪术、香附、川楝子、大血藤、败酱草、薏苡仁等。经血量多、日久不净者，去当归、川芎、桃仁、莪术，加益母草、茜草、仙鹤草，以化瘀凉血止血；带下量多者，加黄柏、栀子、猪苓，以清利湿热。

2. 瘀血内阻

证候：月经淋漓、延期不净，量少，色暗，有块，小腹疼痛拒按，或时有低热。舌质紫暗、有瘀点，脉弦涩。

治法：理气活血，化瘀止痛。

方药：桃红四物汤合失笑散加味。湿热稽留，带下量多、色黄，苔黄腻者，加栀子、大血藤、败酱草，以清热利湿解毒；小腹冷痛，得热则减，苔白者，加艾叶，以温经活血；小腹胀痛明显，脉弦者，加乌药、香附以理气活血止痛。

3. 阴虚内热

证候：经来淋漓难净，量少，色红，下腹隐痛，带下量少，色黄或赤，质稠，发热，或手足心热，咽干口燥，腰酸耳鸣。舌红，少苔或苔腻，脉沉细数。

治法：滋阴清热，利湿。

方药：知柏地黄丸加味。带下量多，色黄，苔黄腻者，去山茱萸，加车前子、栀子，以加强清热利湿之功。待湿热退后，再投以知柏地黄丸。

（五）预防与调护

注意经期卫生，严禁经期性生活，以防邪毒入侵；行分娩、流产及宫腔镜手术时，应严格无菌操作，有感染可能者给予预防性抗炎治疗；对急性子宫内膜炎，应予及时彻底治疗，以免迁延成慢性；注意营养，劳逸结合，寒温适宜，保持心情舒畅。

第二节 子宫内膜结核

由结核杆菌引起的子宫内膜炎症称为子宫内膜结核，多发生于 20 ～ 40 岁，其病理病程缓慢且隐蔽。

一、病因病理

结核杆菌为需氧菌，在缺氧情况下虽然不繁殖，但仍能存活较长时间。常见的分为牛型结核杆菌和人型结核杆菌。目前，结核病的致病菌主要为人型结核杆菌。

子宫内膜结核是全身结核的一个表现，多数属继发性感染，主要来源于肺及腹膜结核，其传播途径以血行传播为主，其次为腹腔内直接播散或淋巴系统传播。

该病属于中医“痨瘵”范畴，多因正气不足，痨虫乘虚侵入人体而发病。正气不足，原因颇多，或禀赋薄弱，或起居不慎，或忧思恼怒，房事不节，或劳倦过度，耗伤阴血，损伤元气，日久不复，则痨虫乘虚内入而为害。

二、诊断

1. 诊断要点

（1）病史：约 20% 的患者有家族结核史，幼年时是否患过肺结核或其他系统的结核病，已婚患者有不孕史。

（2）临床表现：①月经失调：表现为早期可有月经过多，经期延长，随着子宫内膜遭到不同程度破坏，月经逐渐减少甚至闭经。②不孕：因子宫内膜遭到结核病灶的破坏，不利于孕卵着床而导致不孕或流产，另一重要原因是结核病灶侵犯输卵管，使输卵管僵硬，蠕动受限，甚至管腔封闭，不能受孕。③下腹疼痛：可有不同程度的下腹坠痛，经期加重。④白带增多：分泌物可呈浆液性恶臭白带或脓性臭白带。⑤全身症状：可有结核病的一般症状，如发热、盗汗、乏力、食欲不振或体重减轻等，但多数患者无明显症状。

（3）体格检查：因生殖器结核往往与腹膜结核同时存在（约 20% ～ 40%），检查时子宫可有发育不良，若有肌层侵害或宫腔干酪样坏死时，宫体半大呈球形，子宫两侧可触及不均匀结节，子宫活动度差。

（4）辅助检查：如子宫内膜病理检查、结核菌素试验、子宫输卵管碘油造影、血常规检查、宫腔镜检查等。

2. 鉴别诊断

子宫内膜炎：往往发生于流产或分娩后，宫内放置节育器或有宫腔操作史、不洁性交史者，可有下腹疼痛、白带多、恶臭、经期延长等症状。有些患者无临床症状，可行诊刮术明确诊断。子宫内膜结核常表现为月经量减少，甚至闭经。

三、西医治疗

一般治疗：急性患者应注意休息，慢性病患者可以继续工作和学习，但要注意加强营养、劳逸结合。

药物治疗：采用利福平、异烟肼、乙胺丁醇、链霉素及吡嗪酰胺等抗结核药物联合使用，疗程为 6 ～ 9 个月。

手术治疗：一般不主张手术治疗，以抗结核药物治疗为首选。只有长期抗结核治疗无效时才进行手术治疗。

四、中医辨证论治

1. 阴虚内热

证候：下腹隐痛，或经期加重，五心烦热，或骨蒸潮热，或午后潮热，月经失调，或量多，或经期延长，或漏下不止，经色红，甚则经闭不行，或下腹结块，或婚久不孕。舌红，少苔，脉细数。

治法：滋阴清热，杀虫。

方药：秦艽鳖甲汤加味。月经量多，经期延长，或漏下不止者，加地榆、墨旱莲、茜草炭，以凉血止血；下腹结块者，加昆布、牡蛎、夏枯草，以软坚散结；盗汗明显者，加浮小麦、煅牡蛎、山茱萸，以滋阴敛汗。

2. 阴阳俱虚

证候：小腹疼痛，手足心热，畏寒肢冷，腰膝酸软，腰痛如折，眩晕耳鸣，口干咽燥，但喜热饮，月经量少渐致停闭，或下腹结块，婚久不孕。舌红，少苔，脉沉细。

治法：阴阳双补，抗痨杀虫。

方药：右归丸化裁。下腹结块者，加三棱、莪术、昆布，以化瘀软坚散结。

3. 肾阳虚衰

证候：小腹冷痛，腰膝酸冷，喜温喜按，肢冷畏寒，月经量少，色淡质薄，甚至闭经，食欲不振，大便溏泄，小便清长，夜尿频多，或婚久不孕，或小腹结块。舌淡，苔白，脉沉迟。

治法：补肾助阳，化瘀养荣。

方药：阳和汤加味。大便溏泄者，加补骨脂、肉豆蔻，以温肾止泻；下腹结块者，加昆布、牡蛎、赤芍，以祛瘀散结。

五、预防与调护

患有肺结核的幼女应给予积极治疗，以防止结核病扩散至内生殖器。青春期或未婚女性，如有下腹疼、微热、周身乏倦等症状，妇科检查附件区增厚或形成包块，疑有炎症时，应考虑附件结核的可能性较大，应明确诊断，及时治疗。如果生殖器结核在初发时即已确诊，并获得足量的化疗，则患者取得正常足月妊娠的机会可能有所增加。饮用牛奶应煮沸消毒，以防结核菌感染。锻炼身体，增强体质，并接种卡介苗，提高机体免疫力。

第三节　子宫内膜息肉

子宫内膜息肉是由子宫内膜增生过长形成，可发生于青春期，常见于 35 岁以上妇女，其发生率占不孕妇女的 0.2% ～ 0.7%。

一、病因病理

主要是由于内膜仅受雌激素刺激而无孕激素的作用导致子宫内膜无限制地生长。

大体观察表现为局限性内膜肿物突出于子宫腔内，呈灰红色，有光泽，质软，单个或多个，直径多为 0.25 ～ 2 cm。蒂长短不一，长者可突出子宫颈外口。镜下大多数内膜息肉是未成熟上皮，对孕激素不起反应，呈增生期改变，而其周围的子宫内膜分泌早期改变。

中医学认为，子宫内膜息肉所表现出来的月经变化主要是气虚、湿热所致。身体虚弱，或饮食失调，或思虑过度，或大病失养，脾胃受损，经行之际，气随血下泻，故脾气愈虚，中气下陷，冲任不固，血无以统而致月经过多。《证治准绳 · 妇科》云“劳伤气血，冲任虚损，月水过多”，认为湿热则冲任伏热，迫血妄行，而致月经量多。

二、诊断

1. 诊断要点

病史：有经量增多、经期延长或不规则阴道出血及不孕史。

体征：子宫正常或稍大。

辅助检查：① B 超检查：子宫内膜增厚，回声不均，可见模糊不清或不规则光团。②诊断性刮宫：可刮出肥厚的子宫内膜，刮出物送病检可确诊。③宫腔镜检查。

2. 诊断标准

①病史、体征和 B 超检查。②诊断性刮宫病理报告为宫内膜息肉。③宫腔镜检查：镜下可见多个孤立的卵圆形黄色或桃红色息肉。

3. 鉴别诊断

本病需与子宫内膜癌、黏膜下肌瘤做鉴别诊断。最后，需做活组织病理检查才能鉴别。

三、西医治疗

由于月经量增多可出现清瘦、贫血，可适当加强营养，如补充铁剂、维生素 C 和蛋白质等。出血时间长者给予抗生素以预防感染。药物治疗一般无效。

刮宫术可达到诊断和止血的目的。需进行全面刮宫、横刮、整刮宫腔，并将组织送病理检查；宫腔镜下剪除或电凝切除并送病理检查。

四、中医辨证论治

1. 气虚

证候：月经量多，色淡红，质清稀，面色㿠白，肢软无力，气短懒言，小腹空坠。舌质淡，苔薄白，脉细弱。

治法：益气固冲，摄血。

方药：举元煎加减。出血多兼口干欲饮者，加五味子、乌梅以酸甘化阴，生津止渴，且又能收敛止血；出血多兼大汗淋漓、四肢发凉者，加红参、附子以回阳救逆，益气固脱。

2. 湿热

证候：经血量多，色鲜红或深红，质稠，或兼经期延长，带下量多，有臭味。

舌红，苔黄腻，脉弦数或滑数。

治法：清热利湿，调经止带。

方药：龙胆泻肝汤加减。带下量多，色紫暗，或如败酱，似血非血，或赤白带相间者，加侧柏叶、赤芍或三七粉以凉血止血；病程较长或失血过多，兼见气短懒言、倦怠无力者，乃失血伤气之证，加党参、黄芪以益气。

第四节　子宫肿瘤

一、子宫肌瘤

子宫肌瘤是女性生殖器肿瘤中最常见的良性肿瘤，由子宫平滑肌细胞增生而来。多发生于 30 ～ 50 岁的妇女。子宫肌瘤患者的不孕率为 25% ～ 35%。子宫肌瘤影响孕育能力的程度，与肌瘤的部位、大小、数目有关，患者常合并附件炎或子宫内膜异位症。

（一）病因病理

子宫肌瘤发生的确切病因尚不清楚。由于其好发于育龄期妇女，绝经后肌瘤停止生长，甚至萎缩、消失，这说明子宫肌瘤的发生与雌激素有密切关系。

一般肌瘤呈白色球形结节，表面光滑，质硬，切面为旋涡状结构，与周围组织界限明显，其外有一层假包膜。按其所在部位分为宫体肌瘤与宫颈肌瘤。按与子宫肌壁的关系分为：①肌壁间肌瘤：肌瘤位于子宫肌层内。②浆膜下肌瘤：肌瘤向浆膜面生长，仅由黏膜层覆盖，突出于腹腔。③黏膜下肌瘤：肌瘤向黏膜面生长，仅由黏膜层覆盖，突出于子宫腔，有时可形成蒂伸向宫颈、阴道或外阴。子宫肌瘤镜下见由旋涡状的平滑肌纤维相互交叉组成，细胞大小均匀，核染色较深，其间掺有不等量的纤维结缔组织。肌瘤可发生玻璃样变、囊性变、红色变和肉瘤变。

子宫肌瘤是触手可及的有形块，结合其临床症状多有月经血块较多，伴有腹痛，舌质紫暗或有瘀斑，故该病当属血瘀。

中医认为，瘀血的形成原因颇多，先天禀赋不足或素多抑郁，或脾胃素虚，或气血素弱之人，处于生育年龄，精神、体力负担较重，在经期、产后等多虚多瘀之时，抗病能力低下，如有致病因素作祟，日积月累，终可致胞宫血瘀气滞、痰瘀互结而成子宫肌瘤。

（二）诊断

1. 诊断要点

病史：多数患者无明显症状，仅于体检或 B 超时发现，如肌瘤生长较快、较大或有变性，可出现月经改变，触及包块、疼痛、不孕等。

临床表现：①月经改变：月经过多、经期延长是最常见的症状，周期往往正常或稍缩短，多见于黏膜下肌瘤及大的壁间肌瘤。浆膜下及壁间小肌瘤无明显月经改变。②下腹部包块：肌瘤较大或为多发性肌瘤，可在下腹正中触及包块，尤其膀胱充盈时更明显。③白带增多：黏膜下肌瘤并发感染时出现大量脓血性排液及腐肉样组织排出，伴臭味。④疼痛：一般无疼痛，有的有痛经，下腹坠胀，腰背酸痛。浆膜下肌瘤蒂扭转或肌瘤红色变时，可致剧烈腹痛。⑤不孕：25% ～ 35% 子宫肌瘤患者不孕，可能是肌瘤阻碍受精卵着床，或由于宫腔变形输卵管入口受阻妨碍精子进入输卵管。⑥压迫症状：大肌瘤或位于宫颈部的肌瘤可能压迫膀胱，出现膀胱刺激症状和尿潴留，甚至压迫输尿管，产生肾盂扩张和肾积水。

2. 体格检查

一般检查：通过全身检查可发现有无贫血的表现，如面色苍白、慢性病容等。肌瘤较大可在腹部扪及质硬、不规则、结节状物。

妇科检查：子宫增大，表面不规则，单个或多个质硬结节状物，如果浆膜下肌瘤蒂较长，可扪及质硬球状物与子宫有细蒂相连，活动良好。子宫肌瘤的包块与子宫一致。黏膜下肌瘤，子宫多均匀性增大，有时宫颈口扩张，宫颈口或阴道内见球形肿块，呈红色，质硬，表面光滑，若伴感染则表面有渗出液覆盖或溃疡伴臭味。

辅助检查：① B 超；②宫腔镜检查：有助于了解黏膜下肌瘤；③子宫输卵管造影：有助于了解黏膜下肌瘤及输卵管是否通畅；④腹腔镜检查：可了解子宫大小，肌瘤的数目、大小和类型，有无变性。

3. 诊断标准

根据病史、症状和体征诊断一般无困难。对小的、症状不明显或变性之肌瘤，借助上述特殊检查可明确诊断。

4. 鉴别诊断

妊娠子宫：因月经不调而受孕者，有可能被误诊为肌瘤。少数妇女早期先兆流产时误以为是月经，待子宫长大，患者自己触及下腹部“包块”，以为是“瘤子”。可根据停经史、早孕反应、子宫质软、无结节状突起，尿 HCG 阳性等进行鉴别，B 超检查可明确诊断。

卵巢细胞：一般无月经改变，多偏于一侧，妇检包块与子宫可分开。必要时行探针检查宫腔长度和方向。B 超或腹腔镜检查有助于确诊。

子宫腺肌病及腺肌瘤：均可使子宫增大，月经量增多。子宫腺肌病时，子宫常均匀性增大伴痛经，有经前增大、经后缩小的特征。B 超及腹腔镜检查可以鉴别。

（三）西医治疗

一般治疗：肌瘤小、无症状及近绝经年龄患者，一般不需治疗，可每 3 ～ 6 个月定期随访。

药物治疗：适用于肌瘤大于如孕 2 个月子宫大小，症状不明显，或近绝经年龄，全身情况不宜手术者，药用雄激素或三苯氧胺。

手术治疗：肌瘤大于 3 个月妊娠子宫，症状明显致继发性贫血者；生长迅速者；绝经后肌瘤仍继续长大；有蒂的浆膜下肌瘤（易扭转）及黏膜下肌瘤（易出血感染、坏死）；生长在子宫颈部的均需手术治疗。

（四）中医辨证论治

1. 气滞血瘀

证候：胞中结块，月经或先或后无规律，量或多或少，色暗红、有块，小腹胀痛或刺痛，块下痛减，胸胁不畅，情志抑郁。舌质暗或舌有瘀斑，苔薄润，脉沉弦。

治法：疏肝行滞，化瘀散结。

方药：行气消痕汤。药用柴胡、川芎、香附、枳壳、白芍、陈皮、荔枝核、川楝子、三棱、莪术、山楂、郁金等。月经量多者，加益母草、三七粉，以化瘀止血；少腹痛甚者，加延胡索、没药，以行气止痛。

2. 气虚血瘀

证候：胞中结块，月经先期，量多、色淡、质稀、夹有大血块，小腹坠痛，带下量多，色白，质稀，四肢乏力，少气懒言。舌淡暗，苔薄白，脉虚细而涩。

治法：补气健脾，化瘀散结。

方药：补气消痕丸。药用党参、太子参、南沙参、黄芪、山药、三棱、莪术、白术、枳壳、昆布、山慈菇、夏枯草等。月经过多者，经期加入人参粉，以补气摄血；兼形寒肢冷、五更泄泻者，加伏龙肝、淫羊藿，以温阳止泻。

3. 痰瘀互结

证候：胞中结块，时或作痛，经色暗红，质稠有块，量或多或少，带下量多、色白、质黏腻，胸脘痞闷，形体肥胖。苔白腻，舌质暗紫，脉细濡或沉滑。

治法：理气化痰，破瘀消癥。

方药：开郁二陈汤。湿蕴化热、带下色黄者，加败酱草、牡丹皮、大血藤等，以清热化湿；脾虚明显者，上方去槟榔之破气之力，加白术、党参，以健脾益气。

4. 寒凝血瘀

证候：胞中积块，月经后期，量少，色黑红，夹有血块，小腹冷痛、拘急，块下腹痛减轻，带下量多，色白质稀，四末不温。舌淡紫，苔薄白，脉沉紧。

治法：暖宫散寒，化瘀散结。

方药：少腹逐瘀汤。兼痰湿者，加白芥子、山慈菇，以化痰散结；兼阳虚者，加鹿角胶（烊化）、熟地黄、牛膝，以补肾温阳。

5. 肝阴虚

证候：胞中结块，月经延后、量少，或先期、量多、色红，白带甚少，或阴中干涩，口干目涩，五心烦热，两颧潮红，头晕目眩。舌紫红，苔薄黄，脉细弦。

治法：滋阴养血，化瘀散结。

方药：滋阴化瘀汤。药用当归、生沙参、麦冬、枸杞子、川楝子、白芍、昆布、水蛭、夏枯草等。月经先期量多者，加大蓟、小蓟、炒槐花，以凉血止血；口燥咽干甚者，加石斛、五味子、玉竹，以养阴生津。

（五）预防与调护

调畅情志：由于气滞是子宫肌瘤的起始因素，因此调畅情志是预防和护理子宫肌瘤的重要方面之一。对于素性忧郁之人，可运用心理疗法和药物治疗。

加强营养：由于子宫肌瘤患者常出现贫血征象，因此加强营养十分重要，特别是多进食铁含量及钙含量较高的食物。

清洁外阴：由于子宫肌瘤常有阴道出血表现，因此应注意保持外阴清洁，预防感染不可忽视。特别是黏膜下肌瘤患者更应保持外阴清洁。

合理运用性激素类药物：合理、适量地运用性激素是预防子宫肌瘤的措施之一，特别要注意避孕药物的使用。

二、子宫内膜癌

子宫内膜增生的癌称为子宫内膜癌，又称宫体癌，是妇科常见的恶性肿瘤，其发病率仅次于子宫颈癌。子宫内膜癌绝大多数是腺癌，80% 以上的病例发生在 50 岁以上的妇女中，其临床主要表现为不规则阴道流血。本病起病隐匿，进展缓慢，转移晚，其治疗效果在妇科恶性肿瘤中是比较好的。

（一）病因病理

确切病因不清楚，可能与下列因素有关：①与雌激素的关系：子宫内膜长期受雌激素刺激而无孕酮拮抗，可能导致内膜癌的发生。②子宫内膜增生过长。③体质因素：子宫内膜癌易发生于肥胖、高血压、糖尿病、未婚、少产妇女。④绝经后延与晚绝经。⑤遗传因素：约 20% 的内膜癌患者有一定的家族史。

关于子宫内膜癌的形成，中医学不仅强调外因，而且更重视内因，特别是精神因素、先天不足及脏腑功能失调等在发病中的意义，认为其主要病因病机为某些素体易感之人，处于好发年龄，或年迈体衰，又长期七情不遂，或为六淫之邪及湿毒之气入侵，导致气滞血瘀、毒系胞宫，发为本病。病性为虚实夹杂，病位在冲任、胞宫，日久正气虚甚，瘀毒走窜，证候险恶，预后不良。临床常见的证型有瘀毒壅滞、湿毒瘀滞、瘀毒走窜等。

（二）诊断

1. 诊断要点

病史：多数患者存在高危因素，如老年、肥胖、高血压、糖尿病、绝经延迟、少育或不育等。

临床表现：①阴道不规则流血：绝经后可表现为持续或间歇性出血，未绝经者表现为不规则阴道流血，或经量增多、经期延长等。②阴道分泌物异常：阴道分泌物异常为瘤体渗出或继发感染的结果，表现为血性或浆液性分泌物，有时有恶臭味。③疼痛：癌瘤浸润周围组织或压迫神经时，可出现下腹及腰骶部疼痛，并向下肢及足部放射。当癌瘤侵及宫颈、堵塞宫颈管，导致宫腔积脓时，可表现为下腹胀痛及痉挛样疼痛。④全身症状：早期多无症状，晚期癌患者常伴发全身症状，表现为贫血、消瘦、恶病质、发热及全身衰竭等。

体征：多为肥胖、高血压或贫血，晚期患者有的可在颈部（锁骨上）或腹股沟处触及转移的肿大淋巴结。

妇科检查：宫颈多为正常，分泌物来自宫颈管。早期子宫大小形态可无变化，病情逐渐发展，子宫可增大，质稍软，偶可见癌组织自子宫口内脱出，质脆，触及易出血；晚期病灶向周围浸润，子宫固定；绝经后的妇女，子宫不但不萎缩，反而饱满，宫旁或盆腔可扪及不规则结节。

其他检查：①辅助检查：分段诊断性刮宫是确诊内膜癌最常用的刮取内膜组织的方法。行分段刮宫时，先用小刮匙环刮宫颈管，再进宫腔搔刮内膜，刮出物应分瓶并标记送病理检查。②细胞学检查：用特制的宫腔吸管或宫腔刷放入宫腔，吸取分泌物找癌细胞，阳性率达 90%，最后确诊需根据病理检查结果。③宫腔镜检查：可直视宫腔，若有癌灶生长，能直接观察病灶大小、生长部位、形态，并可取活组织送病理检查。④阴道 B 超检查：可清楚显示子宫内膜的厚度及形态，有助于诊断。⑤淋巴造影：用于手术前发现淋巴结转移病灶。⑥ CT 及磁共振检查：主要用于观察宫腔、宫颈病变，特别是肌层浸润的深度及淋巴结转移等病变。

2. 鉴别诊断

根据病史、症状、体征及各项辅助检查与以下疾病相鉴别：更年期功能失调性子宫出血、老年性阴道炎、子宫黏膜下肌瘤或内膜息肉、原发性输卵管癌、老年性子宫内膜炎合并宫腔积脓、子宫颈癌、子宫肉瘤等。

（三）西医治疗

治疗原则应根据子宫大小、肌层是否被癌浸润、宫颈管是否累及、癌细胞分化程度及患者全身情况等而定。主要的治疗以手术为主，再根据手术、病理分期和组织病理学高危因素决定是否进行术后辅助治疗。

（四）中医辨证论治

1. 瘀毒壅滞

证候：经期紊乱，淋漓不断，或绝经多年之后又见阴道出血，量时多时少，色红，有块，块下腹痛减，带下量多，赤白相兼，味秽臭，精神抑郁，或心烦易怒，胸闷不舒，小腹、乳房胀痛。舌质暗红，或有瘀斑，苔薄白，脉弦或细弦。

治法：行气化瘀，解毒散结。

方药：理气化瘀汤。药用柴胡、郁金、水蛭、紫草、穿心莲、八角莲、石见穿、王不留行、急性子、蜂房、夏枯草、香菇等。气郁化火者，加石上柏、白花蛇舌草，以苦寒直折，清热解毒；阴道出血者，加大蓟、小蓟，以凉血止血。

2. 湿毒瘀滞

证候：经期紊乱，或崩或漏，日久不止，或绝经数年后阴道下血，量或多或少，色红，质黏，有块，带下量多，色白或红白夹杂，质稠黏，眼睑或下肢浮肿，大便黏腻不爽。舌质暗淡，苔白腻，脉滑。

治法：化痰除瘀，解毒散结。

方药：豁痰解毒汤。药用夏枯草、牡蛎、海藻、白术、水蛭、川芎、穿心莲、石上柏、胆南星、全蝎、蜈蚣等。湿而偏寒者，加皂角、蜀椒，以辛温涤痰；偏湿热者，加僵蚕、苦参，以清热燥湿解毒。

3. 瘀毒走窜

证候：阴道浊血时沥，带下赤白如脓或浑浊，味秽臭，形体消瘦，面色苍白，口干舌燥，纳差，低热不退。舌红或红紫，苔白少津，或光剥无苔，脉弦细或软而无力。

治法：补气益阴，祛瘀解毒。

方药：扶正化瘀解毒汤。药用人参、龟甲、鳖甲、白术、黄芪、枸杞子、何首乌、沙参、紫草、紫河车、石上柏、全蝎、蜈蚣等。阴道出血多者，加杜仲炭、三七粉，以补肾化瘀止血；带下量多、味臭严重者，加败酱草、重楼、半边莲、半枝莲，以清热解毒抗肿瘤。

（五）预防与调护

加强宣教，普及卫生、医学及防癌知识，做到定期普查，使广大妇女尤其是接近更年期的妇女，出现异常症状如异常阴道出血、排液等时，立刻就医。医务人员要提高警惕，这样才能不失时机地做出诊断。

如出现不正常子宫出血，特别是更年期前后的出血，要及早明确诊断。当合并肥胖、高血压、糖尿病时，更应警惕恶性肿瘤的可能。功能性子宫出血及更年期综合征患者慎用雌激素，以免使子宫内膜增生。对已出现子宫内膜增生的患者，可用孕激素转化子宫内膜。对已有子宫内膜不典型增生病例应密切随诊，多次诊刮检查子宫内膜以了解治疗效果，如治疗过程中病情恶化，应立即手术切除子宫。无须生育或已更年期者，可直接切除子宫。

严格掌握激素替代疗法的适应证，在应用雌激素的同时加用孕激素，定期转化子宫内膜，提高用药的安全性。妇科良性疾病最好不要用放射治疗，以免诱发肿瘤。

第五节 子宫内膜功能不全

子宫内膜对卵巢激素有很高的敏感性。雌激素、孕激素失调可以从内膜变化中反映出来，卵巢激素水平失调可导致子宫内膜功能不全，主要分为三种类型，即子宫内膜萎缩、子宫内膜增殖症、黄体期子宫内膜功能不全。

一、病因病理

机体内外任何因素影响了下丘脑－垂体－卵巢轴任何部位的调节功能，以致卵巢功能失调、激素分泌失常，从而影响子宫内膜的周期性变化，出现一系列内膜功能不全的表现。

子宫内膜萎缩：为卵巢无雌激素分泌所致，类似绝经后的萎缩内膜。

子宫内膜增生症：卵巢中有卵泡持续分泌雌激素影响内膜，超过正常的卵泡期，无排卵、无黄体分泌孕激素的拮抗作用，表现为子宫内膜不同程度的增生。

黄体期内膜功能不全：①垂体分泌 FSH 不足，使卵泡发育不好；②排卵前 LH 峰太低或太短，使颗粒细胞黄素化不足；③催乳素的分泌抑制了孕激素的产生。

中医认为，该病的发生机理，主要是某种致病因素导致冲任－胞宫功能失调。冲任－胞宫功能失调，从而产生闭经、崩漏、月经先期等症。冲任二脉损伤，经血失于固摄，而致月经先期。导致冲任不固的原因有血热、气虚和血瘀。

二、诊断

诊断要点如下。

1. 临床表现

子宫内膜萎缩：以闭经为主要症状，阴道分泌物减少，子宫正常大小。

子宫内膜增生症：以不规则子宫出血为主，其特点是周期不规则，相隔数天至 1 ～ 3 个月不等；经期长短不一，从 1 ～ 2 天至 10 天以上，甚至可达 1 个月；经量多少不定，淋漓不尽，有不同程度的贫血征象。子宫大小正常或略大。

黄体期内膜功能不全：一般表现为月经周期缩短，不易受孕，有流产史，子宫大小正常。

2. 辅助检查

子宫内膜萎缩：基础体温呈单相，阴道细胞学涂片示无排卵，宫颈黏液涂片无羊齿状结晶。B 超检查结果提示子宫内膜变薄，呈线状。宫内膜组织病理检查示内膜呈萎缩性改变。

黄体期内膜功能不全：基础体温呈双相，但上升缓慢或下降缓慢，高温相仅维持 9 ～ 10 天。宫内膜组织病理检查显示子宫内膜分泌反应不足或在月经周期第 5 天仍能见到分泌反应的内膜。

三、西医治疗

子宫内膜萎缩：雌激素、孕激素序贯法；尼尔雌醇。

子宫内膜增生症：①行刮宫术。②雌激素、孕激素合并疗法。③短期疗法：安宫黄体酮。④克罗米芬促排卵治疗。

黄体期内膜功能不全：①黄体酮：在黄体期补充黄体酮。②氯米芬：诱发卵泡生长。③ HCG。

四、中医辨证论治

（一）血热

1. 阳盛血热

证候：月经提前，量多，色鲜红或紫红，质黏稠，面红颧赤，口渴欲饮冷，小便短赤，大便干结。舌红，苔黄，脉滑数有力。

治法：清热凉血，固冲调经。

方药：清经散加减。血量多、夹有血块者，加大蓟、小蓟，以清热凉血，化瘀止血；口干、大便燥结、数日未解者，上方去熟大黄炭，加大黄、玄参以清热泻下，润燥通便。

2. 肝郁血热

证候：月经先期，或多或少，经行不畅，色鲜红，性情急躁，小腹胀痛，口苦咽干。舌红，苔黄，脉弦数。

治法：疏肝清热，凉血固冲。

方药：丹栀逍遥散加减。经行不畅，血块多，小腹痛甚者，加丹参、益母草，以活血化瘀；胸胁胀痛者，加制香附、川楝子，以增强疏肝理气之力。

3. 阴虚血热

证候：月经先期，量少色红，五心烦热，潮热盗汗，失眠，咽干口燥，入夜尤甚。舌红，少苔，脉细数。

治法：滋阴清热，凉血固冲。

方药：两地汤加味。兼头晕耳鸣者，加桑椹、石决明，以滋阴潜阳；虚烦夜寐不安者，加龙骨、牡蛎，以重镇安神。

（二）气虚

1. 脾气虚

证候：月经先期，量多，色淡，质稀，面色不华，精神倦怠，气短懒言，小腹空坠，食少纳差。舌淡，脉细弱无力。

治法：健脾益气，固冲调经。

方药：补中益气汤加味。兼有溏泻者，加艾叶炭、炮姜炭等，以温经散寒止血。

2. 肾气虚

证候：月经先期，量少，色暗淡，质稀，伴腰膝酸软，夜尿频，大便溏。舌淡，苔薄白，脉沉无力。

治法：补肾气，调冲任。

方药：归肾丸加减。兼小腹冷痛者，加艾叶炭、肉桂，以温阳散寒，调经止血；兼五更泻者，去当归，加补骨脂、肉豆蔻，以温阳止泻。

（三）血瘀

证候：月经先期，色暗，有血块，小腹疼痛、拒按，血块排出痛减。舌暗红，脉弦或涩。

治法：活血化瘀，止血调冲。

方药：桃红四物汤加味。兼烦躁易怒者，加牡丹皮、栀子，以清热凉血；兼小腹冷痛、四肢不温者，加附子、炮姜，以温阳化瘀止血。

五、预防与调护

调畅情志，保持心情舒畅，避免生气恼怒；注意饮食卫生，避免暴饮暴食，以免损伤脾胃，忌食辛辣之品。经期及产后避免过度劳累和剧烈活动。搞好计划生育，晚婚少生，避免生育过多、过频。

第六节　子宫位置异常及子宫脱垂

正常子宫位于盆腔中央，一般是前倾略前屈，宫颈外口位于坐骨棘水平以上。与不孕症有关的子宫位置异常主要有子宫后倾后屈和子宫脱垂，有时严重的子宫前屈也可致不孕。

一、病因病理

子宫位置异常是由先天发育决定的。

严重的子宫前屈往往伴有子宫发育不良，此时宫颈和宫体纵轴形成的角度朝向耻骨。

子宫后倾（宫体朝向骶骨）、后屈（宫颈和宫体形成的角度朝向骶骨），改变了宫颈和后穹窿之间的解剖关系，性交后宫颈不能浸浴在精液中，不利于精子上行。此外，某些引起粘连性子宫后倾后屈的盆腔疾病本身可能就是不孕的原因之一。

子宫脱垂，可由分娩损伤和过早参加体力劳动（尤其是重体力劳动）所致。长期慢性咳嗽或便秘使腹压增加、长期超负荷、盆腔内巨大肿瘤、大量腹腔积液也可使腹压增加而造成子宫脱垂；盆底组织先天性发育不良或退行性变也可致子宫脱垂。这类患者由于易发生下生殖道感染、性交困难和精液不易存留于阴道而易导致不孕。

中医认为，子宫位置异常为先天禀赋不足所致。子宫脱垂（中医学称阴挺下脱）的发生，多因分娩用力太过，或产后劳动过早，致劳倦伤脾，气虚下陷，收摄无权；或因分娩时处理不当，伤损胞络、宗筋；或因房劳产众，肾气亏虚，任带不固；或素体虚弱，年老久病，便秘努责，失于固摄所致。总之，乃因伤损、气虚或肾虚而下陷致脱，甚至滑脱不收，感染湿邪。

二、诊断

1. 诊断要点

（1）病史：子宫脱垂者可有产伤，分娩后过早劳动，以及慢性咳嗽、便秘等。

（2）临床表现：子宫前屈和后倾，后屈者无明显症状。Ⅰ度子宫脱垂患者无明显症状，重者有程度不等的腰骶部酸痛和下坠感。Ⅱ度脱垂患者在行走、劳动、下蹲或排便等腹压增加时，阴道口有块物脱出，经平卧休息后，块物可缩小或消失。Ⅲ度脱垂者即使休息，块物也不能回缩，需手推回，有时手法不能推回，患者行动不便，由于长期摩擦致宫颈和阴道壁溃疡，有时有流血。继发感染时，有脓血等分泌物。常伴重度膀胱膨出，有尿潴留或张力性尿失禁。子宫位置异常很少引起月经失调，但严重子宫位置异常可影响受孕。

（3）体格检查：双合诊可判明子宫是否前倾、前屈、后倾、后屈。妇科检查还可以判明子宫脱垂度，以患者平卧用力下屏气时子宫下降的程度分为三度。Ⅰ度：轻型为宫颈外口距处女膜缘小于 4 cm；重型为宫颈外口达处女膜缘，检查时在阴道口可见宫颈，但未超过处女膜缘。Ⅱ度：轻型为宫颈已脱出阴道口，但宫体仍在阴道内；重型为宫颈及部分宫体已脱出阴道口。Ⅲ度：宫颈及宫体全部脱出阴道口外。

嘱患者不解小便，行妇科检查时嘱患者咳嗽，若见尿液溢出，检查者用食指、中指分别轻压尿道两侧，再让患者咳嗽，若不见尿液溢出，则表示患者有张力性尿失禁。

辅助检查：B 超，可判断子宫的位置。

2. 鉴别诊断

阴道前壁和后壁膨出：患者常将膨出的阴道壁误认为子宫脱垂，检查时能看到阴道壁，但不能看到宫颈脱出，双合诊检查子宫体及宫颈位置异常。

膀胱膨出：双合诊检查子宫位置异常，金属导管插入尿道后进入膨出的阴道前壁内，可鉴别。

三、治疗

（一）西医治疗

（1）一般治疗：子宫后倾、后屈可试手法复位，采取膝胸卧位每日 2 次，每次 15 分钟。子宫脱垂重在预防，应加强营养，适当安排休息和工作，避免重体力劳动，保持大便通畅，积极治疗慢性咳嗽或盆腔肿物。

（2）非手术治疗：包括宫旁注射无水酒精、硬化剂、物理疗法等。

（3）手术治疗：适用于Ⅱ～Ⅲ度子宫脱垂或膀胱膨出、直肠膨出者。

（二）中医辨证论治

治疗应本着虚则补之、陷者举之、脱者固之的原则，以补中益气、升阳举陷、补肾固脱为主。

1. 气虚

证候：子宫脱垂，甚或脱出阴道口外，平卧可回纳，过劳则脱出加重，带下量多，质稀色白，自觉小腹下坠，神疲乏力，少气懒言，尿频，面色少华，或心悸气短。舌质淡，苔薄白，脉细弱。

治法：补中益气，升阳举陷。

方药：补中益气汤加味。兼血虚者，加鹿角胶、巴戟天、熟地黄以养血；兼肾虚、腰酸胀痛者，加续断、杜仲、桑寄生以补肾强腰膝；白带量多、色白者，加金樱子、芡实、薏苡仁以固涩止带。

2. 肾虚

证候：子宫脱垂，小腹下坠，小便频数，夜间尤甚，头晕耳鸣，腰膝酸软。舌质淡，脉沉细无力。

治法：补肾固脱。

方药：大补元煎加味。畏寒肢冷者，加补骨脂、肉桂、鹿角霜以温阳固涩；白带多者，加金樱子、芡实以固涩止带；脱垂子宫表面溃烂，黄水淋漓，或带多、色黄如脓、秽臭者，宜用龙胆泻肝汤以清利湿热，然后再行调补、提摄。

3. 湿热

证候：子宫脱出阴道口外，表面红肿溃烂，黄水淋漓，带下量多，色黄如脓，臭秽，肛门肿痛，或大便溏泄，肛门有灼热感，小便黄赤，灼热而痛，口干口苦。舌红，苔黄腻，脉濡数。

治法：先予清利湿热以治标，继以益气补肾以治本。

方药：龙胆泻肝汤。带下量多，色紫晦暗，或如败酱，似血非血或赤白相间者，加侧柏叶、赤芍或三七粉，以凉血止血。

4. 产伤

证候：每有难产或产伤史，子宫脱垂，小腹下坠，气短懒言，腰膝酸软，尿频，或头晕、心悸。舌淡，脉虚。

治法：扶气养血，佐以升提。

方药：八珍汤加味。新产后可酌加益母草，以缩宫止血，并有升提之功；久病不愈，宜按肾虚型论治。

四、预防与调护

有计划地生育，避免早产、多产；普及新法接生，提高接产技术，注意保护会阴，如有损伤应及时缝合，正确处理难产；推广产后运动，促进产后恢复，加强营养，注意劳逸结合，产后3个月内不宜久蹲及从事担、提重物等体力劳动。哺乳时间不宜过长，以免子宫及其周围组织萎缩；加强妇女经期、怀孕期、产期、哺乳期卫生的宣传教育，加强妇女劳动保护。该病虽不危及生命，但根治较为不易，治疗期间或治疗后，须注意避免登高、持重及劳倦过度，以防复发；注意保持大便通畅，积极治疗慢性咳嗽、便秘等增加腹压的疾病；根据妇女生理特点、体质、年龄、工种等，合理安排和使用劳动力，注意劳动保护。

第七章

子宫内膜异位症和子宫腺肌病

第一节　子宫内膜异位症

子宫内膜异位症简称内异症，是由有生长功能的子宫内膜组织出现在子宫腔被覆黏膜以外的部位，并引起一系列症状和体征的疾病。该症之异位内膜可出现在身体的许多部位，以位于盆腔内的卵巢、子宫骶韧带、子宫下段后壁浆膜层及子宫直肠陷凹、阴道直肠隔、盆腔腹膜等处为多见，其中又以卵巢最为常见，约80%的内异症侵犯卵巢。其他部位可累及宫颈、阴道和外阴。此外，该症还可发生在脐、输尿管、肺、支气管、胸膜、乳腺、阑尾、淋巴结等处，甚至手、臂、大腿处也可发病。

一、病因病理

内异症为良性病变，但具有远处转移和种植的能力。异位的子宫内膜在月经周期中受卵巢激素的影响，亦可出现增生或分泌期改变，但这种形态上完全良性的内膜组织可像恶性肿瘤一样播散、种植与转移，而这种病变的发生、发展和消散又是在内分泌功能的控制下进行的。

主要为异位内膜随卵巢功能变化而发生周期性出血和其周围组织纤维化，以致在病变区形成紫褐色斑点或小泡，甚至发展为大小不等的紫蓝色实质结节或包块。

内异症是不孕的常见病因之一，其发病率因病情程度不同而有较大的差异，为22% ～ 66%。其导致不孕的病因是干扰多环节的生殖过程：①卵巢功能障碍。②免疫因素。③病理因素：内异症影响受孕的主要病理因素是盆腔生殖器官的变化，如卵巢形成囊肿，与周围组织粘连固定，导致排卵障碍和月经失调，从而影响受孕。④内分泌紊乱。

中医有关内异症的研究起步较晚，近年来中医、中西医结合治疗内异症的文章发表较多。本病的病因病理是血瘀和肾虚气滞。由于体质差异和病情发展的变化，故又有“血瘀”“气滞血瘀”“痰瘀互结”“痰热阻滞”“血瘀肾虚”等不同证型。

二、诊断

1. 诊断要点

病史：有渐进病史，追问以往史，可有人流术或放环术等，但本病漏诊的病例还是不少，其原因有以下方面：妇女常将痛经认为是正常情况，没有意识到有病，未就医；很多患者没有症状，未就医。即使因其他原因就诊，一些医生不重视无症状的患者，虽然检查已发现可疑点，但仍未做进一步检查；本症患者常主诉不孕，所以医生常认为本症与不孕有关，而对生育过的妇女，则不大考虑其可能患子宫内膜异位症；原发性痛经患者常应用非甾体类抗炎制剂治疗痛经，因而掩盖了子宫内膜异位症的症状；腹腔镜检查应用于子宫内膜异位症的诊断还不够普遍，对子宫内膜异位症病灶表现的多样化认识不足，因此发生漏诊和误诊。

症状：症状极为重要，尤其是 10 岁年龄组的女孩以及疾病早期患者。症状常先于体征出现。常见的症状有：①获得性痛经进行性加剧。疼痛多发生于下腹部及腰骶部，放射到会阴、外阴、肛门、大腿。疼痛常起于经前 1 ～ 2 天，第 1 天最剧烈，经净后疼痛消失。②慢性盆腔痛。③不孕症包括原发性和继发性不孕症。④月经失调，有时经量多或经期延长或经前后滴血。⑤严重性交疼痛。⑥肠功能改变，表现为便秘、里急后重或腹泻等。⑦泌尿系统症状，表现为尿频、尿急、尿痛，甚至血尿。⑧异位灶部位出血及疼痛。

体征：子宫固定、后位，伴或不伴压痛；附件块物，囊性，壁稍厚，张力高，活动或不活动，伴或不伴压痛；后陷凹或宫骶韧带有散在的、多个、大小不等的结节，伴或不伴压痛；宫颈上见紫蓝色结节，有时见息肉样或菜花样赘生物；经前或经期上述体征加剧。

辅助检查：腹腔镜检查；盆腔B超；BBT测定；抗子宫内膜抗体测定；性激素测定；子宫输卵管碘油造影；CT或核磁共振：可协助诊断本病，核磁共振的诊断比CT更确切。

2. 鉴别诊断

子宫腺肌病：该病与内异症都有痛经症状，但痛经更剧烈。妇科检查时，子宫可呈对称性或不对称性增大，或呈结节性增大，质地较硬。有时与盆腔子宫内膜异位症并存。

慢性盆腔炎：多有急性盆腔炎病史，妇科检查时子宫固定不活动，双侧附件可扪及包块，有压痛。结核性盆腔炎患者在骶部韧带及后陷凹等处可扪及结核性结节，难以与子宫内膜内异症结节相鉴别。盆腔炎的下腹部疼痛为持续性，有时经期加重，但不是仅限于月经期，平时也有疼痛。抗炎治疗对炎症有效，对内异症无效。结核性盆腔炎常伴经量减少或闭经，做碘油造影可见输卵管呈断断续续铁锈丝样，为结核性盆腔炎的特殊病变表现。慢性盆腔炎久治无效者，应考虑为伴有内异症的可能。

三、治疗

（一）西医治疗

性激素治疗：无排卵性月经往往无痛经发生，据此可采用性激素来抑制排卵，以达到缓解症状和体征，特别是控制痛经症状。但对较大的包块，而诊断又未明确或肝功能异常者，均忌用性激素治疗。

手术治疗。

（二）中医辨证论治

1. 气滞血瘀

证候：经前小腹两侧胀痛，乳房胀痛，肛门坠胀，每逢行经小腹胀痛剧烈，按之更痛，骶腰酸胀，大腿两侧疼痛，小便少而不畅，经量或多或少，不孕，盆腔有结节或肿瘤。舌质紫暗或有瘀斑，苔薄，脉弦。

治法：理气，活血，化瘀。

方药：加味血竭散。药用血竭末、丹参、赤芍、当归、蒲黄、五灵脂、川楝子、延胡索、小茴香、桂枝等。经量多者，去桂枝，加仙鹤草、槐花、吴茱萸；卵巢巧克力囊肿大者，加莪术、炙鳖甲、猪苓；大便干结者，加制大黄或生大黄；肛门坠胀者，加木香、柴胡。

2. 瘀热互结

证候：经行发热，小腹剧痛，反恶纳少，腰痛，经行量少，色暗红或紫红，夹小血块，不孕，盆腔内有结节或包块。舌尖暗红，苔黄腻，脉弦数。

治法：活血化瘀清热。

方药：红酱汤。药用大血藤、败酱草、牡丹皮、赤芍、丹参、制大黄、夏枯草、牡蛎、川楝子、土鳖虫等。经行发热者，加荆芥、金银花；经量多者，加蒲黄、赤石脂；肛门坠胀灼热者，加黄柏、柴胡。

3. 痰瘀凝结

证候：经前或经行下腹疼痛拒按，经后痛止。平时带多，胸脘痞闷，盆腔内有结节或肿瘤。舌质暗紫，苔腻，脉弦滑。

治法：化痰散瘀，软坚消结。

方药：鳖甲散结方。药用赤芍、桃仁、丹参、焦山楂、薏苡仁、全瓜蒌、浙贝母、夏枯草、牡蛎、鳖甲、制香附、枳壳。痛经剧烈者，加乳香、没药、延胡索；夹血块者，加蒲黄；便秘热结者，加大黄；寒结者，加白芥子；便溏者，加白术；畏寒者，加桂枝；腰痛者，加续断、菟丝子。

4. 血瘀肾虚

证候：腰骶酸痛，持久不减，经行量多，或量少淋漓不净，头晕乏力，不孕，盆腔内有结节或包块。舌质暗，苔薄，脉沉细。

治法：益肾活血，软坚散结。

方药：益肾活血汤。药用杜仲、菟丝子、淫羊藿、制何首乌、黄芪、莪术、夏枯草、牡蛎、蒲黄、香附等。口干舌红者，去巴戟天、淫羊藿，加女贞子、山茱萸、地黄；小腹冷痛者，加吴茱萸、乌药、肉桂；输卵管阻塞者，加路路通、败酱草等。

四、预防与调护

1. 危险因素

年龄因素：内异症可发生于初潮后至绝经前的任何年龄，24 ～ 45 岁为好发年龄段。内异症是一种雌激素依赖性疾病。

痛经：痛经在子宫收缩时（尤其是强烈收缩）易使经血逆流，产生较多的前列腺素，诱发局部炎性反应和刺激内啡肽，使痛觉过敏而加重痛经。经血逆流可引发内异症。患者常有月经初潮偏早的病史和月经周期短、经期长、经量多、痛经等症状。

人流术、孕产史与内异症：大部分内异症患者都可追问到发病前有人流手术史。宫内节育环引起的月经过多可能引发该症。孕产次与该症的发病有关。

生殖道梗阻原因：无孔处女膜、阴道闭锁或宫颈管狭窄、子宫后倒者，均因经血下行不畅，反流至盆腔而易患内异症。

遗传因素：15% ～ 20% 的患者有家族史。患者中 7% 有近亲关系，如果母亲患有该病，则女儿有 70% 的发病率。

2. 预防

积极治疗月经病：特别是月经量过多、经期延长、淋漓不净或有痛经者；明确不孕原因：对婚后一年以上未避孕而不孕者，应积极全面地做不孕原因检查，如发现为此症，应及时治疗；经期避免不必要的盆腔检查或手术。宫腔操作要轻巧，少用宫缩剂，尽量减少或避免人流手术，人流时正确使用负压，吸管进出宫腔时不应带有负压。避免突然降低负压动作。治疗宫颈糜烂时应避免造成宫颈狭窄；适时生育：对晚婚高龄妇女，特别是有内分泌紊乱病史的妇女，劝导其适时生育；防止子宫内膜种植：妇科手术时间应在月经净后 3 ～ 7 天内进行，以防止子宫内膜种植；经期保持情绪舒畅，不喝冷饮，避免引起痛经或月经失调。

第二节　子宫腺肌病

子宫腺肌病指子宫内膜侵入和扩散至子宫肌层，多发生于 30 ～ 50 岁妇女，约有半数患者同时合并子宫肌瘤，约有 15% 的患者合并外在性子宫内膜异位症。

一、病因病理

子宫内膜可以两种形式侵入子宫肌壁层，即弥漫型和局限型。前者为异位内膜侵入整个子宫肌壁，在不同部位其侵入范围和深浅不同；后者异位内膜仅侵及某部分肌壁，形同子宫肌瘤，但其与周围正常组织无分界（假包膜）。病变处呈现交错的粗条状肌纤维带和纤维带，有暗红色出血点或小区出现其中，很少有息肉状子宫内膜向浆膜层突出，组织切片可见子宫内膜腺体和间质。

子宫腺肌病的临床表现为痛经、月经量多、不孕和盆腔结节，类似中医文献中的“痛经”“月经过多”“不孕”等范畴，中医认为其主要病因为：①肝气郁滞，气滞血瘀，瘀阻碍胞宫而致痛经；②瘀血阻滞胞宫、胞脉而致精子、卵细胞相遇受阻，导致不孕；③瘀血阻于胞宫，胞脉累及于肾，而致肾虚血瘀，最终导致月经失调和不孕。

二、诊断

1. 诊断要点

病史：有渐进性痛经史、手术后继发不孕病史。

症状：有渐进性加剧的痛经和慢性盆腔痛，继发不孕或原发不孕，月经失调，肛门坠痛或性交痛等。

体征：子宫后位，固定，峡部能触及大小不等且触痛的结节，附件增厚，宫颈上有时见紫蓝色小点。

辅助检查：同子宫内膜异位症。

2. 诊断标准

对本病的诊断主要根据病史、症状、体征和辅助检查项目，参考子宫内膜异位症的诊断标准。但盆腔 B 超可在子宫肌层见到种植内膜引起的不规则回声。

应与子宫内膜异位症鉴别：具有生长功能的子宫内膜组织出现在子宫腔被覆黏膜以外的身体其他部位，称为子宫内膜异位症，如果子宫内膜异位在盆腔内生殖器官和其邻近器官的腹膜面则称为盆腔子宫内膜异位症。如果子宫内膜生长在子宫内层，则称为子宫腺肌病。子宫腺肌病和子宫内膜异位症虽然同为子宫内膜异位症引起的疾病，有时两病同时存在，但它们在组织发生学和临床表现上存在一定差异。

三、治疗

1. 西医治疗

药物治疗：该病采用假孕疗法治疗无效，有时可加重症状，一般不主张采用。睾酮可减轻盆腔充血，减轻痛经，使经量减少。常用于绝经前患者。另外可采用 GnRH-a 等药物进行治疗。

手术治疗：对症状严重者，原则上行全子宫或次全子宫切除术。50 岁以上或已绝经者可同时切除双侧卵巢。若病变局限，且向浆膜面突出，患者年龄轻，要求生育者，可酌情行局部病灶切除术。由于本病界限不清，往往不能将其全部切净，术后容易复发。

2. 中医治疗

由于本病的病机与子宫内膜异位症相同，都是以血瘀为主，故中医治疗可参考子宫内膜异位症的中医疗法，包括辨证施治和中成药等。

第八章

输卵管疾病

第一节　输卵管炎症

输卵管因素所致的不孕症，约占女性不孕症的 30% ～ 50%。临床上由输卵管炎症、粘连、积水、阻塞等原因所致的不孕症极为常见。

一、急性输卵管炎

（一）病因病理

病因：①月经期、流产后或产褥期，病原体如链球菌、葡萄球菌等感染。②淋菌感染。③结核杆菌感染。④输卵管邻近器官的炎症病变，如阑尾炎、结肠憩室炎等。

急性输卵管炎主要由化脓菌引起，通过宫颈的淋巴播散到子宫旁结缔组织，首先侵及浆膜层，发生输卵管周围炎，然后累及肌层，而输卵管黏膜层可不受累或受累极轻，其管腔常因肌壁受压变窄，但仍可保持通畅。病变以输卵管间质炎为主。轻者输卵管仅有充血、肿胀，略增粗；重者输卵管明显增粗、弯曲、纤维素性脓性渗出物多，可造成周围粘连。若炎症经子宫黏膜向上蔓延，首先引起输卵管黏膜炎，输卵管黏膜肿、间质水肿、充血及大量中性多核白细胞浸润；重者上皮可发生退行性变或成片脱落，引起输卵管黏膜粘连导致输卵管管腔及伞端闭塞；若有脓液积聚于管腔内则形成输卵管积脓，易引起不孕。

中医认为，该病内因主要为脾虚湿盛、肝郁化火及湿热下注等所致；外因为多产房劳，损伤胞络，肾气亏损，或因不注意经期、怀孕期、产期、哺乳期卫生，以及流产、分娩及手术等创伤致邪毒内侵，客于阴户、胞宫和冲任督带，与气血相搏而发病。

（二）诊断

1. 诊断要点

病史：有流产或分娩感染史、宫腔手术或经期性交史，腹痛、发热及阴道分泌物增多史。

症状：发热，如高热时出现恶寒或寒战，脉搏增快，两侧少腹剧痛，大便时疼痛加重，全身乏力，食欲不振，并伴有月经过多、经期延长及脓性白带等症状。

体征：急性病容，颜面潮红，舌干、苔白厚，腹部特别是下腹部压痛明显，拒按，腹肌强直，反跳痛明显并有鼓胀。

妇科检查：阴道有脓性分泌物，急性输卵管炎有宫颈提痛，附件处触及增粗且触痛的输卵管或扪及压痛明显较为固定的附件囊性痞块（输卵管积脓）。

辅助检查：①常规血象检查见白细胞总数及中性白细胞升高情况，血沉加快。②脓液、渗出液做涂片、细菌培养及药敏试验。必要时做后穹窿穿刺，抽取腹腔积液测定同种淀粉酶值，凡腹腔积液同种淀粉酶值 / 血清同种淀粉酶值少于 1.5 者，多系急性输卵管炎。③做盆腔 B 超检查可协助诊断为附件炎或发现附件包块。

2. 诊断标准

主要依据病史（有流产或分娩感染史，宫腔手术或经期性交史）及上述症状、体征和实验室检查、B 超检查结果便可做出明确诊断。

3. 鉴别诊断

本病须与急性阑尾炎、异位妊娠、卵巢囊肿蒂扭转及急性肾炎等相鉴别。

（三）西医治疗

一般疗法：卧床休息，高热应补液，防止电解质紊乱及脱水，必要时物理降温。尽量避免不必要的妇科检查以免引起炎症扩散。

药物治疗：应根据细菌培养与药敏试验结果选用适当抗生素。

手术治疗：如输卵管积脓可行一侧或两侧附件切除，必要时行全子宫及附件切除术。

（四）中医辨证论治

1. 热毒壅盛

证候：高热寒战，少腹两侧疼痛拒按，带下量多，色黄如脓，其气臭秽，口干喜饮，尿短，便结。舌质红，苔黄厚，脉洪数。

治法：清热解毒，凉血化瘀。

方药：银翘红酱解毒汤加味。药用大血藤、败酱草、牡丹皮、炒栀子、赤芍、桃仁、薏苡仁、乳香、没药、川楝子、延胡索、银花、连翘、大黄、鱼腥草。

2. 湿热瘀结

证候：身热不甚或低热起伏，少腹或两侧疼痛，腰痛，带多色黄，纳差，便溏，舌暗红，苔黄腻，脉濡数。

治法：清热利湿，化瘀祛带。

方药：止带汤。药用猪苓、茯苓、车前子、泽泻、茵陈、赤芍、牡丹皮、黄柏、炒栀子、川牛膝等。

（五）预防与调护

注意经期、产后、流产后的摄生及性生活卫生；医务人员在进行人流、放环、其他盆腔手术及处理分娩时，应严格进行无菌操作，术后做好护理以预防感染；急性输卵管炎患者应收住院，给予及时彻底治疗，以免转为慢性输卵管炎。

二、慢性输卵管炎

（一）病因病理

急性输卵管炎若没有及时治疗或治疗不当，可转为慢性输卵管炎。其病原体有链球菌、葡萄球菌、大肠杆菌、厌氧菌等及性传播疾病的病原体（淋球菌、支原体、沙眼衣原体等）。

炎症后输卵管多增粗，变硬有如索状物，如与盆腔腹膜、肠曲等发生粘连时则可以形成较大的炎症包块；输卵管黏膜层炎症、充血，纤毛运动功能受扰或纤毛被破坏，影响精子和卵子的运送或受精过程。输卵管管腔内炎症粘连导致输卵管阻塞或积水；输卵管周围粘连可造成输卵管伞部闭锁或影响输卵管蠕动和拾卵功能。

输卵管阻塞即中医学的“胞脉阻塞”。中医认为，胞脉阻塞可引起腹痛、癥瘕、漏下等病症，尤其影响精、卵相遇导致不孕。其病因可分为内外两个方面：内因之一是患者郁郁寡欢，肝郁气滞，血行不畅，瘀滞胞脉，胞脉阻塞而致不孕，或因阴虚血热迫血妄行，血溢脉外久而瘀阻胞脉而成病；外因是经期产后受寒，寒则血凝胞脉而致胞脉通道受阻，或为人流、妇科手术后摄生不慎，湿热邪毒侵袭，下注胞脉，湿热壅遏，气血运行不畅，久而胞脉阻塞导致不孕。总而言之，输卵管梗阻主要是瘀血阻滞、瘀滞脉络、胞脉闭塞不通，两精不能相搏而致不孕。

（二）诊断

1. 诊断要点

病史：发病前多有近期分娩或人流、宫腔内手术操作、安放宫内节育器或月经期性交史。也可因急性输卵管卵巢炎治疗不彻底或延误治疗，迁延日久而成为慢性，或有时病原菌毒力较弱，或机体抵抗力强，无明显急性期症状而未予重视，而发展为慢性过程。

症状：①不孕症：婚后数年不孕育；②腹痛：下腹疼痛或一侧有牵拉疼痛，部分患者无此症状；③部分患者可出现带下增多、色黄或白及月经失调、痛经等症状。

体征：下腹部两侧可有轻度压痛，双合诊见子宫压痛，活动度差，附件可触及增厚或包块，伴有压痛，如形成积水，可摸到壁薄的囊性肿物且有活动性，无明显压痛。

辅助检查：①子宫输卵管碘剂造影术及输卵管通液通气检查，了解输卵管是否通畅；② B 超检查，了解两侧输卵管有无炎性病变及积水；③腹腔镜检查，了解输卵管形态与周围有无粘连及输卵管通畅程度等。

2. 诊断标准

双输卵管炎症不孕的诊断主要根据典型病史、症状和体征及 B 超检查、子宫输卵管碘剂造影及腹腔镜检查。其分类可根据实验室检查和临床表现，分为输卵管炎症、输卵管积水、输卵管粘连及输卵管结核等。

3. 鉴别诊断

病史中有过急慢性输卵管炎发作，兼有数年不孕，双合诊检查，宫旁组织增厚，一般诊断并不困难。如宫旁触及包块或增厚，压痛，兼有月经不调及腹痛病史，应与陈旧性输卵管妊娠相鉴别。输卵管积水或输卵管卵巢囊肿应与卵巢囊肿相鉴别，如慢性输卵管炎兼有痛经、不孕，双合诊检查盆腔有包块者应与子宫内膜异位症相鉴别，通过三合诊、B 超、内分泌检查以及子宫输卵管造影、腹腔镜检查以资鉴别。

（三）西医治疗

非手术疗法：①适当休息，保持精神愉快，避免剧烈运动及过度劳累，减少性生活次数。②症状及炎性体征明显时可应用抗生素如青霉素、庆大霉素及甲硝唑等。③物理疗法：慢性者可采用物理疗法，常用超短波、红外线、激光等。可加用抗生素以提高疗效。④宫腔注射法："消瘀通管Ⅰ号"法（川芎嗪、鱼腥草、胎盘组织液等）在经净后 3 ～ 4 天开始，每隔 2 ～ 3 天做宫腔注射 1 次，共 2 ～ 3 次，于经期停止治疗；庆大霉素针 16 万 U，地塞米松针 5 mg，糜蛋白酶针 5 mg，加注射用水至 40 mL，混匀，通液。

手术治疗。

（四）中医辨证论治

1. 气滞血瘀

证候：不孕，经期先后不定，行经不畅，下腹胀痛，色紫挟块，伴乳房胀痛，性躁易怒。苔薄白，脉弦。

治则：疏肝理气，化瘀通络。

方药：四逆通管方。药用柴胡、枳壳、赤芍、丹参、川楝子、炮穿山甲、路路通、麦冬、茜草、延胡索等。

2. 寒凝瘀阻

证候：不孕，经行后期，下腹冷痛，或痛而喜熨，便溏尿清。舌质青紫，苔薄白，脉沉细。

治则：活血散寒通管。

方药：逐瘀散寒通管方。药用桃仁、炮穿山甲、路路通、蒲黄、桂枝、当归、川芎、香附、茴香、莪术、细辛、地龙、土鳖虫等。

3. 湿热挟瘀

证候：不孕，小腹胀痛，经行加剧痛时拒按，或低热起伏，经后带多色黄气臭。苔黄腻，脉细弦。

治则：清热利湿通络。

方药：大血藤汤。药用大血藤、败酱草、桃仁、薏苡仁、赤芍、皂角刺、王不留行、炮穿山甲、制大黄、车前子、香附、土鳖虫等。

4. 痰浊瘀阻

证候：形体肥胖，经期延后或闭经，带多色白，头晕胸闷，痰多，便溏。苔白腻，脉弦滑。

治则：温阳散寒，化瘀通络。

方药：桂枝、鹿角霜、附片、仙茅、淫羊藿、紫石英、当归、穿山甲、巴戟天、路路通、乌药等。

（五）预防与调护

调情志：情志调和，气血流畅，冲任蓄溢有时，胎孕易成。若情志不遂，或恚怒伤肝，肝郁气滞，疏泄失常，可影响冲任以致不孕，因此调情志是治疗不孕症的第一要素。

饮食调节：血之运行，贵在流通，若恣食生冷，寒邪内伤，血寒则凝，影响月经导致不孕，因此，应常食营养丰富而又清淡之品。

做好计划生育：输卵管梗阻的形成，在某种程度上与人流有很大关系。有报道称，人流后解脲支原体的感染比例很高，临床虽无发热症状但可导致输卵管不通，尤其婚前人流更为严重。

注意经期卫生：经期胞脉空虚，邪毒易乘虚而入，故应保持外阴清洁，严禁性生活以防急性感染，如有急性感染应抓紧治疗以防盆腔炎的发生而影响妊娠。

第二节　输卵管结核

输卵管结核是指由结核杆菌引起的生殖器炎症，多发于生育期妇女（20 ～ 40 岁），在不孕症妇女中本病的发生率约占 10%。常继发于其他部位的结核，如肺结核等，首先侵犯输卵管且多为双侧性，并向子宫内膜浸润，产生子宫内膜结核及子宫颈结核，因此一旦得病绝大多数患者不孕，纠治手术效果不理想。

一、病因病理

女性生殖器结核的感染途径尚不十分清楚，一般认为是继发感染，原发性极为罕见。生殖器结核造成不孕的原因有：子宫内膜破坏，甚至累及子宫肌层，表现为月经过少或闭经；输卵管黏膜破坏与粘连，产生输卵管僵直，管腔阻塞；输卵管周围粘连或呈团块，影响输卵管的通畅和蠕动功能。

输卵管结核外观可有不同表现，如输卵管增粗变硬，壁内有结核结节，腔内含干酪样物质，浆膜层可有粟状结节，伞端闭锁或外翻，输卵管旁与邻近器官如卵巢、子宫、肠曲粘连等。

中医学认为本病病因病机应属正气不足，痨虫乘虚袭入。

二、诊断

1. 诊断要点

病史：发病前有家族结核接触史或本人以往患有其他系统结核，如肺结核、肠结核、骨结核史，患者多在 20 ～ 40 岁生育年龄。有相当部分患者无任何症状，仅因不孕而来就诊，经检查或诊刮等才发现此病。

症状：月经逐渐减少或闭经，伴午后低热，下腹疼痛，白带增多或不孕。

体征：腹部检查如生殖器结核与腹膜结核并存时，腹部可有压痛或有腹腔积液征，如输卵管、卵巢、盆腔腹膜下广泛粘连并且形成包块，则于下腹部可触到外形不规则包块，并可有轻度触痛。双合诊子宫大小及活动度可能正常，亦可能因有粘连而不太活动，轻度输卵管结核双侧附件可无阳性体征，病情发展后双侧输卵管增粗、变硬如条索状，进一步发展于附件可触及大小不等的块物，固定而有触痛。

辅助检查：实验室检查，胸部 X 线检查，病理检查，结核菌素试验，影像学检查。

2. 诊断标准与鉴别诊断

对本病诊断主要根据病史、症状和体征及 X 线片、子宫造影即可确定。有数种常见妇科病与输卵管结核有相似之处，需加以鉴别，如输卵管卵巢炎、盆腔子宫内膜异位症、卵巢囊肿及晚期卵巢恶性肿瘤，其鉴别诊断方法参照相关章节。

三、西医治疗

一般治疗：因结核病是一种慢性消耗性疾病，故首先必须增加营养以增强机体的抵抗力及免疫机能，这对疾病的治疗有一定作用。

药物治疗：利福平、异烟肼、链霉素和吡嗪酰胺三药合用。

手术治疗。

四、中医辨证论治

1. 阴虚内热

证候：月经稀少，不能按期来潮，继而闭经，午后潮热，颧赤盗汗，尿赤便艰。舌质红，脉细数。

治法：养阴清热，抗痨调经。

方药：秦艽鳖甲散加减。

2. 气血两虚

证候：经行量少色淡，甚至闭经，小腹隐痛，面色萎黄，纳食不佳。舌质淡，脉细。

治法：益气养血，抗痨调经。

方药：劫劳散加味。药用白芍、党参、茯苓、阿胶、制半夏、黄芪、当归、熟地黄、五味子、红花等。

3. 湿热下注

证候：带下臭秽，量多色黄，少腹坠痛，腰酸胀痛，或有潮热。舌红，苔黄，脉弦滑数。

治法：清热利湿，调经。

方药：清热化湿抗痨方。药用苍术、白术、黄芩、黄连、赤芍、桃仁、黄柏、千里光、冬瓜仁、玄参、地榆、薏苡仁等。

4. 气滞血瘀

证候：经闭不行，腰酸腹痛，或有包块，纳可，神疲，大便不调。舌红或紫，脉弦细。

治法：理气活血，调经。

方药：理气活血方。药用桃仁、赤芍、红花、海藻、昆布、香附、青皮、地黄、鳖甲、夏枯草、牡蛎、侧柏叶等。

五、预防与调护

积极参加体育活动，增强体质，提高抵抗力，对预防本病有重要意义。

青春期少女如结核菌试验呈阳性，立即接种结核菌苗。

如发现患者有肺结核，应给予积极正规治疗，防止结核病扩散至内生殖器。

不孕妇女疑有生殖器结核时应尽快确诊，以便及时治疗，如果生殖器结核在初发时即已确诊并获得足量的化疗，则患者取得正常足月妊娠的机会有所增加。

第九章

卵巢疾病

第一节　卵巢炎

卵巢炎是当卵巢受到病原体的感染后引起卵巢的炎性改变所致，输卵管炎、卵巢炎、盆腔腹膜炎同时存在且相互影响，很少单独发生。卵巢炎大多继发于输卵管炎症。

一、急性卵巢炎

（一）病因病理

引起卵巢炎症的病原体以细菌为主，病毒、霉菌、原虫、淋病双球菌感染较少见。流行性腮腺炎病毒对卵巢有特殊的亲和力，易血行感染，而单独发生卵巢炎，幼儿患猩红热时也可经血行感染卵巢，但预后较好。急性阑尾炎等也可引起继发性卵巢炎。沙眼衣原体感染也可引起卵巢炎等疾病。

有经期性交，产褥期感染，宫颈、宫腔、盆腔手术史，或盆腔炎症反复发作史，导致胞宫、胞络感染湿热、湿毒之邪。以热毒壅盛、湿毒瘀阻、阳明热盛、邪入营血证为多见。

（二）诊断

1. 诊断要点

病史：多发生于生育年龄，以 25 ～ 35 岁发病率最高，青春期前后及更年期较少见。月经期、流产期或产褥期如不注意卫生，则与本病的发生有密切关系。

症状：高热可达 39 ℃以上，并伴有寒战、头痛、食欲不振、两下腹剧痛，大便时可加重。

体征：患者呈急性病容，体温高、心率快、腹肌紧张有压痛及反跳痛，以下腹部为著，有时腹胀。

妇科检查：阴道充血，有大量脓性分泌物，后穹窿触痛明显，宫颈充血有举痛，子宫体可稍大且有压痛，子宫体多固定，两侧附件区触痛明显，有时可摸到肿块。

辅助检查：①白细胞计数及分类：白细胞升高，中性粒细胞达 80% ～ 85% 以上；宫颈管分泌物常可培养出链球菌、葡萄球菌、大肠杆菌等致病菌；血沉超过 20 ～ 30 mm/h，常为脓肿形成的表现。如有脓肿形成或破裂，可做后穹窿穿刺证实；② B 超检查：有脓肿时，肿物轮廓不规则，周围有浓密回声，为粘连反射，肿物内无回声，肿物与子宫有界限，但在炎症浸润阶段，则呈一片模糊的实性反射。

2. 诊断标准

主要根据典型的病史、症状、体征及必要的辅助检查，即可明确诊断。

3. 鉴别诊断

输卵管妊娠破裂：下腹疼痛、肛门坠痛，做检查时全腹有压痛及反跳痛，特别是妊娠试验阴性、阴道出血不多时，易与本病混淆。但输卵管妊娠破裂可有停经史，疼痛是突发的，如刀割样剧痛，初起时局限于一侧，渐及全腹部，一般不发热或有低热。腹部检查虽有全腹压痛及反跳痛，但腹肌紧张轻，出血量多，可有移动性浊音，甚至休克。患者做妇科检查时，宫颈有举痛，后穹窿饱满，并有触痛，一侧附件区可触及较软的肿块，后穹窿穿刺抽出不凝血时，可明确诊断。

（三）西医治疗

1. 一般处理

卧床休息，可取头高足低位，以利引流；增加营养，补充水分，增强抵抗力；高热时静脉滴注葡萄糖与生理盐水，补足人体所需热量与水分，保持电解质平衡。

体温升高到 40 ℃以上者，给予物理降温；有条件者可做宫腔内容物培养及药敏试验；尽量减少阴道检查及冲洗等刺激，以免感染扩散。应用足量抗生素。

2. 手术治疗

急性卵巢炎一般以药物治疗为主，以下情况可考虑手术：①伴子宫腔内积脓，可行宫颈扩张术，以利引流；②伴盆腔积脓时，根据情况可行阴道后穹窿切开引流或腹腔内引流；③脓肿局限在两侧附件处，经药物治疗无效时，或脓肿自行破裂而炎症向腹腔蔓延时，可剖腹做脓肿引流，或行子宫附件切除术，术后注意保持引流通畅。

（四）中医辨证论治

1. 热毒壅盛

证候：高热恶寒甚或恶战，体温在 39 ℃以上，白细胞计数上升，无汗或有汗，腹痛拒按，口干口苦，大便秘结，小便黄赤，带下量多，色黄质稠，或呈脓性、秽臭，月经量多或淋漓不净。舌苔黄糙或黄腻，脉滑数。

治法：清热解毒，化瘀止痛。

方药：银翘大血藤解毒汤或黄连解毒汤。药用连翘、金银花、大血藤、败酱草、牡丹皮、栀子、赤芍、桃仁、薏苡仁、延胡索、川楝子等。恶寒者，加荆芥、牛蒡子；便秘者，加大黄；腹胀者，加枳实；阴竭阳脱、面色苍白者，加吉林参、生脉饮。

2. 湿毒瘀阻

证候：发热，恶寒，或高热虽减，但低热起伏，下腹疼痛拒按，口干，便秘，胸闷泛恶。舌苔黄腻，脉弦滑数。

治法：仙方活命饮合桃仁承气汤加薏苡仁、冬瓜子。腹胀者，加柴胡、枳实；痛甚者，加大血藤、徐长卿；白带多者，加黄柏、椿根皮；炎性肿胀者，加皂角刺、三棱、莪术。

3. 气营两病

证候：高热不退，口渴欲饮，汗多烦躁，甚则神昏谵语。舌红绛或略红，苔少或黄燥，脉弦数。

治则：清热凉营，凉血解毒。

方药：白虎汤合清营汤或清瘟败毒饮。便秘者，加大黄、桃仁；神昏谵语者，加服牛黄清心丸或紫雪丹。

（五）预防与调护

注意经期与产褥期卫生；严格掌握妇科手术的适应证，做好手术的无菌操作。

二、慢性卵巢炎

慢性卵巢炎常由输卵管炎波及卵巢所致，最常见为慢性卵巢周围炎，单独的卵巢炎极少见。

（一）病因病理

慢性卵巢炎大多由急性炎症转变而来，最终因炎症变化，使结缔组织增生、粘连而变成慢性病灶。卵巢与输卵管伞端可互相粘连，形成炎性肿物，或输卵管伞端与卵巢粘连贯通，形成输卵管囊肿。由于长期慢性炎症，盆腔组织可形成粘连。也可无急性病史，一开始即为慢性过程。

中医学认为，湿热、湿毒之邪乘虚入侵，与气血互结，蕴积胞脉、胞络，气血瘀滞。或肝经积郁，气滞血瘀，久则结成癥瘕。该病缠绵难愈，损伤正气，故常见寒热错综、虚实夹杂之证，如湿热瘀阻、寒凝瘀滞、气滞血瘀、肝郁脾虚、肝肾不足等证型。

（二）诊断

1. 诊断要点

病史：有盆腔炎反复发作史，有经期、产褥期、手术等感染史，或急性盆腔炎症之后，或有邻近器官的炎症病变。

症状：全身症状多不明显，有时可有低热、乏力，病程较长时可有神经衰弱症状，当抵抗力低下时，可有急性或亚急性发作。反复下腹疼痛，劳累、排便时及月经前后、性交后疼痛可加剧；偶有膀胱、直肠刺激症状。常有月经失调，以月经过频、量多为常见，可有白带增多、痛经、不孕等症状。

体征：①腹部检查：多无阳性体征，偶于下腹两侧有深压痛。②妇科检查：子宫常呈后位，活动受限或粘连固定，单侧或双侧附件增厚，呈条索状或片状，有轻度压痛或触痛；一侧或双侧可扪及炎性肿块、压痛、活动欠佳或粘连固定。

辅助检查：①周围血细胞、白细胞可增高或不高；② B 超显示炎性块物，边界不清，实质不均，伴有输卵管积水时，可见液性暗区；③子宫输卵管碘油造影显示输卵管部分或完全阻塞；④腹腔镜检查可见明显炎症、粘连。

2. 鉴别诊断

陈旧性异位妊娠：与慢性附件炎一样，可有下腹疼痛，亦可有不规则阴道少量出血，盆腔检查可触及肿块。但该病有停经史及突然下腹疼痛、晕厥等内出血症状，可自行缓解。

盆腔检查：可触及肿块偏于一侧，形状不规则，质实而有弹性，轻压痛。行后穹窿穿刺，吸出陈旧性血液或小血块，可协助诊断。

（三）治疗

参考慢性输卵管炎。

（四）预防与调护

参考慢性输卵管炎。

第二节　卵巢肿瘤

卵巢肿瘤在妇科疾病中占 4.3% ～ 23.9%，其中卵巢恶性肿瘤占 10% 左右，发病率仅次于子宫颈癌和恶性滋养细胞肿瘤。该病可发生于任何年龄，但多发生于育龄期。

一、病因病理

卵巢肿瘤的发生可能与下列因素有关。

营养与社会地位：营养状况、社会经济条件与之有一定关系。

排卵与癌变：排卵是重要的致癌因素。

内源性刺激物：卵巢常在盆腔最低位置，腹腔液内的致癌因素刺激卵巢间质，可能与卵巢间质恶变有联系。

促性腺激素刺激：卵巢肿瘤最高发生率与妇女绝经期前后促性腺激素升高有关。

遗传：多数遗传性综合征（如基底细胞母斑综合征等）与卵巢癌的发生有关。

在各种核型异常的表现型妇女异常卵巢中，会发生性腺母细胞瘤。遗传畸变常发生于无性细胞瘤，有时伴发性腺母细胞瘤。

免疫功能不全：先天性免疫功能不全患者的恶性肿瘤发生率比对照组高 10000 倍，化疗后免疫抑制与绝经后 5 年的妇女卵巢癌的发生率增高。

卵巢肿瘤属于中医学癥瘕范畴，其主要病因病机在于脏腑功能失调，气滞、血瘀、痰浊、湿热等因素可单独或复合作用于机体而致病。在发病过程中，各因素又相互转化，互为因果。外感风寒、湿浊，损伤正气，乘虚入侵机体，导致气血失和，阴阳失调，气机乖违，瘀血内停；或内伤七情，或经前产后，饮食劳倦，脏腑失和，胞络、胞脉受累，积久发为癥瘕，癥瘕阻滞胞络以致不孕。

二、诊断

1. 诊断要点

病史：卵巢良性肿瘤早期并无症状，往往在妇科检查时偶然被发现，或待肿瘤达一定大小或发生并发症时才被察觉。卵巢恶性肿瘤早期亦可无症状，因其生长迅速，易早期扩散，短期内便可出现症状。

症状：①下腹不适感：常为良性、恶性肿瘤的最初症状，有时为下腹部及盆腔下坠感。消化不良、恶心及上腹部不适感亦可为恶性肿瘤的症状。②腹部肿物。③压迫症状：巨大的卵巢良性肿瘤及恶性肿瘤伴发的巨量腹腔积液可引起压迫症状。④疼痛：良性卵巢肿瘤如无并发症，极少疼痛。出现腹痛，尤其是突发性的，多由卵巢肿瘤蒂扭转所致，偶为肿瘤破裂、出血及（或）感染。恶性肿瘤由于浸润、压迫邻近脏器，可引起腹痛、腰痛、腿痛等。⑤月经紊乱及内分泌症状：除具有内分泌功能的卵巢肿瘤，一般卵巢肿瘤不引起月经紊乱，但恶性卵巢肿瘤若严重破坏双侧卵巢功能时，可引起月经紊乱及闭经。因卵巢有非生理性肿物影响排卵，故可致不孕。

体征：①腹部肿块；②腹腔积液；③内分泌体征：多毛、阴蒂肥大等体征多见于男性母细胞瘤，性早熟体征多见于性腺间质细胞瘤患者；④恶性卵巢肿瘤可有远处淋巴结肿大等转移体征及恶病质表现；⑤并发症有瘤蒂扭转，肿瘤破裂、出血、感染，卵巢良性肿瘤恶性变多发生于年龄大尤其是绝经后的患者。

辅助检查：主要依靠 B 超辅助诊断。

2. 诊断标准与鉴别诊断

卵巢肿瘤的早期诊断：①三合诊是早期诊断的主要方法。②超声检查可鉴别卵巢肿瘤的性质，判断其为良性、恶性。③ AFP 测定可作为诊断卵巢内胚窦瘤的方法。④脱落细胞学检查，如后穹窿穿刺细胞学检查可辅助诊断临床前卵巢癌。⑤对有内分泌功能的卵巢肿瘤，测定相关激素可辅助诊断。⑥腹腔镜检查可直观显示卵巢肿瘤的性状，同时可做组织学检查，对于诊断和鉴别诊断具有重要意义。⑦其他：CT 检查等可选择使用，以明确诊断。

鉴别诊断：卵巢肿瘤应与腹腔积液、妊娠、结核性腹膜炎、盆腔炎性包块、子宫肌瘤、膀胱充盈等相鉴别。

三、治疗

（一）西医治疗

1. 制订治疗方案

良性肿瘤：对于需要保留生育功能的小儿及年轻妇女，原则上仅切除肿瘤；对于不需要生育的育龄妇女行患侧附件切除术，最好行对侧卵巢切开或楔形切除并做病理检查；对于超过生育年龄的妇女行全子宫加双附件切除术。

性质待定：可行患侧附件切除术，术中送冰冻切片检查。

交界性肿瘤：希望生育的患者原则上做患侧附件切除术及对侧卵巢楔形切除术，术后定期随访，告知患者二次手术的可能。

恶性肿瘤：Ⅰa 期可做保守性手术，如肿瘤属早期的颗粒细胞瘤、黏液性囊腺瘤等低度恶性肿瘤且要求生育的患者，可酌情行患侧附件切除术，完成生育后行残侧附件及子宫切除术。此外，各期原则上做“全子宫＋双侧附件及大网膜”切除术，并酌情扩大手术范围，尽可能消除癌灶。原则上，患恶性卵巢肿瘤的患者，不论期别均应辅以化疗。

2. 手术

原则上，卵巢肿瘤一经诊断即应手术。恶性者除估计不能切除或不能大部切除及其他禁忌证外，应行广泛切除。

3. 化疗

目前作为常规治疗，其疗效肯定。对卵巢上皮性瘤，烷化剂是有效的。多药联合化疗。

4. 内分泌治疗

上皮性卵巢瘤可采用孕激素治疗。

5. 放射治疗

术后外照射对Ⅱ期癌患者有效。

6. 免疫治疗

常用药如卡介苗、OK-432、转移因子、左旋咪唑等。

（二）中医治疗

中医治疗以软坚散结消癥、扶正祛邪为主，结合患者体质状况辨证加减；消癥时应按“大积大聚，衰其大半而止”的原则，以免过伤正气；术后或化疗后可按中医辨证论治处理，使患者安全度过放疗、化疗关，早日康复，延长寿命，提高生活质量。

四、预防与调护

30 岁以上的妇女，每年应体检一次。凡育龄女性，被发现盆腔肿块大于 6 cm，随访 2 个月未缩小或消失者，原则上应剖腹探查。凡绝经后或青春期前发现盆腔块物大于 6 cm 者，应迅速确诊并治疗。凡切除的肿瘤，均做病理检查，恶性者应随访。

第三节　卵巢位置异常

卵巢位置异常，常见于卵巢下垂，即卵巢脱垂于直肠或子宫直肠陷窝内，可发生于单侧或双侧。卵巢停留在胚胎时期的位置尚未降至骨盆内非常罕见，卵巢下降过度到疝囊内，偶见于手术时，亦为罕见。卵巢位置异常有时没有症状，有时可能出现扭转或粘连，出现下腹胀痛或弱痛，或伴不孕不育等症状。该病有时被误诊为盆腔肿瘤。

从临床表现来看，该病似可归属于中医学妇科妇人腹痛、痛经、不孕、癥瘕（血瘀）等范畴。

一、病因病理

子宫后倾后屈严重：分娩后卵巢的支持组织未能很好地复旧而下垂。

先天性发育不良：卵巢下垂过度，移位于子宫直肠陷窝内。卵巢下垂后，子宫卵巢丛血管下降屈曲在骶凹的两侧或骨盆漏斗韧带可部分扭转，使静脉压力增高回流受阻，因而发生血液循环障碍，使静脉处于瘀血状态，导致卵巢瘀血、水肿，以致发生粘连。长期瘀血者，又因结缔组织增生使卵巢变硬变小。

中医认为，气血是人体一切生命活动的物质基础，《圣济总录》云："血为营，气为卫……内之五脏六腑，外之百骸九窍，莫不假此而致养。"气血由脏腑化生，在天癸的作用下，为胞宫提供物质基础。本病因卵巢下垂时子宫后倾后屈以致行经之时经血倒流，加之卵巢下垂易发生血液循环障碍，离经之血内蓄为瘀，阻滞于冲任，瘀血既为病理产物又为致病因素。瘀阻胞脉，故小腹疼痛拒按；瘀血留滞，渐积成癥。

二、诊断

（一）西医诊断

1. 诊断要点

病史：应了解患者幼年发育情况，于大便或性交时是否感觉阴道深部疼痛，或在肠蠕动及直肠充盈时有无痛感或压迫感，有无明显的性感不快现象，或有无痛经、不孕不育等病史。

临床表现：初潮年龄延迟，月经过少，痛经、不孕、腰骶部下腹坠痛，经行前更甚，阴道深部疼痛，或性交疼痛，大便秘结难解。

体格检查：双合诊时发现子宫呈后倾后屈位，于子宫直肠窝及宫底位置深处触及卵巢，如卵巢下垂时间过久，卵巢瘀血、水肿，发生粘连时触痛甚为显著。

特殊检查：严重卵巢发育不良患者往往合并内分泌功能失调及全身疾病，因此有必要测定 FSH、LH、T、P、E_2 及检查其他脏器功能。

2. 诊断标准

根据典型病史、症状和体征及特殊检查，大体上分为轻度、中度、重度。

轻度：卵巢停留在胚胎时期的位置，尚未降至骨盆内；

中度：卵巢下垂，移位于子宫直肠陷窝内；

重度：卵巢下降过度至疝囊内。

3. 鉴别诊断

子宫内膜异位症：此类患者常有腹痛及性交痛，特别需与子宫内膜异位病灶位于子宫骶骨韧带及子宫直肠窝者相鉴别。内膜异位症患者常有进行性痛经、不孕及月经不调史。做盆腔检查时，在后穹窿处可触及多个豆粒大的硬结状肿块，触痛明显。鉴别困难时，可结合腹腔镜检查。

进行性卵巢癌：该病发展快，肿瘤增长迅速，腹痛常为持续性。发病前患者常有月经不调，在做盆腔检查时可扪及实性包块，不活动，表面凹凸不平。如伴腹腔积液，做涂片检查常可找到癌细胞，此时患者一般情况较差。CT 检查有助于明确诊断。

（二）中医辨证要点

患者初潮年龄延迟，腰酸腿软，头晕耳鸣，痛经，不孕，月经失调，色淡、质稀，等等。

三、治疗

（一）西医治疗

一般处理：轻度卵巢位置异常，一般不需要特殊处理，结合内分泌检测监测病情；中度卵巢位置异常，嘱患者行膝胸卧位后卵巢复位而愈。

药物治疗：对于合并幼稚型子宫者应尽早给予雌激素周期治疗，促进其生长发育。

（二）中医辨证论治

1. 肾虚

证候：卵巢下垂，或子宫后倾后屈，小腹下坠，小便频数，腰酸腿软，头晕耳鸣。舌淡，苔薄，脉迟细。

治法：滋肾，益气，升提。

方药：大补元煎加升麻。药用党参、山药、杜仲、山茱萸、枸杞子、当归、熟地黄、升麻、甘草等。

2. 血瘀

证候：小腹疼痛拒按，经前剧痛，或阴道疼痛。舌紫暗或舌边有瘀点，脉弦涩。

治法：活血化瘀，温经通络。

方药：少腹逐瘀汤。药用小茴香、干姜、延胡索、没药、当归、川芎、肉桂、赤芍、蒲黄、五灵脂等。

四、预防与调护

卵巢位置异常虽然先天因素很多，但大多为遗传因素或孕妇受到外界的影响所致。为了避免先天性异常的发生，必须避免近亲结婚。为了避免先天性异常儿的产生，在妊娠初期不要给孕妇的腹部拍摄X光；孕妇不可随便服药，更需要注意的是切勿患上风疹等滤过性病毒疾病。孕妇要注意食物的营养，妊娠后半期如果下肢有浮肿等现象要立即找医生诊治。

第十章

盆腔、腹膜疾病

第一节　盆腔炎

盆腔炎即盆腔感染，是指任何病原体通过生殖道的血管、淋巴管，或直接蔓延，引起女性内生殖器包括子宫、输卵管、卵巢及其周围结缔组织、盆腔腹膜发生炎症，甚至积脓。炎症可局限于某一部位，也可以几个部位，可分为急性和慢性两种。炎症使盆腔粘连，影响输卵管的蠕动而引起不孕。该病在古医籍中并无专论，但根据其临床表现，如发热、小腹疼痛、白带增多、下腹肿块、不孕等，则散见于“痛经（腹痛）”“带下”“热入血室”等证中。

一、病因病理

在正常情况下，阴道内寄生着大量的细菌，但由于阴道液为酸性（pH3.0～4），这些细菌在酸性环境中并不致病，同时宫颈管为黏稠的宫颈黏液所堵塞，阴道内口细菌不易上行至宫腔或进入输卵管。当阴道发生感染或月经来潮时，改变了阴道的酸性状态，阴道内的细菌逐渐活跃起来，乘机上升至宫腔，并进入输卵管、腹腔等而致病。感染有外来及自体两种来源，前者系由接触污染的空气、衣物、器械、手、飞沫等传人，后者由寄居或潜伏在阴道内、子宫颈及旧裂伤内的细菌，在手术创伤或产后、流产后，月经局部有血液、坏死组织等适宜环境中而发病。

慢性输卵管炎大都为双侧性，输卵管黏膜可发生粘连，管壁增厚、变粗，伞端常闭锁，并与周围组织粘连，管腔内可有积脓，或形成脓肿。有时可与卵巢粘连在一起，形成输卵管卵巢脓肿。脓肿内脓液日久后可渐被吸收，浆液性液体则继续自管壁渗出，充满管腔，形成输卵管积水或输卵管卵巢囊肿。

盆腔结缔组织炎表现为纤维组织增生、变硬，宫旁组织增厚，子宫与周围组织粘连、固定。

中医认为，本病的发病机理乃适值经期或产后调摄失当，此时血室正开，胞宫空虚，湿毒、湿热秽浊之邪乘虚内侵，与气血相结，蕴积胞宫、胞脉、胞络。湿热内蕴挟气血阻滞胞脉，久聚成癥，病久迁延，则肝肾亏虚。本病若治疗不及时，其热毒之邪常可进入血分或营分；若治疗不彻底，余邪未净，气血未复，常可反复发作。

二、诊断

（一）诊断要点

1. 盆腔结缔组织炎

病史：有急性子宫、附件炎症史，有阴道、宫颈、子宫手术创伤史。

症状：①急性期：a. 高热，寒战，头痛：开始有寒战、发热，体温高达 40 ℃，呈持续性，不久转为弛张热。b. 下腹部疼痛，腰骶酸痛：在炎症初期，因神经受压而疼痛，当炎症扩散至盆腔腹膜时疼痛可加重，呈持续性，并向臀部及两下肢放射。c. 膀胱、直肠激惹征：有尿频、尿急、尿痛、排尿障碍；排便困难，里急后重，肛门坠胀感，大便有黏液，腹泻等，重症患者可出现急性脓毒血症症状。②慢性期：主要表现为两侧下腹隐痛、腰酸，于性交后或月经前期症状加剧。此外，常伴有月经不调、经期延长、经量增多、继发不孕、白带增多及低热等不适症状。

体征：①急性期：a. 腹部检查：弥漫性压痛、腹肌紧张，有时在腹股沟韧带上方可扪及脓肿包块、触痛明显、表皮红肿。b. 妇科检查：子宫旁组织有增厚感和明显压痛，子宫略增大且压痛，活动受限；若感染为单侧则子宫被推向对侧并固定，或向上提起。严重时盆腔内充满坚硬肿块，子宫体包结于肿块内，其大小不易查清，且触痛明显；若有脓肿形成则可触及压力较高的囊性肿块，有触痛及波动感。②慢性期：行妇科检查，可见子宫固定，两侧呈较硬的扇形增厚直达盆壁。阔韧带及宫骶韧带变粗、变硬，严重者呈冰冻样改变。

辅助检查：①实验室检查：白细胞总数及中性粒细胞数增高；血沉增快；高热

时应做血培养、宫颈分泌物培养及药物敏感试验。②后穹窿穿刺：在脓肿形成时，如抽出脓液即可确诊。

2. 盆腔腹膜炎

病史：患者多有急性输卵管、卵巢炎，急性盆腔结缔组织炎病史，或者由于刮宫、通气、造影等手术创伤后感染所致，其他如阑尾炎、憩室炎等也可引起盆腔腹膜炎。

症状：病人恶寒发热，高热可达 40 ℃，脉细数；有剧烈持续性腹痛、腹胀、恶心呕吐，活动时加重，食欲不振；排尿、排便时疼痛，有时有腹泻或便秘。患者喜屈曲双腿以减轻腹壁紧张、疼痛。病情严重时可发生败血症、脓毒血症、感染性休克，甚至危及生命。

体征：①腹部检查：腹壁紧张、强直，呈板样腹，拒按，下腹部有明显压痛及反跳痛。②妇科检查：宫颈、穹窿触痛明显；慢性期可触及生殖器与肠管、大网膜粘连所形成的脓肿，表现不平，大小不等，压痛并固定。

辅助检查：①实验室检查：白细胞及中性粒细胞数均增高，血沉明显增快；应做宫颈分泌物或血培养及药物敏感试验。② B 超检查：肿块轮廓不规则，周围有浓密回声，肿物内无回声，肿块与子宫界限清楚。③腹腔或后穹窿穿刺：如抽出淡红色稀薄血性液体，或黄色渗出液，多为急性盆腔炎症；如抽出脓液，则更有助于确诊，抽出液应做细菌培养及药敏试验。

3. 盆腔脓肿

病史：有急性子宫、附件炎症，或急性盆腔结缔组织炎或急性盆腔腹膜炎病史。

症状：脓肿形成后，患者主要有高热寒战，下腹部剧痛，特别是在排尿或排便时腹痛明显加剧，同时常伴直肠压迫及刺激症状。脓肿可自然破裂，脓液流向腹腔引起急性腹膜炎，甚至出现休克、败血症，严重者可致死亡。若脓肿向直肠或阴道后穹窿穿破，则由肛门或阴道排出大量脓液，继而症状、体征明显好转。

体征：①腹部检查：耻骨区域有明显触痛，常可扪及固定而柔软的肿块，如脓肿向腹腔破裂，腹部有弥漫性压痛及反跳痛，腹肌强直。②妇科检查：子宫有明显压痛，一侧或双侧附件处可扪及张力大而稍呈囊性压痛肿块。如脓肿位于子宫直肠窝，则在后穹窿处可扪及触痛明显的肿块，有波动感。③肛门检查：可于直肠前壁摸到波动感膨出部分，特别是在急性期，妇科检查不满意时肛门检查常可获得阳性结果。

辅助检查：①实验室检查：白细胞及中性粒细胞数均增高，血沉明显增快。②B超检查：脓肿周围有密集回声，肿物内无回声。③后穹窿穿刺：对脓肿位置较低，接近后穹窿时，可行后穹窿穿刺，常可抽出脓液。④CT检查：诊断腹腔脓肿的准确率很高。

（二）诊断标准

根据病史、症状、体征常可做出诊断，此外还需做一些必要的化验，如血常规、尿常规、血沉、子宫颈分泌物培养及药物敏感试验；体温高达39℃以上时，做血培养及药敏试验，结合B超、CT检查，必要时做后穹窿穿刺，如抽出脓液即可确诊。

（三）鉴别诊断

盆腔结缔组织炎：需与输卵管积脓及输卵管卵巢脓肿、阔韧带肿瘤、宫颈癌晚期等鉴别。

盆腔腹膜炎：需与急性阑尾炎穿孔或肠穿孔、卵巢肿瘤蒂扭转或破裂、异位妊娠破裂、结核性腹膜炎、卵巢恶性肿瘤等相鉴别。

盆腔脓肿：需与盆腔积血、阑尾脓肿等相鉴别。

三、西医治疗

1. 一般处理

急性期：应卧床休息，取半卧位，有利于脓液积聚于子宫直肠凹陷使炎症局限。给予充足的营养及水分，纠正电解质紊乱，必要时给予多次少量输血；疼痛严重时可给予止痛剂，但禁用吗啡、哌替啶等强镇痛药物；高热时采用物理降温。尽量避免不必要的妇科检查，以免引起炎症扩散。

慢性期：解除患者思想顾虑，增强治疗信心，增加营养，锻炼身体，注意劳逸结合，提高机体抵抗力。

2. 药物治疗

用药原则：根据药敏试验选用适当的抗生素；联合用药，剂量充足，治疗彻底；若感染严重，可同时采用肾上腺皮质激素治疗。

抗生素治疗：轻者选用青霉素、链霉素静脉给药或肌内注；严重者静脉点滴广谱抗生素，如四环素、红霉素或氯霉素等，剂量要足够，一般在48～72小时内可见疗效，不要轻易更换药物；多西环素，或克林霉素加庆大霉素或妥布霉素，或多西环素加用甲硝唑，静脉滴注。

激素治疗：感染严重时，在足量抗生素的保护下，常采用糖皮质激素，以促进炎性渗出物的吸收。

3. 其他疗法

后穹窿切开引流；侧穹窿封闭；抗生素宫腔内注射；物理疗法可促进局部血液循环，改善组织营养状态，提高新陈代谢，以利炎症消散，常用短波、超短波、超声波、音频、激光、微波、离子透入等方法，主要适用于慢性盆腔炎。

4. 手术治疗

手术指征：急性盆腔脓肿形成，药物治疗无效者；盆腔脓肿破裂，出现急性盆腔腹膜炎体征者；慢性盆腔炎，反复急性发作，形成盆腔炎性包块，急性炎症控制后，包块仍存在。

手术方式：手术方式及范围主要视患者年龄和有无生育要求而定。采用局部脓肿切除及引流，或全子宫加双附件切除加引流，但以后者效果为好。手术中尽可能切除脓肿，或清除脓液，用抗生素溶液洗盆腔，以防炎症扩散。如为盆腔积脓或结缔组织脓肿时，宜经阴道或经腹引流。

四、中医辨证论治

（一）急性盆腔炎

1. 发热期（热毒壅盛）

证候：高热寒战，腹痛拒按，带下黄浊，或脓带腥臭，腹胀便秘或溏而不爽，口干舌燥，小便黄赤。舌苔黄厚或腻，脉滑数或弦数。

治法：清热解毒，化瘀止痛。

方药：①银翘红酱解毒汤。药用金银花、连翘、败酱草、牡丹皮、栀子、赤芍、延胡索、川楝子等。②大黄牡丹汤加减。热重者，加石膏、黄连；大便里急者，加葛根、黄芩；腹痛者，加失笑散（包）、没药、乳香；腹胀者，加枳实、川朴；带多、腥臭者，加土茯苓、茵陈、椿根皮；高热神昏者，加服紫雪丹；产后，加益母草、山楂。

2. 癥瘕期（瘀热互阻）

证候：发热恶寒，或低热起伏，少腹胀痛，或疼痛拒按，腰骶酸痛，带下量多、色黄，盆腔包块增大，压痛明显。苔黄腻，舌质红，脉弦数。

治法：活血化瘀，清热利湿。

方药：①棱莪消积汤。药用三棱、莪术、丹参、赤芍、薏苡仁、桃仁、延胡索、牡丹皮、大血藤、败酱草、乳没等。②仙方活命饮加减。腹胀者，加大腹皮、川楝子、枳实；便秘者，加大黄或全瓜蒌；白带多者，加黄柏、椿根皮；炎性包块者，加皂角刺。

（二）慢性盆腔炎

1. 湿热壅阻

证候：低热起伏，少腹隐痛或腹痛拒按，带下增多，色黄黏稠有秽气，尿赤便秘，口干欲饮。舌暗滞，苔黄腻，脉弦数。

治法：清热利湿，祛瘀散结。

方药：银甲方。药用金银花、鳖甲、连翘、升麻、大血藤、蒲公英、紫花地丁、蒲黄、椿根皮、大青叶、茵陈、桔梗、琥珀末等。发热者，加柴胡、黄芩；大便干结者，加桃仁、大黄。

2. 气滞血瘀

证候：少腹两侧坠痛或胀痛、刺痛拒按，腰骶酸痛，腹胀便秘，带下增多，色黄或白，月经不调，婚久不孕。苔薄，舌质暗、有瘀点，脉细弦。

治法：活血化瘀，理气止痛。

方药：少腹逐瘀汤加减。低热者，加大血藤、败酱草、蒲公英；经行不畅者，加益母草、红花、路路通；腹痛较甚者，加失笑散（包煎）、艾叶、血竭；便秘者，加大黄、枳实。

3. 寒湿凝滞

证候：少腹冷痛，或胀或如针刺，遇热痛减，腰骶酸痛，经行或劳累后加剧，月经后期，量少有血块，带下清稀，量多。舌质淡胖或有瘀斑，脉沉迟。

治法：温经化湿，理气活血。

方药：桂枝茯苓丸加减。盆腔炎性包块较大者，加三棱、莪术，或血竭、泽兰叶；痛经严重者，加延胡索、川楝子；下腹冷痛者，加吴茱萸、胡芦巴。

4. 肝肾不足

证候：下腹隐痛，久久不息，带多清稀，腰酸膝软，头晕耳鸣。苔薄，质暗，舌边有瘀斑，脉细弦。

治法：调补肝肾，理气和营。

方药：归芍地黄丸。药用当归、炒白芍、熟地黄、山茱萸、山药、泽泻、牡丹皮、茯苓、枸杞子、鸡血藤、川楝子、炙甘草等。气虚者，加党参、黄芪、炒白术；血虚者，加何首乌、黄精、补骨脂；头晕者，加钩藤、石决明、桑根；带多色清者，加牡蛎、乌贼骨、芡实、薏苡仁。

五、预防与调护

加强经期卫生保健宣传，提倡淋浴；

经行或产后禁房事；

积极治疗外阴炎、阴道炎，防止上行感染；

积极参加体育锻炼，增强体质，预防盆腔炎反复发作；

及时彻底治疗急性盆腔炎；

宣教性交过频或乱交的危害性，对有乱交病史者，应选择适应的药物进行治疗，以防止感染扩散或形成脓肿；

医务人员应增强责任心，严格执行妇科手术的无菌操作。

第二节　盆腔结核性腹膜炎

结核性腹膜炎，是由结核杆菌感染引起的腹膜炎症。在女性表现为盆腔腹膜结核，是全身结核的一种，多见于 20 ～ 40 岁，也见于绝经后的老年妇女。该病临床表现多样化，无特异性，易误诊为生殖器肿瘤。随着腹腔镜技术的普及，该病发病率有增长趋势。

该病在古医籍中并无专论，根据其临床表现，如腹部包块、腹部胀痛、发热、消瘦、乏力、闭经、不育等，则散见于“虚劳”“血枯经闭”“不孕”及“癥瘕”等症中。

一、病因病理

病原菌主要为结核杆菌。盆腔腹膜结核多属继发，血行传播多见，也有经淋巴传播，或直接蔓延播散。

盆腔腹膜结核分为渗出型、粘连型和包块型。渗出型腹膜上布满大小不等如灰黄色粟粒状结节，渗出液呈浆液性草黄色液体，呈游离状态，有时可形成包裹性囊肿；粘连型腹膜有不同程度的增厚，与周围脏器肠管、大网膜及内生殖器粘连成团块，如发生干酪样坏死可形成瘘管。

素体久病阴虚、精耗或脾胃虚弱不能化生气血，痨虫乘虚入侵下腹所致；产后正气虚弱，如劳倦过度、早婚伤精、多产、房劳，均可加重正气虚弱，诱发或加重此病。

二、诊断

1. 诊断要点

病史：既往有结核病史，如肺结核、肠结核和淋巴结结核，胸部X线片示陈旧性肺结核。

症状：慢性不规则低热或间歇热，伴急性感染时可表现为高热、乏力、纳差、消瘦等；有较明显的腹部症状，如腹痛、腹胀、腹泻等，以月经期更明显，或表现为痛经；月经不规则、闭经、不孕。

体征：营养较差，腹壁柔韧，腹部压痛，腹腔积液呈阳性，其腹腔积液具有渗出液的特点。妇科检查可见子宫活动受限，在子宫一侧或双侧可触及僵硬呈结节状的索状物，或表面不平、质硬，或囊性、不活动的包块，或组织增厚有小结节。

辅助检查：血沉增速，X线检查，B超检查，腹腔镜检查，诊断性刮宫，结核菌素试验。

2. 诊断标准

①既往有结核病史。②原发性不孕。③胸部X线片：陈旧性肺结核。④子宫、输卵管造影检查：子宫内膜呈锯齿状不平，宫腔粘连变形；输卵管形态不规则，僵硬或呈串珠状。⑤盆腔平片检查：盆腔内有不规则钙化点。⑥诊断性刮宫病理检查：可见结核结节。⑦结核菌素试验：阳性。⑧诊断性抗结核治疗有效。

3. 鉴别诊断

本病应与慢性盆腔炎、子宫内膜异位症、卵巢肿瘤相鉴别。

三、西医治疗

1. 一般处理

注意休息，保证营养，保持心情舒畅。

2. 药物治疗

遵循“早期、联合、规律、适量、全程”的十字方针。

方案：目前全球都推行短期化疗，除非对利福平过敏或肾功能不全者，以6～9个月为全程，前2～3个月可用强化治疗，后4～6个月可用间歇疗法。异烟肼、利福平是最强的杀菌剂。

具体方案：①开始2个月每日用HRZS，以后4个月用HR。②开始2个月每日用HRSE，以后4个月每周用HR3次。H为异因肼，0.3g，每日1次，口服；R为利福平，0.45g，每日1次，口服；S为链霉素，0.75～1.0g，每日1次，肌肉注射；Z为吡嗪酰胺，0.5g，每日3次，口服；E为乙胺丁醇，0.75g，每日1次，口服。

3. 手术治疗

若盆腔包块较大，或经药物治疗未能消退，特别是不能排除恶性肿瘤者，或药物治疗无效，治疗后反复发作者，可采用手术治疗。术前采用规范的抗结核治疗，手术一般采用全子宫双侧附件切除术，年轻患者尽量保留卵巢。术前应充分估计手术难度，以免损伤盆腔、腹腔脏器，术后需继续抗结核治疗，以免结核的播散和复发。

四、中医辨证论治

1. 阴虚火旺

证候：午后低热，或面红颧赤，五心烦热，口干盗汗，月经逐渐稀少，不能按时而下，久而经闭，少腹隐痛，溲赤便结。舌红少津，苔薄或剥，脉细弱而数。

治法：滋阴清热，养精杀虫。

方药：秦艽鳖甲煎加减。药用秦艽、炙鳖甲（先煎）、青蒿、知母、当归、黄芩、丹参、银柴胡、百部、延胡索、川楝子等。

2. 气血虚弱

证候：经行量少，色淡，甚而闭经，少腹冷痛隐隐，面色萎黄，倦怠乏力，纳少便溏。舌质淡红，苔薄白，脉细弱。

治法：益气养血，调经杀虫。

方药：劫劳散加味。药用党参、黄芪、白芍、丹参、当归、熟地黄、茯苓、阿胶、五味子、百部、陈皮、六曲等。闭经者，加炙穿山甲、益母草、泽兰叶等；腰酸痛者，加杜仲、菟丝子、桑寄生；大便溏薄者，加煨木香、炒白术、焦楂曲。

五、预防与调护

积极治疗开放性肺结核患者，科学消毒，隔离患者，加强公共卫生教育；对密切接触肺结核患者的人群，如 OT 试验为强阳性者，用异烟肼口服半年可以起到预防作用。

第十一章

妇科内分泌疾病

第一节　闭　经

闭经是妇科疾病的常见症状，因“经不调，必不受孕”，经闭不行是导致女性不孕的重要病证，因而有“调经种子”之说。有关闭经的记述，祖国医学早见于《黄帝内经》，称其为“女子不月”“月事不来”，并载有治疗“血枯”经闭的妇科第一首处方——四乌贼骨一藘茹丸。现代中医学亦称之为闭经。

月经稀少包括月经稀发和月经过少两种情况。月经稀发是指经行后期，即月经周期延长，比正常周期推后 1 周以上，但不超过 6 个月（后者称为闭经），经期及经量正常；月经过少是指月经周期正常，而经量明显减少，每次量不超过 20 mL，或月经过短，行经时间在 2 天以内者。两者往往同时并发，合称为月经稀少。该病常为继发性闭经的前驱症状。

闭经发病机制复杂，有原发性与继发性之分。按月经生理调控程序的下丘脑、垂体、卵巢、子宫四个环节分为四大区域。第Ⅰ区：子宫和下生殖道病变引起的闭经；第Ⅱ区：卵巢病变引起的闭经；第Ⅲ区：脑垂体病变引起的闭经；第Ⅳ区：中枢神经系统及下丘脑病变引起的闭经。临床上，还常根据卵巢内卵泡发育及成熟程度将闭经分为Ⅰ°和Ⅱ°。具有一定内源性雌激素水平，给闭经者用孕激素，停药后有撤药性出血，称为Ⅰ°闭经；缺乏内源性雌激素水平，如用孕激素后无撤药性出血，而以雌激素或雌孕激素序贯用药后可引起撤药性出血，称为Ⅱ°闭经。

一、病因病理

月经是指子宫内膜周期性变化随之出现的周期性子宫出血。正常月经的建立和维持有赖于在大脑皮质控制下的下丘脑－垂体－卵巢轴（HPOU 轴）功能的神经内分泌调节，以及靶器官子宫内膜对性激素的周期性反应，其中任何一个环节出现障碍，不论是器质性的还是功能性的均会出现月经失调，甚至导致闭经。

原发性闭经多数是由先天性异常引起的，主要为性染色体异常、性腺发育不全、性分化异常、副中肾管发育障碍和 HPOU 轴不成熟所致。继发性闭经多数是由获得性疾病引起的，主要病因为 HPOU 轴、肾上腺轴和甲状腺轴功能失调。

中医认为，该病病因病机复杂，按辨证求因原则可分为虚、实两端。虚者精血不足，血海空虚，无血可下；实者邪气阻隔，脉道不通，经血不得下行。虚者多因肝肾不足、气血虚弱、阴虚血燥而成经闭，实者多由气滞血瘀、痰湿阻滞导致闭经。

二、诊断

1. 诊断要点

病史：有无营养缺乏、外伤、手术及青春期阵发性腹痛史。家族中有无类似病史。父母有无近亲结婚史，母亲孕期有无服药史。

检查：①第二性征发育情况：第二性征不发育，发育欠佳，或有多毛及雄激素过高体征。②身高及体重。③妇科检查：外生殖器是否发育，有无两性畸形，大阴唇处及腹股沟有无睾丸未降，阴蒂有否过长，处女膜是否有孔，有无膨出。探阴道长短，做肛门检查以确定是否有子宫。

必要时做染色体检查。

辅助诊断：① B 超检查：注意子宫大小，卵巢大小，有无卵泡，肾上腺大小及有无异常。②内分泌检查。③ X 光检查。

2. 鉴别诊断

早孕：除闭经外，有妊娠反应，且子宫增大、软、饱满，子宫增大与停经月份相符，乳房增大，乳晕暗黑、加宽，尿妊娠试验结果为阳性，B 超检查和多普勒检查均可证实妊娠。

三、西医治疗

包括全身一般治疗、病因治疗及内分泌治疗三个方面。子宫性闭经、卵巢性闭经的治疗内容见本书相关章节。本节主要介绍下丘脑－垂体性闭经，尤其是下丘脑性闭经的治疗。

（一）垂体性闭经

垂体前叶功能减退症：见本章第八节。

垂体肿瘤：①药物治疗：溴隐亭能抑制肿瘤生长和垂体激素分泌，大多数垂体腺瘤对溴隐亭敏感，但不能使肿瘤完全消退，为微腺瘤希望生育者首选疗法，可冀恢复排卵受孕。②手术治疗：对垂体巨腺瘤有颅内高压和视交叉压迫症状者，应及时经蝶鞍显微手术切除，这较之过去的开颅手术效果良好且更安全。术后可辅以放射治疗或药物治疗。手术前后配合使用溴隐亭可提高疗效、改善预后。有生育要求者可给予外源性促性腺激素诱发排卵。

空蝶鞍综合征：见本章第九节。

高催乳素血症：见本章第三节。

原发性垂体促性腺激素缺乏症：该症临床罕见，可用雌、孕激素序贯周期疗法进行替代治疗，让其来经，但不大可能促使排卵受孕。

（二）下丘脑性闭经

1. 功能性下丘脑性闭经

女性生殖器官是整体的一部分，闭经的发生与神经内分泌的调控有关，因此对闭经患者进行全身体质性治疗和心理学治疗是非常重要的。如适当锻炼身体，加强营养，增强体质，合理安排生活、工作，避免精神紧张，改善环境，消除思想顾虑，树立战胜疾病的信心等。

针对个体的致病因素进行治疗，如因精神神经因素所致者，要进行精神心理疏导疗法，从精神心理学分析的基础上消除不良刺激；因营养因素引起者，要纠正或增加营养，对神经性厌食患者在精神治疗的同时可强迫其进食，给予高热量流质饮食，以使低体重恢复正常；因运动引起者，要减少或停止不适当的运动和体育训练，或超负荷的劳动，制订科学而合理的运动训练计划和负荷；因药物引起者，要停药或改用其他药物。

对病情轻浅者，通过合适的病因治疗，有时月经可自然恢复，否则应及时选用药物治疗，调整神经内分泌功能，以促使来经、排卵和受孕。

2. 器质性病变下丘脑性闭经

① Kallmann 综合征：治疗可分两个阶段，首先是用雌、孕激素序贯周期疗法行替代性女性激素治疗，促使性征发育和月经来潮。当患者要求生育时，给予HMG–HCG或GnRH脉冲疗法诱发排卵。②肥胖性生殖无能综合征：颅部肿瘤（颅咽管瘤）一经确诊，即行手术或放疗。

（三）全身性疾病引起的闭经

应积极治疗引起闭经的全身性疾病，如治疗肺结核、纠正贫血等，这些全身性消耗性疾病治愈后，卵巢功能和月经多能恢复正常。必要时可结合内分泌治疗，以促使患者及时恢复排卵、受孕。

（四）其他内分泌腺疾病引起的闭经

见本章第十一节。

四、中医治疗

（一）辨证论治

1. 肝肾不足

证候：女性年过 18 岁而月经未至，或初潮较迟，或经来延后量少、色淡、质稀，渐至经闭；腰膝酸软，或足跟痛，头晕耳鸣，消瘦乏力，婚久不孕，目眶黑晕，或面部有色素沉着；子宫发育不良，生殖器幼稚或卵巢无排卵功能。舌淡，苔薄白，脉沉细或尺弱。

治法：补肾养肝调经。

方药：归肾汤加减。药用菟丝子 18 g，枸杞子 15 g，熟地黄 15 g，山茱萸 12 g，山药 15 g，制何首乌 15 g，紫河车 9 g（研吞），党参 12 g，当归 12 g，鸡血藤 15 g，阿胶 10 g（烊冲），肉苁蓉 12 g，茺蔚子 10 g。合并肝气郁结，症见情志抑郁、胸闷胁痛、时欲叹息、脉沉细弦者，上方去山茱萸、鸡血藤，加柴胡 6 g，制香附 10 g，杭白芍 12 g，八月扎 12 g，玫瑰花 6 g 等，以益肾疏肝调冲；合并血瘀，小腹胀痛拒按、舌淡暗有瘀点、脉沉细涩者，加红花 6 g，牛膝 12 g，三棱 10 g，莪术 10 g 等，以益肾化瘀调冲；合并瘀阻，形体肥胖、带下黏稠、身重倦怠、舌淡胖有齿痕者，加苍术 10 g，香附 10 g，法半夏 10 g，陈皮 6 g，胆南星 6 g 等，以益肾导痰调冲；子宫偏小者，加续断 15 g，紫石英 18 g（先煎），鹿角片 12 g（先煎），以促进子宫发育。

2. 气血虚弱

证候：经量减少，色淡，质稀薄，经期逐渐后延继而闭经；面色苍白或萎黄，神倦嗜卧，气短懒言或食欲不振，头晕眼花或心悸怔忡，失眠多梦，毛发枯槁易脱落，皮肤不润甚或甲错，唇色淡白。舌淡，苔薄白，脉细弱。

治法：补气养血调经。

方药：人参养营汤加减。药用人参 10 g（另调），黄芪 20 g，白术 10 g，远志 6 g，陈皮 10 g，当归 10 g，白芍 15 g，熟地黄 15 g，桂心 3 g，炙甘草 10 g，五味子 10 g。心悸怔忡者，加生脉散 10 g，石菖蒲 10 g，以养心安神；因产后大出血所致闭经，症见气血虚弱，终致肾气衰惫者，可予上方加仙茅 10 g，淫羊藿 12 g，鹿角胶 10 g（烊冲），紫河车 6 g（研吞），以填补精血；因虫疾所致闭经者，当先治虫，继以健脾和胃、补气养血而治经闭。

3. 阴虚血燥

证候：月经后期量少，经色鲜红，继而闭经；形体瘦削，潮热或五心烦热，咽干口燥，两颧潮红，盗汗，或有骨蒸劳热，咳嗽唾血。舌红，苔少，脉细数。

治法：滋阴益精，养血调经。

方药：秦艽鳖甲汤加味。药用秦艽 10 g，鳖甲 12 g（先煎），银柴胡 10 g，地骨皮 10 g，知母 10 g，青蒿 10 g，乌梅 10 g，当归 10 g，地黄 10 g，玄参 10 g，枸杞子 12 g，菟丝子 15 g。阴虚肺燥咳嗽不已者，加川贝母 10 g，麦冬 10 g，以滋阴润肺；唾血者，加阿胶 10 g（烊冲），白茅根 30 g，百合 10 g，白及 10 g，以润肺止血；为痨瘵（确诊为肺结核）所致，则又须抗痨瘵（抗结核）治疗；阴中干涩灼热者，配合外洗方：大黄 10 g，青蒿 10 g，玄参 10 g，桃仁 10 g，甘草 6 g，煎水坐浴。

4. 气滞血瘀

证候：月经周期先后不定，量少色暗，渐至闭经或骤然停闭；情志抑郁易怒，胸胁、乳房或少腹胀痛；舌暗或有瘀斑，苔薄白，脉弦或脉紧。

治法：疏肝理气，化瘀通经。

方药：血府逐瘀汤加减。药用桃仁 10 g，红花 10 g，当归 15 g，川芎 10 g，熟地黄 15 g，赤芍 15 g，牛膝 15 g，桔梗 6 g，柴胡 10 g，枳壳 15 g，甘草 10 g。胸胁、乳房胀痛明显而伴有结块者，加青皮 6 g，橘叶 10 g，路路通 15 g，炮穿山甲 10 g（先煎），以理气散结；气郁化火，症见心烦口苦、胸胁胀满、舌红苔黄、脉弦而数者，加黄芩 10 g，栀子 10 g，以清肝泻火；肝郁脾虚、纳少便溏者，去桃仁、熟地黄，加白术 10 g，茯苓 10 g，以健脾化湿。

5. 痰湿阻滞

证候：月经数月不行；形体肥胖，胸脘满闷，或呕恶痰多，神疲体倦，面浮足肿，或带下量多，色白，质黏。舌淡，苔白腻，脉滑。

治法：祛痰除湿，活血通经。

方药：苍附导痰丸合佛手散。药用茯苓 15 g，半夏 10 g，陈皮 10 g，甘草 10 g，苍术 10 g，香附 10 g，胆南星 6 g，枳壳 12 g，生姜 5 片，神曲 12 g，当归 12 g，川芎 10 g。呕恶、脘闷者，加厚朴 10 g，竹茹 10 g，以宽胸和胃止呕；痰湿化热、苔黄腻者，加黄连 6 g（后下），黄芩 10 g，麦芽 10 g，以清化湿热；合并肾虚（临床以肾虚痰阻闭经为多）者，宜益肾导痰调冲，可予上方加淫羊藿 12 g，巴戟天 10 g，五子衍宗丸 18 g（分吞）以手术或放射疗法等。

（二）验方、单方

（1）熟地黄、牛膝、淫羊藿各 12 g，枸杞子 15 g，当归、白芍、覆盆子、菟丝子、五味子、车前子、仙茅各 9 g，川芎 3 g。适应于血虚肾亏引起的闭经或席汉氏综合征。

（2）熟地黄、淫羊藿、续断、八月扎等各 12 g，山药、枸杞子、菟丝子各 15 g，当归、白芍、制香附、茺蔚子各 9 g，柴胡 6 g，玫瑰花 3 g。适应于肾虚肝郁型的闭经、不孕症。

（3）鸡蛋敲裂缝，用怀孕 3 个月以上孕妇尿泡 48 小时后取出洗净，用文火煎熟，每日吃 1 个，10 ～ 12 日为 1 个疗程。

（三）中成药

治疗闭经的中成药很多，如归肾丸、右归丸、河车大造丸、坤灵丸、女宝等，需要根据病情辨证给药。

（四）针灸

1. 针刺

（1）主穴：关元、肾俞、三阴交、血海。

配穴：痰湿阻滞，加丰隆；寒湿凝滞，加中极、地机；肝肾阴虚，加肝俞；脾肾阳虚，加足三里、天枢。

方法：以平补平泻为主，留针 20 ～ 30 分钟，每日或隔日 1 次，10 次为 1 个疗程。疗程间隔为 5 日左右。

（2）虚证闭经：取脾俞、气海、血海、足三里等穴，行补法针刺并灸。

实证闭经：取髎、中极、三阴交、行间、合谷等穴，针刺行泻法，不灸。

2. 灸法

取穴：中脘、关元、气海、归来、命门、肾俞、三阴交。方法：每次选 3 ～ 4 个穴，取 0.2 cm 厚鲜姜片，用针穿刺数个小孔，放在施灸穴位上，然后放置中艾炷（黄豆大小）于姜片上点燃，使施灸处皮肤红晕、湿润为宜。可以反复灸 4 ～ 5 壮，每日或隔日 1 次，10 次为 1 个疗程，疗程间隔 5 日。

五、中西医结合治疗

治疗闭经尤其是继发性功能性闭经，西医着眼于“病”，强调内分泌方法治疗，即服用外源性激素调经，虽然有一定疗效，但是副作用较大，且长期应用反而会进一步引起女性内分泌紊乱。中医则着眼于“证”，主张从整体观念出发，调整全身脏腑阴阳尤其是肾阴、肾阳的平衡，使失调的肾 – 天癸 – 冲任 – 子宫间的平衡重新建立，促使月经正常来潮。中西医对于闭经的治疗各有其长处和短处，创新了一些中西医结合疗法，做到了扬长避短、互补结合，既可获得近期明显效果，又可长期巩固疗效。

1. 中医周期疗法

不同于中医传统的辨证调经法，是中西医辨证与辨病、整体与局部相结合调经法，在中医辨证论治的基础上，结合西医的月经神经内分泌周期调节理论，运用阴阳常阀调节的手段，在月经周期的不同阶段，针对其不同的病机特点，选用不同的调冲（任）法则及方药，进行分期治疗，以调整脏腑冲任胞宫的阴阳动态相对平衡。分期立法用药的基本原则为：经后期（卵泡发育期），宜滋肾养血调冲为主，兼顾肾气，以促使卵泡发育；排卵前期（卵渐趋成熟—排卵期），滋养精血辅以助阳调气活血之品，使阳施阴化、静中求动，以触发排卵；排卵后期（黄体期），考虑以温补肾阳为主，宜于阴中求阳，使阴阳处于常阀的平衡，以维持正常的黄体功能；行经期宜活血调经，因势利导，以促使正常行经。闭经的主要矛盾在于排卵功能障碍，治疗应着重在经后期、排卵前期调整脏腑冲任功能，促使卵泡发育成熟而恢复排卵。

2. 以“补肾、活血化瘀、补肾、活血调经”立法的中药人工周期法

（1）肾阳衰惫、冲任虚损型：①促卵泡汤（仙茅、淫羊藿、当归、山药、菟丝子、巴戟天、肉苁蓉、熟地黄）；②促排卵汤（当归、丹参、茺蔚子、桃仁、红花、鸡血藤、续断、香附、桂枝）；③促黄体汤（阿胶、龟甲、当归、熟地黄、何首乌、菟丝子、续断、山药）；④活血调经汤（当归、熟地黄、丹参、赤芍、泽兰、川芎、香附、茺蔚子）。

（2）肾阴不足、冲任郁热型：①促卵泡汤（女贞子、墨旱莲、丹参、山药、菟丝子、熟地黄、肉苁蓉、何首乌）；②促排卵汤（丹参、赤芍、泽兰、熟地黄、枸杞子、桃仁、红花、薏苡仁、香附）；③促黄体汤（丹参、龟甲、枸杞子、女贞子、墨旱莲、熟地黄、何首乌、肉苁蓉、菟丝子）；④活血调经汤（丹参、赤芍、泽兰、熟地黄、茯苓、茺蔚子、当归、香附）。

3. 其他疗法

（1）西药人工周期与中药人工周期相结合，或西药促排卵药物与中药调经或针刺促排卵相结合，这种较简单的结合方法，如应用得当，也能提高疗效。

（2）中西医结合排卵诱导法。

六、预防与调护

注意摄生。临经之际，勿淋雨、涉水、感寒，避免寒邪内侵；经期、产后或流产术后注意卫生，避免邪毒内侵，阻滞冲任胞脉。

注意蛋白质等营养的摄入，避免过分节食（减肥），造成营养不良引发此病。经行之际，忌食过于寒凉酸冷之物，以免损伤脾阳或凝滞气血。

保持精神愉快，注意心理卫生。日常避免过度精神紧张，减少精神刺激；治疗中也应注意精神调养，解除顾虑，促使疾病痊愈。

增强体质，做好计划生育，减少或避免流产及手术损伤。

产后哺乳时间不宜过长，最好不超过 1 年。

积极治疗慢性、消耗性疾病，对月经后期、经量少等疾病应及时治疗，防止其发展成闭经。

第二节 多囊卵巢综合征

多囊卵巢综合征是生育年龄妇女的常见病，是以月经紊乱，即月经稀发或闭经，慢性无排卵，肥胖、不孕、多毛合并双侧卵巢囊样改变为临床特征的综合征（PCOS）。该病的发病年龄高峰在 20 ～ 30 岁，约占总数的 85.3%，约占妇科内分泌疾病的 8%，不孕症的 0.6% ～ 4.3%，在妇科手术中检出率约为 1.4%，尸解检出率约为 3.5%。

一、病因病理

关于 PCOS 的发病机制，从病理生理变化特点，新的观点有雄激素、下丘脑－垂体－卵巢轴功能活性、肾上腺轴功能活性以及胰岛素与胰岛素样生长因子等。

中医学虽无多囊卵巢综合征这一病名，但根据其症状表现与“月经失调”“闭经”“不孕”“癥瘕”等有相似之处。其病因病机主要涉及肾虚及痰湿，肾虚是内因，痰湿侵袭、阻滞胞宫是外因，二者互为因果作用于机体而致病。①肾虚：禀赋素弱，先天不足，肾气亏虚，精血亏少，冲任不足。②气滞血瘀，七情所伤，肝失疏泄，气机不畅，经脉受阻，冲任瘀塞。③痰湿阻滞，肥人之体，痰湿壅盛或肾虚不化，脾虚不运，以致痰湿留滞，壅塞胞宫，经络受阻。总之，冲任不足，肾虚痰湿为发病关键，故补肾化痰为基本原则。

二、诊断

（一）诊断要点

1. 病史

有下列情况应高度怀疑本病：①育龄妇女原发不孕，有进行性月经稀少及闭经，用孕激素后可行经；②长期无排卵型月经，BBT 呈单相；③双合诊扪及一侧或双侧卵巢增大；④伴有肥胖，多毛。

2. 临床表现

月经失调：表现为原发性闭经者仅占 5%，而 51% ～ 77% 患者呈现继发性闭经，初潮年龄正常或延迟，月经不规则，稀发，继而月经过少或闭经，无排卵周期，但有持续性雌激素分泌，缺乏周期性孕激素对抗，子宫内膜可有增生过长甚至内膜腺癌的变化，但这种癌变均属低度恶性。

不孕：系慢性无排卵所致。

多毛症：为 PCOS 的另一主要表现，因雄激素过高而产生痤疮、多毛、油质过多。不同患者产生不同表现可能与雄激素的代谢以及靶器官上雄激素受体的多少有关。多见于口唇、下颌颊侧、下腹、耻骨上、股内侧和小腿外侧。其他男性化表现如阴蒂增大、音哑等并不多见，若男性化体征明显，应注意有无产生雄激素的肿瘤存在。

肥胖：多始于青春期前后，呈渐进性，无特殊的脂肪分布特征。脂肪沉积可能是由于雌激素的持续刺激，也包括由雄激素经性腺外组织的芳香酶作用后转化而成的雌激素的作用。

卵巢增大：为双侧对称性多囊性增大 2 ～ 4 倍，或为子宫体积的 1/3 ～ 1/4 呈多囊性，亦有 20% ～ 30% 卵巢并不增大呈硬化型。

黑棘皮病：由于雄激素过多而产生的黑棘皮病，其为对称性、棕灰色绒状色素沉着，常见于后颈部、腋部和腹股沟。如果高雄激素症、胰岛素抵抗、黑棘皮病同时出现，称为 Hair–An 综合征。

3. 辅助检查

激素测定；超声检查：双侧卵巢增大，轮廓光滑，被膜增厚，常有 10 个以上 2 ～ 7 mm 的囊状卵泡，内部呈透声暗区，排列在被膜下的卵巢实质周围，卵巢间质回声不均，子宫内膜增厚。

（二）诊断标准

临床上可表现为月经稀少、闭经、不育，有的功能性子宫出血，具有多毛、肥胖或痤疮等现象；气腹盆腔造影，腹腔镜检查或 B 型超声显像证实双侧卵巢均大于正常子宫体的 1/4，内有多个囊性滤泡。或卵巢活组织检查证实卵巢被膜增厚，其下有多个囊性滤泡，卵泡膜细胞增生，无黄体可见；血清 LH/FSH 比值＞ 3。

（三）鉴别诊断

高催乳素血症：闭经，溢乳，不孕，PRL 和 DHEA–S 升高，男性化症候不明显，卵巢正常。

胰岛素抵抗综合征和黑棘皮病：为胰岛素受体缺陷性疾病（A/B 型），可出现类似于 PCOS 的症状和体征。其显著体征是，高胰岛素血症和颈、腋部黑色素棘皮瘤。

遗传性多毛症：有家族史，仅单纯性多毛而无 PCOS 症状和体征、生育力正常。

三、西医治疗

1. 饮食调节

PCOS 患者有拮抗胰岛素、肥胖、高雄激素的表现，在饮食上要降低碳水化合物 / 脂肪摄入比率，尽量减轻体重，以改变异常的促性腺激素与雄激素的分泌，从而有助于受孕。

2. 药物促排卵

①克罗米芬：为首选药物，可适当配伍其他促排卵药物。②促性腺激素。③三苯氧胺。④溴隐亭等。

3. 手术治疗

包括剖腹卵巢楔切术及腹腔镜卵巢手术。

四、中医治疗

（一）辨证论治

1. 肾气亏虚

证候：月经初潮晚，月经后期量少，渐至经闭，或多毛，形寒肢冷，嗜睡乏力，腰脊酸楚，乳房发育差，大便溏薄，白带少或带下清稀。舌淡胖，苔薄白，脉细滑。

治法：温补肾阳，佐以涤痰调经。

方药：金匮肾气丸合启宫丸加减。药用熟地黄 12 g，山茱萸 12 g，生礞石 12 g（先煎），石菖蒲 12 g，当归 9 g，川芎 9 g，续断 12 g，菟丝子 12 g，仙茅 12 g，巴戟天 12 g，香附 9 g 等。

2. 痰瘀阻滞

证候：月经后期量少，继发闭经，肥胖多毛，嗜睡，身重，目眩，喉中有痰，吐之不尽，胸闷泛恶，纳谷欠佳。舌苔薄白腻，脉弦滑。

治法：涤痰软坚，活血调经。

方药：苍附导痰汤加减。药用苍术 12 g，香附 9 g，茯苓 12 g，姜半夏 9 g，青礞石 15 g（先煎），石菖蒲 12 g，皂角刺 12 g，冰球子 12 g，仙茅 12 g，当归 9 g，川芎 9 g。双侧卵巢增大、包膜厚者，加大贝母 12 g，制南星 12 g；性情抑郁、乳房胀痛者，加苏罗子 12 g，广郁金 9 g，蜂房 12 g，淫羊藿 12 g。

3. 肝郁痰热

证候：月经失调，功血，经前乳房胀痛或痛经，肥胖，多毛，皮肤粗糙，面部痤疮，溢乳或血催乳素升高，口渴咽干，喜冷饮。苔薄白，脉弦。

治法：疏肝清热，化痰散结。

方药：丹栀逍遥散合越鞠丸加减。药用牡丹皮 9 g，柴胡 9 g，当归 9 g，赤芍 9 g，白芍 9 g，茯苓 12 g，法半夏 8 g，皂角刺 12 g，夏枯草 9 g，天竺黄 12 g，海浮石 15 g，苍术 10 g，制香附 10 g，炒栀子 12 g。伴口干、多饮、便秘，证属肝郁化火者，方用龙胆泻肝汤加减；肝肾阴虚，症见头痛头晕、耳鸣、腰酸、手足心发热、乳房胀痛、月经失调者，治宜滋肝补肾，方用知柏地黄丸加减。

（二）针刺促排卵

取穴：关元、中极、子宫、三阴交等。

操作：一般在月经中期开始，每天 1 次，连续 3 天，每次留针 20 分钟，之后观察 7 ～ 10 天。若 BBT 仍未上升，可重复 2 个疗程。肥胖多痰者，可加丰隆、脾俞穴；腰酸者，加肾俞、气海穴。

（三）耳穴促排卵

取穴：子宫、卵巢、肾上腺。

操作：用王不留行籽或磁珠穴位贴敷，压迫刺激之。

（四）口服中成药

芋艿丸：每日 3 次，每次 6 g。

调经促孕丸：每日 2 次，每次 6 g。

二陈丸：每日 3 次，每次 6 g。

艾附暖宫丸：每日 2 次，每次 6 g。

五、中西医结合治疗

中西医结合治疗 PCOS，研究表明 PCOS 用补肾化痰治疗中，垂体分泌的 FSH 水平先增加，血 LH/FSH 比值下降，再出现卵巢分泌的血 E_2 水平升高，于是出现高峰而排卵、妊娠，提示补肾化痰是调节下丘脑－垂体－卵巢轴而促排卵。另外，该病患者中 17% ～ 25% 有高催乳素血症，经用清肝补肾法治疗可获效，提出清肝补肾法可降低催乳素水平，去除催乳素对性腺的干扰而促发排卵。总之，中医药治疗该病已取得初步成效。配合基础体温及宫颈黏液检查、B 超监测卵泡，或加用强的松、克罗米芬等，可取得更为满意的疗效。

六、预防与调护

注意饮食节制，少食脂膏肥厚之品；加强体育锻炼，增强体质。

第三节　高催乳素血症

高催乳素血症是由多种因素引起血清催乳素（PRL）水平增高的下丘－脑垂体性疾病，多发生在女性患者中。临床上主要表现为月经不调、溢乳及不孕。该症中约 60% 的患者伴有不孕。少女可出现青春期发育迟缓或阻滞，男性患者主要表现为阳痿。

一、病因病理

垂体肿瘤：主要为催乳素瘤，占高催乳素血症的 20% ～ 60%。下丘脑及垂体的其他肿瘤或空泡蝶鞍则破坏了多巴胺神经元或其他运输通路，致使多巴胺的产生及运输受阻，垂体 PRL 细胞从而失去控制。

药物性因素：灭吐灵、吩噻嗪类药物可阻断多巴胺的生物学效应。口服避孕药、雌激素后刺激 PRL 细胞增生、肥大，使 PRL 分泌增多。

原发性甲状腺功能低下：甲状腺功能低下使促甲状腺激素释放激素分泌增加，刺激 PRL 细胞分泌增加。

慢性肾功能衰竭：慢性肾功能衰竭的患者，约有 20% ～ 30% 显示高 PRL 血症，主要是由于肾功能衰竭降低了 PRL 清除率，使血中 PRL 积聚；胸廓创伤或不断刺激乳头反射性地引起 PRL 升高；特发性。

PRL 是垂体前叶分泌的多肽激素，下丘脑通过多巴胺－催乳素抑制因子对 PRL 起分泌调节作用。由多种因素导致的高 PRL 血症对机体的主要影响是使性腺功能低下和泌乳。引起性腺功能低下的机制主要是：① PRL 升高抑制下丘脑促性腺激素释放激素的合成与释放，同时又减弱了垂体对促性腺激素释放激素的敏感性，导致促卵泡生长激素和黄体生长激素分泌不足或无脉冲性分泌，卵泡因而不能发育。② PRL 升高抑制雌激素对下丘脑、垂体的正反馈，降低了垂体对促性腺激素释放激素的敏感性。③ PRL 升高直接影响卵巢甾体激素合成能力，造成雌激素、孕激素不足。泌乳发生的机制是下丘脑垂体功能障碍，下丘脑 PRL 抑制因子分泌减少或 PRL 释放因子分泌增加，进而引起泌乳分泌增多，PRL 直接作用乳房，导致泌乳。

高催乳素血症属于中医学“乳泣”及“闭经”的范畴。《妇人大全良方》记载：“未产前乳汁自出者，谓之乳泣。”中医学认为乳头属肝经，乳房属胃经。经乳同源，俱为精血所化，冲为血海，冲脉下起于胞宫，上连于乳房，胃气充养，肝气条达，冲脉之血下行胞中则化为经水，上行乳房则化成乳汁。故有“上为乳汁，下为血海”之说。在产后哺乳期间，阴血上溢为乳汁，月经停闭不行；断乳后，阴血下注冲脉，溢而为经则泌乳停止，此乃正常生理。当溢乳出现于非产后、非哺乳期并伴闭经者，乃阴血为病因所致，应下注反上逆之故，逆上之因常见于肝郁化热、脾虚痰阻以及肾虚火旺等，使冲任失调，经血不能反上逆而成乳。

二、诊断

（一）西医诊断

1. 诊断要点

详细询问病史：详细询问患者以往月经情况、婚否、孕产史及哺乳史。

体格检查：乳房检查极为重要，对月经失调、闭经及不孕的患者尤需仔细检查。检查者需用手挤压双侧乳房，了解溢乳情况，发现单侧溢乳时需寻找其他原因。妇科检查时应注意有无生殖器官萎缩。

临床表现：①月经失调或闭经：一般为继发性闭经，部分发生于产生和流产的患者，用黄体酮后有撤退性出血。②不孕：常为患者就诊时的唯一主诉。③溢乳：

由于溢乳量少，多数是经医生仔细检查时发现。少数患者有自发性溢乳。时限可长达数月至数年。溢乳可与月经失调同时出现，也可迟于月经改变。④低雌激素症状：部分患者由于雌激素水平低落，可出现一系列类似于更年期综合征的症状，如头胸部阵发性潮热、性情急躁、性欲减退、阴部干涩、性交困难等。⑤原发性疾病的表现：垂体肿瘤患者可出现头痛、恶心、视力障碍，甲状腺功能低下或肾功能不全则出现相应疾病的症状。

实验室及其他特殊检查：①血清激素水平测定：（采血时间：上午 8 ～ 10 时）测定血中 PRL 水平是本症的一种过筛性检查方法，对早期发现微腺瘤及提示药物引起的闭经有重要意义。血清 PRL 水平正常值＜ 25 ng/mL，本症患者 PRL 水平＞ 25 ng/mL。若 PRL 水平＞ 100 ng/mL 提示有垂体肿瘤的可能。血清促卵泡生长激素、促黄体生成激素和雌二醇水平低下。②卵巢功能检查。③影像检查。④视野检查。

2. 诊断标准

①闭经：表现为长期闭经或月经稀发。多发生在产后；某些药物（氯丙嗪、利血平、口服避孕药等）服用期间及停药后；某些手术后，也可自然产生。②溢乳：其量可从压挤乳腺后乳汁点滴而出至乳腺未受刺激而乳汁大量涌出。③伴随病的症状：包括各种不同疾病所特有的症状及体征，如肿瘤引起的溢乳症、药物性溢乳、原发性甲状腺功能减退性溢乳、手术创伤性溢乳。

3. 鉴别诊断

①一过性高 PRL 血症：多见于月经失调，排卵功能障碍或黄体功能不健患者，血清 PRL 水平增高，可达 5 ng/mL 左右，但复查时正常，无溢乳现象；②高促性激素性闭经：闭经、不孕、雌二醇值低下，促性腺素水平升高，PRL 水平正常或偏低，患者无泌乳；③多囊卵巢综合征：有闭经、月经稀发、不孕病史，血清 PRL 水平高于正常值，很少高于 30 ng/mL，血睾酮值增高，LH/FSH 比值＞ 2.5，患者可能有多毛、肥胖等体征。

（二）中医辨证要点

本病有虚实之分，但多以虚为主。虚者病在肝、脾、肾，实者在于气血郁滞。临证当结合不同症状进行辨证施治。临床常见肝郁气滞、痰湿阻滞、肝肾亏损及脾胃气虚等证候。

三、西医治疗

主要针对病因治疗。由药物所致的闭经、溢乳，在停药半年内症状可消失；甲状腺功能低下、肾功能不全或颅内病变导致者，应采取相应内外科手段，积极治疗原发病。特发性高催乳素血症和垂体催乳素瘤患者多以不孕就诊，其治疗既有代表性，又有特殊性。

特发性高 PRL 血症的治疗：主要是药物治疗，治疗目的为降低 PRL 水平，恢复正常的排卵功能，解决不孕问题；已有子女者主要是建立正常月经，维持女性正常心理，改进性生活质量，防止骨质疏松。①溴隐亭；②左旋多巴；③促排卵药物：克罗米芬；④维生素 B_4：该药可能在脱羧及转氨基过程中起辅助作用，增加下丘脑中多巴向多巴胺的转化率，抑制垂体 PRL 细胞的分泌，每日量为 200 ～ 600 mg，长期服用有一定疗效。

垂体 PRL 瘤的治疗：治疗目的为缩小瘤体，减少 PRL 分泌，解除症状，保留垂体功能以防止瘤体复发。①垂体微腺瘤的治疗：溴隐亭，手术治疗。②垂体大肿瘤的治疗：过去多采用手术加放射的方法治疗。近年临床报道：即使在高度技巧的手术下，只有 40% ～ 80% 的手术病例可获得暂时治愈，而且其中半数将会复发，另外手术切除及放射治疗，容易过度损伤垂体正常组织导致垂体功能减退，继而出现卵巢功能低下。为此，学者们提倡：不管垂体瘤体积多大，均宜先采用溴隐亭治疗。经治疗不仅可抑制血中 PRL 值，而且可使肿瘤萎缩，神经症状消失，而后再施行手术可改善手术效果。

四、中医治疗

（一）辨证论治

1. 肝郁化热

证候：月经停闭，乳汁自溢，汁黄浓稠，精神抑郁，头痛目赤，口苦咽干，大便秘结，小便短赤。舌红，苔黄，脉弦数有力。

治法：疏肝清热，调经。

方药：丹栀逍遥散加减。药用柴胡 10 g，当归 15 g，赤芍 15 g，茯苓 10 g，牡丹皮 10 g，栀子 10 g，卷柏 15 g，泽兰 20 g，牛膝 20 g，麦芽 25 g。大便结燥者，加芦荟 10 g，制大黄 10 g；乳房胀痛者，加瓜蒌皮 10 g，橘叶 5 g。

2. 脾虚痰阻

证候：经期错后，量少色淡，渐至闭经溢乳，体胖面垢，纳差口淡。舌淡胖，苔白腻，脉弦滑或缓滑。

治法：健脾燥湿，通经抑乳。

方药：苍附导痰丸加减。药用苍术 15 g，香附 10 g，半夏 10 g，陈皮 15 g，茯苓 15 g，枳实 10 g，天南星 10 g，神曲 10 g，石菖蒲 10 g，川芎 10 g，海藻 15 g，昆布 15 g。

3. 肾虚火旺

证候：闭经时间较长，乳汁自溢或挤之有乳，色黄质稀，腰膝酸软，头晕目眩，面色晦暗，五心烦热，午后低热。舌红，苔少，脉细数。

治法：滋肾降火，养血平冲。

方药：二甲地黄汤加减。药用炙龟甲（先煎）20 g，炙鳖甲 15 g（先煎），枸杞子 10 g，钩藤 10 g，山药 15 g，地黄 10 g，山茱萸 15 g，牡丹皮 10 g，茯苓 15 g，泽泻 15 g，牛膝 10 g，赤芍 20 g，白芍 20 g，续断 15 g，川楝子 10 g。午后低热者，加青蒿 15 g，银柴胡 15 g。

4. 气血两虚

证候：多见于妇女引产或流产后，闭经溢乳，质清稀，头晕目眩，心悸失眠，面色不华。舌质胖淡，苔薄，脉细软。

治法：大补气血，温养冲任。

方药：十全大补汤加减。药用党参 15 g，黄芪 15 g，白术 10 g，茯苓 10 g，熟地黄 15 g，白芍 10 g，丹参 10 g，当归 10 g，何首乌藤 15 g，川芎 16 g，龙眼肉 10 g。

（二）单方验方

单味生麦芽 30 ～ 60 g 泡茶，3 个月为 1 个疗程。

抑乳方：炒麦芽 90 g，白芍 30 g，茯苓 30 g，莲须 30 g，当归 12 g，柴胡 12 g，石菖蒲 10 g。脾胃虚弱者，加黄芪 30 g，党参 20 g；肝郁化热者，加牡丹皮、栀子各 20 g；肾虚失藏者，加菟丝子 30 g，女贞子、墨旱莲各 15 g。

（三）针灸疗法

取穴：百会、气海、天枢、足三里、大赫、血海、膻中等。

操作：取30号1.5寸毫针，隔日针刺1次，采用捻针补泻法，手法为平补平泻，每次留针20分钟。

五、中西医结合治疗

总的原则是西医辨病与中医辨证相结合。溴隐亭治疗高PRL血症有高度特异性和好的疗效，但该药价格较贵，需长期服用，副作用较大。中西辨证在于了解机体的内在环境，从患者的体质、病因、病变的实质考虑，通过辨证施治，使机体达到阴阳平衡，气血充沛，脏腑功能协调，在发挥机体本身作用后，逐渐恢复性腺功能。为此，二者有机结合，不仅可以提高疗效，还能节省开支。生山楂和生麦芽对各型溢乳症均有降低泌乳的作用，其中对生理性高PRL值的降低作用尤为明显。麦芽回乳作用的现代药理机制是生麦芽中含有麦角类化合物，麦角能抑制催乳素的分泌。为此对适合药物治疗的患者应结合中医辨证施治。

第四节　高促性腺激素性闭经

高促性腺激素性闭经指血促性激素升高，雌激素水平低下，40岁以前过早绝经者，也称高促性腺激素性性腺功能低下闭经。其由卵巢本身异常导致的卵巢功能衰退或衰竭而引起闭经，故属于卵巢性闭经。

一、病因病理

卵巢早衰：①特发性，即无明确诱因过早绝经，通常测不到自身免疫抗体。卵巢呈多皱褶的萎缩状，组织学见皮质、白体、无卵泡或偶见卵泡。此为临床POF最常见类型。②细胞遗传改变。③卵巢的破坏因素，如感染、放疗及化疗、卵巢手术等均可能导致卵巢早衰。

卵巢不敏感综合征：该综合征的病因尚不明确，可能是由于卵巢促性腺激素受体的缺陷，使卵巢对促性腺激素敏感性降低，从而使卵泡处于休止状态不能发育成熟和排卵，雌激素分泌减少，血促性腺激素水平升高。临床经雌激素治疗后自发排卵或对外源性促性腺激素恢复敏感性的现象，提示雌激素对该综合征患者促性腺激素受体的激活或增加受体数量有作用。

中医认为，肾为先天之本而主生殖、月经，早发绝经主要由素本肾虚，冲任功能过早衰减引起。肾（产生天癸）与冲任之间亦存在着一种相互促进又相互制约的关系，由于肾（就女性生殖生理而言，似相当于大脑皮层控制下的下丘脑－垂体－卵巢轴神经内分泌调节功能）素亏而冲任（类似于卵巢和副性器官）早衰，因反馈机制的作用，天癸（类似于促性腺激素释放激素和促性腺激素的一种生殖激素物质）会暂时升高，故产生了高促性腺激素性闭经。其发病机制应以肾虚为本，以肾的阴阳平衡失调为纲，影响到心肝等脏（腑），从而产生一系列的脏腑功能失调的证候。

二、诊断

（一）西医诊断

1. 诊断要点

病史：染色体异常，病毒、细菌感染，理化因素接触史，免疫疾病及家族史等均与本病的发生有关。

症状和体征：①原发性闭经（约占 15%），每伴性腺未发育或发育不全，性幼稚。②继发性闭经（约占 85%），即 40 岁以前过早绝经。患者月经初潮年龄常有异，可发生月经失调，继而闭经；或开始月经规则，后出现月经失调和不孕；也有突发闭经者（曾妊娠分娩者）。约有 20% ～ 70% 的患者出现面部潮红，轰热汗出，烦躁心悸，阴道干涩或性器和乳房萎缩等更年期综合征的表现。

特殊检查：①内分泌学检查：血促卵泡激素（FSH）＞ 40U/L，黄体生成素（LH）略有升高，雌激素（E）水平低下或在正常低限，催乳素（PRL）正常；LHRH 兴奋试验：呈高反应。②血染色体测定：25 岁以下或性征发育不全者，应做染色体核型检查以确定遗传学病因；25 岁以后的继发闭经核型异常较少见。染色体核型可为 46，XX，45，XO，46，XO/46，XX 或 47，XXX 等。③抗体测定：合并自身免疫性疾病者，可测到抗卵巢抗体或其他内分泌抗体。④ B 超检查：阴道 B 超检查，可以了解卵巢、子宫的发育情况，探测卵泡发育的有无及大小，有助于本病的诊断。⑤卵巢组织学检查。

2. 诊断标准

≤ 40 岁早发绝经，血 FSH ＞ 40U/L，雌激素水平低下者，即可诊断为高促性腺激素性闭经。根据卵巢的检查有无卵泡型可区分为卵巢早衰（POF）及卵巢不敏感综合征（ROS）。还可根据病史、症状与本征及有关特殊检查做出病因诊断。

3. 鉴别诊断

多囊卵巢综合征：可有闭经、不孕、肥胖及雄激素增高的表现。但以血 LH 升高为主，B 超示卵巢呈多囊性增大。

高催乳素血症：可有闭经、溢乳及不孕等表现，但血 PRL 高，血 FSH、LH 低有利于与垂体瘤鉴别。

（二）中医辨证要点

该病的辨证应着重于辨清肾虚之阴阳属性，即属于肾阴虚、肾阳虚，抑或肾阴阳俱虚，并辨其心、肝、脾等脏（腑）之合并症，以及虚实夹杂（夹火、郁、痰、瘀等）的错综复杂之证候。但因妇女以血为主，且常处于“阴常不足，阳常有余”的状态，故临证又常以肾阴虚而炎旺者居多。

三、治疗

（一）西医治疗

1. 药物治疗

雌激素疗法，为基础治疗法，适用于 POF 及 ROS 的闭经患者；促性腺激素治疗；合并自身免疫性疾病者，宜加用免疫抑制剂（如糖皮质激素）治疗；其他疗法，如采用克罗米芬或乙烯雌酚、HCG 联合疗法，并注意结合病因治疗。

2. 供卵的助孕技术

供卵作为辅助生育技术，如体外授精和胚胎移植（IVF-ET）、配子输卵管内移植（GIFT）等，为解决高促性腺激素性闭经患者的生育问题开辟了新的途径。

（二）中医辨证治疗

1. 肾阴虚

证候：40 岁前断经，月经稀少渐至经停，或突然停经，烘热汗出，头晕耳鸣，五心烦热，腰膝酸疼，或足后跟痛，溲赤便干，形体消瘦，或子宫略小。舌红或有裂纹，苔少，脉细数或带弦。

治法：滋肾养阴，活血调冲。

方药：左归益冲汤。药用生地黄 12 g，熟地黄 12 g，山药 12 g，山茱萸 12 g，枸杞子 12 g，炙龟甲 12 g（先煎），女贞子 12 g，墨旱莲 12 g，制何首乌 15 g，续断 15 g，丹参 15 g，淫羊藿 10 g，肉苁蓉 10 g，菟丝子 10 g，茺蔚子 10 g，知母 6 g，黄柏 6 g。阴虚肝旺者，去淫羊藿、肉苁蓉，加牡丹皮 10 g，栀子 10 g，天麻 10 g，夏枯草 12 g，沙苑子 12 g，石决明 15 g，牡蛎 30 g 等，以滋肾清肝调冲；心肾不交者，加天冬 10 g，酸枣仁 15 g，五味子 10 g，柏子仁 12 g，夜交藤 15 g 或天王补心丸 18 g 等，以滋养心肾调冲；气阴两虚者，去知母、黄柏，加太子参 15 g，白术 10 g，茯苓 10 g，炙甘草 6 g，制黄精 15 g，鹿角胶 10 g 等，以健脾滋肾调冲；肾虚肝郁者，去知母、黄柏、生地黄、墨旱莲，加柴胡 8 g，当归 10 g，白芍 10 g，制香附 10 g，八月扎 12 g，玫瑰花 6 g，月季花 6 g 等，以滋肾养肝、疏肝调冲。

2. 肾阳虚

证候：早发绝经，或超龄未潮，精神不振，形寒肢冷，头昏烦躁，腰脊冷痛，性欲淡漠，尿频或夜尿，五更泄泻，或便溏浮肿，纳少腹胀，子宫或卵巢缩小，或第二性征萎缩。舌质淡红，边有齿痕，苔薄白，脉沉细或沉迟而弱，尺脉尤甚。

治法：温肾助阳，活血调冲。

方药：右归益冲汤。药用炙黄芪 15 g，党参 15 g，淫羊藿 15 g，菟丝子 15 g，覆盆子 15 g，炒山药 15 g，仙茅 12 g，巴戟天 12 g，炒当归 12 g，枸杞子 12 g，砂仁 2 g，熟地黄 12 g，淡附片 10 g，蛇床子 10 g，茺蔚子 10 g，紫河车 10 g，紫石英 30 g（先煎）等。脾肾阳虚者，合桂附理中汤，以温补脾肾调冲；肾虚痰阻者，合苍附导痰汤加石菖蒲 10 g，山楂 15 g，海藻 12 g，鸡血藤 15 g 等，以益肾导痰调冲。

3. 阴阳俱虚

证候：此型为肾阴虚、肾阳虚症情错杂并见，时或畏寒肢冷、浮肿、便溏，时或烘热汗出、头晕耳鸣。舌淡或红，苔薄，脉细弱或细弦。

治法：滋肾温肾，调养冲任。

方药：二仙益冲汤。药用仙茅 12 g，淫羊藿 12 g，巴戟天 12 g，当归 12 g，菟丝子 12 g，枸杞子 12 g，制何首乌 15 g，女贞子 12 g，墨旱莲 12 g，龟甲胶 10 g（烊冲），鹿角胶 10 g（烊冲），黄柏 10 g，知母 10 g，茺蔚子 10 g。随证加减化裁，不宜选用大辛大热的桂枝、附子，以免伤阴耗液，此类患者临证以阴阳两虚而阴虚炎旺者居多。

（三）中西医结合治疗

中药有调整机体的作用，尤其是补肾药物可增强体质及性腺轴的功能。辨证益肾调冲并随证灵活化裁，配合雌激素等西药治疗，有益于卵巢功能恢复而使经调甚则妊娠之效。

四、预防与调护

要在思想上提高对该病的认识，减轻焦虑和抑郁，以积极的态度树立战胜疾病的信心，如能中西医合理治疗，调动一切积极因素，还是很有治愈希望的；积极参加适当的体育锻炼，注意劳逸结合，生活规律，饮食有节，慎食生冷及辛辣刺激性食品，加强营养，增强体质和抵抗力，防止早衰；防止感染、药物及其他理化因素对卵巢造成破坏损伤；年轻且要求生育的卵巢手术应以尽可能保留健康的卵巢组织为原则；维持适度的、和谐的性生活，有利于心理与生理健康，防止早衰。

第五节　高雄激素血症

雄激素在女性体内主要由卵巢和肾上腺合成，少部分由外周组织合成。雄激素是合成雌激素的前体，在女性的生殖生理中起着非常重要的作用。当女性体内出现雄激素含量过高、活性过强的情况时称为高雄激素血症，其典型的症状是多毛、月经紊乱、不孕等。

一、病因与病理

卵巢：多囊卵巢综合征、间质泡沫细胞增生症、分泌雄激素的肿瘤。

肾上腺：21-羟化酶缺陷症（典型和非典型）、皮质醇增多症、肾上腺肿瘤。

药物：雄激素、具有雄激素作用的孕激素、达那唑、苯妥英钠等。

中医无此病名，但根据患者多毛、月经紊乱、肥胖、不孕等症状，其与月经后期、闭经、不孕等病症的某些症状有相似之处。可参照本书闭经、多囊卵巢综合征等有关章节。

二、诊断

1. 诊断要点

病史：仔细询问青春期发育情况、阴毛生长时间、月经初潮时间、多毛的进展、痤疮及病程进展速度等。病程进展慢的患者，可能有多囊卵巢综合征、突发性多毛史（家族史）；进展快的，需考虑分泌雄激素的肿瘤的可能。

症状与体征：主要有油性皮肤、皮毛多、月经失调、音哑、体格粗壮等症状。少数伴有黑棘皮病，项、颈、腋、乳房下、腹股沟及大腿内侧皮肤呈褐色，稍突出的苔样变，有时黑棘皮表面有皮垂。

辅助检查：检测血中激素水平以了解雄激素来源。

2. 鉴别诊断

①多囊卵巢综合征：睾酮轻度升高或在正常范围之内，但 LH 升高，且 LH/FSH ≥ 3。②卵泡膜细胞增生症：LH 值正常，睾酮升高较明显，必要时做卵巢活检可明确诊断。

三、治疗

（一）西医治疗

治疗目的在于抑制雄激素的产生或抗雄激素，控制体重，减少或控制多毛。①口服避孕药；②促性腺激素释放激素（GnRH）；③地塞米松；④螺内酯片；⑤酮康唑；⑥溴隐亭；⑦手术治疗：卵巢男性化肿瘤应行手术切除。

（二）中医辨证论治

1. 肾虚夹痰

证候：形寒畏冷，四肢欠温，嗜睡乏力，腰脊酸痛，白带少而清稀。舌淡胖，苔薄白，有齿痕，脉沉细。

治法：温肾化湿。

方药：苍附导痰汤加减。药用苍术 15 g，陈皮 15 g，香附 10 g，茯苓 15 g，半夏 10 g，天南星 12 g，枳壳 12 g，甘草 10 g，生姜 6 g，神曲 6 g。腰膝酸软者，加续断 12 g，菟丝子 15 g，仙茅 15 g，巴戟天 15 g；嗜睡者，加石菖蒲 12 g，远志 10 g；神疲乏力者，加党参 20 g，黄芪 20 g。

2. 气滞痰盛

证候：喉中有痰，胸闷泛恶，嗜睡乏力，纳减便溏。苔薄腻，脉弦滑。

治法：行气散郁，燥湿涤痰。

方药：清肝解郁汤加减。药用当归 15 g，地黄 15 g，白芍 12 g，川芎 15 g，陈皮 15 g，半夏 10 g，贝母 9 g，茯神 15 g，青皮 10 g，远志 10 g，桔梗 9 g，苏叶 12 g，栀子 10 g，木通 12 g，甘草 10 g，香附 10 g，生姜 6 g。嗜睡乏力者，加石菖蒲 12 g，远志 10 g；胸脘胀闷者，加枳壳 10 g，瓜蒌 10 g。

3. 肝火郁结

证候：性情急躁，口干多饮，大便干结。舌红，苔薄黄，脉弦数。

治则：清肝泻火，散郁涤痰。

方药：龙胆泻肝汤加减。药用半夏 10 g，香附 10 g，苍术 15 g，陈皮 15 g，神曲 15 g，茯苓 15 g，川芎 15 g。毛多者，加玉竹 15 g，黄精 15 g；胸闷者，加枳实 12 g，瓜蒌 15 g；大便干结者，加桃仁 10 g，大黄 10 g。

第六节　未破裂卵泡黄素化综合征

未破裂卵泡黄素化（LUF）综合征是指卵泡成熟但是不破裂，卵细胞不能排出，而在原位发生黄素化，形成黄体并分泌孕激素，使身体发生一系列类似排卵周期的改变。它是无排卵性月经的一种特殊类型，也是引起不孕的重要原因之一。中医学无此病名，此病归于“不孕症”的范畴。

一、病因病理

该病的发生原因及机理，多数学者认为由多种因素引起，如中枢性调节紊乱、局部障碍、药物因素及精神心理因素等。

LH 分泌不足或异常：有研究证实 LUFS 周期中 LH 峰值较正常周期明显低下。LH 峰的出现可使颗粒细胞活动增加，窦腔内黏多糖被透明质酸酶解聚增多，卵泡内张力即增加；如 LH 峰值降低或 LH 峰过早出现，则影响排卵前的一系列变化而不能排卵。

卵巢局部蛋白溶解酶活性减弱或前列腺素（PG）缺乏：蛋白溶解酶对卵泡破

裂起作用，当这些酶的活性减弱时，即抑制卵泡破裂；卵泡周围平滑肌受前列腺素的作用而有收缩功能，故未破裂卵泡黄素化也可能与PG不足有关。

子宫内膜异位症、盆腔炎性疾病：据统计，二者合并LUFS占16%～79%，故认为引起LUFS的原因可能与卵巢局部因盆腔异位内膜及炎症造成的粘连而导致卵泡不破裂有关。

药物因素：在药物促排卵或超促排卵周期中，该综合征的发生率明显高于自然周期，表明在促排卵过程中卵泡的发育及成熟程度与自然周期不完全相同。

有研究认为其与精神心理因素有关，长期不孕妇女处于紧张和不断的应激状态中，造成血中催乳素水平反复出现小峰值而影响排卵。

中医学认为本征的发育与肾、血气及冲任失调密切相关，肾气盛，天癸至，气血调和，任通冲盛，男女两“精”适时相搏，则胎孕乃成。若肾气亏损，血瘀气滞，冲任胞脉失和，既不能使经水按期而至，亦不能摄“精”成孕。

二、诊断

（一）西医诊断

1. 诊断要点

①不孕为常见的症状，且常被认为是“原因不明”。②可合并子宫内膜异位症或者慢性盆腔炎。③月经周期可正常。④临床常用的监测排卵方法，如基础体温（BBT）、宫颈黏液、孕酮测定、子宫内膜活组织检查等均提示为排卵性月经。

2. 特殊检查

B超连续检查：于围排卵期（月经周期第8～9天起），每日用阴道B超连续观察，了解卵泡发育动态情况，若有优势卵泡形成，达成熟卵泡标准（卵泡最大直径218 mm，清晰透亮、边界清楚等），而无排卵表现，即卵泡持续不消失或无明显缩小（卵泡滞留型），或继续增大（30～45 mm，卵泡持续长大型），子宫直肠陷凹无游离液出现，即可考虑为未破裂卵泡黄素化综合征。在B超监测周期中，应由专人专机检查，以统一标准，避免将排卵后的囊性黄体误认为LUF。

腹腔镜检查：于黄体早期（月经周期第20天前，BBT上升后2～4天）用腹腔镜直接观察卵巢表面，有黄体但无排卵裂孔。

后穹窿穿刺激甾体激素测定：成熟卵泡中含有大量雌激素、孕激素，卵泡破裂时释放入盆腔，使腹腔液中雌激素、孕激素浓度明显高于血液中浓度，通常孕激素可高达 3 倍以上。因此，于黄体早期行后穹窿穿刺，抽取腹腔液，测其雌激素、孕激素浓度，与血中浓度比较，可推断卵泡曾否破裂。

3. 诊断标准

连续 B 超检查，卵泡增大至直径 18 ～ 24 mm，已达成熟标准，72 小时内仍不缩小，或继续增大，而 BBT 出现高温相，宫颈黏液显示黄体期改变，血清孕酮（P）水平＞ 3 ng/mL，即可诊断为 LUFS。若卵泡未达成熟标准，而出现孕激素作用改变，则可诊断为多发性未成熟卵泡黄体化（MILF）。较之前述成熟型 LUF，此为早熟型 LUF。也可用腹腔镜检查结合其他临床特征做出诊断，但因为腹腔镜操作较复杂，且具有损伤性，故临床一般较少采用。

4. 鉴别诊断

主要与正常排卵周期相鉴别，并要注意鉴别有无盆腔内膜异位症、慢性盆腔炎（粘连）等合并症。

（二）中医辨证要点

本征除不孕（长期或“原因不明”不孕）外，往往无其他明显自觉症状，故中医应重在中西证病结合辨证。临床见证以肾虚血瘀为主，常合并肝郁气滞、温热瘀阻或心肝火旺等症状。

三、治疗

1. 西医治疗

药物治疗：① HCG 治疗：用于提高排卵前 LH 峰值；② HCG 与 HMG 联合用药；③相应处理：如同时存在子宫内膜异位症、慢性盆腔炎等，应进行相应对症处理，积极治疗 LUFS 可能的诱因。

手术治疗：① LUF 穿刺治疗；②腹腔镜或剖腹手术。

精神心理治疗：精神过度紧张、焦虑等可导致该病的发生，精神心理咨询治疗有助于恢复正常排卵功能。

2. 中医辨证论治

主要为肾虚血瘀。

证候：婚久不孕，腰膝酸软，经行腹痛或色暗有块，月经周期尚正常，基础体温双相爬坡，高相波动幅度大或温差＜ 0.3 ℃，排卵前血 LH 低于正常值，B 超检查显示月经中期卵泡未破裂，微循环检测表现为轻至中度障碍。舌暗红或有瘀点，脉细沉或带涩。

治法：补肾活血，调冲助孕。

方药：益肾活血排卵汤。药用熟地黄 15 g，当归 12 g，赤芍 12 g，白芍 12 g，菟丝子 18 g，枸杞子 15 g，制香附 10 g，丹参 18 g，淫羊藿 12 g，肉苁蓉 15 g，女贞子 15 g，泽兰 10 g，红花 6 g，续断 15 g，茺蔚子 12 g。由于 LUFS 的表现差异，临证应在补肾活血调冲为大法的前提下，随证并结合 B 超检查等客观指标做适当加减：

伴肝郁气滞而经前乳胀者：酌加柴胡 10 g，八月扎 12 g，娑罗子 10 g，绿萼梅 6 g，玫瑰花 6 g，小青皮 6 g 等疏肝理气之品。

伴心肝火旺而经前烦躁失眠、情绪易怒、口苦咽干、脉弦数、舌红苔黄者：宜酌加牡丹皮 10 g，栀子 10 g，柴胡 6 g，龙胆草 6 g，夏枯草 12 g，木通 6 g，夜交藤 15 g 等泻肝清心安神之品。

合并子宫内膜异位症，瘀阻胞宫而经行腹痛者：酌加酒制大黄 10 g，桃仁 10 g，炮穿山甲 12 g，三棱 12 g，莪术 12 g，土鳖虫 10 g，地龙 10 g，蜈蚣 2 条、九香虫 6 g 等化瘀软坚散结之品。

合并慢性盆腔炎湿热瘀阻胞脉而下腹隐痛、带下者：宜酌加大血藤 15 g，败酱草 15 g，忍冬藤 15 g，连翘 15 g，二妙丸 20 g（包煎），牛膝 12 g，薏苡仁 15 g 等清利下焦胞宫胞脉湿热之品。

成熟型（卵泡滞留型或卵泡持续长大型）LUF 者：宜加桂枝 6 g，制大黄 10 g，鸡血藤 15 g，牛膝 12 g，路路通 12 g，皂角刺 12 g 等活血化瘀通络之品。

早熟型（小卵泡黄素化型）LUF，阳虚者：宜加巴戟肉 12 g，仙茅 12 g，紫石英 18 g（先煎）等温肾助阳之品；阴虚者：加鳖甲 15 g（先煎），制何首乌 15 g，玄参 12 g 等滋肾养阴之品。

服法：于经净后开始服药，每日或隔日 1 剂，水煎 2 ～ 3 次服。在月经周期第 10 ～ 12 日起可加大剂量每日服药，并加入鳖甲 12 g（先煎），桃仁 10 g，牡蛎 30 g（先煎），石菖蒲 10 g 等，化瘀软坚通窍以促排卵，至排卵后停药。

四、预防与调护

前列腺素合成抑制剂可致该症的发生，促排卵药克罗米芬可使该症发生率增加至 30% ～ 40%。因此，在治疗中应警惕药物诱发因素，患者在月经前半期慎用以上药物。

因该症的发生可与精神心理紧张状态有关，故做好精神心理调护，有助于病证的防治。

第七节　神经厌食性闭经

神经厌食性闭经是以进食中枢抑制、自我强迫性厌食或拒食为特征的精神动力学疾病，是因精神因素和营养因素引起的闭经的典型例证。患者大多有神经质倾向，并有长期的精神因素和营养因素引起的闭经的典型例证。

一、病因病机

过度的精神紧张等神经刺激，可以扰乱中枢神经与下丘脑的功能，从而影响下丘脑－垂体－卵巢的内分泌轴功能。该症往往先表现为排卵功能障碍，继而发生卵泡成熟障碍而致闭经。盼子心切或恐惧妊娠的强烈精神因素，亦可扰乱内分泌功能，有的还易产生似妊娠的假孕症状。

中医学认为该症为七情损伤，心、肝、脾、肾多脏受损。首先往往是忧思损伤心脾，或肝气郁结、肝胃不和；继则郁而化火，灼烁精血，血枯经闭；久则病及于肾，阴阳两竭。

二、诊断

1. 诊断要点

有多种因素造成的精神紧张或精神创伤史，在长期厌食、拒食所致的机体营养不良的基础上出现闭经。

闭经同时伴有神经质，强迫性妄想症，形体极度消瘦，中等身材的少女体重可降到 20 ～ 30 kg。

实验室检查可见下丘脑－垂体－卵巢功能抑制，甲状腺、肾上腺、胰腺功能减退。

2. 鉴别诊断

临床与席汉氏综合征区别主要在于该症患者阴毛、腋毛茂密，而席汉氏综合征患者毛发脱落明显。

三、治疗

（一）西医治疗

精神心理疏导疗法：排除精神紧张、创伤的原因，与精神心理科医生配合，进行精神治疗和行为矫正。

机体治疗：鼓励患者进食，甚至强迫进食，恢复营养。摄食困难、体重继续减轻者，应当采用营养支持疗法，并配合适当补液，纠正体液电解质平衡失调。

药物治疗：可采用纯抗抑郁药、单纯抗精神病药，或抗抑郁药合并抗精神病药治疗，必要时给予性激素替代疗法。

（二）中医辨证论治

1. 心脾两虚

证候：面色无华，夜寐少宁，心悸怔忡，形体消瘦，厌食或拒食，月经量少或经闭。苔薄腻，脉细软。

治法：养心健脾，怡情悦性。

方药：济生归脾丸加减。药用炒党参 12 g，焦白术 12 g，茯苓 12 g，炒白芍 12 g，紫丹参 12 g，广郁金 12 g，绿萼梅 6 g，远志 6 g，玫瑰花 6 g，陈皮 6 g，石菖蒲 6 g，当归 12 g，炙甘草 6 g。药治之余，嘱家属配合精神、生活调理。

2. 肝郁脾虚

证候：面色萎黄，情志抑郁，沉默寡言，胸胁满闷，不思饮食，夜寐少宁，经闭。苔薄，脉细弦。

治法：益气健脾，理气解郁。

方药：香砂六君丸合半夏秫米汤加减。药用太子参 12 g，焦白术 12 g，麦冬 12 g，朱茯苓 12 g，八月扎 12 g，矮地茶 15 g，仙半夏 6 g，北秫米 15 g，白扁豆 15 g，玫瑰花 6 g，橘皮 6 g，橘络 6 g，炙甘草 6 g，砂仁 3 g。

3. 脾肾阳虚

证候：形体消瘦，面色㿠白，顽固性厌食，继发闭经，形寒畏冷，精神颓废。舌淡，苔薄腻，脉沉细。

治法：温补脾肾，填精养血。

方药：右归饮加减。药用淫羊藿 15 g，石楠叶 15 g，巴戟天 15 g，山茱萸

15 g，杜仲 15 g，仙茅 15 g，党参 12 g，制何首乌 12 g，当归 12 g，鹿角霜 12 g，肉苁蓉 12 g，紫河车 10 g，淡附子 3 g。

四、预防与调护

该病的治疗应包括心理与机体两个方面。一般患者以精神疏导为主，但有严重并发症且体重减少 30% 以上者，首先应进行机体治疗，在体重有所恢复后再配合心理疗法；患者伴有重度体重减少、低血糖、电解质紊乱及心功能不全等症状明显出现之前，即应重视治疗，有条件者应建议其入院治疗；多数患者对自身疾病的严重性不能理解，更有不愿增加体重而愿接受饮食或输液中热量摄入的，故加强认知行为疗法亦颇重要，以取得患者的配合。

第八节　席汉氏综合征

席汉氏综合征，又称垂体前叶功能减退症。常见的是产后大出血或产褥感染伴休克或昏厥，随之出现垂体功能减退、闭经等一系列症状。临床表现为极度体力衰竭、产后无乳、贫血、感染，渐进出现性征退化、闭经、毛发脱落、性器官和乳房萎缩等性功能减退。严重者常有晕厥，甚至无明显诱因而突然死亡。

一、病因病理

多发生于产后大出血，特别是伴休克者。产褥感染伴昏厥是导致本病的另一个主要原因。转移性乳腺癌做垂体手术切除导致本征的病例也有所增多。产后大出血伴休克，或产褥感染伴昏厥，可使垂体的门血管栓塞，导致垂体组织缺氧和坏死。妊娠期垂体肿大，需氧量多，特别是在分娩期，需氧量约增加 3 倍，对缺氧的敏感性高。垂体的前血管不仅为垂体前叶供血，而且传递下丘脑分泌的神经激素（释放因子），对垂体前叶进行内分泌管理，休克时垂体胶叶受缺氧影响，又失去中枢的调制，由于缺血引起垂体前叶缺血性栓塞，或广泛性血管内凝血，引起垂体前叶血栓形成。

中医学虽无席汉氏综合征这一病名，但仅从其病史及临床表现可归于“产后褥劳”“血枯经闭”“虚损”等范畴。主要病因为产后大出血，气随血脱，血少而不生精，精血亏损，冲任虚衰，血海不充，胞宫失养，以致出现月事不下、毛发脱落、性欲减退、腰酸乏力等一系列虚劳表现，其病机主要为气血亏损、脾肾阳虚、肝肾亏损，尤以肾虚为发病的关键。

二、诊断

1. 诊断要点

病史：该征多为缓慢出现、病程较长的慢性病征，但患者必有产后大出血，或产褥感染伴休克、昏厥的病史。患者多见于育龄期妇女，多有贫血、月经量少或延期的久病表现。

症状：哺乳期乳汁减少或缺乳，渐至食欲不振，乏力，性欲减退，以及继发性经闭，面色㿠白，畏寒，神情淡漠等，甚则出现无明显诱因的晕厥休克。

体征：闭经伴有副性征萎缩，乳房萎缩，毛发脱落，消瘦，肢冷，以及心动过缓、血压低下、反应迟钝等。

2. 辅助诊断

①血常规呈轻、中度贫血；空腹血糖多降低，葡萄糖耐量试验曲线低平；胰岛素耐受试验显示低血糖性反应迟钝；血胆固醇有时偏高。②基础代谢多明显低于正常，在 −30％ 左右或更低；甲状腺吸碘试验低于正常；尿碘排泄率偏高；血清 T_3 与 T_4 测定低于正常；血清蛋白结合碘低于正常。③ 24 小时尿 17− 醇类固醇及 17− 羟皮质类固醇排泄量明显低于正常；ACTH 兴奋试验显示延迟反应。④阴道涂片显示雌激素水平低落；血促性腺激素（FSH、LH）及雌激素（E_2）测定其值降低。⑤心电图显示低电压，可出现 T 波平坦、倒置或双相。

3. 诊断标准

本病的诊断主要根据病史、症状、体征及实验室检查。根据垂体前叶损伤及坏死程度、部位及范围差异，临床可分为重度、中度、轻度：垂体破坏达 90% ～ 95% 以上，垂体功能丧失为重度；破坏 75% 左右，出现中度病症；破坏 60% 者，出现轻度症状。若破坏少于 50%，不出现临床症状的较轻损伤，可以通过再生加以代偿，闭经经过一段时间可自行恢复正常月经周期。

4. 鉴别诊断

该病临床应与原发性慢性肾上腺皮质功能减退、肾上腺皮质功能亢进症、垂体肿瘤引起的闭经，以及闭经 − 溢乳综合征、神经性厌食闭经相区别。

三、治疗

（一）西医治疗

激素治疗：促使萎缩的垂体前叶细胞恢复增生，从而恢复其功能。可选用可的松、甲状腺素片、甲基睾丸素等。

对垂体性昏迷患者的抢救应及时迅速。

（二）中医辨证论治

1. 气血虚衰，精亏血乏

证候：面色㿠白或萎黄，头晕，少气懒言，神疲乏力，自汗心悸，手足发麻，经闭，毛发稀疏。舌淡，脉细弱。

治法：益气补血，生精充髓。

方药：十全大补汤加减。药用熟地黄 15 g，当归 10 g，白术 10 g，茯苓 12 g，炙黄芪 15 g，枸杞子 12 g，远志 6 g，鹿角胶 10 g，紫河车 10 g，淫羊藿 12 g，甘草 6 g。

2. 脾肾阳虚，精枯血竭

证候：面色㿠白，形寒肢冷，腰膝冷痛，便溏，小便不利，经闭，毛发脱落，性欲淡漠。舌淡嫩，脉微细而弱。

治法：温补脾胃，填精补血。

方药：右归饮加减。药用熟地黄 15 g，枸杞子 15 g，天冬 10 g，麦冬 10 g，党参 12 g，淫羊藿 15 g，菟丝子 15 g，覆盆子 15 g，五味子 10 g，海螵蛸 12 g，茜草 15 g，牛膝 12 g 等。

四、预防与调护

有生育史的妇女，无论年龄大小，凡出现表情淡漠、嗜睡、昏迷、低体温、低血压、低血糖或低血钠及女性特征明显减退等症状体征，结合有产后大出血、产后停经、无乳等病史者，即应警惕席汉氏综合征危象的发生。该病患者因感染、过度疲劳、停药、精神刺激等因素，可促发危象，应当积极加强预防，以避免增加病情的复杂性和治疗难度。该病患者促肾上腺皮质激素分泌不足，表现为肾上腺功能减退的乏力、厌食、消瘦，甚至有晕厥倾向者，要警惕在某些诱因下，或无明显诱因的情况下突然昏迷而死亡。患者发生昏迷时，不宜应用促肾上腺激素及甲状腺制剂，如甲状腺功能减退严重，应使用可的松从小剂量开始补充。

第九节　空蝶鞍综合征

空蝶鞍综合征是指蝶鞍扩大，鞍内垂体组织被挤压而出现的综合征。包括头痛、高血压、肥胖、闭经、溢乳或不孕、视力障碍，少数有意识紊乱，脑脊液鼻漏等症状。

一、病因病理

先天性蝶鞍缺陷：如先天性鞍膈缺乏或缺损，也可能因鞍膈孔较大（一般直径＞ 5 mm），使蛛网膜下腔在脑脊液压力下进入垂体窝内，压迫垂体，使垂体呈扁平状态，蝶鞍扩大、变形，甚至骨质被破坏而吸收。

垂体手术或垂体放疗后：鞍内鞍旁肿瘤手术治疗可引起鞍膈缺损，放射治疗可引起垂体萎缩，留下空隙，有利于脑脊液流入。也有一些垂体瘤或颅咽管瘤发生囊性变化，囊壁破裂，囊腔与蛛网膜下腔沟通，使脑脊液进入垂体窝。

继发于席汉氏综合征：有报道称，在多例席汉氏综合征患者中，多数为完全性空蝶鞍，少数为部分性空蝶鞍，残留的垂体约为正常体积的 1/3，表明空蝶鞍是席汉氏综合征常见的改变。

继发于甲状腺功能减退的替代疗法后：女孩与年轻妇女患原发性甲状腺功能减退时常显示蝶鞍扩大，因此甲状腺功能检查对诊断该病很重要。

妊娠尤其是多胎妊娠引起：妇女在妊娠时，特别是多胎妊娠，可引起垂体生理性增大，肥大的垂体将鞍膈孔及垂体窝扩大，分娩后垂体复旧，体积恢复到妊娠前，但鞍膈孔留下较大裂隙，也可使脑脊液从蛛网膜下腔冲入窝内。

遗传因素：此征的发生可能与遗传有关，但机制尚不清楚。

中医学虽无空蝶鞍综合征之病名，但按其在妇科内分泌异常方面的临床表现，运用证病结合、审证求因的原则，可认为本病主要是由于先天禀赋不足，肾气未盛，天癸未至，冲任未充，无以施化经血。或禀赋素弱，久病经产屡伤于血，或产时大失血，或后天性损伤（手术和放疗），引起肝肾、气血亏损，冲任俱虚，无以化生经血，或七情内伤致肝气不舒，气结血瘀于脑络，冲任失调，月事不行。或肝郁化火，火热迫乳外溢；或火热上逆清窍，出现头痛、视物昏花。或形体肥胖，素多痰湿，脂、痰、湿内阻，导致冲任壅塞、月经闭阻。

二、诊断

1. 诊断要点

病史：本征可有先天性鞍膈缺损，或后天性垂体肿瘤有手术、放疗史，或患席汉氏综合征、甲状腺功能低下、淋巴细胞性垂体炎症或多胎妊娠等病史。

临床表现：多见于中年肥胖妇女。可致闭经、月经稀少或紊乱、溢乳和不孕。少数患者可有头痛、视力障碍、高血压和鼻腔溢液。肾上腺和甲状腺较少受累。少数患者易患甲状腺功能减退。

辅助检查：① X 线头颅摄片：一般采用头颅侧位 X 线摄片，基本可以诊断有无空鞍，但鞍内病变难以鉴别；②气脑池造影；③ CT 扫描；④ MRI 检查。

2. 诊断标准

根据病史、症状和体征可做出可疑诊断，结合 X 线经头颅摄片、CT 扫描、MRI 检查和气脑造影可确诊。激素测定可了解垂体功能受损情况并指导治疗。

3. 鉴别诊断

本病应注意与其他原因引起的闭经、溢乳及不孕相鉴别。

三、治疗

（一）西医治疗

无任何症状者不必治疗，但需要密切观察和随访，有症状时对症处理。

药物治疗：①垂体功能低下者，酌情使用激素替代疗法，以控制部分临床症状，如有生育要求者，则在提高雌激素水平的基础上，再给予促排卵的药物，必要时可同时适量补充肾上腺皮质激素或甲状腺素，有助于卵泡发育和促使排卵。催乳素高而闭经－溢乳者，可给予溴隐亭治疗，溴隐亭的效果不及垂体微腺瘤或高催乳素血症，可以观察、随访患者。

手术治疗：空蝶鞍伴有明显的视力障碍者，应行开颅手术探查，如有神经周围粘连者可行粘连松解术。

（二）中医辨证论治

1. 气血虚弱

证候：产后失血或多产之后，或患有甲状腺功能低下症，月经逐渐后延，量少色淡，继而停闭不行，神疲乏力，心悸气短，头昏眼花或头痛，食欲不振，毛发不泽且易脱落。舌质淡或偏暗，苔少，脉细弱无力。

治法：补气养血，益肾化瘀，调冲。

方药：人参养荣丸加减。药用党参 15 g，茯苓 10 g，远志 10 g，琥珀 5 g（研冲），白芍 12 g，淫羊藿 12 g，丹参 30 g，陈皮 6 g，五味子 10 g，当归 10 g，熟地黄 12 g，川芎 10 g，茺蔚子 10 g，巴戟天 12 g。寐差、心悸者，加炒酸枣仁 15 g，灵磁石 30 g（先煎）；毛发稀少者，加制何首乌 15 g；头痛较剧者，酌加白芷 10 g，全蝎 3g（研吞），蝉衣 10 g，天麻 12 g（调冲）；胸闷抑郁者，酌加柴胡 6 g，香附 10 g，郁金 12 g，合欢皮 15 g；腹胀者，加乌药 10 g，枳实 10 g，莪术 12 g。

2. 肾虚肝旺

证候：闭经溢乳，头晕耳鸣，腰膝酸软，乳房胀痛，或头痛躁烦，性欲淡漠。舌质暗红或边有瘀斑，苔薄，脉沉细弦。

治法：滋肾平肝，化瘀调冲。

方药：一贯煎合丹栀逍遥散加减。药用生、熟地黄各 12 g，枸杞子 15 g，北沙参 15 g，当归 12 g，柴胡 6 g，赤芍 12 g，白芍 12 g，牡丹皮 10 g，栀子 12 g，丹参 18 g，麦冬 10 g，牛膝 10 g，白蒺藜 12 g，淫羊藿 10 g，泽兰 12 g，麦芽 30 g，川楝子 12 g。头痛明显者，加僵蚕 12 g，天麻 12 g（调冲），全蝎 3 g（研末）；乳胀者，加八月扎 12 g，全瓜蒌 15 g；乳汁多者，用麦芽 60 g，加牡蛎 30 g（先煎）；性欲淡漠者，加巴戟天 10 g，锁阳 10 g。

3. 痰瘀阻络

证候：肥胖闭经，肢软倦怠，纳呆口淡，呕恶多痰，脘闷腹胀，头痛目糊，或肢肿便溏。舌质淡胖紫暗，苔薄白或腻，脉缓滑或弦缓。

治法：健脾燥湿，化瘀祛痰，调经通络。

方药：苍附导痰汤合血府逐瘀汤加减。药用苍术 10 g，香附 10 g，法半夏 10 g，胆南星 10 g，当归 12 g，川芎 12 g，石菖蒲 10 g，茯苓 12 g，枳壳 10 g，桃仁 10 g，红花 10 g，砂仁 3 g，熟地黄 15 g，赤芍 12 g，牛膝 12 g，桔梗 5 g，柴胡

6 g，牡蛎 45 g（先煎），益母草 30 g，陈皮 6 g。纳呆便溏者，加焦山楂 15 g，煨木香 10 g（后下）；下肢浮肿者，加泽泻 12 g，猪苓 15 g；头痛者，加地龙 10 g，全蝎 6 g（研吞），白芷 12 g。

四、预防与调护

预防或及早发现垂体肿瘤，避免手术或放疗引起的后天性蝶鞍损伤；尽量避免多胎妊娠，以免引起垂体生理性肥大；做好孕期保健及产时、产后护理，避免产后大出血导致垂体缺血坏死。

第十节　黄体功能不全

黄体功能不全（LPD）是指黄体发育不良或过早退化，孕酮分泌不足，或子宫内膜对孕酮反应性降低而引起分泌期子宫内膜发育迟缓或停滞，或基质和腺体发育不同步。它可能是最常见而轻微的卵巢功能异常，实验和临床资料均证实了该病的存在。

一、病因病机

在卵泡早、中期的 FSH 分泌不足或 FSH/LH 比例下降，或卵泡期抑制素异常，都会影响卵泡发育；LH 脉冲频率或幅度异常，均可导致黄体功能不全。其次，卵巢本身缺乏原始卵泡和颗粒细胞数目减少，也可导致卵泡发育障碍。

PRL 对人类卵巢功能的影响尚有许多不明之处。PRL 与黄体的关系，在卵泡期抑制卵泡成熟，使 E_2 分泌低下，导致 LH 受体不全，进而导致黄体功能不全。

早孕时 HCG 不足或生物活性降低可影响小黄体细胞功能，引起黄体功能不全。卵泡期和黄体期子宫内膜 P（孕酮）受体浓度降低也是 LPD 的原因之一，此时血中 P 浓度可正常。此外，雌激素、孕激素相对平衡，对维护内膜正常发育至关重要，任何一种过高或不足，扰乱了二者平衡均可导致黄体功能不全。其他因素，包括生理性（初潮后、绝经期或产后）慢性缺氧，药物作用（如克罗米芬，HCG）、运动、心理因素等。

中医认为，肾为先天之本，生殖之源，从排卵前期至排卵后期，是阴转阳、阳气渐旺的重要阶段，黄体期是阴充阳长、肾阳渐旺、胞宫温暖待孕之时，如冲任不固，肾阳不足，则黄体期功能不全，而致不孕。其次，女子又以肝为先天，肝肾同源，并居下焦，肾虚失煦，肝郁失疏，往往阴转阳迟缓，阳气不及，不能达到正常的阴阳平衡状态，以致黄体功能不全。亦有肾为先天之本，脾（胃）为后天之本，肾阳不能温煦，脾虚乏力，亦可导致黄体功能不全。

二、诊断

1. 诊断要点

病史：询问结婚年龄，男女双方健康状况，性生活情况，婚后用过何种避孕方法及时间，月经情况，精神刺激等。

临床表现：月经正常或失调，不孕，习惯性流产。

体格检查：全身检查时应注意第二性征发育情况，毛发分布，体重。妇科检查应注意内、外生殖器的发育，有无畸形、炎症或包块等。

特殊检查：①基础体温（BBT）。②超声。③血清孕酮（P）测定。④唾液 P 测定。⑤尿孕二醇（P_2）测定。⑥子宫内膜活组织检查。⑦血清 PRL 测定。

2. 诊断标准

①基础体温双相，经前期子宫内膜呈分泌期变化，黄体期卵巢及 B 超显像见黄体表现而不孕；②连续测定基础体温 2 ～ 3 个月，基础体温后期上升不典型或＜ 12 d 或低温差＜ 0.3 ℃；③分泌期子宫内膜反应与正常月经周期的反应日期相比差＞ 2 d；④排卵后 6 天，尿孕二醇量＜ 5 mg/24 h 或两次血清孕酮量＜ 10 mg/mL。以上四项中，①、②、④与③结合有 2 项即可诊断为黄体功能不全。

三、治疗

（一）西医治疗

1. 药物疗法

应除外甲状腺、肾上腺皮质和 PRL 异常引起的黄体功能不全。①孕酮（P）；② CC 可用于治疗黄体功能不全，但在诱发排卵时又可引起黄体功能不全；③三苯氧胺；④ HCG；⑤促性腺激素释放激素（GnRH）。

2. 其他

黄体功能不全可由下丘脑功能异常引起，可用克罗米芬或绒毛膜促性腺激素治疗，妊娠率可达45%，但其作用机制和安全性尚需进一步研究。

（二）中医辨证论治

1. 肾阴虚

证候：月经先期，经量少，色暗红，经期延长、淋漓不断，或月经中期少量出血，婚后不孕，或早期流产，甚至反复流产，头晕、腰酸。舌苔薄，舌偏红，脉细数。

治法：养阴益肾，调理冲任。

方药：知柏地黄汤加味。药用熟地黄15 g，山茱萸12 g，牡丹皮10 g，茯苓12 g，泽泻12 g，山药15 g，知母12 g，黄柏12 g，龟甲12 g（先煎），菟丝子15 g，白芍12 g，女贞子15 g。经行量少者，加当归10 g，鸡血藤15 g，泽兰叶12 g，牛膝12 g；经中期出血或经行淋漓不断者，加墨旱莲15 g，大蓟12 g，小蓟12 g，鹿角胶12 g（烊冲）；先兆流产者，加炒黄芩10 g，阿胶12 g（烊冲），桑寄生12 g。

2. 肾阳虚

证候：月经后期，经量少、色淡，形寒，四肢不温，性欲减退，腰膝酸软，宫寒不孕。舌苔薄，舌暗淡，脉沉细。

治法：补肾助阳，温养冲任。

方药：右归丸加减。药用制附子10 g，肉桂6 g（后下），鹿角片12 g，山茱萸12 g，菟丝子15 g，枸杞子15 g，杜仲12 g，熟地黄15 g，当归10 g，补骨脂12 g，淫羊藿12 g。月经稀少者，加鸡血藤15 g，丹参15 g，川芎6 g；性欲减退者，加仙茅12 g，阳起石15 g；宫寒不孕者，加紫石英30 g（先煎），紫河车10 g。

3. 肝经郁热

证候：月经先期，经行不爽，量时多时少，或夹血块，烦躁，胸胁作胀，乳房胀痛，或受孕后漏红，色红质稠，伴小腹胀痛。舌质红，舌苔薄黄，脉弦数。

治法：疏肝泻热，调理冲任。

方药：丹栀逍遥散加减。药用牡丹皮10 g，炒栀子10 g，柴胡10 g，当归10 g，白芍12 g，白术12 g，茯苓12 g，薄荷10 g，甘草3 g。乳房胀痛者，加橘叶、橘核各10 g，苏子12 g，路路通12 g；兼有脾虚而经行腹痛者，加山药12 g，广木香10 g（后下），薏苡仁20 g；兼有瘀阻而经行淋漓不断，或挟有瘀块者，加茜草炭12 g，失笑散18 g（包煎），血竭5 g（研冲）。

第十一节 功能失调性子宫出血

功能失调性子宫出血是一种经检查未发现明显全身或生殖器官器质性病变，如无妊娠、炎症、肿瘤、外伤以及全身出血性疾病，多由神经内分泌系统失调引起的子宫异常出血，简称为功血。此病可分为无排卵型、有排卵型两种，前者约占80%，后者约占20%。中医学将其归于崩漏、月经先后不定期、经间期出血等范畴。其可发生在青春期、育龄期及更年期。

一、病因病理

精神过度紧张，环境和气候的变化，营养不良，劳累等，影响大脑皮层的神经介质，干扰下丘脑－垂体－卵巢之间的互相调节和制约的机制，使之失去正常规律，如卵巢功能失调，性激素分泌失常，影响子宫内膜周期性变化而导致月经紊乱。

青春期功血以中枢不成熟为主，属无排卵型功血。初潮后一年内80%无排卵，两年内60%无排卵，不能出现正常周期性月经。

生育期功血常发生于产后或流产后。由于雌激素水平高，抑制下丘脑的分泌功能，垂体促性腺激素不足，影响卵泡的发育而无排卵或有排卵，黄体发育不全。

更年期功血为卵巢功能减退，对FSH、LH的反应下降，FSH、LH升高，E_2、P下降，为无排卵，子宫出血可无规律。

中医认为，少女先天不足，肾气虚弱，天癸初至，冲任未盛；多产、房劳伤肾，肾气虚，冲任不固，不能约制经血，肾阴虚火旺动血，致崩漏；忧思过度伤脾，劳倦饮食伤脾气，脾虚则气陷，统摄无权，不能约制经血，致经来量多；七情所伤，冲任郁滞，气血虚损，血流无力，经血迟滞而瘀，瘀阻冲任，血不归经，发为崩漏；实热，肝火易动，肝郁化火；虚热，素体阴虚，久病失血伤阴，阴虚火旺；实热、虚热均损伤冲任，热又可迫血妄行，崩中漏下。

二、诊断

1. 诊断要点

病史、症状：首先排除器质性病变。无排卵功能，月经周期不规则出血，时间长短不一。出血过多致贫血不孕。有排卵功血，月经周期有规律，但周期缩短。或经前点滴流血或经血量多。易流产或不孕。

体征：盆腔无异常，子宫大小正常，或出血时子宫较软，宫颈口松软，或稍大卵巢。

实验室检查：①血液测定排除血液病、再生障碍性贫血等。②基础体温测定：有排卵均呈双相型。③宫颈黏液（未婚不做）判断有无排卵。④阴道脱落细胞：以了解卵巢功能激素水平有无排卵。⑤激素测定：E_2 于排卵前 200 ～ 400 pg/mL。⑥ B 型超声波检查：排卵前卵泡直径约 17 ～ 25 mm。观察卵泡发育情况、优势卵泡大小和排卵情况。⑦诊断性刮宫：了解子宫内膜情况。⑧宫腔镜检查：可直视子宫腔的情况，排除宫腔器质性病变。⑨子宫碘油造影：可了解宫腔内的情况，可排除由于子宫黏膜下肌瘤所致月经过多。

2. 诊断标准

①无排卵功血：凡有月经周期、经期及出血量不正常，经检查全身及内外生殖器无明显器质性病变者。基础体温呈单相。阴道脱落细胞涂片无排卵周期性变化。宫颈黏液在月经前检查仍持续呈不同的羊齿状结晶，而缺少在黄体期应用的椭圆体。经前或行经第 1 天内膜病理检查呈增生期或增生过长，但无分泌期变化。②有排卵功血：凡月经周期缩短或经期及经血量不正常，全身及生殖器无明显器质病变者。③基础体温双相：如基础体温双相或双相不典型，下降延迟或逐渐下降。经期第 5 天子宫内膜活组织检查尚见到分泌反应的变化。

3. 鉴别诊断

要排除其他疾患，如血液病（血小板减少性紫癜、再生障碍性贫血），营养不良，肝炎，肝功能异常影响甾体激素代谢，肾上腺、甲状腺功能异常影响甾体激素的代谢紊乱。

三、治疗

（一）西医治疗

一般处理：加强营养，纠正贫血，出血期间避免过劳或剧烈活动，保证充分休息，提高对月经病的认识，树立可以治愈的信心，失血多时可输血。

药物治疗：①对无排卵功血：止血或以性激素止血；调整周期，雌、孕激素序贯疗法；促进排卵，对青春期和育龄期功血在止血后需诱发排卵；少量雌激素周期疗法。②有排卵功血：黄体萎缩不全，于经前 8 ～ 12 天用黄体酮或用安宫黄体酮。

其他疗法：微波子宫腔内照射治疗子宫出血，破坏子宫内膜，适用于 40 岁以上者。

手术疗法：①诊断性刮宫术，已婚者首选采用本术达止血治疗目的。②子宫切除术：凡年龄较大，反复多次出血久治不愈，导致贫血，或子宫内膜不典型增生者，可做子宫切除。

（二）中医辨证论治

治疗时采用塞流、澄源、复旧三法，遵循急则治标、缓则治本的原则。

1. 肾阴虚

证候：阴道出血量少或淋漓不断，色鲜红，头晕目眩，耳鸣心悸，五心烦热，失眠盗汗，腰膝酸软。舌红少苔，脉细数无力。

治法：滋肾养阴，固冲止血。

方药：左归饮加减。药用地黄 15 g，山药 15 g，山茱萸 12 g，枸杞子 15 g，菟丝子 12 g，鹿角胶 6 g（烊冲），龟甲胶 6 g（烊冲），女贞子 15 g，墨旱莲 15 g。

2. 肾阳虚

证候：出血量多，或淋漓不净，色淡红，精神萎靡，头目虚眩，畏寒肢冷，腰膝酸软，面色晦暗，尿清长，大便溏。舌淡，苔薄白，脉沉细或微弱。

治法：温肾固冲止血。

方药：右归丸加减。药用熟地黄 15 g，山药 15 g，枸杞子 12 g，鹿角胶 10 g，菟丝子 15 g，杜仲 15 g，山茱萸 12 g，黄芪 20 g，补骨脂 15 g，赤石脂 18 g，禹余粮 15 g。

3. 脾气虚

证候：面色㿠白，畏寒神倦，少气懒言，时时自汗，下腹胀坠，大便不实，经血稀薄。舌苔薄白，脉沉软。

治法：补气升阳止血。

方药：补中益气汤加减。药用黄芪 30 g，党参 18 g，炙甘草 10 g，白术 12 g，陈皮 10 g，升麻 6 g，柴胡 5 g，赤石脂 15 g，仙鹤草 30 g，乌贼骨 12 g，阿胶珠 12 g（冲服），大枣 10 枚。

4. 心脾两虚

证候：面色浮白，头晕眼花，心慌气短，四肢肿胀，经色淡红。舌质淡，边有齿痕，脉细弱。

治法：补心脾，固冲任。

方药：归脾汤加减。药用人参 10 g（调冲），白术 10 g，黄芪 20 g，茯苓 10 g，龙眼肉 10 g，酸枣仁 15 g，炙甘草 6 g，阿胶 12 g（烊冲）。

5. 血瘀

证候：出血淋漓不断，或突然下血量多，夹有血块，小腹疼痛，拒按，瘀块排出则疼痛减轻。舌质紫暗，边有瘀点，苔薄，脉沉涩或弦细。

治法：活血化瘀止血。

方药：四物汤合失笑散加味。药用当归 10 g，熟地黄 12 g，川芎 6 g，白芍 12 g，蒲黄 10 g，五灵脂 10 g，茜草 12 g，益母草 15 g，马齿苋 15 g。

6. 阳盛血热

证候：阴道突然出血量多或淋漓不断，色深红，头晕面赤，口渴频饮，唇燥而裂，心烦不寐，尿黄便结。舌质红，苔黄而薄，脉数。

治法：清热凉血。

方药：清热固经汤。药用地黄 12 g，地骨皮 12 g，龟甲 10 g（先煎），牡蛎 10 g（先煎），阿胶 10 g，焦栀子 12 g，地榆 15 g，黄芩 12 g，藕节 15 g，棕榈炭 12 g，甘草 6 g。

7. 阴虚阳亢

证候：火升面赤，头晕耳鸣，五心烦热，自汗盗汗，咽干口燥，腰腿酸痛，经色深红。舌中光剥，舌质红，脉细数。

治法：育阴潜阳固冲任。

方药：六味地黄汤加减。药用地黄 12 g，山茱萸 12 g，山药 12 g，牡丹皮

12 g，茯苓 12 g，龙骨 18g（先煎），牡蛎 18 g（先煎），龟甲 12 g（先煎），麦冬 10 g，女贞子 12 g，墨旱莲 12 g。

（三）中西医结合治疗

于月经周期第 5 天给克罗米芬 50 mg，每天 1 次，连用 5 天，同时加用中药。偏肾阴虚者，药用熟地黄、何首乌、茺蔚子、当归、菟丝子、肉苁蓉、女贞子、墨旱莲。肾阳虚者加仙茅、淫羊藿。连服 6 剂。改用促排卵汤，药用丹参、赤芍、泽兰、紫河车、香附、当归、红花。肾阴虚者加墨旱莲、女贞子，肾阳虚者加仙茅、淫羊藿，连服4～5剂。继用促黄体汤，药用熟地黄、龟甲、白术、续断、肉苁蓉、当归、炒槐花。肾阴虚者加女贞子、墨旱莲，肾阳虚者加黄芪、巴戟天。

治疗无排卵型功血与排卵型血黄体不健，均能提高疗效。

四、预防与调护

加强营养，增强体质，经期勿食生冷、辛辣刺激之物，可进补红枣、莲子、桂圆、猪肝、菠菜等。出血期宜适当休息，勿过于劳累及精神过度紧张、情绪激动、恐惧以及注意环境、气候等变化，防止外邪入侵及预防本病的诱发因素。注意经期卫生，出血时间长则伤阴耗津，宜及时处理，以预防贫血与感染。

第十二节 倒 经

与月经周期相似的周期性非子宫出血，称为代偿性月经。子宫以外的出血部位有鼻、胃、肠、肺、膀胱、视网膜等处，表现为衄血、便血、咯血、血尿、血泪、视网膜出血等，最常见的部位为鼻腔，鼻腔出血即鼻衄。其次是吐血、咯血。中医认为由于其血倒行逆上，故称为“倒经”。据临床观察，倒经者易发生月经量少或不行，影响受孕，亦有受孕者，易导致流产。

一、病因病理

由于鼻黏膜及上述器官对卵巢分泌的雌激素较为敏感，可能由于雌激素水平下降，血中产生的一种类似优球蛋白样毒素使黏膜毛细血管扩张，脆性增加，因而易破裂出血。

中医认为，本病的发病机理是肝经郁火，瘀热互结，肺肾阴虚，导致血热气逆、经血妄行。因气为血帅，血为气母，血热则气热，气逆则血逆。经前或经期，冲气旺盛，热则冲气上逆，迫血妄行，血随气溢于上，则发为吐衄。

二、诊断

1. 诊断要点

病史：有经前或经期出血的病史，尤其以鼻出血或吐血多见，出血有规律性，与月经周期有关。

临床表现：因出血部位不同而不同，以鼻出血多见。肺部出血表现为咯血，消化道、泌尿道及直肠则分别表现为吐血、尿血、便血。另外，还可见腋下、眼睑、腹股沟等部位的皮肤出血。出血与月经来潮同时发生，血量多少不一，与正常月经出血量之间常呈此多彼少，亦可无明显关系，亦并非每个周期均有出血。

辅助检查：①鼻腔检查：鼻出血时，可行鼻镜检查和活组织检查，确定病变性质，排除恶性肿瘤所致的出血。②雌激素撤退试验：停药后可见子宫及子宫外出血部位同时出血。③内窥镜检查：对于深部出血，用内窥镜直接观察，同时进行活组织检查。④活组织检查：出血部位的活组织检查常能见到子宫内膜样组织。

2. 诊断标准

①有规律地伴随月经周期而发病。②常导致经量减少或闭经。③经净后吐衄可自行停止，但随周期而反复发作。

3. 鉴别诊断

倒经发生在鼻黏膜应与下列疾病相鉴别，关键在于其他疾病的出血均与月经周期无关。①鼻腔炎症：各种类型的鼻炎均可引起鼻出血，但一般出血量少，且与月经周期无关。②鼻黏膜肿瘤：可致鼻出血，出血时间间断，或长期存在，甚至可造成大出血，但与月经周期无关。

三、治疗

（一）西医治疗

一般治疗：局部出血，即患者坐在椅子上，头后仰，用干净棉花轻轻填塞压迫鼻腔，并用手向前轻压鼻翼，亦可用冷水或冰袋冷敷鼻部或头部。

药物治疗：①填塞鼻腔的棉花上可滴入麻黄碱等血管收缩药。②硝酸银烧灼出血部位以止血，适用于鼻黏膜出血。③调整卵巢功能，可用性激素行假孕或假绝经疗法，如用达那唑 200 mg/ 次，一日 2 次，连服 3 个月，适用于即将绝经或子宫内膜异位者。

手术治疗：①浅表出血可予冷冻或电灼止血部位。②深部出血可在内镜下手术切除。

（二）中医辨证论治

应本着热者清之、逆者平之的原则，以清热降逆、引血下行为主，但清热不可过用苦寒，以免寒凝血滞而留瘀，也不可过用攻下，以免重伤其阴；忌用升麻、柴胡等升提之品，以免升阳助火。

1. 肝经郁火

证候：经前或经期吐血、衄血，量较多，色红，心烦易怒或见两胁胀痛，口苦咽干，头晕头痛，尿黄，便结，月经可见提前，量少或不行。舌红，苔黄，脉弦数。

治法：疏肝清热，引血下行。

方药：清肝引经汤加减。药用当归 10 g，白芍 15 g，地黄 10 g，白茅根 30 g，牡丹皮 10 g，栀子 6 g，黄芩 15 g，牛膝 10 g，侧柏叶 15 g。头晕头痛甚者，加杭菊、生石决明。

2. 瘀热互结

证候：经前或经期吐血、衄血，血量或多或少，血色暗或夹有血块，伴经行不畅，小腹疼痛，低热，口干。舌质暗红，或有瘀斑，脉弦数。

治法：清热化瘀，降逆止血。

方药：血府逐瘀汤加减。药用地黄 10 g，赤芍 15 g，当归 10 g，牛膝 15 g，桃仁 10 g，红花 10 g，枳壳 10 g，牡丹皮 10 g，藕节 15 g，大蓟 10 g，小蓟 10 g。低热明显者，加白薇 10 g；病程长、吐衄血块多，色紫暗或因子宫内膜异位症引起者，加三棱 10 g，莪术 10 g。

3. 肺肾阴虚

证候：经前或经期吐血衄血，量少、色暗红，伴见月经先期，量少，头晕耳鸣，五心烦热，潮热汗出，或口咽干，咳嗽少痰。舌红或绛，苔花剥或无苔，脉细数。

治法：滋肾润肺，引血下行。

方药：顺经汤加减。药用当归 6 g，沙参 10 g，白芍 10 g，黑荆芥 6 g，茯苓 10 g，牡丹皮 10 g，牛膝 10 g，生地黄 10 g，熟地黄 10 g，女贞子 15 g，墨旱莲 15 g。潮热、五心烦热明显者，加鳖甲、青蒿、地骨皮；咳嗽甚者，加百合、贝母、枇杷叶；大便干燥者，加玄参。

四、预防与调护

患者平素应保持心情开朗，精神愉快，情绪稳定，乐观，避免紧张与激动；多食含维生素 C 丰富的食物，以增加血管的弹性，少食辛辣、香燥食品，用药不宜过于温燥；注意生活起居，多饮水，保持大便通畅；对反复倒经、药物治疗无效者，必须查明出血原因，特别是是否有器质性病变的可能。

第十三节　经前期综合征

经前期综合征是指部分妇女在月经前 7 ～ 14 天，直至月经来潮 2 ～ 3 天，周期性地出现精神神经症状以及水盐代谢紊乱，临床常出现心烦、急躁、悲伤、失眠、头痛、乳房胀痛、躯体疼痛、面目及下肢水肿、神经过敏、思想不集中等症状，与周期有关，呈周期性发作，又叫经前综合征。可分为原发性与继发性两类。原发性经前期综合征不伴有精神病，继发性经前期综合征指在精神病基础上经前症状加重。经前期综合征属中医学“月经前后诸症”或“月经期杂病”的范畴。

一、病因病理

目前尚不十分清楚其病因病理，也无统一的看法，有几种看法供参考：①精神神经因素。②雌激素、孕激素不平衡，有人认为雌激素分泌偏高。③前列腺素失去平衡或代谢异常或前列腺素与激素、中枢神经递质相互作用异常，亦可引起此综合征。④化学物质刺激学说认为。

中医认为，本病因病机复杂，牵涉五脏六腑、阴阳、气血、冲任的功能失调，往往多脏发病，相互影响，相互作用。

二、诊断

1. 诊断要点

病史：症状多在经前出现，一般在经前 7 ～ 14 日即可出现症状，经前 2 ～ 3 日症状最为明显，经来症状消失或减轻，与月经周期相关，反复出现。

临床表现：①精神神经症状：精神紧张，思想不集中，烦躁，易怒，忧虑，神经过敏，失眠，全身无力，易于疲乏，情绪不稳定。个别严重者类似精神病患者，情绪不能控制，不同的是此类患者经后症状明显改善，心情好转。亦有极少数与上述症状相反，经前表现迟钝、抑郁不耐工作，甚至怕去公共场所，不愿接近任何人。②水肿症状：颜面、四肢水肿，经前体重增加 1 ～ 4 kg 不等；腹腔内水肿，可致腹胀、腹泻、盆腔下坠；乳房及周围组织水肿可致乳胀痛、乳房触痛；颅内水肿可致颅内压增高，常致头晕、头痛，偶有癫痫发作，血压升高；呼吸道黏膜充血水肿，呼吸道分泌物增加，流鼻涕，咳嗽，鼻出血；骨骼肌及关节周围水肿可致全身骨关节风湿样疼痛、肌肉疼痛等症状。③其他：黏膜病变于经前期有咽炎、舌炎、口腔溃疡、外阴溃疡及外阴痒等；皮肤疾患，经前恶化或出现渗出性皮肤病，如湿疹、荨麻疹、痤疮样皮疹等。此外，还有口渴、低血糖、手颤、嗜食。

特殊检查：①雌、孕激素测定：在月经后半期 P 值低下，或 P 值正常而 E_2 浓度偏高，总之是 $E_2 > P$ 比值。②催乳素测定：催乳素水平较高，可抑制垂体促性腺激素引起无排卵月经，或黄体功能不全，致孕酮分泌不足。③ BBT 测定：大多为双相型，但排卵后体温升幅不高，或阶梯形上升，或上升持续日短，表现为黄体功能不全，也有呈单相型体温。

2. 诊断标准

①经前 14 日出现三种以上明显不适症状。②经前不适症状连续出现 3 个周期以上，与经期密切相关，影响工作与学习。③经前不适与周期有关，经期持续，经后消失。④实验室检查雌二醇与孕酮比例失调，或催乳素升高。

3. 鉴别诊断

水肿应排除心、肾器质性疾病。严重的精神症状应与精神病相区别。皮肤症状与皮肤病区别。咯血应排除肺结核、支气管扩张等疾病。头痛需注意颅内肿瘤，乳房有块需排除乳房肿瘤的可能。

三、治疗

（一）西医治疗

1. 一般治疗

经前注意劳逸结合，避免精神紧张及精神刺激，要低盐饮食，适当锻炼。注意卫生知识宣教。

2. 药物治疗

纠正水钠潴留，调节电解质平衡：①经前 7 ～ 14 日低盐饮食。②水肿严重者，经前加用利尿剂。

控制精神、神经症状：治疗精神、神经症状，一般采用镇静剂、抗抑郁剂等药物。

内分泌治疗：①孕激素：有抵消过量雌激素，补充黄体功能不足，对抗醛固酮的作用，能排钠贮钾，并可调节中枢神经系统。②雄激素：具有对抗雌激素的作用或借以抑制垂体促性腺激素的分泌，来降低雌激素的含量。一般常用甲基睾丸素每日 5 ～ 10 mg（舌下），经前 10 ～ 14 日服用。③口服避孕药，抑制排卵，用人工外源性激素替代，纠正雌激素 / 孕激素比例失调。④绒毛膜促性腺激素：促进黄体发育，增加孕激素的分泌。⑤溴隐亭治疗：降低催乳素水平，减少乳胀、乳痛。

抗组胺药治疗：经前、经期荨麻疹、身痒，选用苯海拉明、扑尔敏、赛庚啶片等均能起到一定效果。

（二）中医辨证论治

1. 肝郁气滞，肝郁化火

证候：经前乳胀、乳痛、胸胁胀满，抑郁恶心，多怒，少腹胀痛，月经不调及不孕。舌质暗，少苔，脉弦。

治法：疏肝理气，清热化滞。

方药：加味逍遥散加减。药用醋柴胡 6 g，合欢皮 10 g，炒栀子 6 g，黄芪 10 g，牡丹皮 10 g，橘叶 10 g，丝瓜络 15 g，白芍 15 g，郁金 15 g，王不留行 10 g。乳痛者，加路路通、焦麦芽、皂角刺；恶心欲吐者，加旋覆花、代赭石、橘红、杏仁、枇杷叶；便秘者，加玄参、全瓜蒌，甚者加酒大黄。

2. 肝肾阴虚、肝阳上亢

证候：经前头痛、偏头痛，骨节酸痛麻木，腰痛，心烦急躁，失眠，嗳气呕逆，口渴口苦，手足心热，血压波动。舌质暗红少津，脉弦细稍数。

治法：滋补肝肾，平肝潜阳。

方药：女贞子 15 g，墨旱莲 15 g，白芍 15 g，地黄 10 g，杭菊花 15 g，苦丁茶 15 g，霜桑叶 10 g，黄芪 10 g，珍珠母 15 g（先煎），罗布麻叶 15 g，石决明 15 g（先煎）。眉棱骨痛者，加白芷；巅顶痛者，加藁本；两侧痛者，加蔓荆子、龙胆草；头痛者，一般加川芎、葛根；手足心热者，加青蒿、地骨皮；口渴者，加石斛、麦冬；失眠者，加炒枣仁、五味子、何首乌藤、莲子心。

3. 阴虚火旺，心肾不交

证候：经前悲伤易哭，精神恍惚，健忘，思想不集中，失眠，口腔溃疡，口干舌燥，腰痛，心悸。舌质尖边红，脉细数。

治法：滋阴降火，交通心肾。

方药：心肾交泰丸加减。药用沙参 15 g，地黄 10 g，麦冬 10 g，远志 10 g，黄连 6 g，茯神 15 g，炒酸枣仁 15 g，五味子 10 g，龙齿 30 g（先入）。心动过速（心悸）者，加石斛、丹参；经前痫病发作者，重用白芍、钩藤，辅以石菖蒲、郁金、清半夏；失眠者，加琥珀粉。

4. 脾失健运，水湿停滞

证候：经前面目或肢体水肿，倦怠乏力，腹胀，胃脘胀满，便溏，头胀如裹，小便短少。舌质淡嫩、有齿痕，苔白腻或薄白，脉沉缓。

治法：健脾温阳，利水消肿。

方药：大分清饮加减。药用茯苓皮 15 g，冬瓜皮 15 g，五加皮 15 g，陈皮 10 g，大腹皮 10 g，车前子 10 g，生姜皮 6 g，茯苓 15 g，泽泻 10 g，猪苓 10 g。胃脘胀满者，加广木香、砂仁；全身倦怠者，加黄芪 30 ～ 50 g；便溏者，加白术、薏苡仁、山药；若湿邪郁久化热，湿热阻滞可致皮肤起风团，瘙痒难忍，遇热加重，一般加凌霄花、水牛角、防风、紫草、地肤子、白鲜皮、赤芍、苦参；湿疹者，加黄柏、苍术、苦参、黄连；经前面起痤疮者，加野菊花、焦槟榔、连翘、黄芪、白茅根、金银花、酒大黄少许。外用硫黄洗剂（大黄、硫黄配制而成）外涂患处。或用萝卜汁或芦荟汁调用。

5. 风寒袭肺

证候：经前反复出现感冒症状，如恶寒，流清涕，鼻塞，咽喉痒痛，咳嗽稀痰，头痛，困倦无力。舌质淡红，苔薄白，脉浮紧。

治法：解表散寒，益气固表。此症在临床上比较少见，一般采取平时增强免疫功能，多用玉屏风散。但大多数为阴虚内热之体，内有伏热，外感风邪与内热相结，郁于肌表，发为风热感冒。

6. 风热袭肺

证候：经前或经来发热身痛，头痛，鼻塞，咳嗽，咽痒咽痛，口渴欲饮。舌红，苔薄黄，脉浮数。

治法：辛凉解表，清热祛邪。

方药：金银花 15 g，连翘 15 g，山豆根 10 g，黄芩 10 g，芦根 15 g，野菊花 15 g，知母 10 g，薄荷 10 g（后下），芥穗 6 g（后下）。咽喉肿痛者，加锦灯笼、玄参、紫花地丁；咳嗽痰稠黄色者，加全瓜蒌、川贝母、桔梗、枇杷叶；咽痛、咽痒者，用金银花、紫花地丁、玄参、黄芩煎成液体漱口。

四、预防与调护

该病与体质、精神因素密切相关。重视精神因素，避免精神刺激，保持心情舒畅，情绪稳定，避免紧张、激动等。注意饮食，避免服用刺激之品，如辛辣及姜、葱、胡椒、咖啡等辛燥之品，以免伤阴；避免暴饮、暴食；经期勿食寒凉、香燥之品。饮食全面、合理，避免挑食，以防维生素缺乏。注意劳逸结合，起居有常，生活规律，不宜精神过度紧张或过度消耗体力与脑力，以防劳伤心脾。懂得卫生知识，注意经期卫生，消除对疾病的紧张心理，有病及时诊治，本病预后较好。

第十四节　痛　经

凡在经期前后或经期出现下腹及腰骶部疼痛，严重时可伴有恶心、呕吐、腹泻、盆腔不适感，甚者四肢厥逆、昏厥，影响工作及生活，需医治者，称痛经。痛经是临床常见自觉症状，分为原发性、继发性两种。原发性痛经多为功能性，经检查未发现明显生殖器官器质性病变；继发性痛经多为生殖器有明显病变者。痛经多在月经来潮一段时间后发生，如子宫内膜异位症、盆腔炎、子宫肌瘤等情况下。本节主要介绍原发性功能性痛经。因子宫颈口狭小，子宫位置不正而影响受孕，往往生育后痛经可减轻。

一、病因病理

痛经多发生于排卵的周期，这可能与分泌型子宫内膜脱落时前列腺素的含量显著高于增生型子宫内膜脱落时前列腺素的含量有关。也就是说功能性痛经，与前列腺素产生过多、吸收过多，或子宫对其敏感性增加有关。

子宫颈峡部或子宫颈内口狭小，子宫位置过度前倾前屈或后倾后屈，经血排出受阻不畅，往往刺激产生反射性子宫收缩，收缩频率增加并节律紊乱，因此，造成子宫血管挤压过度，导致子宫组织间血流减少而缺血、缺氧，内膜释放前列腺素增多，而引起痛经。子宫发育不良亦可导致子宫收缩不协调，造成组织缺血、缺氧导致痛经。

中医认为痛经的病因为气血运行不畅，形成气血不调。经水为血所化，血随气行，气顺则血和，气行则血行，经行畅通。反之，不通则痛，气血运行不畅而发生痛经。致病的病因有虚实寒热之分。

二、诊断

1. 诊断要点

病史：询问病史应注意疼痛发生的性质、时间及部位，有无精神过度紧张、过劳、受凉、生活习惯改变等情况。

临床表现：痛经多在初潮后数月出现，多发生在未婚、未产妇女中，常常在婚后或一次足月分娩后痛经显著好转。疼痛多在经前一日，或经前数小时腹痛，经期加重，疼痛多为阵发性，下腹部绞痛，胀痛，坠痛，可放射至腰骶部，股内前侧及阴道、肛门。当排出大块脱落的子宫内膜时疼痛剧烈，排出后疼痛迅速减轻。疼痛剧烈者，可出现面色苍白，出冷汗，四肢厥逆，甚至虚脱。除腹痛外，还可伴有恶心、呕吐、下腹坠胀和腹泻等症状。疼痛是主观感觉，很难衡量疼痛的严重程度，故临床常以有无呕吐、晕厥，是否能坚持工作或必须卧床休息等作为判断疼痛程度的参考标准。

体格检查：应做全面检查，注意全身健康情况，做妇科检查，明确引起痛经的全身性或局部的器质性疾患，如盆腔炎、子宫内膜异位症、子宫腺肌瘤、结肠炎等。

特殊检查：B 超、腹腔镜、宫腔镜、子宫输卵管碘油造影等，宫颈口探测等检查以明确诊断。

2. 诊断标准

功能性痛经诊断并不困难，最主要是先排除器质性痛经。原发性痛经多发生在月经初潮不久的未婚或未孕的年轻妇女中；疼痛多在月经来潮后数小时开始，亦可在经前 1 ～ 2 日开始疼痛，经期加重。疼痛性质多为下腹部坠胀痛，或下腹绞痛，疼痛可放射至腰骶部、肛门、会阴等处。疼痛可持续数小时或数日不等。严重痛经者面色苍白，四肢厥冷，甚至虚脱。有的伴有恶心、呕吐、尿频、腹泻、头晕、心悸等不适。若为膜样痛经一般在排出膜样子宫内膜时，痛经加剧，大块脱落的子宫内膜一旦排出，疼痛迅速减轻或消失。

3. 鉴别诊断

目的是明确原发性痛经或继发性痛经，后者可由生殖器器质性病变如子宫内膜异位症、子宫肌腺症、子宫肌瘤、盆腔炎、盆腔瘀血症、宫内异物、子宫畸形、阑尾炎等引起。

三、西医治疗

一般治疗：①解除思想顾虑，解除患者的主要思想症结。②增强体质，生活有规律，注意劳逸结合。③对全身性疾病应积极治疗，纠正贫血，改善便秘状况。

药物治疗：①止痛、镇静、解痉；②激素治疗；③手术治疗。

四、中医辨证论治

（一）实证

1. 肝郁气滞

证候：经前或经行时，小腹胀坠而痛，经量多少不定，血色或红或紫，经行不畅，伴有胁痛、乳胀、烦躁、胸闷等症。舌质正常或紫暗，脉弦。

治法：疏肝理气。

方药：柴胡疏肝散加减。药用柴胡 6 g，郁金 10 g，白芍 10 g，制香附 10 g，川芎 6 g，乌药 10 g，青皮 6 g，川楝子 10 g，炙甘草 6 g，合欢皮 10 g。此证临床中比较常见，一般为痛经轻型。证候变化较多，往往合并血瘀与寒凝，可随证加减。根据症状主次灵活应用。经量多者，去川芎、香附，加茜草、益母草、炒蒲黄、炒贯众；血块多者，加夏枯草、赤芍；下寒者，加小茴香；恶心、呕吐者，加竹茹、枇杷叶。

2. 血瘀胞宫

证候：经期小腹疼痛，拒按，经量少、色暗，时下血块，下后痛减。舌质暗紫或有瘀点、瘀斑，脉沉涩。

治法：活血化瘀，行气止痛。

方药：桃红四物汤加减。药用当归 10 g，赤芍 10g，川芎 6 g，牛膝 12 g，红花 6 g，桃仁 6 g，乌药 10 g，益母草 10 g，延胡索 10 g，肉桂 3 g，香附 10 g。血瘀重者，可加蒲黄、五灵脂、三棱、莪术等，但此类药不可久用，尤其是素体虚弱者更不堪攻伐。在虚证中加补气之品，如党参、黄芪。

3. 寒湿凝滞

证候：经前或经期小腹冷痛，甚则冷汗，四肢厥逆，腹部喜暖拒按，得热痛减，月经量少，涩滞不爽，色暗有块，便溏。舌质紫暗，苔白腻，脉沉紧。

治法：散寒化瘀，温经止痛。

方药：橘核丸加减。药用橘核 10g，荔枝核 10g，小茴香 6 g，胡芦巴 10 g，延胡索 10 g，制香附 10 g，五灵脂 10 g，川楝子 10 g，乌药 10 g。四肢不温者，加桂枝、鸡血藤；寒加瘀，腹痛拒按，时而下血块者，可加蒲黄、醋炒五灵脂、益母草。

4. 湿热瘀结

证候：经前、经期小腹灼痛而胀，拒按，伴有腰骶部胀痛，经色暗红，质稠有块，低烧起伏，带下多、黄稠、有臭味。舌红，苔黄，脉弦滑或滑数。

治法：清热除湿，祛瘀止痛。

方药：清热调血汤加减。药用牡丹皮 15 g，萆薢 10 g，黄柏 6 g，川芎 10 g，桃仁 10 g，红花 10 g，赤芍 10 g，莪术 6 g，香附 10 g，延胡索 10 g，大血藤 15 g，败酱草 15 g，薏苡仁 15 g。腰痛甚者，加续断；黄带有臭味者，加萹蓄、鱼腥草、土茯苓；月经量多、带下日久者，加炒贯众、益母草。

（二）虚证

1. 气血虚弱

证候：经期、经后小腹隐隐作痛或空痛，喜按，月经量少，色淡质稀，全身倦怠无力，头晕眼花，面色萎黄。舌质淡，有齿痕，苔薄白，脉细弱。

治法：益气补血，调经止痛。

方药：圣愈汤加减。药用党参 12 g，黄芪 12 g，茯苓 10 g，白术 12 g，香附

10 g，川芎 6 g，艾叶 10 g，白芍 10 g，当归 10 g，阿胶 10 g（烊化）。心悸、失眠者，加远志、龙眼肉；少腹冷痛者，加小茴香、吴茱萸、制附片；经期便溏者，加芡实、补骨脂；全身乏力者，可经常服用西洋参；平时纳差、脾胃虚弱者，应在补气养血基础上加陈皮、焦三仙、砂仁。在补气血时忌用破血、破气之品，以免再耗气血。

2. 肝肾亏损

证候：经行之后，小腹隐痛，经血量少，经期后延，腰酸膝软，头晕目眩或耳鸣。舌质淡，苔薄白，脉细弦。

治法：滋补肝肾，调经止痛。

方药：一贯煎加减。药用当归 10g，白芍 20 g，制香附 10 g，熟地黄 10 g，延胡索 10 g，五味子 10 g，甘草 6 g，沙参 10 g，枸杞子 10 g。腰痛者，加续断、山茱萸、炒杜仲；尿频者，加桑螵蛸、益智仁、菟丝子。本型多见于子宫发育不良。本为肝肾亏损之证，治疗时要掌握好经期治标、经后治本的原则，补虚与止痛兼施。经痛甚者，可加重白芍用量为 30 g；少腹痛者，加乌药；胁胀者，加青皮、郁金、广木香。

五、预防与调护

保持心情舒畅，防止七情精神因素的刺激。消除经前恐惧。学习生理卫生知识，认识与正确对待月经的来潮，消除对月经的紧张心理。

注意经期、产后的卫生保健，在经前或经期避免冷饮、游泳、涉水、淋雨，防止寒湿之邪入侵。保持外阴的清洁卫生。饮食上要忌辛辣、油腻的食物，避免暴饮暴食，防止对胃肠道的刺激。

注意劳逸结合，避免工作紧张、过度消耗体力与脑力。起居有常，生活有规律。节制房事。

第十五节　卵巢过度刺激综合征

卵巢过度刺激综合征（OHSS），又称卵巢高刺激综合征，是指卵巢对促性腺激素（Gn）刺激表现过度反应引起的症候群，也是应用 Gn 诱导排卵中最严重的医源性并发症。

一、病因病理

该病的发生多为医源性，临床可引起 OHSS 的常见促排卵药物有绝经期促性腺激素（HMG）、绒毛膜促性腺激素（HCG）、卵泡刺激素（FSH）、促性腺激素释放激素（GnRH）、克罗米芬（CC）、三苯氧胺（TAM）等。也有报道称在葡萄胎、绒毛膜癌及自然多胎妊娠中发生 OHSS。

该病的基本病理生理包括 Gn 对卵巢过度刺激所引起的卵巢病理改变和激素内分泌变化，以及继发的全身血管通透性增加使血管内体液外渗所造成的循环障碍。

中医学虽无卵巢过度刺激综合征这一病名，但从其病史及临床表现分析，该病的主要病因病机应为外来因素（阳邪）刺激，伤及肾阳，阴液耗损，虚火上炎，阳热充斥，气血瘀滞；或并发脾虚肝郁，因脾主运化，肝主疏泄，故运化、疏泄失常；脾肾阳虚，阳虚气不化水，脾虚及肺，痰浊阻胸，肺失宣降。痰湿或湿热内蕴既为病理产物，又为致病因素。以上原因导致三焦水液敷布失调，脏腑气机升降失常，冲任经络运行失和，故出现卵巢过度刺激综合征系列综合征。该综合征的发生尚与体质禀赋因素有关，素体瘦弱阴虚、脾虚肝郁或肥胖多痰湿者容易患病。

二、诊断

1. 诊断要点

病史：在发病前有应用 Gn 尤其是 HMG（FSH）/HCG 的经历，亦可能在发病期前不久刚停止使用。有月经紊乱、闭经或不孕史，患者多在生育年龄时发病。

症状：腹痛，腹胀，恶心，呕吐，腹泻，消化不良，衰弱无力，视力模糊，头晕头痛，面红，烦躁，心悸不安，重者还可能出现少尿、胸闷、呼吸困难甚至昏厥。

体征：下腹压痛，卵巢增大，腹腔积液，胸腔积液，全身水肿，体重增加，或急腹症（卵巢破裂内出血，卵巢囊肿扭转），血栓性静脉炎。

辅助检查：① B 超检查：卵巢增大，多个卵泡或卵泡黄体囊肿，亚临床腹腔积液或胸腔积液。了解是否妊娠，是否多胎并排除葡萄胎、绒毛膜上皮癌可能。②激素测定：E_2 显著升高，PG、PRL 增高。③血液化学测定：可有血清总蛋白减少，红细胞压积增高，或出现纤维蛋白原、血凝试验及肝肾功能异常，严重者血钠、血钾增高。④妊娠试验：基础体温（BBT）上升，月经第 12 ～ 14 日即查血 B-HCG，月经延期 3 ～ 5 日或 BBT 上升 18 ～ 20 天查尿妊娠试验，以及早确定妊娠与否。

2. 诊断标准

Ⅰ级（轻度）：双侧卵巢增大，多个卵泡和黄体囊肿，下腹可有轻度压痛。

Ⅱ级（中度）：卵巢增大（5 ～ 12 cm），可伴腹部不适、恶心、呕吐、腹泻等腹部和胃肠道症状。

Ⅲ级（重度）：卵巢明显增大，直径＞ 12 cm 或有卵巢破裂，出现胸腔积液、腹腔积液、低血容量甚至休克，水及电解质平衡紊乱，血液浓缩，血凝异常甚至血栓形成。

3. 鉴别诊断

要注意区别应用 Gn 诱发卵医源性原因或由葡萄胎、绒毛膜癌引起的卵巢过度刺激反应。此外，亦应根据典型病史、症状及体征与卵巢非赘生性囊肿、多囊卵巢、卵巢肿瘤及盆腔炎所致的腹痛（胀）、盆腔积液等疾病相鉴别。

三、治疗

1. 西医治疗

一般处理：①轻度 OHSS，一般不需要特殊处理，主要给予休息和监测病情的发展，术后应避免性生活及粗暴的腹部和盆腔检查，以免卵巢损伤。尚未妊娠，一周左右或月经来潮后证状可自然缓解；若合并妊娠者，往往于诱发排卵的第 10 日左右症状加重，且持续 2 ～ 3 个月。②中、重度患者需住院，在密切监护下治疗，住院后即嘱其卧床休息，检查基础血象（包括 HCT）、电解质、凝血功能、肝肾功能或行妊娠试验，记录每日出入水量，观察体重、腹围变化，超声监测卵巢大小及腹、胸腔积液，测定激素尤其是 E_2、P 值，重度患者描记心电图、测定中心静脉压以监测血容量。

药物治疗：①扩容：根据病情采用低分子右旋糖酐、白蛋白或血浆等扩容剂。②补充水及电解质：补液先补充缺失量的 1/3 ～ 1/2，适当给予晶体液。③ PG 抑制剂及抗组织胺药的应用。④注射黄体酮。⑤糖皮质激素的应用。⑥利尿剂的应用。⑦抗凝治疗。

手术治疗：OHSS 患者如有卵巢破裂内出血或卵巢肿扭转可行手术治疗，前者采取止血，后者应及时手术复位，尽量保留卵巢。

2. 中医治疗

本病属阴虚阳亢、气血瘀阻证，然合并症较多，尚需按合并症一起辨证论治。

证候：腹痛，腹胀，面红目糊，头晕头痛，烦热咽干，小便短赤，卵巢增大。

舌质红，苔少或薄黄，脉弦细而数。

治法：滋阴清热抑阳，行气治血调冲。

方药：地黄 15 g，地骨皮 15 g，山药 15 g，山茱萸 12 g，知母 10 g，黄柏 10 g，女贞子 15 g，墨旱莲 15 g，当归 6 g，黄芩 10 g，陈皮 6 g，龟甲胶 10 g（烊冲），茯苓 12 g，牡丹皮 10 g，泽泻 12 g，八月扎 12 g，丹参 15 g。

兼脾虚肝郁证：症见疲乏肢软，胁腹胀痛，精神郁闷，头重呕逆，纳呆，便溏。舌质暗红、边有齿印，苔薄白，脉弦细或弦缓。治宜去黄芩、龟甲胶、墨旱莲，酌加柴胡 8 g，炒白术 12 g，制香附 10 g，焦白芍 12 g，法半夏 6 g，苏梗 8 g，薄荷 3 g（后下），甘草 5 g，以疏肝理气、健脾和胃。

兼痰湿内蕴证：症见形体肥胖，腹部痞满，纳食少，恶心呕吐，倦怠身重。舌胖有齿痕，苔白腻，脉弦缓或濡。治宜去龟甲胶、女贞子、墨旱莲，酌加苍术 10 g，制附子 10 g，胆南星 6 g，法半夏 10 g，枳壳 8 g，天竹黄 12 g，以健脾化痰降逆。

兼湿热中阻证：症见脘腹胀痛，呕恶厌食，口苦口黏，口渴不欲饮，小便黄短少，大便溏或身热起伏。舌红，苔黄腻，脉濡数。治宜去龟甲胶，酌加茵陈 12 g，栀子 10 g，黄连 5 g（后下），枳壳 8 g，竹茹 12 g，薏苡仁 15 g，以清化湿热。

兼脾肾阳虚证：症见腰酸腹痛，便溏肢冷，肢体浮肿，少气懒言。舌淡暗，苔薄白，脉沉细弦。治宜去黄芩、牡丹皮、墨旱莲、女贞子，改地黄为砂仁 3 g，熟地黄 15 g，酌加党参 15 g，黄芪 20 g，焦白术 15 g，巴戟天 12 g，鹿角片 10 g（先煎），乌药 10 g，胡芦巴 10 g，以温肾健脾行水。

兼脾虚及肺、痰浊阻肺证：症见腹水肿满，胸闷气促，或喘咳有痰，端坐呼吸。舌质暗红，苔腻、色黄，脉弦滑或数。治宜酌加桑白皮 15 g，全瓜蒌 18 g，葶苈子 10 g，白芥子 10 g，广地龙 12 g，黄连 6 g（后下），甘遂 3 g，鹿角片 0.6 g（分吞）等，以泻肺逐饮、清热平喘。孕妇慎用。

合并妊娠者，宜去龟甲胶，酌加枸杞子 12 g，阿胶 12 g（烊冲），续断 12 g，炒杜仲 12 g，白术 12 g，苎麻根 15 g，鹿角胶 6 g（烊冲），以益肾养血安胎。

四、预防与调护

警惕可能发生 OHSS 的高危因素，小心选择用 Gn 促排卵的对象；加强排卵诱发过程中 E_2 水平与 B 超监测，及时调整 Gn 尤其是 HMG/FSH 的用量，若对有可能发生严重 OHSS 者应停止或延迟注射 HCG，并减少 HCG 的剂量；有助孕治疗周期，不用HCG做黄体支持；有IVF-ET周期若发生OHSS，应将胚胎冷冻保存不移植，留待自然周期中再移植；有LH水平增高及多囊卵巢综合征患者，宜使用GnRH-a降调节后使用Gn超排卵，一旦仍然有过度刺激发生，应停用Gn，而Gn-RH-a继续使用，以加速卵巢萎缩；有人主张预防性应用白蛋白，即于肌注HCG后36 小时，用人血白蛋白5 g加入0.9%氯化钠溶液500 mL滴注，可以防止OHSS的发生；做好心理护理与对症护理工作，可为治疗成功创造条件。

第十二章

非特异性不孕

第一节 滋养细胞疾病

滋养细胞疾病绝大部分继发于妊娠，本节只论述妊娠性滋养细胞疾病。这是一组来源于胎盘绒毛滋养细胞的疾病，主要包括葡萄胎、侵蚀性葡萄胎和绒毛膜癌，还包括一类少见的胎盘部位滋养细胞肿瘤。绒毛膜癌中有一半有葡萄胎的历史，1/4 发生于足月产后，1/4 发生于流产后。

一、病因病理

滋养细胞肿瘤的发生原因尚不明确。葡萄胎发生的原因主要有如下几种学说：①营养不良学说认为，即因为营养不良，妊娠后胚胎缺乏某些必要的生长物质而形成葡萄胎。②卵巢功能衰退学说认为，即由于卵巢功能衰退，产生不正常的卵子，或卵巢激素发生紊乱而形成本病。③病毒感染学说认为，即妊娠后由于病毒感染，孕卵受病毒侵袭而形成本病。④染色体变异学说。⑤免疫机制失调学说。

妊娠的滋养细胞只含有来自父方的遗传性质，所以胚胎对母体来讲，是一种同种异体移植，导致妊娠滋养细胞受母体排斥而形成葡萄胎。而侵蚀性葡萄胎、绒毛膜癌常继发于葡萄胎，亦可能与营养缺乏、病毒感染、染色体异常或免疫方面的问题等有关。研究者认为绒毛膜癌与胎盘退行性变、蛋白缺乏型营养不良，使滋养细胞异常有关。

葡萄胎：绒毛间质微血管消失、液化，使绒毛变为大小不等的水泡，成串，形成水泡状胎块，称为葡萄胎。水泡大小为 5 ～ 25 mm 不等。完全性葡萄胎，全部绒毛变为水泡，不见正常胎盘组织，也无胎儿发育；部分性患者绒毛局部出现水泡样变性，仅有残存胎盘供应胎儿发育，由于血运不足，胎儿发育不良，故畸形率高。

侵蚀性葡萄胎：病变为葡萄胎绒毛侵入子宫肌层及葡萄胎绒毛脱落，随血液循环转移至身体其他部位并形成局部破坏，但仍保持绒毛结构。大体可见水疱状物或血块，镜栓时有绒毛结构，滋养细胞过度增生及不典型增生程度不等，且具有较强的侵蚀能力。

绒毛膜癌：绒毛膜癌多数发生在子宫，但也有子宫内未发现原发灶而只出现转移灶者。子宫绒癌可形成单个或多个宫壁肿瘤，表面呈紫蓝色而切面为暗红色结节，常伴出血、坏死及感染，质软脆，极易出血，肿瘤直径 2 ～ 10 cm。肿瘤可侵犯宫壁，突入宫腔或突出于浆膜层。宫旁静脉中往往发现癌栓。卵巢也可形成黄素囊肿。镜下见增生的细胞滋养细胞和合体滋养细胞大片地侵犯子宫肌层及血管，两种细胞的比例不一，排列紊乱，伴有大量出血坏死，以致癌灶中央不易找到肿瘤细胞，边缘部可见成团滋养细胞与血凝块及坏死组织，但不能找到正常的绒毛结构。

绒毛膜癌主要经血行播散发生远处转移，转移早而广泛，最常见转移部位是肺，其余依次为阴道、脑、肝、肾。

葡萄胎属中医学“鬼胎”“伪胎”“奇胎”等范畴。该病的形成，正虚为本，邪侵为标，与下列因素有关。①正虚邪入：素体虚弱，病邪入侵胞宫影响胚胎正常形成。②七情所伤：忧思郁怒，肝气郁结，气滞血结，血瘀胞中，胞胎失养，而致本病。

侵蚀性葡萄胎和绒毛膜癌的形成原因虽较复杂，然病机则一，乃瘀血阻于胞宫，留滞下焦所致。瘀血的形成，与下列因素有关。①热毒邪瘀：热毒之邪恶，入侵胞宫，血行瘀阻，胞宫失养，而成本病。②气滞血瘀：思虑过度或情志不舒，肝失疏泄，气机不利，气滞血瘀，停留于冲任胞中，而生本病。③阴虚血瘀：素体阴虚，产后愈虚，阴虚血滞，胞宫失养，胞脉阻滞，而生本病。④气虚血瘀：大病久病，损气耗血，气运无力，血行不畅，瘀阻冲任胞宫，从而发生本病。

二、诊断

（一）葡萄胎

1. 诊断要点

临床表现：①停经后阴道出血：多数患者在停经 2 ～ 4 个月后发生不规则阴道流血，断续不止，开始量少，以后逐渐量多，且反复大量流血，有时可自然排出水泡状组织，此时出血往往量多如崩。②腹痛：当葡萄胎增长迅速，子宫急速膨大时，可引起下腹胀痛。葡萄胎流产间歇性出血前常伴阵阵下腹隐痛。③子宫异常增大：由于绒毛水肿及宫腔积血，多数患者的子宫大于相应停经月份的妊娠子宫，且质地极软，但少数患者的子宫大小与停经月份相符甚至小于停经月份，可能因水泡退行性变、停止发展的缘故。④卵巢黄素囊肿：一般不产生症状，偶有急性扭转而致急腹痛。在葡萄胎排出后自行消失。⑤妊娠高血压综合征征象：由于产生大量绒毛促性腺激素（HCG），因此呕吐往往重于正常妊娠。大约有半数葡萄胎患者可出现高血压、水肿、蛋白尿等征象，严重者可以发生心力衰竭。⑥无胎心可及：子宫增大如孕 5 个月大小时尚摸不到胎体，听不到胎心、胎动。⑦贫血和感染：反复阴道出血而未及时治疗，必然导致贫血，亦容易招致感染。感染可局限于子宫附件，也可导致败血症。

辅助检查：①绒毛促性腺激素测定（HCG）。②超声检查：主要有下列两种：B 超检查，超声多普勒探测胎儿。

2. 鉴别诊断

流产：不少葡萄胎患者最先被误认为先兆流产。但葡萄胎患者的子宫多大于同期妊娠子宫，孕期超过 12 周时 HCG 水平仍很高。B 超图像显示葡萄胎特点。

双胎妊娠：子宫较同期单胎妊娠大，HCG 水平亦稍高，易与葡萄胎混淆，但双胎妊娠无阴道流血，B 超显像可确诊为双胎妊娠。

羊水过多：可使子宫迅速扩大，虽多发生于妊娠后期，但发生在中期者需与葡萄胎相鉴别。羊水过多时一般不伴阴道流血，HCG 水平较低，B 超显像可确诊。

（二）侵蚀性葡萄胎和绒毛膜癌

诊断：侵蚀性葡萄胎和绒毛膜癌的临床表现很相似，但侵蚀性葡萄胎多在葡萄胎排出后 6 个月内发生。绒毛膜癌可继发于葡萄胎、流产或足月分娩后，其发生比例约为2∶1∶1，少数可发生在异位妊娠之后。绒毛膜癌发生距离前次妊娠可数月至数年，也偶有在妊娠时即变为绒毛膜癌的。①阴道不规则出血：葡萄胎完全排出后或流产、足月产后有不规则阴道出血，量多少不定，妇科检查子宫复旧延迟。②腹痛：瘤组织侵及子宫壁或子宫腔积血引起下腹胀痛，也可因瘤组织穿破子宫或脏器转移灶破裂形成腹腔内出血而致急性腹痛。③转移灶表现：症状、体征视转移部位而异。肺转移多有咳嗽、血痰或反复咯血，有些可出现胸痛及血胸。X线胸片最初表现为肺纹理增粗，很快出现小结节状阴影，以后因病灶扩大呈棉球状，更大为团块状。阴道转移灶多位于阴道下段前壁呈紫蓝色结节，一旦破溃可引起大出血。脑转移常继发于肺转移后，可因病灶的大小及所在部位不同而产生不同的中枢神经功能障碍症状，如头痛、呕吐、抽搐、偏瘫及昏迷，一旦发生致死率高。其他如胃、肠、肝、肾等均可以有转移灶，皮肤局部亦可以发生转移。

辅助检查：① HCG 测定：一般葡萄胎清除后 12 ～ 18 周 HCG 值降至正常，若仍持续高水平，或 HCG 曾一度降至正常水平又迅速升高，临床已排除残余葡萄胎、黄素囊肿或再次妊娠，可诊断为侵蚀性葡萄胎。葡萄胎流产后 1 年以上血清 HCG 值上升可结合临床诊断为绒毛膜癌。人工流产和自然流产后分别约需 19 日和 30 日，足月妊娠分娩后 12 日，异位妊娠为 8 ～ 9 日，HCG 降至正常值。若超过上述时间，HCG 仍持续在高值并有上升，结合临床情况，绒毛膜癌诊断可以确定。②声像学诊断：B 超为非侵入性检查，可以早期发现葡萄胎组织侵入子宫肌层的程度，协助诊断子宫内滋养细胞肿瘤病灶。宫壁显示局灶性或弥漫性强光点或光团与暗区相间的蜂窝样病灶，应考虑为侵蚀性葡萄胎或绒毛膜癌。彩色多普勒超声因可反映绒毛膜癌所致的血流信号，故能进一步提高子宫绒毛膜癌诊断的准确性。③组织学诊断：侵入子宫肌层或子宫外转移灶的切片中，见到绒毛结构或绒毛退变痕迹，即可确诊为侵蚀性葡萄胎。若送检标本中，仅见大量滋养细胞及出血坏死，无绒毛结构则诊断为绒毛膜癌。

三、治疗

（一）葡萄胎

1. 西医治疗

清除宫腔内容物：葡萄胎确诊后应及时清除宫腔内容物。葡萄胎的子宫大而软，收缩力差，容易发生大出血和子宫穿孔。在进行吸宫术时，术前应做好输血准备。充分扩张子宫颈管，选用大号吸管吸引，待子宫缩小后轻柔刮宫。术时使用催产素静脉滴注加强宫缩可减少失血及子宫穿孔，但需在宫口扩大后给药，以防滋养细胞压入宫壁血窦，促使肺栓塞或转移。一般尽量一次吸干净，子宫过大者可在一周后第二次刮宫，每次刮出物均需送病理检查。

子宫切除：年龄在 40 岁以上恶变机会多，或经产妇子宫长大较速者，应劝其切除子宫，以防癌变。年轻患者可考虑保留卵巢。

黄素囊肿的处理：因囊肿可自行消退，一般不需处理，有时发生扭转，须按卵巢囊肿扭转急诊手术。

预防性化疗。

葡萄胎处理后应避孕 2 年，宜用阴茎套或阴道隔膜。宫内节育器可混淆子宫出血原因，含有雌激素的避孕药有促进滋养细胞生长的作用，故都不宜采用。但如果在一年内已经怀孕，且 B 超检查正常者，不需进行流产手术。

2. 中医治疗

气滞血瘀证：治当活血祛瘀，方用桂枝茯苓丸加减。

血瘀血虚证：治当养血祛瘀，方用桃仁四物汤加减。

上方水煎服，每日 1 剂，胎下即止，不可久服。

葡萄胎一经确诊，清宫被列为首选，中药可作为清宫术后辅助治疗措施。如有用复方蜂房汤作为葡萄胎术后的预防性治疗，药用当归、泽兰、山甲珠各 9 g，软蜂房 6 g，茯苓 12 g，丹参 15 g，山楂 18 g。水煎服，每日 1 剂，5 剂为 1 个疗程。亦有用加味生化汤治疗的，药用当归、赤芍、牛膝、蒲公英、天花粉各 12 g，桃仁、五灵脂、蒲黄各 10 g，益母草 30 g，川芎、甘草各 3 g。

（二）侵蚀性葡萄胎和绒毛膜癌

1. 西医治疗

治疗原则：以化疗为主，手术为辅，尤其是侵蚀性葡萄胎，化疗几乎替代了手术，但手术治疗在控制出血、感染等并发症及切除残存病社或耐药灶方面仍占重要地位。滋养细胞肿瘤行单纯化疗、保留生育功能者，需彻底治疗，必须在临床治愈后再巩固 1 ～ 2 个疗程化疗，然后再出院进行随访。单纯化疗后生育的子代均健康和智力发育良好。

手术治疗：手术适应证为，原发灶或转移灶引起急性大量内出血、休克者；子宫灶向宫腔内穿破，引起急性大量阴道出血；子宫、盆腔等病灶过大，经多个疗程化疗后，病灶不消退或消退不明显；病灶局限且对化疗有耐药的病例。一般手术前先行 3 日化疗，术后继续化疗。

放射疗法：对化疗不敏感、手术有困难者，可用放射治疗，如肺、盆腔、腹腔有孤立病灶，用 $^{60}C_0$ 或深度 X 线照射；脑转移者，可用全脑照射。

2. 中医治疗

用中药治疗侵蚀性葡萄胎和绒毛膜癌也取得一定疗效，一般对早期较好，对晚期较差；对侵蚀性葡萄胎较好，对绒毛膜癌较差。目前，单味中药抗癌可用天花粉 10 mg 加入生理盐水 500 mL 中滴注，5 ～ 7 日 1 次。但必须注意对天花粉过敏，使用前应做皮试。还有穿心莲、西豆根等。从辨证角度出发认为本病大多数属血瘀证型，治当以活血化瘀为主，辅以养阴益气育肝、清热泄火解毒，根据病情选用下列 10 ～ 15 味组方，活血逐瘀药：䗪虫、虻虫、水蛭、桃仁、红花、当归、三七、花蕊石、牛膝、半枝莲；生血益气养阴育肝药：当归、党参、沙参、玉竹、地黄、白芍、麦冬、黄精、黄芪、百合；清热泻火解毒药：栀子、大黄、蒲公英、大血藤、代赭石、云母石、紫草、牡丹皮、土茯苓、半枝莲、甘草。

研究表明，中西医结合是治疗滋养细胞肿瘤的有效途径，早期可用单味中药或复方辨证抗癌药，晚期在化疗、放疗的同时配合中药扶正祛邪，可有效消除严重的副作用，保护机体免疫力，提高患者对化疗的耐受力，使化疗作用得到充分发挥。

预后：侵蚀性葡萄胎一般均能治愈，个别病例可死于脑转移。绒毛膜癌的死亡率已由过去无化学治疗年代的 90% 左右降低为 20% ～ 30%，其中多数亦死于脑转移。

第二节　心因性不孕

心因性不孕，指不孕患者所有的临床及病理检查均不能确定病因，其心理、社会因素在发病及病程演变中起着重要作用，具有可缓解和复发倾向，患者常有同一疾病或类似疾病的家庭史。据了解，一般有 5% ～ 15% 的妇女在育龄期有过不孕经历，约 20% 的不孕者与心理因素有关。

一、病因病理

心因性不孕的发病因素十分复杂，生物学因素（如遗传素质）和社会因素、心理因素往往交织在一起，共同起作用。

一般情况下，七情是人体对客观外界事物的不同反应，属于正常的心理活动范围，并不致病。只有突然、强烈或长期的情感刺激，才能影响人体的生理，使脏腑气血功能紊乱，导致疾病发生。因为人的情感活动与内脏关系密切，情感活动是以五脏精气作为物质基础的，外界的各种精神刺激只有作用于有关内脏，才能表现出相应的情感变化。情感的不同变化，对内脏有着不同的影响，使气机升降失常，阴阳失调，气血功能紊乱。大怒则气上，可使肝的疏泄功能失常，引起昏厥；过度悲哀，则情绪消沉、肺气耗伤，是谓悲则气消；过度恐惧，则肾气不固，气陷于下，二便失禁，是谓恐则气下；突然受惊，以致心无所依，神无所附，慌乱失措，是谓惊则气乱；思虑过度，以致气机阻滞不畅，脾胃运化无力，是谓思则气结。根据临床观察，精神刺激能够影响内脏功能。

二、诊断

1. 诊断原则

引起心因性不孕的原因非常复杂，所以正确诊断并非易事。作为医生，首先须在系统掌握生物医学知识的同时，学习精神医学、变态心理学、医学心理学、健康心理学、社会心理学、心理诊断学等有关科学知识，且训练有素，富有临床经验，方能胜任此项工作。在临床上，此项工作常非一人能够完成，有时需由医生、心理学家、精神医学专家以及社会工作者通力合作。

2. 诊断标准

一般来说，诊断包括躯体状态的诊断和心理状态的诊断两大部分。心理诊断的主要方法为运用医学专业知识和心理学知识相结合的方法了解病情，了解社会心理的应激，用量表进行生活事件的调查。躯体诊断主要依靠妇科及神经科检查和必要的辅助检查。

3. 临床心理特征

假孕体验：主要在暗示性强或癔症性格者中多见，可有妊娠反应、停经、腹部隆起甚至自感胎动等症状。临床检查其他方面均正常。

绝望心理：不孕早期患者常紧张不安、消极、焦虑，甚至有绝望之念。

耻辱心理：因不能生育子女自感自卑无能，被歧视耻笑，感到烦闷、压抑、悲伤、羞于见人。家庭不安全感。夫妻常因不能生育而相互埋怨、指责，家庭关系紧张，整日提心吊胆，忧心忡忡，惶恐不安。

羞于启齿和乱投医心理：前者易延误病情，后者易受骗上当，还可能导致其他更严重的后果。

三、治疗

基本原则：建立良好的医患关系；重视患者的个性特征和心理活动；对患者及其所患病症动态的把握和处置；抓住主要病理机制；借助多种方法综合调治，达到预期效果。

治疗方法：治疗中首先去除内外环境及精神因素的影响，对不孕症的妇女应该给予同情和关怀，消除因情绪引起的性功能障碍；其次是加强体质和健康锻炼，加强营养，积极治疗全身慢性病灶。

给患者讲解性知识，预测排卵期。性交应在排卵前 2 ～ 3 日或排卵后 24 小时内进行，这样受孕几率较大。对子宫后位者，性交时应抬高臀部。保持愉快情绪，心情舒畅地进行性交，性交次数应适度，不能过频或过稀。

中医治疗：应用心理学辨证施治。中医理论十分重视精神因素的影响。《素问》指出“精神不进，志意不治，故病不可愈”，主张治病要调动患者的积极性，增强信心，充分发挥内因在治疗中的作用。不孕妇女的身心都蒙受着极大的痛苦，表现为恐惧、烦躁、焦虑、心神不定等情绪。医院的环境、人际关系及作息时间都同家里不同，使患者感到不习惯。这需要我们尽快了解患者的心理活动和病情，运用中医理论中的整体观念，辨证施治。在治疗中，我们不能只看见一个患病的躯体，而要从调节心理和躯体的平衡入手，从身心两方面进行治疗，从而达到整体治疗的目的。

应用七情致病理论进行心理治疗：《素问》云“怒伤肝，悲胜怒”“喜伤心，恐胜喜”“思伤脾，怒胜思”“忧伤肺，喜胜忧”“恐伤肾，思胜恐”，如对愤恨大怒引起的疾病，首先想到用悲胜怒的方法缓解疏导患者，以此来制约亢奋或者是横逆的肝气。其他的则可以举一反三，了解具体病因，根据七情致病的特点和相互间的关系，采取对应的措施，使患者在治疗中得到康复。

心因性不孕的防治应注意以下几点：①要求临床工作者（医师）采取心理和躯体相结合，心理疏导和生物反馈疗法相结合的方法，改善和纠正不健康心理，增强机体免疫抗病能力。②提高诊断技能并进行针对性治疗。③培养健全的人格，增强心理应激的承受力和抗病能力。④可给予心理疏导、暗示疗法、音乐疗法、催眠疗法、气功疗法及辅助用药，调节自身心态，以适应社会发展的需要。⑤提供精神文明，讲社会公德，培养良好的人际关系，减少和缓解心理冲突，提高应激能力，以适应社会发展的需要。⑥普及医学心理学知识，提高对心身健康的认识，增强心理素质，锻炼身体，增强机体免疫力，以理智应对突发事件，锻炼和提高心理应激的承受能力，避免心因性不孕。

第三节　原因不明性不孕

原因不明性不孕是指夫妇双方经常规不孕检查而未发现有明显影响生殖过程的因素存在的一类不孕症。在男性，指其性功能和射精功能正常，精液分析正常。在女性，长期以来对于常规不孕检查的项目指标没有一个统一的标准。一般认为应包括：排卵监测正常；催乳素（PRL）水平正常；子宫、阴道、外生殖器正常；双侧输卵管通畅；性交后试验正常。此外，在有条件的生殖中心，对上述未找到原因的患者应常规做腹腔镜检查。因不孕原因不明，以往也称该症为功能性不孕症。

一、病因病理

原因不明性不孕症除一部分是延迟受孕外，绝大多数是有原因的，只是迄今未明。常见的原因不明性不孕症的病因如下。

年龄：女性年龄超过 35 岁，特别是 40 岁以后，虽然临床及其他辅助检查均正常，但其自然生育能力会下降。35 岁以上女性不孕者，原因不明者比例增高。对于男性，年龄往往不成为问题，一般 50 岁以上才可能有影响，70 岁以上仍可能有生育功能。

盆腔子宫内膜异位症：是不孕的主要原因之一，约占 10% ～ 15%，但实际可能超过此数。因为有许多轻症的患者可无临床表现，却可引起不孕症，通过腹腔镜检查，可使原因不明性不孕症的诊断率由 10% 降到 3.5%。但腹腔镜并不能诊断所有的盆腔子宫内膜异位症，如子宫腺肌瘤、输卵管和宫颈子宫内膜异位症等。

黄体功能不全：指黄体发育和功能不全，孕激素分泌不足，子宫内膜分泌不良，伴有月经失调的综合征，在不孕症中占 3.5% ～ 10%。由于临床上对其缺乏简便而又准确的诊断方法，常会漏诊而诊断为原因不明的不孕。

免疫因素：自身免疫性卵巢炎作为自身免疫性不孕和卵巢早衰的重要原因之一正受到重视。

卵泡不破裂黄素化综合征：卵泡发育未成熟或成熟后，卵泡未破裂而颗粒细胞即发生黄素化。

子宫过度后倾：因宫颈口朝向前穹窿，而精液储存在后穹窿，精子不易进入子宫。

精神心理因素：精神紧张，心理因素的不稳定直接影响月经周期和排卵，并影响性欲和性功能等，最后导致不孕。临床并不少见。更多的人精神紧张、思想负担过重、忧虑等，并无上述明显异常，却也能引起不孕。民间常有不孕者在领养他人的孩子后自身受孕，并以领养作为治疗方法的，多属此类。

体重变化：临床已注意到过度肥胖或消瘦将影响生殖功能，其实体重的急剧变化对生殖功能的影响比绝对值更有意义。一年内体重增加或减少 10% 时，月经紊乱的发生率明显升高。

慢性呼吸道疾病：如支气管扩张症、慢性鼻窦炎、慢性支气管炎等。有时可能伴随精子尾部纤毛异常，导致精子运动障碍，如纤毛不动综合征。

其他：不孕症患者中，约 2% ～ 3% 与性功能障碍有关，由于患者出于害羞的心理，就诊时不主动相告。需要医生耐心全面地采集病史和细致的体格检查，有时甚至是做性交后试验（PCT）时发现疑问追问病史才能了解。性交稀少，即性交次数平均每个月少于 2 次，也可能是某些夫妇不孕的原因，除非性交有意安排在易受孕期。这类患者都有可能被划入原因不明性不孕之列。

此外，全身性疾病如甲亢、甲低、糖尿病等，环境与职业对生殖的影响，维生素和微量元素缺乏对生殖的影响，药物、烟、酒、毒品对生殖的影响等，未被检查或了解时，都有可能被认为是原因不明性不孕症。

二、诊断

原因不明性不孕症诊断采用的是排除诊断法，针对不孕症常见的病因，以先简易后复杂、先男方后女方为原则，选择检查方法，当同时符合下列条件时方可诊断为原因不明性不孕。

足够的阴道性交频度：每个月至少 2 次，一般认为如以排卵监测作为指导日期的，则不受此项限制。

证实持续排卵：排卵监测以 B 超为准，因为 BBT、血内分泌、宫颈黏液评分等，均有误差，且当出现 LUFS 时，可以出现排卵假象，影响判断。

血 PRL 正常：当 PRL 稍高于正常时，应予复查，并需考虑下列生理性因素对 PRL 值的影响。① PRL 呈脉冲分泌；②黄体期 PRL 升高；③饱餐后增高；④乳头刺激后增高。

子宫、阴道、外生殖器正常：阴道炎症、支原体、衣原体阳性一般不作为不孕症的原因，即不作为排除原因不明性不孕的因素。

双侧输卵管通畅：可通过输卵管通液试验、腹腔镜等方法证实。

男方原因不明，即性功能和射精功能正常，精液分析正常。

腹腔镜检查正常：腹腔镜检查被称为原因不明性不孕诊断的“金标准”，不孕症患者如未做腹腔镜检查，不能诊断为原因不明性不孕症，只能称未找到原因。

PCT 正常：尽管 PCT 有争议，但在不孕检查中有一定的地位，国外约 60% 的中心常规做 PCT 检查。当怀疑不孕者有性功能障碍时，它能证实射精已发生在阴道内。PCT 可提示精液 - 宫颈黏液的相互作用情况，可作为免疫性不孕的一种筛查方法。

三、治疗

不孕症的治疗主要是对因治疗和避因治疗。对因治疗是一种传统的治疗方法，如对排卵障碍者予促排卵、输卵管阻塞者予以重建通畅等。避因治疗主要是近年来发展起来的辅助生育技术，如输卵管无法重建通畅则以 IVF-ET 来解决，严重少精、弱精则以 ICSI 来辅助。但原因不明性不孕症是一种特殊的不孕症，即原因不明，无法进行对因或避因治疗，即使治疗其效果也没有其他原因明确的不孕症的治疗效果理想。

（一）西医治疗

1. 期待疗法

既然原因未找到，就不能排除一部分患者实质上并没有生殖缺陷，而只是延迟受孕。对这部分患者进行不孕治疗，不但干扰了他们的生殖过程，同时也干扰了他们的生活和工作。如长期测量 BBT 会给患者带来精神压力，并给正常生活带来一些限制，反复就诊和定期卵泡监测将消耗患者大量的时间、精力和财力，性生活将成为一种在他人安排下的纯粹为生育服务的工作。另外，不孕症的一些常规检查措施如 HSG、腹腔镜等，本身对不孕的某些因素有一定的影响，如子宫颈、子宫、输卵管、盆腔内环境，临床上也遇到不少不孕患者在 HSG 和腹腔镜检查术后数月受孕的病例。因此，对原因不明性不孕症并非越早治疗越好。当患者较年轻，非意愿性不孕时间不长且没有强烈的治疗要求时，首先考虑期待疗法。当然期待疗法并不是被动期待，而是有所为的疗法。首先是对不孕夫妇进行心理咨询、指导，使他们放松精神，正确对待目前的不孕状况，理解并配合期待疗法。其次是对不孕夫妇进行必要的生殖知识指导，一部分不孕只是对生殖知识缺乏了解。同时，有针对性地对不孕的病因做进一步探索。

期待疗法的时间不宜过长，以 6 ～ 12 个月为宜。另外，当患者年龄超过 30 岁，非意愿性不孕时间超过 3 年时，应积极治疗，因为有 3 年以上不孕史者极少能自然受孕。

2. 有控超促排卵（COH）

原因不明性不孕中部分与黄体功能不全有关，而黄体功能不全常见于增生期卵泡发育不良，因此，可用药物来促使卵泡发育。另外，由于原因不明性不孕患者本身是有排卵的，COH 的目的不仅是要促排卵，而且是希望得到比正常周期更多的且质量好的卵子，以增加胚胎着床率，提高妊娠率。一般每个 COH 周期有 2 ～ 4 个卵泡发育成熟为宜。

3. 宫腔内人工授精（IUI）

其作用是给予精子与卵子更接近的机会，可克服潜在的精子活动障碍和部分宫颈因素（包括免疫因素）造成的不孕。但是临床研究发现，单纯人工授精对自然周期无提高妊娠率的效果。

4.IVF-ET 和 GIFT

当无缺陷的 COH+IUI（即正常的精液、理想的 COH、适时和顺利的 IUD 三个周期后仍不孕，需要考虑改用 IVF-ET 或 GIFT 的原因是：①三个周期以后的 IUI 成功率逐次下降；②反复的 COH 可能是卵巢癌的诱因之一，虽无定论但应予重视；③由于原因不明性不孕症无法对因治疗，而 IVF-ET 和 GIFT 能更大限度地减少妊娠的体内过程，可能起到避因的作用。临床上也发现改用 IVF-ET 和 GIFT 后仍能达到 20% 以上的妊娠率。

5. 免疫异常的处理

避孕套可减少精子暴露在女性体内与精子抗体接触而介导的精子凝集与制动。一般采用避孕套，6 个月后滴度下降，每 3 个月复查一次滴度至正常为止，妊娠率为 57%。

免疫抑制：甲基强的松 60 ～ 100 mg/d，自月经周期最后一周开始至下一周期的第 2 周为止，也可用强的松 15 mg/d，共用 90 日，副作用较重。

精子洗涤 + 宫腔内人工授精：理论上通过洗涤可将抗原及抗体洗去，但洗涤后不能提高妊娠率。对精子穿透宫颈黏液有障碍者，洗涤后行 IUI 有助于妊娠。

IVF-ET.GIFT 等助孕技术：妊娠率与其他指征相同。GIFT 通过宫颈移植较好，因多移植在输卵管近端，不致受精子制动影响。

（二）中医辨证论治

1. 气虚

证候：婚后不孕，抗精子抗体阳性，神疲乏力，动则气急，月经先期，经行量多、色淡，带下，大便溏薄。苔薄，脉细。

治法：益气健脾，调冲助孕。

方药：举元煎加味。大便溏薄者，加炒扁豆、莲子肉；月经过多者，加仙鹤草、岗稔根；抗精子抗体阳性者，加忍冬藤、金银花。

2. 肾虚

证候：偏阳虚者，婚后不孕，神疲乏力，头晕耳鸣，腰膝酸软，性欲淡漠，四肢不温，小便清长，月经不调，经行量少、色淡，苔薄质淡，脉细；偏阴虚者，婚后不育，月经先期量少，形体消瘦，腰膝酸软，内热口干，大便干结，舌红少苔，脉细数。上述两者抗精子抗体检测均为阳性。

治法：偏阳虚者补肾益气，调冲助孕；偏阴虚者滋肾养阴，调冲益精。

方药：右归丸加减。偏肾阳虚者，加附子、肉桂；偏肾阴虚者，加龟甲、地黄；腰酸者，加桑寄生、狗脊；小便清长者，加紫石英、胡芦巴；内热者，加知母、黄柏；抗精子抗体阳性者，加忍冬藤、甘草。

3. 湿热

证候：婚后不孕，抗精子抗体阳性，带下增多，质黏且厚，小腹疼痛，大便秘结，口中黏腻。苔黄腻，脉濡数。

治法：清热利湿，解毒助孕。

方药：化湿消抗汤。药用萆薢、赤芍、牡丹皮、大血藤、土茯苓、薏苡仁、车前子、忍冬藤、甘草、金银花、连翘等，带下增多者，加椿根皮、白槿花；大便秘结者，加大黄；口中黏腻者，加黄连、川朴。

第十三章

女性不育症

第一节　流　产

妊娠28周前，胎儿体重不足1000 g，尚未具有独立生存能力，而被排出母体者，称为流产。发生在妊娠12周以前者为早期流产，在12～28周之间者为晚期流产。临床上以早期流产为多见。连续3次及3次以上自然流产称为习惯性流产。临床上将自然流产发生2次以上者，称为重复流产。习惯性流产在中医学中称为“滑胎”，亦称“数堕胎”。《医宗金鉴·妇科心法要诀·胎前诸证门》曰：“若怀胎三、五、七月，无故而胎自堕，至下次受孕亦复如是，数数堕胎，则谓之滑胎。”

一、病因病理

引起习惯性流产的原因比较复杂，而且常为多种因素共同所致。目前比较明确的病因有：①遗传因素：约占习惯性流产的4.5%～25%，如胚胎染色体的异常，流产多发生在妊娠8周以内。②内分泌因素：约占13%～20%，如卵巢黄体功能不全，为早期流产的常见原因。③生殖器官异常：约占12%～15%，如子宫发育不良、宫颈内口功能不全症等，多引起晚期流产。④感染因素：占2%，如病毒或细菌感染，一方面可导致胚胎发育异常，另一方面可引起生殖器官的炎症，不利于孕卵着床。

发生于妊娠8周以前者，多数胚胎先死亡，然后底蜕膜的海绵层出血、坏死及血栓形成。流产时多数是胚胎和整个胎囊与子宫壁完全剥离而排出，出血不多；发生于妊娠 8 ～ 12 周者，胎盘绒毛发育繁盛已深植蜕膜中，与蜕膜层联系较牢固，但尚未形成完整的胎盘，此时发生流产，胎盘不易完整剥离排出，易导致失血较多；发生于妊娠 12 周以后，此时胎盘已完全形成，往往先有腹痛，排出胎儿后相继娩出完整的胎盘。宫颈内口松弛者可导致习惯性流产，无腹痛，胎膜突然破裂，胎儿随即娩出，继之排出胎盘。若胎儿死亡较久，胚胎被血块包裹，最终形成血性胎块。

有关中医学对习惯性流产的文献论述，有许多是在“半产”“胎漏”“胎动不安”中一并论及的，因为习惯性流产同样具备一般流产的常见症状，只是更具“屡孕屡堕”“应期而堕”的特点。其病因病机与以下几个因素有关：

肾为先天之本。肾藏精，主生殖，胞络系于肾。肾的正常功能是维持正常妊娠和胎儿发育的必要条件。若先天禀赋不足，肾气、肾精未见充盛，影响胎儿发育不能成实，或房劳过度，或孕后纵欲所伤，以致肾气受损，肾精暗耗，或素体脾气虚弱，或劳倦忧思，内伤脾土。脾为后天之本，肾非后天之气不能生，脾非先天之气不能化，脾肾相资。肾虚则胎失所系，脾虚则固摄无载，胎失系载而堕，因虚损未复而屡孕屡堕而成滑胎。

脾为后天之本、生化之源。妊娠赖血养胎，赖气载胎。若素体虚弱，气血不足，劳伤过度，饮食不节，而致脾气虚弱，化源不足，气血虚亏，血虚则胎失所养，气虚则胎失所载而殒堕。胎元殒堕，气血重伤，故屡孕屡堕而为滑胎。

素体阴虚，肝后血聚养胎，阴血愈虚，阴虚生内热，热移冲任，损伤胎气，胎元失固，导致堕胎小产，因产时失血伤阴，虚损未复，复孕再堕而为滑胎。

二、诊断

1. 诊断要点

临床表现：①停经，正常月经逾期不至，多数者有早孕反应。②阴道出血，停经后阴道少量出血，或仅有暗褐色血迹，一般不超过月经量，无宫内妊娠物排出。有时阴道流血较多伴宫内妊娠物排出。③腹痛，下腹轻微疼痛，或无腹痛仅有腰部酸痛，或腰部酸坠做胀感。④“屡孕屡堕”是其突出特点。

体征：子宫增大与停经月份相符。无腹痛时，宫口松开，羊膜囊未破，有时可见突出宫口。

特殊检查：①尿妊娠试验：阳性。②血清 HCG 放射免疫测定：＞ 50U/L。③基础体温测定：持续高温相超过 18 日应考虑已受孕。④ B 超检查：子宫球形增大，可见孕囊、胚芽及胎心搏动，可确诊。如孕期＞ 12 周以上，可见宫内口较宽，若宽于 19 mm，羊膜囊突出宫口，又有多次流产史，诊断即可明确。⑤遗传学方面的检查：如夫妇双方染色体检查等，对此类患者尤其重要。⑥子宫输卵管碘液造影：了解有否子宫畸形及宫内病变等。⑦宫腔镜检查：了解宫腔形态，有无宫内病变如子宫纵隔、宫腔粘连、宫内口松弛等。⑧夫妇双方血型检查及抗体效价测定：了解有否母儿 ABO 血型不合，或 Rh 血型不合。⑨其他化验检查：男方精液常规，夫妇双方 HBV 检查，女方 FSH、LH、E_2、P 值（放射免疫测定），红细胞抗体、血小板抗体、抗精子抗体、抗心磷脂抗体（ACL），狼疮抗凝物（LAC），巨细胞病毒包涵体、支原体、弓形虫、白细胞混合培养。

2. 诊断标准

①自然流产连续发生 3 次或 3 次以上，多发生相同的妊娠月份，亦可发生在上次流产孕周之前。②习惯性流产的临床表现，可先为胎漏、胎动不安的先兆流产，亦可开始便势已难留而为堕胎小产。③宫颈内口松弛者，见于习惯性晚期流产，无腹痛、胎膜可突然破裂，随之胎儿排出。④实验室检查或 B 超检查能进一步明确诊断。

3. 鉴别诊断

本病在发病早期应注意与宫外孕、葡萄胎相鉴别。在临床诊断上也需与过期流产、难免流产等进一步分类诊断。

中医辨证要点：按中医辨证，滑胎在临床上以脾肾为关键，盖肾为先天之本，主生殖，胞脉者系于肾；脾为后天之本，气血生化之源，胎儿赖气血以荫养，所以治疗以健脾补肾为基本法则。

三、治疗

（一）西医治疗

一般治疗：卧床休息，禁房事，尽量减少不必要的妇科检查。

药物治疗：①黄体酮针剂。②维生素 E。③镇静药，苯巴比妥。④甲状腺素适用于甲状腺功能低下者。⑤泼尼松，适用于抗磷脂抗体阳性者。

手术治疗：宫颈内口松弛所致习惯性流产，可在孕 14 ～ 18 周时进行子宫内口缝扎术。

其他疗法：如免疫治疗，即采用丈夫或第三者的淋巴细胞、单核细胞或全血，多倾向于采用丈夫的淋巴细胞进行治疗。将精制的或净化的淋巴细胞或单核细胞在患者前臂内侧或臀部做多点皮内注射。注射时间可在妊娠前，或妊娠前 + 妊娠初期，成功率平均为 70% ～ 90%。常用的方法是在妊娠前免疫 2 ～ 4 次，每次间隔 2 周；妊娠后加强免疫效果，于妊娠初期加强免疫 1 ～ 3 次。

（二）中医辨证论治

1. 脾肾两虚

证候：屡孕屡堕，甚或应期而堕，腰膝酸软，头晕耳鸣，神疲肢软，气短懒言，纳少便溏，夜尿频多，眼眶暗黑，面部暗斑。舌质淡嫩或淡暗，脉沉弱。

治法：补肾健脾，调理冲任。

方药：补肾固冲丸。药用菟丝子 240 g，续断、巴戟天、当归、鹿角霜、枸杞子、杜仲各 20 g，熟地黄 150 g，阿胶、党参各 120 g，白术 90 g，大枣（去核）50 枚，砂仁 15 g，蜜炼成丸，每日 2 ～ 3 次，每次 6 g，宜在孕前服用，经期停服，2 个月为 1 个疗程。本型也可用寿胎丸加减。面色晦暗、肢冷畏寒者，酌加肉桂 3 g，补骨脂 9 g，淫羊藿 18 g，以温阳补肾；小便频数、入夜更甚者，加益智仁 12 g，桑螵蛸 15 g，以固肾缩尿；脾虚食少、苔白腻者，酌加茯苓 9 g，陈皮 9 g，白蔻 3 g，以健脾渗湿，助其运化；阴道下血者，加地榆炭 10 g，仙鹤草 30 g；腹胀者，加木香 6 g，苏梗 15 g，陈皮 6 g，香附 15 g，胀消药减，以免伤气。

2. 气血虚弱

证候：数堕胎，面色白，或萎黄，头晕心悸，神疲乏力，甚或月经不调，流产后受孕艰难。舌淡苔薄，脉细数。

治法：补气养血。

方药：泰山磐石散。小腹空坠不适者，重用党参、黄芪，加升麻以升阳举陷；形寒肢冷、小腹冷痛者，酌加巴戟天、肉桂、小茴香、艾叶以温阳散寒，暖宫止痛；心悸失眠者，酌加炒酸枣仁、柏子仁以养心安神；血虚症状明显者，加鹿角胶、阿胶（烊化，冲服）以增强养血之力，助阳生阴长之效；腹胀者，加木香、砂仁，以理气健脾并使之补而不滞；便溏者，减熟地黄，加茯苓、芡实、莲子。妊娠最忌腹泻（易导致堕胎），要及时早治，症状消失即去茯苓、芡实。

3. 阴虚血热

证候：屡次动血堕胎，血色鲜红或紫红，质黏稠，两颧潮红，手足心热，烦躁不宁，口干咽燥，形体消瘦。舌质红，苔少，脉细数。

治法：养阴清热。

方药：保阴煎加味。口干咽燥甚者，加麦冬、石斛以养阴生津；腰膝酸软者，加桑寄生、菟丝子以强腰固肾；胸胁乳房胀痛者，加香附以疏肝理气解郁；出血者，加地榆炭、仙鹤草、藕节炭以凉血止血。

四、预防与调护

夫妇双方进行详细的体格检查以了解原因，包括精液检查、卵巢功能测定、子宫输卵管碘液造影、宫腔镜检查、染色体核型分析、基础代谢测定、巨细胞病毒包涵体、支原体、弓形虫、红细胞抗体、血小板抗体、抗精子抗体、抗心磷脂抗体（ACL），以及有关ABO血型或Rh血型不合等检查，以便明了病因，给予积极预防和治疗；在流产后1年内避孕；在月经稍有延期，基础体温持续不降（超过18日），疑有妊娠时，而应进行保胎治疗，直至超过以往流产月份。

中医对滑胎的治疗，同胎漏、胎动不安，但需注意两点：一是更强调心肾脾胃的治疗，尤其重视补肾固胎。但肾之固，必须使心肾相济，除用药上要注意心肾合治，心理上的疏导不容忽视，要求患者稳定情绪，特别是出现腰酸辣、小腹胀痛作坠、胎漏见红的先兆症状时，心理安和，情绪稳定十分重要。当然经诊断已无保胎价值者，又当从速促使流产，免致流血过多，损害健康，影响身体恢复。二是防重于治，在滑胎之前服补肾安胎药。一般自孕后开始服药，同时注意“3、5、7”数的时期，即孕50天、70天及3个月、5个月、7个月的时期，也就是易流产时期，当先为防范，加强补肾安胎及心理疏导，以安度危险期，获取较好疗效。

第二节　早　产

妊娠满28周至不满37周的分娩，称为早产。在此阶段娩出的新生儿，称为早产儿。其各器官的发育均不够成熟，称之“低体重儿”或“早产儿”。早产约占所有分娩数的5%～15%，早产儿中约有15%于新生儿期死亡，另有5%的早产儿虽能存活，但留有智力障碍或神经系统后遗症。也有人认为，75%以上的围产儿死亡与早产有关。积极预防早产对提高围产儿生存率、优生优育、增强人口素质有重要意义。

中医学称早产为“半产”“小产”，或“半生”。

一、病因病理

约 30% 的早产无明显原因。常见诱因有：

（1）孕妇方面：①合并子宫畸形（如双角子宫、纵隔子宫）、子宫颈松弛、子宫肌瘤。②合并急性或慢性疾病，如病毒性肝炎、急性肾炎或肾盂肾炎、急性阑尾炎、病毒性肺炎、高热、风疹等急性疾病，以及心脏病、糖尿病、严重贫血、甲状腺功能亢进、高血压病、无症状菌尿等慢性疾病。③并发妊娠期高血压综合征。④吸烟、吸毒、酒精中毒、中度营养不良。⑤其他，如长途旅行、气候变换、居住高原地带、家庭迁移、情绪剧烈波动等精神体力负担，腹部直接撞击、创伤、性交或手术操作刺激等。

（2）胎儿胎盘方面：①前置胎盘和胎盘早期剥离。②羊水过多或过少、多胎妊娠。③胎儿畸形、胎死宫内、胎位异常。④胎膜早破、绒毛膜羊膜炎。

中医学认为，“小产”和“半产”多由胎漏、胎动不安进一步发展所致，故其病因与胎漏、胎动不安基本相似。小产多因素体虚弱、肾气不足，以致胎元不固。肾气不足、气血亏损，受胎不实，而胎动不安，以致堕胎小产；或因脾胃虚损，或房劳不慎，精亏血少，暗损精血，冲任虚损，胎失所系，而堕胎、小产；或因热病温疟，或跌扑损伤，或因七情所伤，或饮食不节等，致使气血失调，胞脉受损而堕胎小产。

二、诊断

1. 诊断要点

临床表现：孕满 28 ～ 37 周前，出现下腹或腰坠胀，或阵发性宫缩，每 5 ～ 10 分钟一次，持续 30 秒，有时有阴道出血，或破膜流液。

体格检查：腹部子宫底高度与妊娠月份相符，子宫有规律性收缩 5 ～ 10 分钟，持续 30 秒。肛查宫口开大 2 cm 以上；胎膜早破，阴道有羊水流出。

特殊检查：①肛诊了解宫颈口扩张情况，如胎膜早破则应在严格消毒条件下做阴道检查。②用石蕊试纸测查阴道分泌物 pH，或在阴道分泌物中找羊齿状结晶，了解有无破膜。如果 pH 呈碱性且羊齿状结晶阳性，可诊断为胎膜早破。③ B 超检查，了解胎儿情况，包括是否多胎、胎位情况、胎儿是否存活或死亡。了解羊水情况也可协助诊断是否胎膜早破。宫颈长度超过 2 cm 作为早产的诊断标准。④血、尿常规检查，以协助对症处理。

2. 诊断标准

妊娠满 28 ～ 37 周前，出现阵发性并有规律性宫缩，间隔 5 ～ 10 分钟，每次持续 30 秒，或有阴道出血，或流液，肛查宫口开大 2 cm 者，当属临产，宫口开大 4 cm 则早产将不可避免。

宫缩不规则，见红，宫口未开及胎膜未破。

3. 鉴别诊断

子宫收缩呈规律性与妊娠晚期生理性不规则宫缩有区别。破膜者，阴道分泌物 pH 呈弱碱性，应与妊娠晚期阴道分泌物较多相区别。还可检查羊齿状结晶，以协助诊断。

早产腹痛（宫缩）与先兆早产、妊娠晚期合并阑尾炎等所发生的腹痛，应加以鉴别。早产出现的阴道少量血性分泌物，应与前置胎盘、胎盘早剥等引起的阴道出血相鉴别。

三、治疗

（一）西医治疗

早产的处理原则如下：

有早产风险的孕妇应积极处理，预防早产。

对先兆早产应积极处理。采取左侧卧位至少 2 小时，平衡液 500 mL，以 100 mL/h 的速度静脉滴注，以改善胎盘灌注量，同时了解宫颈的退缩及扩张情况。观察 30 分钟后重复 1 次，如进展至真正早产，则按早产处理。

对于合并胎膜早破患者的处理。①阴道检查明确诊断，做宫颈阴道分泌物培养。② B 超确定胎龄、胎头先露及羊水量。③妊娠＜ 36 周，观察 6 ～ 12 小时未临产者，则行药物引产。④妊娠＞ 36 周者，应用期待疗法：密切注意早期感染症状及体征，注意监测感染指标；留羊水找 PG（磷脂酰甘油），以估计胎肺的成熟情况；促胎肺成熟可用地塞米松，隔 7 日后未临产，可重复治疗。增加肺表面活性物质、肺顺应性及肺容量。⑤产时密切加强对胎儿的监护，以预防胎儿缺氧和酸中毒。

抑制宫缩有多种药物如硫酸镁、阳－受体兴奋剂、前列腺素合成制剂、钙通道拮抗剂及催产素拮抗剂等。但由于下列原因，可能对每一种药物的疗效难以判定：

①对早产的确切发病原因了解不详；②有 30% 的早产不用药，宫缩也能自然停止；③判断疗效的标准不一。目前趋向于联合用药或几种药物交替使用，可增加疗效，减少副作用。

（二）中医辨证论治

1. 肾虚

证候：孕中晚期，腰腹酸坠，小腹阵痛，阴道少量下血，血色暗红，肢软，小便频数，夜尿多，或耳鸣。舌淡，苔白，脉沉细而滑。

治法：以固肾安胎为主，兼以养血益气。

方药：补肾安胎饮加减。药用菟丝子 30 g，党参、阿胶、续断各 30 g，白芍、杜仲、桑寄生各 20 g，甘草 9 g。小便频数重者，加益智仁、覆盆子各 20 g，以温肾固涩。

2. 气血虚弱

证候：孕中晚期，小腹坠胀疼痛，腰酸肢软，或有阴道出血，量少，色淡红，质稀薄，精神倦怠，面色㿠白，乏力，心悸气短，纳呆，便溏。舌淡，苔白，脉细滑无力。

治法：补气养血安胎。

方药：补中安胎饮加减。药用党参、黄芪、熟地黄各 20 g，白芍、黄芩、菟丝子各 20 g，苏梗 15 g，甘草 9 g。出血者，加阿胶；纳呆、便溏者，加山药、砂仁；腰酸肢软者，加桑寄生、续断。

3. 血热

证候：孕中晚期，有胎动不安证，并见阴道下血，色红，心烦不安，口干咽燥，尿少便结，喜冷饮。舌红，苔薄黄，脉滑数。

治法：养血清热安胎。

方药：保阴煎加减。胎动不安心烦者，加麦冬、茯神各 20 g。

4. 外伤

证候：孕中晚期，跌扑闪挫后，突然胎动不安，腰酸腹坠痛，或阴道下血，胎动欲坠。舌脉正常或舌暗，脉弦滑。

治法：补养气血，固肾安胎。

方药：寿胎丸加味。药用菟丝子、桑寄生、阿胶、黄芪、续断、芝麻、党参、白术、香附等。胎损难留，或已有胎儿排出，或下血较多者，宜用生化汤加减。

四、预防与调护

做好孕期保健，普及宣传妊娠知识，对孕妇进行孕期卫生指导，预防妊娠并发症发生，这对预防早产极为重要；宜心情舒畅，乐观，七情不可过激；应起居有节，避免疲劳，避风寒，防止外感等病发生，若有出血应卧床休息；严禁房事，避免持重、攀高、涉远，谨防跌扑闪挫；宜食清淡、易消化、富有营养的食物，多吃水果、蔬菜，忌辛辣之品，保持大便通畅；腹痛阵阵加剧，胎膜早破，保胎无望，应尽快终止妊娠。

第三节　胎儿血型不合

该病是孕妇与胎儿之间因血型不合而产生的同族血型免疫性疾病。胎儿由父亲遗传而获得的血型抗原恰为母亲所缺少，此抗原通过胎盘进入胎儿体内血循环，这种抗原体相结合或新生儿溶血的严重程度，可导致新生儿早发性黄疸、心力衰竭、核黄疸后遗症，甚至导致流产或死胎。临床上以 ABO 血型为多见，一般病情轻，危害性小；其次是 Rh 血型不合，发病率低，但病情重，常导致胎儿宫内死亡或新生儿核黄疸。我国绝大多数人 Rh 血型为阳性。ABO 血型不合中，以孕妇为 O 型、胎儿为 A 型或 B 型者多见。Rh 血型已确定有 5 个抗原，分别为 CDEce，其中以 D 抗原较强，引起 Rh 血型不合的发病率较高，当孕妇为 Rh 阴性，胎儿为 Rh 阳性时，出现母儿血型不合的几率增加。

中医学中无相关的病名，现代一些医家认为该病的发生多由湿热内蕴、热毒侵袭所致。

一、病因病理

ABO 血型不合，多见于母亲为 O 型，胎儿为 A 型或 B 型。一方面，母亲为胎儿的 A 型或 B 型抗原致孕妇产生 IgG 抗 B 免疫抗体，该抗体分子量较小，极易通过胎盘进入胎儿体内，引起胎儿溶血。另一方面，ABO 血型不合虽然较多见，但临床不一定发病，这与胎儿体液中存在的 A 型或 B 型物质中和母体免疫抗体，以及可能由于胎儿红细胞较少，被破坏的胎儿细胞所产生的胆红素亦少并能很快被胎儿肝脏清除有关。

Rh 血型不合，一般第一胎不发病，发生于孕妇为 Rh 阴性，胎儿为 Rh 阳性的情况。胎儿的 Rh 阳性抗原经胎盘到达母体，刺激母体产生相应抗 Rh 抗体，此抗体经胎盘再回到胎儿，造成胎儿溶血。在 Rh 血型的 5 种抗原中，抗原性最强为 D 抗原，引起溶血的发病率亦多，故临床将有 D 抗原存在者都定为 Rh 阳性。

由于胎儿循环中含有大量母体免疫抗体，一部分被吸附在红细胞上，一部分呈游离状态在血清中。被吸附在红细胞上的抗体与抗原结合，加速红细胞的破坏。以上情况发生愈早，程度愈严重，对胎儿各器官的影响亦愈明显，危险愈大。ABO 血型不合的胎儿较少受到生命威胁。Rh 血型不合者在胎儿期发生严重溶血、严重贫血，可致胎儿全身水肿以及严重的腹腔积液及胸腔积液，甚至头皮亦可出现水肿——水肿胎儿。也可发生显著的骨髓增生及髓外造血，造成肝（脾）肿大，严重者可导致死胎。在新生儿期，随溶血程度不同，多出现不同程度的早发性黄疸。Rh 血型不合造成的新生儿黄疸较 ABO 血型不合为重。如处理不及时，发生核黄疸则可能造成严重运动与智力障碍后遗症，甚至引起新生儿死亡。

具有水肿胎儿的母体，其胎盘亦增大、增厚，绒毛及胎盘水肿，并常伴有羊水过多。

该病形成与孕妇本身体质因素有关，多由于湿热内蕴、热毒侵袭，使气血瘀阻、胞胎失养、邪毒内犯而成本病。

孕妇脾气素弱，或过食生冷，内伤脾阳，脾虚水湿不运而久蕴内生湿热，或素有湿热内蕴，因妊体虚，湿热内肆为患侵胎儿，胎失所养，故发胎动不安，胎死腹中。

素有湿热内蕴，阻碍气机，气血运行阻滞，冲任瘀阻，胎元不固，胎失荫养，故发胎动不安，子死腹中。

二、诊断

（一）诊断要点

1. 病史

凡以往有不明原因的流产、死胎、新生儿进行性贫血、严重黄疸、水肿，或婴幼儿核黄疸后遗症病史的孕妇，应考虑发生该病的可能。

2. 特殊检查

夫妇双方行血型检查：如果女方为O型，男方为A型、B型或AB型，应行孕妇血清学检查，必要时应行Rh血型检查。如果女方为Rh阴性，男方为Rh阳性，也应进行孕妇血清学检查。

孕妇血清学诊断方法：取孕妇血液6 mL（5 mL自凝血，1 mL抗凝血），另取丈夫血液2 mL，加入抗凝管内。母儿血型不合时，血清中抗体有完全和不完全两种，后者能通过胎盘进入胎儿体内，故测定孕妇血清中不完全抗体及其效价，对估计胎儿情况有临床实用意义。

新生儿血清学检查：取脐血6 mL，其中5 mL不加抗凝剂，1 mL加抗凝剂，做三项试验。①直接Coomb试验。②抗体释放试验。此法是为了解决患儿红细胞的遮断问题，通过释放试验，使新生儿红细胞上的Rh抗原释放出母体IgG抗体，以便正确鉴定出患儿的Rh血型。③游离抗体检查。用标准红细胞检测血清中有无游离的IgG抗体。

羊水检查：孕期血清抗体效价高时，可做羊水腔穿刺，抽羊水，测羊水中胆红素浓度，以确切了解胎儿的溶血程度，以便及时采取对策。一般最早在孕30～32周开始，必要时可每2周重复一次检查。

B超检查：观察胎儿是否出现头皮水肿、胸腔、腹腔积液，以及有否胎盘水肿情况。胎儿严重溶血时，可出现典型水肿。

（二）诊断标准

以往分娩史、输血史，凡上胎有病理性黄疸、贫血或明确诊断为Rh溶血病者，或为水肿胎儿、死胎者，均应警惕本胎有发生血型不合溶血病的可能。

实验室检查，先检查孕妇血型，若为O型或Rh阴性，应检查丈夫血型。若夫妇血型不合，则测孕妇抗体，此点在Rh溶血病中尤为重要。第一次一般可在妊娠第16周进行，作为抗体的基础水平。然后于20～30周做第二次测定，以后每2～4周重复1次，以监测抗体上升速度。

（三）鉴别诊断

新生儿黄疸者需与新生儿生理性黄疸相鉴别。生理性黄疸，一般发生于出生后第2～3日，黄疸程度轻，病程进展慢，不伴贫血及肝（脾）肿大，大多1周内自然消退。还应与先天性胆管闭锁相鉴别，其黄疸多于出生后第2～3周开始加重，粪便呈灰白色，无贫血症状，尿检查可见大量胆红素，血清直接胆红素明显增高。

新生儿水肿者应与先天性心脏病、多囊肾或其他肾先天畸形等疾病相鉴别。

三、治疗

（一）西医治疗

一般治疗：针对孕期出现的症状给予对症处理，如缺铁性贫血，口服铁剂如硫酸亚铁 0.3 g，每日 3 次，维生素 C 200 mg，每日 3 次。

药物治疗：为了提高胎儿抵抗力，于孕早、中、晚期（即孕 24、30、33 周左右）各进行 10 日的综合治疗。包括 25% 葡萄糖溶液 40 mL 及维生素 C 100 mg，每日静脉滴注 1 次；氧吸入每日 1 次，每次 20 分钟。

胎儿宫内监护：定期 B 超检查，观察胎儿发育情况及有无水肿。如疑为溶血病或水肿胎儿，更需密切进行 B 超检查，并在 B 超监护下行羊膜腔穿刺，进行诊断与治疗。

胎儿：宫内输血可以挽救一部分严重溶血且胎龄过小的胎儿，借以延长胎龄，甚至待胎肺成熟后再终止妊娠。①胎儿腹腔内输血：在孕 22 ～ 34 周，取与胎儿同型且无抗体的血液 50 ～ 100 mL，在 B 超引导下用长针刺入胎儿腹腔内注入。酌情每 1 ～ 4 周进行 1 次。②脐静脉输血：在 B 超引导下，行脐静脉穿刺，不仅可取血液检查胎儿血型，还可通过脐静脉直接注入血液。

血浆置换术：Rh 血型不合的孕妇，在孕期（24 ～ 26 孕周）胎儿水肿未出现前，可进行血浆置换术。

终止妊娠的指征：妊娠越接近预产期，抗体产生越多，对胎儿的危害越大。原则为既防止死胎，又防止因过早终止妊娠死亡。

产时处理：孕妇于预产期前二周提前入院。有产科指征才行剖宫产术。一般以自然分娩为原则。临产后缩短第二产程。分娩后立即断脐以减少抗体进入新生儿体内。保留脐带 6 cm 以 1∶1000 呋喃西林纱布包裹，外套消毒塑料袋，以备插管换血用。

新生儿处理：如 ABO 血型不合，多数病儿可不经特殊治疗而自愈，黄疸明显者，根据血胆红素情况予以：①蓝光疗法，每日 12 小时，分 2 次照射。②每日口服苯巴比妥 5 ～ 8 mg/kg。③胆红素高者给予每日 25% 白蛋白静脉注射 lg/kg，使游离胆红素结合，以减少黄疸的发生。④ 25% 葡萄糖静脉注射。⑤贫血严重时及时输血。如 Rh 血型不合，新生儿溶血较轻时，可用蓝光照射，口服苯巴比妥和少量输血等治疗；严密观察新生儿临床表现与胆红素的变化，随时决定是否换血；对严重贫血、水肿，或腹腔积液、肝脾肿大，且血胆红素值高的新生儿均应进行换血，换血后继续应用光疗和药物治疗，选用适当的抗生素预防感染，严密观察病情，必要时再重复换血。

（二）中医辨证论治

1. 湿热内蕴

证候：妊娠期腰酸腹痛，或有少量下血，色红，烦躁，胸闷，口腻，头晕腹胀，尿短黄，便干。舌红，苔薄黄腻，脉弦滑。

治法：清热利湿，养血安胎。

方药：茵陈蒿汤加味。脾虚者，加炒白术；阴道出血较多者，加苎麻根或阿胶。每日 1 剂，水煎服，分 2 次服用，直至分娩。

2. 气滞血瘀

证候：妊娠阴道下血色暗或小腹坠痛腰酸，口干不欲饮。舌质暗或边有瘀点，苔薄白，脉弦紧或涩。

治法：养血活血安胎。

方药：当归芍药散加减。药用当归、云苓、白术、白芍、菟丝子、牡丹皮、党参、黄芩、香附、砂仁。每日 1 剂，水煎服，分 2 次服用。

四、预防与调护

对有溶血病史的妇女，在妊娠期尤应加强一般指标的监测，提高母体的免疫力以及胎儿抵抗力，如加强母亲营养补充以利于胎儿生长，通过 B 超严密观察宫内胎儿发育情况；妊娠后定期随访，加强监护，采取预防治疗，阻止和减轻病情损害，临床应根据情况适时引产。

第十四章

精液异常

第一节　无精子症

无精子症，是指禁欲 5 ～ 7 日通过体外排精的方法取得精液，连续 3 次以上检验未找到精子，及精液离心、涂片镜检也未发现精子者，即称为无精子症。据统计，无精子症占男性不育症的 19% ～ 30%，是男性不育的常见原因之一。中医学一般将本症归类于绝育、无子等病范畴，属男科难治病症。

一、病因病理

睾丸是产生精子的唯一器官。睾丸生精障碍可出现于下列三种情况：一是睾丸组织内无任何生精细胞，又名唯支持细胞综合征；二是虽有生殖细胞，但多为幼稚型，不具有产生精子的能力，此为生精阻滞；三是虽可产生少量精子，但无排放精子的能力，这叫支持细胞障碍型。这三种情况可致无精子症。这是说睾丸虽有生精能力，但运输精子的通道不通，诸如双侧附睾结核、先天性输精管缺如或炎性堵塞，以及射精管、前列腺和尿道疾患等造成的精液不能排出，致临床检查精液中没有精子。射精功能障碍，如下射精症和逆行射精即属于此。做精液检查，也查不到精子。

此症的先天性因素，多为禀赋薄弱、肾精不足，以致生殖器官不发育或发育不良、缺损等。后天因素，主责于肾，肾主藏表，主生殖之本，房事无度，恣情纵欲，耗损肾精；或情志不遂，气机郁结，精管闭塞，精阻不出而致无精子症。

二、诊断

1. 诊断要点

病史及症状：临床上许多无精子症为特发性无精子症，无特殊病史及症状。若因上述不同病因引起无精子症，则会出现相应疾病的临床表现。

体征：除特发性无精子症外，根据不同病因，都有相关疾病的体征。

实验室检查：①精液检查：禁欲 5 ～ 7 天取精液，离心，沉渣涂片，连续 3 次以上检查均未发现精子。②精浆果糖测定：精浆果糖测定为零，提示精囊缺如。③睾丸活组织检查：判断睾丸的生精功能，有助于鉴别睾丸精子生成障碍所致无精子症和梗阻性无精子症。④输精管造影：观察是否输精管阻塞，明确梗塞部位。

内分泌测定：测血 FSH、LH、T、E_2、PRL 等，FSH 测定值高于正常上限 2 倍以上，提示睾丸生精功能障碍。

2. 诊断标准

连续 3 次精液检查未见精子即可确诊。

3. 鉴别诊断

①睾丸生精功能障碍所致无精子症：睾丸体积小于 12 mL，则激素测定有两种表现，一种为 FSH 和 LH 都明显升高而 T 降低，另一种为 FSH 和 LH 都明显降低且 T 降低。②梗阻性无精子症：睾丸大小正常，性激素测定正常。③根据精液检查，睾丸体积测定和性激素测定仍不能确定是否属梗阻无精子症者可考虑做睾丸活组织检查。

三、治疗

（一）西医治疗

睾丸生精功能障碍所致无精子症：根据不同病因采取相应治疗，对促性腺激素低下的睾丸生精功能障碍，可用激素替代疗法，以调整和刺激睾丸生精过程。

阻塞性无精子症：根据不同的梗阻部位、范围及疾病性质可采用以下手术治疗。①输精管吻合术：适用于输精管短段阻塞再通术。②输精管附睾吻合术：适用于附睾小管阻塞者，目前临床上显微外科附睾、输精管吻合术的成功率显著提高。③囊肿尿道口造口术：适用于精囊囊肿、射精管阻塞。④附睾输精管插管：适用于远端精管梗阻，已不能手术修复，附睾内无梗阻病灶者。

人工授精：对于夫妇双方急切需要孩子，女方妇科检查正常者，可采用供者精液人工授精（AID）治疗。

其他疗法：随着生殖医学的发展，单精子卵细胞内穿刺术（ICSI）应运而生。这是一种将睾丸、附睾内的精原细胞或单个活动的正常精子直接注入卵细胞胞浆内的技术。

（二）中医辨证论治

1. 肾精不足

证候：婚后不孕（育），无精子症，形体弱小，阴茎短小，睾丸偏小或质地偏软，性欲淡漠，面色少华，健忘恍惚，腰膝酸软，胡须及阴毛稀疏，喉结不显，阳痿，早泄。舌质淡红，舌苔薄白，脉沉细。

治法：益肾填精。

方药：生髓育麟丹。

2. 精道瘀阻

证候：婚后不育，无精子症，形体强实，面色红润，睾丸大小、质地正常，精道阻塞，第二性征正常，小腹胀痛，小便色黄如淋，性欲正常或亢进。舌暗，苔黄，脉弦数。

治法：活血祛瘀通络。

方药：桂枝茯苓丸，桂枝、茯苓、牡丹皮、炒桃仁等药各等分。为丸或煎汤服。

四、预防与调护

青少年时期如发现腮腺炎流行，应尽量避免感染，一旦感染，应及时治疗，防止并发睾丸炎；避免接触放射线或有毒物品；避免高温作业；用药期间忌烟、酒、浓茶及辛辣刺激之品。

第二节　少精子症

根据 WHO 进行的国际性调查及研究结果，少精子症的界限定为精子密度低于 2000 万 /mL。少精子症不是一种独立的疾病，而是由许多疾病或因素造成的结果。

精子密度虽不是衡量男性生育力的绝对指标，但从临床研究观察到，多次精液化验精子密度低于 2000 万 /mL 者的受孕率明显下降，可以确定其为生育力低下。少精子症的病因较多，临床治疗上应注意根据不同的病因采取相应的治疗。

一、病因病理

导致少精子症的原因包括以下七个方面。

精索静脉曲张：精索静脉曲张时，睾丸的局部温度升高，血管活性物质增加，从而影响睾丸的生精功能。但精索静脉曲张的程度与精子质量不成比。

隐睾：隐睾是影响精液质量的重要原因之一。单侧隐睾约 60% 的患者不育，因此若精子密度低，又有隐睾存在，则必须及早治疗。

生殖道感染：附属生殖腺的慢性感染，可以影响精液中的各种化验指标。

自身免疫：生殖免疫学研究发现，男性自身免疫可影响生育能力，抗精子抗体可影响精子的产生和运送。

内分泌异常：男性正常生精功能依赖于下丘脑－垂体－性腺轴功能的正常，其中任何一个环节有障碍，都会影响生精功能，其他如甲状腺、肾上腺疾病也会影响生殖腺功能而导致少精子症。

染色体异常：染色体畸变对精子密度、活动率及形态均有严重影响。

其他：如阴囊温度过高、放射损伤、化学毒物及药物影响均可造成少精子症。

中医学认为，先天不足，禀赋素弱，或淫欲过度，或频繁手淫，或过服温燥之品，损伤太过，肾精亏虚，精子数少而发为不育。

恣意纵欲，房事不节，或少年手淫，耗伤肾精，或久病伤肾，肾阴亏虚，虚火内生，灼伤肾精，则性交时精量减少。

先天之精封藏于肾，需后天之精的不断充养，才能生殖、繁衍后代。久病大病未复，或饮食不节，脾胃受损，脾失健运，精血难以补充，故产生少精之症。

饮酒太过，嗜食辛辣厚味，湿热内生；或湿热之邪外袭，湿热循经下注肝肾，蕴结于精室，腐败精液，而致精子量少，导致男性不育。

二、诊断

诊断要点如下。

病史与临床表现：特发性少精子症无特殊病史，若因上述各类不同病因引起少精子症，则出现相应疾病的病史、症状与体征，故应详细了解患者的家族史及生活接触史，各种化学物质、药物、放射性物质及环境污染等有害因子对生精细胞会造成损害，以及过去是否患有腮腺炎、结核等疾病，并仔细询问病情及进行男科检查。

实验室检查：精液分析精子总数低于 2000 万 /mL 者，根据病史可选择做以下检查。①前列腺检查。②内分泌测定。④抗精子抗体（AsAb）检查。⑤精索静脉曲张的检查。

三、治疗

（一）西医治疗

对明确病因的少精子症，按不同疾病进行治疗常可取得良好效果。对特发性少精子症一般采用下述治疗方法。

雄激素：大剂量雄激素的摄入可通过抑制垂体促性激素的分泌，从而影响曲细精管的精子发生直至无精子症。当治疗停止后，原来被抑制而贮存的促性腺激素释放，使精子的发生恢复到治疗前甚至更高的水平，精液中精子计数及精子活力明显增加，可超过治疗前的水平。其副作用主要有前列腺增生和持续勃起、乳房增生等，用药时应注意随访监护。

抗雌激素药物：常用的药物主要有克罗米芬等。

人促性腺激素：人促性腺激素中的绒毛膜促性腺激素（HCG）及人绝经期促性腺激素（HMG）均为糖蛋白激素。

促性腺激素释放激素（GnRH）。

芳香化酶抑制剂－睾内酯：雌二醇可抑制间质细胞产生睾酮，从而间接抑制生精功能。睾内酯是一种阻止睾酮转化为雌二醇和雄烯二酮转化为雌酮的芳香化睾酮抑制剂，用药后可降低血清雌二醇和雌酮的水平，使睾酮及雄烯二酮水平上升，从而改善精子密度，提高生育力。

胰激肽释放酶：参与精子的生成、排出和刺激精子活动，临床上可治疗特发性少精症。

阴囊降温治疗。

甲基黄嘌呤类药物：甲基黄嘌呤衍生物己酮可可碱可通过抑制环核苷酸磷酸二酯酶的作用，增加 AMP 浓度，从而增加精子活力。

其他药物治疗：精神治疗药物通过改善附睾、精囊及附性腺平滑肌收缩功能以及影响脑内多巴胺受体，改善男性生育力。此外，还应辅助应用维生素 A、C、E 及锌剂等。

（二）中医辨证论治

1. 肾精虚损

证候：婚后不孕（育），少精，性欲减退，腰酸腿软，精神疲倦，头晕耳鸣，小便频短。舌淡白，脉沉细弱。

治法：补肾填精。

方药：五子衍宗丸加味。药用菟丝子、覆盆子、紫河车、桑椹、枸杞子、桑寄生、车前子、当归、何首乌、黄精、鹿角霜等。

2. 肾阴亏虚

证候：婚后少精，不孕（育），神疲乏力，头目眩晕，失眠多梦，口干津少，五心烦热，腰膝酸软，小便短黄或混浊。舌质红，脉细数。

治法：滋阴益肾。

方药：左归丸加减。火旺者，加知母、黄柏、天冬、麦冬。

3. 脾虚精亏

证候：精少不孕（育），食少纳呆，腹胀便溏，神疲乏力，面色无华。舌体胖大，舌苔白润，脉虚弱。

治法：补脾益气，滋肾填精。

方药：异功散加减。兼脾肾阳虚者，加附子、淫羊藿以温补脾肾之阳；兼面色萎黄、脉细等血虚证者，加当归、炒白芍以益其阴血。

4. 湿热下注

证候：婚后不孕（育），精子减少，或有脓精，头晕面胀，胸闷口苦，小便黄赤，余沥不尽，或尿后白浊，阴囊湿痒，会阴胀滞不舒。舌质红，舌苔黄腻，脉滑数。

治法：清利湿热。

方药：萆薢分清饮加减。兼肾精亏乏者，加枸杞子、桑椹滋阴填精；大便干者，加大黄以泻下攻积；热邪较甚者，加栀子以泻下、黄柏以清热燥湿。

第三节 精子活力低下症

精子活力低下症，又称弱精子症，是指射精后 1 小时内精液检查，精子密度＞ 2×10^7/mL 而快速直线前向活动精子＜25%。精子的运动力差或完全没有活动能力。精子的运动能力是正常成熟精子的一个重要功能。这种功能保证了生殖过程中精卵相遇并且参与精子对卵子的机械穿透。

精子活动力是决定受孕与否的主要条件之一，有些患者尽管精子数少，但是只要精子的活动力良好，仍然可以受孕；假若精子的活动力极低，往往造成不育症。

一、病因病理

生殖器感染会引起精浆成分的改变，锌、镁、柠檬酸、果糖含量的减少和 pH 的升高，都会影响精子的活动。有人发现大肠杆菌感染生殖道，可引起急性附睾炎和前列腺炎。附睾感染影响精子的成熟和精子的活动力，前列腺炎引起前列腺液中白蛋白成分的降低。前列腺液中白蛋白不仅能提高精子的活力，而且能保护精子免受精囊液的侵害。细菌感染精囊，使精囊液分泌增多，而精囊液能抑制精子活力。

因精索静脉曲张致睾丸温度升高和睾丸组织缺氧，影响睾丸新陈代谢及毒素作用使睾丸慢性中毒，抑制精子的发生，并严重降低精子的活力。

使用某些抑制或降低精子活力的药物，如棉酚、环磷酰胺、秋水仙碱、优降糖片等均能降低精子活力。

高温下作业、热水浴等使睾丸局部温度过高而降低精子的活动能力；放射线影响，直接作用于睾丸，或频繁接触小剂量放射线致使精子活力明显降低；不良嗜好，如吸烟、酗酒甚至吸毒等，均可使精子活动力下降。

缺乏维生素 A、C、E 以及微量元素锌、镁均可使精子活力降低。

内分泌因素、免疫因素、全身性疾病、先天性疾病等均可引起精子活力低下。

中医学认为，因过食辛辣肥甘厚味，或饮酒、酗酒等，致使胃肠积滞，脾胃受损，脾失健运，痰湿内生，久之化热，湿热之邪蕴结下焦；或感染湿邪，积湿生热，扰动精关，影响气化，致使精子活动力降低。

因先天禀赋不足，或房劳过度，导致肾阳亏虚，肾阳乃精子活动之动力，肾阳虚则精子活动力低下。

因大病久病、身体虚弱、气血不足等，甚则肾阴亏虚或肾阴、肾阳两虚，则使精子活动力降低。

二、诊断

诊断要点如下。

病史：若为特发性精子活力低下症，无特殊病史；若因上述疾病引起，则出现相应的疾病病史。

症状与体征：特发性精子活动低下的不育症患者，临床上可无明显症状，有的患者性功能降低，如阳痿、早泄等，有的可见神疲乏力、形寒肢冷等症状，亦有兼见前列腺炎、精囊炎、睾丸或附睾病变等症状。一般无明显体征，当精子活力降低是由相关疾病所致时，则可有相应体征。

实验室检查：①精子活动力检测。②前列腺液常规镜检：以了解是否有前列腺炎。

三、治疗

（一）西医治疗

药物治疗：抗菌治疗适用于因生殖器感染所致的精子活力降低者，对查明有肯定病因者按不同疾病进行治疗，如对特发性精子活力低下症可采用下述治疗：胰激肽放酶、核苷酸酶、精氨酸、维生素。

手术治疗：对于精索静脉曲张患者，可考虑精索静脉切除或高位结扎术。

（二）中医辨证论治

1. 肾阳不足

证候：婚后不育，精子活力低下，精神不振，畏寒肢冷，或性欲低下，阳事不举，或举而不坚，遗精滑泄，小便清长，尿频。舌淡边有齿印，苔白，脉沉细。

治法：温肾壮阳，益气固精。

方药：右归饮加减。脾肾两阳皆虚者，加沙苑子、益智仁、海狗肾。

2. 肾阴亏虚

证候：婚后不育，精子活力低下，头晕耳鸣，失眠多梦，腰酸腿软，盗汗，或早泄、阳痿，小便短黄或混浊。舌红，少苔，脉细数。

治法：滋阴补肾。

方药：左归饮合五子衍宗丸加减。

3. 气血不足

证候：婚后不育，精子活力低下，形体衰弱，头晕目眩，少食懒言，四肢乏力，面色萎黄，精神萎靡。舌淡，脉弱。

治法：补益气血，益肾生精。

方药：八珍汤加减。

4. 湿热下注

证候：婚后不育，精子活力低下，面红目赤，口苦咽干，胸胁胀痛，少腹、会阴及睾丸坠胀疼痛，小便短黄，或尿后余沥不尽，大便秘结。舌苔黄腻，脉弦数。

治法：清热利湿。

方药：龙胆汤加减。

四、预防与调护

治疗期间禁烟、酒、辛辣等刺激性食物，加强营养，讲究卫生，不穿紧身裤；性生活有规律，避免禁欲或纵欲。

第四节　高畸形精子症

高畸形精子症又称异常形态精子增高症，精子密度＞ 2×10^7/mL，快速直线前向运动精子＞ 25%，精子头部正常形态＞ 70%，称为高畸形精子症。

一、病因病理

大量畸形精子表示睾丸有异常，可由多种因素造成。某些药物如呋喃类药物可使精子畸形率增加，急性临床疾病患者在发病 30 日内可见精子畸形率增加并持续 70 日。精索静脉曲张常伴有精子双头畸形、带状精子头及前精子细胞比例增加。物理及精神应激反应、过敏性反应、内分泌、血管、神经系统疾病以及其他因素也可引起异常精子发生。另外，酒精、烟草、慢性中毒等也是引起精子畸形的重要原因。

男性生殖能力的决定因素是精子的质量，包括精子的发生、成熟、储存和获能诸环节，当其中某一个或某几个环节发生改变，就会发生精子质量异常。

中医学认为，由房劳过度，久病、素体肾气虚弱，命门火衰，阴寒内生，温煦失职，以致精子发育不全而畸形；或由嗜烟、酗酒，温病、热病后期真阴耗损，导致肾阴亏损，阴虚火旺不能滋养生殖之精，亦致精虫发育不全而畸形。

二、诊断

1. 诊断要点

常用的精子形态观察的染色方法有吉姆萨法（常用于评价不同类型的白细胞），改良巴氏染色法（男科实验室中最常用的方法，可使精子头部顶体，顶体后区、中段和尾部着色）等方法。肖尔染色法（使用简单，并能满足常规精子形态学分析）。人类精子标本在固定、染色后用亮视野光学显微镜观察和分类，或用高质量的相差显微镜观察湿片。

2. 诊断标准

精子密度＞ 2×10^7/mL，以及快速直线前向运动精子＞ 25%，而精子头部畸形形态＞ 30%。

3. 鉴别诊断

精子畸形应与精子凝集相区别，精子凝集是由精子抗原与精子抗体的抗原体反应，造成精子黏附在一起，而精子畸形表现为精子本身形态异常率升高。出现大量的含胞浆小滴精子，提示精子在附睾内成熟过程出现障碍，往往表明有附睾疾病。排精过频可引起不成熟精子增加，因为在附睾内没有足够的时间使精子成熟。生殖道感染可导致大量白细胞。用性交中断法采精可出现较多的复层鳞状细胞和由尿道上皮脱落而来的上皮细胞。

三、治疗

（一）西医治疗

去除有关病因：如精索静脉曲张手术治疗、戒烟酒等。

药物治疗：根据药物作用的部位：可分为睾丸前水平、睾丸水平和睾丸后水平。刺激释放内源性促性腺激素或通过增加内源性促性腺激素活性来促进生精作用。作用于睾丸水平的药物，可能通过纠正精子发生中的特殊代谢缺陷来发挥作用。作用于睾丸后水平的药物能促进精子的成熟和增加精子活力。常用的药物有克罗米芬、维生素 C、维生素 E、血管舒缓素等。

通过精子的体外处理进行辅助生育技术。

（二）中医辨证论治

肾乃先天之本，主生殖之精，故精子畸形当从肾虚论治。肾虚包括阳虚、阴虚两种。

1. 肾阳不足

证候：婚后不育，精子畸形率高，阳痿、早泄或遗精，腰膝酸软，畏寒肢冷，小便清长，夜尿频多，下肢浮肿。舌淡胖，苔薄白，脉沉细或微细。

治法：补肾壮阳，益气填精。

方药：赞育丹加减。

2. 阴虚火旺

证候：婚后不育，精子畸形过多，眩晕耳鸣，失眠盗汗，腰膝酸软，五心烦热，口干咽燥，小便短赤，性欲亢盛，或遗精、早泄，精液量少而黏。舌红，苔少，脉细数。

治法：滋阴降火，益肾填精。

方药：大补阴丸加减。

第五节 死精子症

一般认为，精子成活率减少，死精子超过 40%，则为死精子症。

一、病因病理

正常男子的精液包括精子和精浆两部分。精子的存活与精浆的质量有很大关系。生精功能缺陷，或精子通过有炎症的精囊、前列腺、附睾，是引起死精子的常见原因。人体营养欠佳，维生素 A、维生素 E 和其他微量元素的缺乏，以及高温、放射线，对精子存活率有很大的关系。另外，本症与抗精子抗体、精子减少等关系密切，但不一定均成正比。

中医学认为，本症多禀赋素弱，先天失调，加之早婚房事不节，手淫成习，损伤肾气，肾阳虚弱，生精、养精功能失常，致使死精子增多。若素体阴血不足或房劳所伤，或久病入肾，或过用温燥伤阴之品，或情志内伤，阴精暗耗等引起肾阴不足，阴虚火旺，热灼肾精，亦可致死精增多。脾阳根于肾阳，肾阳虚则脾肾阳虚往往同时并见。又素体脾胃虚弱，或饮食不节，或劳倦、忧思伤脾，脾胃受纳运化功能失职，气血精液生化之源不足，肾精失养而导致死精过多。还有，素嗜辛辣酒厚味，湿热内生，熏蒸精宫，肾精伤残，或精神抑郁，肝失疏泄，木郁传火，反侮肾水，肾精受损等，也可引起死精。

二、诊断

诊断要点：多在婚后不育精液检查时发现，死精子占 40% 以上，反复检查 3 次即可确诊。患者多有过度手淫等病史。有时伴有睾丸炎、附睾炎、前列腺炎、精囊炎等病灶，或有精神虚弱、性功能障碍等病象。精液常规或前列腺镜检常同时出现脓细胞。

鉴别诊断：在精液中不动的精子并不都是死精子，这与精子膜的损害程度有一定的关系。死精子头部膜受到损害，染色液可以渗入到细胞内使细胞着色，而活精子有完整的细胞膜，由于染色液不渗入细胞内细胞不着色。通过这一方法可将死、活精子区分开。精液中不动的精子超过死精子时有一定的临床意义，这表明在精液标本中存在着精子制动因素或者精液缺乏促使精子活动的营养物质。

三、治疗

（一）西医治疗

对该症的治疗仍是一个棘手的问题，若明确病因，如生殖道感染等可采用对症治疗，免疫性不育可采用皮质激素治疗或精子洗涤后人工授精或体外授精，由精子结构异常导致的死精子症则无作用；由精浆异常引起的死精子症，可采用改善精浆环境或与正常人精浆交换的方法。

（二）中医辨证论治

中医按脏腑辨证和八纲辨证方法，该症临床可分为肾气虚、肾阳虚、肾阴虚和湿热蕴结四个证型，若为脾肾阳虚可作为兼证处理。提高精子活动率的关键有四：一为滋阴降火，改善全身情况；二为清热利湿，控制感染；三为温补肾气，调整内分泌；四为疏肝理气，改善局部血运。

1. 肾气虚

证候：死精子过多，神疲乏力，气短懒言，面色少华，四肢不温，或伴有性欲低下，阳痿早泄。舌淡，苔薄白，脉沉细。

治法：补肾纳气。

方药：五子衍宗丸加味。

2. 肾阳虚

证候：死精子过多，形寒肢冷，面色㿠白，阳痿，早泄，腰膝酸软，眩晕耳鸣，精神不振，小便清长。舌体胖大，舌苔薄白，脉沉细无力。

治法：温肾壮阳。

方药：赞育丹加减。

3. 肾阴虚

证候：死精子过多，腰膝疲软，耳鸣目眩，失眠多梦，五心烦热，口咽干燥，性欲亢盛或遗精。舌红少津，脉细数。

治法：滋补肾阴。

方药：滋阴种子丸。药用知母、黄柏、天冬、桑椹、菟丝子、枸杞子、五味子、熟地黄、生地黄、黄精、牛膝、何首乌、白茯苓、柏子仁、山药等。

4. 湿热蕴结

证候：死精子过多，体形肥胖，胸闷心悸，口中干黏，小便短赤，大便溏薄，或头晕目眩，阳痿遗精。舌质偏红，舌苔黄腻，脉弦数。

治法：清热利湿。

方药：八正散加减。

四、预防与调护

避免酗酒、抽烟以及过度疲劳，不要穿紧身裤等；避免洗 38℃以上热水澡以及与化学物品接触；性生活有规律，既不要禁欲，也不要纵欲；平时多吃蔬菜、豆制品；积极治疗原发疾病。

第六节　血　精

精液中混有血液，即称血精。它既是一个病名，又是一个症状。最常见于精囊炎患者，常与慢性前列腺炎并发，故称前列腺精囊炎，多发于中青年，亦见于老年人。

一、病因病理

引起血精的最常见原因是精囊炎。精囊位于前列腺的上面、膀胱与直肠之间，其末端与输精管末端汇合形成射精管通向尿道，其分泌物参与精液的组成。除了性生活时有血精外，往往还有轻度会阴、直肠及下腹部疼痛，或者排尿疼痛等泌尿系感染的症状。

另外，血精的病因还常见以下疾病：①先天性畸形，如苗勒氏管囊肿并和精囊射管粘连，这种情况下容易发生感染出血，精囊腺扩张，射精管扩张和血管畸形，如前列腺尿道部黏膜下静脉曲张等。②损伤，如前列腺结石引起的腺组织损害，前列腺按摩过重引起损伤等。③感染，这是引起血精的主要原因。其中以大肠杆菌感染多见，其次为链球菌、淋球菌等，结核感染也可引起出血。④肿瘤，如良性肿瘤中以前列腺增生最常见，恶性肿瘤也可引起血精。⑤其他为精囊淀粉样变和肝硬化等。同时，过度手淫、性交过频及强力性交等也可引起血精。

中医学认为，房事过度是血精的主要原因，肾虚是血精的主要病机之一。房劳过度则伤肾，肾阴不足，虚火自炎，梦交或性交之时，欲火更旺，或因外感或内生湿热，下注精室，精室被扰，血从内溢而成血精。某些血精患者，素体气血虚弱，加上精血消耗日久，后期可出现气血两虚之象。

二、诊断

1. 诊断要点

临床表现：在性交、手淫或遗精时射出含有血液的精液，肉眼可见淡红色，或含有鲜红色血丝，镜检可见大量红细胞。若精囊炎引起者，尚伴有性欲减退、早泄，会阴部轻度疼痛或坠胀感，射精疼痛，尿频和尿痛等症状；若因前列腺炎引起者，尚伴有排尿烧灼感、尿频、尿后淋漓不尽或小便后尿道口有乳白色黏液流出，甚至出现早泄、遗精、勃起不坚等性功能障碍；由肿瘤、结核、外伤、肝硬化及血液病引起者，则伴有相应的症状和体征。

肉眼可见血精、镜检下血精是精囊炎的主要诊断要点，同时还有其他特点，如：①发病年龄：主要为中青年，但老年及少年均可出现。临床所见，最小者年仅 14 岁，初次遗精便是血精；最大者 78 岁，梦遗时出现血精。但大多发生在性活动旺盛的青壮年。②发作呈间歇性：很多血精患者未经治疗出血自行停止，然而非痊愈。③其他症状不明显，开始尚未察觉，直至排除女方月经后，始提醒为男方血精。

2. 鉴别诊断

尿血、血淋：均为尿中带血的病证，属于泌尿系统疾病。然而尿血一般无疼痛感，多由泌尿系统结核或肿瘤引起。血淋则伴有尿频、尿痛等症状，多因急性尿路感染、泌尿系统结石等引起。

尿浊：主要表现为尿道口常有白浊似精液样分泌物，多由前列腺炎引起。此外，前列腺结核、精囊结核、精囊囊肿、精囊癌、前列腺、精囊结石、淋病性精囊炎等病都可以引发血精，临床应注意检查区别。

三、治疗

（一）西医治疗

抗炎：按前列腺精囊炎进行治疗，采用磺胺药或抗生素进行感染治疗。有时还采用精囊前列腺按摩式排精的方法（急性期除外），让精囊内含有细菌的液体尽早排空，以利于恢复。

（二）中医辨证论治

1. 湿热下注

证候：精液量多，色质深红，射精疼痛，睾丸、少腹及会阴热胀疼痛，面红目赤，口苦咽燥，恶寒发热，胸闷不舒，尿频尿热赤涩痛，或混浊不清，大便秘结。舌质红，舌苔黄或黄腻，脉弦数或弦滑数。

治法：清利下焦，凉血止血。

方药：龙胆泻肝汤加减。精色深红者，加槐花、小蓟炭、仙鹤草；大便干燥者，加大黄炭。

2. 肝肾虚损

证候：精液呈现鲜红色，或兼射精疼痛，少腹、外阴部坠胀不适，腰膝酸软，头晕耳鸣，心烦口干，小便短赤。舌红少津，脉细数。

治法：滋阴降火，凉血止血。

方药：二至丸加减。

3. 气血两虚

证候：病变日久，血精色淡而稀，面色少华，头晕目眩，失眠健忘，纳少便溏，精神倦怠，腰膝酸痛。舌淡，苔白，脉细无力。

治法：补益气血，引血归脾。

方法：归脾汤加减。

第七节　精液量过多或过少

精液的质量异常直接影响到男性的生殖功能。正常的精液射出量没有十分严格的标准，一般为 2 ～ 6 mL。据统计，男性生育力低下者，1.8% 是因精液量太少（＜ lmL）所致，有时虽然质较好，但因量太少，精液与宫颈口的黏液接触范围受限，可使生育力降低；约 10% 的不育是由精液过多引起（＞ 7.45 mL），稀释精子浓度及抑制精子运动或影响精子在女性生殖道内的输送，也可造成不育。

一、病因病理

精液量过少：房事过度、房事过频可引起精液量减少，因此检查前禁欲时间不能少于 2 日。

先天性精囊发育不全或射精管阻塞：表现为精液量少，不凝固果糖含量为 0，无精子。前者因输精管和精囊发育属同一胚胎来源即中肾管，故体检时常可发现输精管发育不全；后者则多由炎症、外伤等原因所致。

垂体功能减低：垂体功能减低引起的性腺功能低下症，因垂体激素分泌障碍，导致雄激素及催乳素等附性腺功能有关的激素合成分泌减少，从而表现为持久存在的精液量少，但可有精子或精子前细胞存在。

射精功能障碍：不完全性逆行射精，因大部分精液逆行射入膀胱而仅流出少量精液，排尿后离心尿液可找到精子。

附性腺炎症：附性腺的急性、慢性炎症，引起组织水肿，腺管管腔阻塞，或因反复的炎症和修复，纤维瘢痕组织增生而引起分泌功能下降，均可造成精液量减少。

精液量过多：如长期禁欲者。长期禁欲因附性腺分泌液贮存较多，射精大量排出而致精液过多。因此，取样前禁欲时间不宜过久，一般不能超过 7 天。

附性腺炎症：附性腺的急性期炎症，炎症刺激可导致分泌过量，引起精液量过多，这类病例常伴有较明显的炎症症状，精液中白细胞数及细菌明显增加。

中医学认为，精液量过少，多由先天不足，禀赋薄弱，或交媾过度，耗损肾精所致；或由久病不愈，气血俱伤，或先天不足，后天失养，素体虚弱，或思虑过度，劳伤心脾所致；亦有素体内热，或过服温燥助阳之品，或感受热邪，致热盛伤阴所致者；还有素嗜膏粱厚味者，湿热内生，下注精室；或外感湿热之邪，熏蒸精室，精液成浊，瘀阻精络；或房事忍精不泄，火伏精室，败精瘀阻而成。精液量过多，多由先天不足，禀赋薄弱，或房事不节，色欲过度，或大病，久病初愈而犯房禁，以致肾气虚弱，固摄无权；或屡犯手淫，阴损及阳，命门火衰，阴寒内生，湿浊滋长所致。亦有过食肥甘辛辣酒者，痰湿化热，聚于精室，湿热与精液交融而成。

二、诊断

精液量的多少在不同个体，甚至同一个体的不同射精过程中都存在着很大的差异，其与性交频率及精神因素和体质状况等均有密切关系，因此，不能单凭一次精液检查的结果就妄下诊断。为了排除非器质性原因，研究者在做精液检查分析时必须注意：①禁欲时间：标本的采集应在禁欲 48 小时后，但不超过 7 天。禁欲时间过短可引起射精量的减少，一般在禁欲 3 ～ 5 天后复查，可见精液量明显增多。禁欲时间过长也可导致射精量增多，同样，控制禁欲时间后复查，精液量可恢复正常。②收集完整的标本：检查前应对受检者进行指导，检查后须重复询问受检者在取精过程中是否有精液遗漏，不完整的标本不宜用于检查分析。对采用手淫或在医院取精的受检者，可能因精神因素的影响而致射精量出现偏差，因此在做结果分析时应注意。对手淫不能射精而采用性交中断法取精的受检者，也可能因前段精液遗漏在阴道从而导致检查结果异常，这时可用特制的避孕套收集精液，若不考虑精子质量的因素，也可用普通避孕套收集精液，以首先确定精液量的异常是否由精神因素或取精方法不当所致。

若受检查者近期或受检时有明显的过度疲劳或伴有其他系统的器质性病变，或久病初愈，或烟酒过度，应在疾病得以控制，疲劳得以恢复及戒烟、戒酒 7 天以上后重复检查。

明确诊断前至少需做 2 次精液检查，2 次采集间隔时间不应少于 7 天或多于 3 个月。若 2 次检查结果相差显著，应 2 次采集检查，以明确诊断。

健康男子的一次排精量为 2 ～ 6 mL，根据 WHO 的诊断标准，正常的精液量为 2 ～ 6 mL。因精液量异常常伴有精子质量异常等混合因素，在 WHO 分类诊断中没有对精液量过少或过多进行分类。但由于精液量的异常常涉及一系列的病症，其对不育症的诊断和治疗的关系不容忽视。因此，临床把精液量≤ 2 mL 者诊断为精液量过少，精液量＞ 6 mL 者诊断为精液量过多。

三、治疗

（一）西医治疗

1. 药物治疗

对垂体功能低下所致的性腺功能低下者，可根据内分泌激素检查结果，给予相应的激素补充。常用的药物有 HCG、HMG 或两者联合应用，以及十一酸睾丸素短效或长效制剂等。激素治疗对性功能和第二性征常驻有明显改善效果，但对精液量的临床疗效并无统计学意义。

大部分附属性腺感染的患者，在炎症得以控制后，射精量要恢复正常。治疗药物应在前列腺液或精液的微生物学检测后，选择药物敏感的抗生素。因前列腺的特殊解剖结构，一般药物在前列腺内常达不到有效的杀菌浓度，因此抗生素的使用还应选择那些容易弥散入前列腺的药物，这类药物的特性一般为和血浆蛋白结合的脂溶性碱性药物。

2. 辅助受孕技术

临床对精液量异常的药物和手术治疗效果大多不尽如人意，因此最直接、最有效也是最常用的方法就是借助辅助受孕技术。

附属性腺的先天性异常，目前尚无特殊的治疗方法，而且因伴有其他生殖器官的畸形，睾丸多无生精功能，因此常采用供者精液人工授精。

单纯性精液量过少，可通过精液的体外处理，收集这部分精子做宫腔内人工授精；若精子密度低或缺乏高活动力的精子，可采用多次收集，冷冻贮存，复苏后用于人工授精，或采用 ICSI 技术做体外受精－胚胎移植。

精液量过多所致的不育，因前段精液的精子密度和质量较好，可采用分步射精的方法，收集前段精液进行人工授精。

射精管阻塞等原因引起的输精管道梗阻，虽然可通过手术的方法复通，但一般效果均不理想，可采用附睾或睾丸穿刺收集精子，再通过 ICSI 技术进行体外受精和胚胎移植。

3. 其他治疗

慢性附腺炎的单一药物治疗往往难以奏效，临床中常采用多种方法的综合治疗。常用的方法有：①局部热水坐浴：水温 42 ～ 43 ℃，每日 1 ～ 2 次，每次 15 ～ 20 分钟。②定期前列腺按摩：每周 1 ～ 2 次，连续 4 ～ 8 次，按摩后立即排尿。③理疗：离子透入疗法、微波治疗及磁疗等。

（二）中医辨证论治

精液量过少，虚证居多，瘀证居少。虚者肾精气血亏，或为热灼津伤；瘀者精道痹阻。

1. 肾精亏损

证候：精液量过少，不育，健忘耳鸣，腰膝酸软，神疲乏力，性欲减退，阳痿，早泄。舌淡红，苔薄白，脉沉细。

治法：填补肾精。

方药：生髓育麟丹加减。药用人参 10 g，山药 12 g，肉苁蓉 10 g，菟丝子 10 g，紫河车 10 g，熟地黄 12 g，当归 10 g，枸杞子 12 g，桑椹 10 g，麦冬 10 g，龟甲 15 g（先煎），山茱萸 12 g，五味子 9 g，柏子仁 12 g。

2. 气血两虚

证候：精液量过少，神疲乏力，形体消瘦，气短懒言，头晕目眩，心悸怔忡，面色淡白无华。舌淡，苔白，脉细弱。

治法：补气养血。

方药：十全大补汤加减。

3. 热伤精室

证候：精液量过少，不育，五心烦热，口燥咽干，心烦失眠。舌红，苔少，脉细数。

治法：养阴生精。

方药：大补阴丸加减。

4. 精道阻塞

证候：精液量过少，不育，胸胁痞闷，食欲不振，少腹隐痛，或有射精痛，发热，口燥咽干。舌质暗有瘀斑、瘀点，脉沉弦或涩。

治法：疏通精脉。

方药：精脉疏通汤加减。药用急性子 10 g，路路通 12 g，延胡索 10 g，丹参 15 g，桃仁 10 g，红花 6 g，牛膝 10 g，荔枝核 10 g，菟丝子 10 g，锁阳 10 g，制香附 12 g 等。

5. 精液量过多

名为太过，实则不足。缘于肾气不固或命门火衰，偶可见于湿热壅盛者。

6. 肾气不固

证候：精液量过多，腰酸神疲，滑精早泄，小便频数清长，尿后余沥不尽。舌淡，脉细弱。

治法：补肾固精。

方药：固精丸加减。

7. 命门火衰

证候：精液量过多而质清稀，腰酸膝软，畏寒肢冷，面色淡白，头晕耳鸣，小便清长，大便溏薄。舌淡胖，苔白，脉沉细尺弱。

治法：温补肾阳。

方药：赞育丹加味。

8. 湿热内蕴

证候：精液量过多，形体肥胖，尿黄浊，尿后余沥滴白，胸闷烦热，口干而黏。舌苔黄腻而厚，脉滑。

治法：化痰除湿，清热。

方药：萆薢渗湿汤加减。药用萆薢 12 g，薏苡仁 15 g，黄柏 10 g，茯苓 10 g，牡丹皮 6 g，泽泻 10 g，滑石 20 g，木通 6 g，苍术 10 g，白术 10 g，川朴花 6 g，藿香 10 g，郁金 10 g。

四、预防与调护

参加适当的体育锻炼，增强身体的抗病能力；调节情绪，增强疾病治疗的信心；控制性交频率，不宜房事过频，也不宜长期禁欲；戒烟酒，戒食辛辣等刺激性食物及肥甘厚腻的食物；积极治疗原发病。

第八节　精液不液化症

正常精液刚排出时，在精囊腺分泌的凝固因子作用下呈稠厚、凝冻状态，有利于刚排入阴道的精液不会很快外流。精液射出体外 10 ～ 20 分钟后，在前列腺分泌的液化因子作用下逐渐液化。精液黏稠度的改变可影响精子活力和存活率，由于蛋白溶解酶也能使稠厚的宫颈黏液液化，因此精液液化不全也会影响精子穿透宫颈黏液的能力，导致不孕（育）。

一、病因病理

精液中存在精囊分泌的凝固因子及前列腺分泌的液化因子，目前已发现参与影响精液液化的因子中，以蛋白酶系统最为重要。锌、镁、钙离子可完全抑制精液液化的第一阶段。与精液凝固有关的唾液酸或果糖在精液中的含量可能会影响液化过程。当精液液化与凝固因子间的平衡失调时，精液则表现为液化异常。

患慢性前列腺炎时，前列腺的分泌活动减弱，蛋白溶解酶的分泌量或酶的活性降低，是目前精液液化异常最常见的病因之一。但当前列腺炎症合并精囊炎时，因液化因子和凝固因子同时降低，也可使精液不表现出液化异常。另外，一些全身性及附属性腺外的因素，如体温变化、睾丸功能改变、内分泌等变化都与精液化有关。

此外，精液在体外的液化过程也会受到各种外界因素的影响，如室温的高低、标本的震荡以及精液存放时间的长短等。这些因素都会影响精浆液化酶系的活性，从而影响精浆纤维蛋白的降解过程，导致精液液化时间异常。

中医学认为，精液属阴津之类，《黄帝内经》云："阳化气，阴成形。"精液的正常液化有赖于阳气的气化，而阳气的气化又依赖于阴阳的协调。阳气不足或亢盛，均不能保持正常的气化功能。若肾阳先天不足，或大病、久病，损耗肾阳，寒邪凝滞，损伤肾阳，或后天失养，脾运失健，湿浊不化，气机不利，精液不液化。若素体阴虚，或房劳过度，肾精过耗，或劳心太甚，或五志化火，耗损精液，或过服温燥助阳之品，热盛伤阴，阴虚火旺，精液受灼而浓缩，黏稠难经。若嗜食辛辣醇酒厚味，湿热内生，流注于下，或居处卑湿，湿邪外浸，蕴久化热，清浊不分，亦可导致精液不液化。盖湿为阴邪，其性重浊，黏滞难经；热为阳邪，易伤阴液，精液熏灼，湿热下注，经络阻滞，精液黏稠难出。

二、诊断

诊断要点：①症状：该病无明显症状与体征。部分患者因前列腺炎，可有相应的症状、体征。

实验室检查：①肛门指诊：有前列腺炎症者，肛门指诊可触及前列腺肿大、压痛。②精液黏稠度测定。

诊断标准与鉴别诊断：根据 WHO 的实验室外诊断标准，正常精液应在 60 分钟内液化，超过 60 分钟仍未完全液化者，称为精液液化不全。慢性前列腺炎是引起液化异常最主要也是最常见的原因，即使炎症得以控制，由于腺体结构的破坏，纤维瘢痕组织形成，腺体的分泌功能不可逆地降低或丧失，精液仍可表现为液化不全。

此外，由于前列腺分泌液的量或成分的变化，精浆生化检测的指标也可出现异常，如 pH 升高、锌离子浓度降低、果糖含量偏高、精浆渗透压增高等。根据这些指标，也可对前列腺炎症对精液液化的影响程度做进一步的评估。

同时，根据病史、症状、体征以及内分泌检测结果，对其他全身性疾病以及睾丸功能或内分泌调节功能的影响，不难做出鉴别诊断。

三、治疗

（一）西医治疗

病因治疗：对存在前列腺炎症的患者，应用抗生素等进行综合治疗。

药物治疗：透明质酸酶 1500U，每日 1 次肌肉注射或糜蛋白酶 5 mg，隔日 1 次肌注，2 ～ 3 周为 1 个疗程。

外用药物：目前常用的有 cr 淀粉酶制剂、Alevaire 溶解剂（四丁酚醛溶解剂）、糜蛋白酶、胰脱氧核糖核酸酶及 sputolysin（二巯基苏糖醇）溶于磷酸盐缓冲液。可以在性交前置入阴道内，也可以在体外直接按比例加入精液，促使精液液化后进行人工授精。

物理疗法：采用精液标本震荡或将精液抽入注射器内通过 18 号或 19 号针头加压注入玻璃容器内，反复抽吸 5 ～ 6 次，精液液化后可用于人工授精。

将不液化精液经精子洗涤洗脱精浆或经上游处理后收集高活动力的精子用于人工授精。

（二）中医辨证论治

1. 阴虚火旺

证候：精液黏稠不液化，射精费力，头晕耳鸣，心悸失眠，口渴喜饮，小便黄赤，大便干燥，性欲亢盛，梦遗，早泄。舌红，苔少，脉细数。

治法：滋阴降火。

方药：知柏地黄汤加减。

2. 肾阳不足

证候：精液黏稠不液化，精冷不育，阳痿早泄，腰膝酸软，畏寒肢凉，夜间多尿，小便清长，眩晕耳鸣。舌淡，脉沉细。

治法：温肾散寒，益气填精。

方药：二仙汤加减。药用巴戟天 10 g，仙茅 10 g，淫羊藿 10 g，熟地黄 10 g，炒当归 15 g，黄柏 10 g，知母 12 g，王不留行 10 g，蜈蚣 2 条，乌药 6 g，小茴香 6 g，吴茱萸 5 g。

3. 湿热内蕴

证候：精液黏稠不液化，并有脓、白细胞，射精费力，或有射精痛，或兼血精、精浊，伴尿频、尿急、尿痛，小腹拘急，腰痛、身倦、嗜睡、纳差。舌苔黄腻，脉濡数或滑数。

治法：清利湿热。

方药：萆薢分清饮加减。

4. 痰瘀阻窍

证候：精液黏稠不液化，死精多，可见白细胞，射精不畅，素有痰湿，形体肥胖，肢体困倦，神疲气短，头晕心悸，会阴、小腹坠胀疼痛。舌淡或有瘀斑，苔腻。

治法：活血化痰。

方药：活血散瘀汤加减。药用川芎 6 g，当归 15 g，防风 6 g，赤芍 12 g，连翘 10 g，天花粉 10 g，皂角刺 10 g，桃仁 9 g，红花 6 g，黄芩 6 g，枳壳 10 g，大黄 10 g，半夏 9 g，橘红 6 g。

四、预防与调护

禁酒，忌食辛辣等刺激性食物；要积极对症治疗；治疗期间，节制性生活，有利于该病痊愈。

第十五章

男性生殖系统炎症

第一节　阴茎头包皮炎

阴茎头炎是指阴茎头黏膜炎症，包皮炎是指包皮及其黏膜的炎症，该病常发生于包茎或包皮过长者。因阴茎头和包皮几乎同时感染并伴有炎症，故临床所见均为阴茎头包皮炎。

一、病因病理

包茎或包皮过长造成尿液、精液和包皮腔内分泌物在包皮囊内存积，形成包皮垢，但又不能清洗，引起经常性的刺激而发生感染。也可因外伤或药物过敏而发病。非特异性阴茎头包皮炎，其致病菌一般为链球菌、葡萄球菌、大肠杆菌等。特异性感染主要由淋球菌引起。临床上可分为感染性、外伤性、接触性阴茎头包皮炎。

初发时阴茎头和包皮表面有充血水肿，继而糜烂或发展成溃疡，溃疡互相融合形成广泛糜烂面。包皮过长者发生炎症后包皮肿胀、包皮口缩小，使包皮不能上翻，导致局部引流不畅使感染加重。感染反复发作，可引起继发性包茎、尿道口狭窄、前尿道甚至全尿道发生炎症性狭窄。造成尿路梗阻，甚至影响肾功能。

阴茎感染属中医学“阴头痈”“疳疮”“耻疮”范畴。其病因病机为包皮过长，局部不洁，肝经湿热下移阴部，湿热之邪裹结则发生疮疡，或心肝火郁日久，耗伤肝肾之阴而成囊痈。

二、诊断

1. 诊断要点

病史：有包茎或包皮过长，包皮口狭窄，包皮不能翻转使阴茎头不能外露，或有外伤及药物接触过敏等病史。

症状：起病时阴茎头及包皮红肿潮湿，局部灼热，继而发痒、疼痛。在排尿时症状加重，糜烂面有黄白色臭味脓液从包皮腔内流出。包皮炎性水肿使包皮口紧缩嵌顿阴茎头，加重局部水肿，严重时可发生缺血坏死，可出现发热、寒战、疲倦、乏力等症状。

体征：包茎或包皮过长，阴茎头包皮红肿、粘连。感染严重时，腹股沟淋巴结肿大并有压痛。

辅助检查：血常规检查示白细胞增高，包皮腔内脓液检查可见大量脓细胞，可培养出链球菌、葡萄球菌、大肠杆菌等。

2. 诊断标准

有包皮过长或包茎，包茎可分为先天性和后天性。先天性包茎分为萎缩型和肥大型；后天性包茎系由炎症、外伤等使包皮口粘连狭窄所致。根据病史、症状及体征即可明确诊断。

3. 鉴别诊断

该病主要应与淋球菌引起的以急性脓性尿道炎为临床表现的特异性感染以及由阴部疱疹引起的水疱、破溃后形成溃疡的性病相鉴别。

三、治疗

（一）西医治疗

一般处理：①上翻包皮，清洁包皮囊内渗出及脓液，局部可用 1 : 5000 高锰酸钾液或 3% 过氧化氢或硼酸水、0.1% 雷弗奴尔液等清洗，涂以氯化锌软膏并保持局部干燥。②包皮不能上翻时，可切开包皮背侧，以利于引流和清洗。

药物治疗：①急性感染发作时选用抗生素治疗，根据致病菌一般多选用广谱抗生素。青霉素 80 万单位，每日肌肉注射 2 次；氟哌酸 0.2 g，每日 3 次；口服先锋 6 号 0.25 g，每日 4 次。②因药物或其他过敏引起者，可应用抗过敏药物治疗。扑尔敏 4 mg，每日 3 次；息斯敏 10 mg，每日 1 次。③念珠菌感染者，可在局部使用制霉菌素或 1% 克霉唑霜、2% 达克宁霜等药物。

手术疗法：在急性感染被控制后，对包茎或包皮过长者行包皮环切术。尿道外口狭窄者行尿道扩张成形术。

（二）中医辨证论治

1. 毒火郁结

证候：阴茎头和包皮红肿，灼热疼痛，丘疹、水疱、脓疱、糜烂、脓性分泌物流出，伴小便黄赤，排尿不畅，心烦，急躁，头痛。舌红，苔黄，脉弦数。

治法：清热解毒泻火。

方药：黄连解毒汤合导赤散加减。小便频数者，加萹蓄、瞿麦；大便干结者，加生大黄；肿痛明显者，加大血藤、紫花地丁。

2. 湿热下注

证候：阴茎头部潮红、水疱或糜烂，疼痛，阴囊部潮湿，口苦，口黏，小便黄赤，大便不畅。舌红，苔黄腻，脉弦滑数。

治法：清肝利湿。

方药：龙胆泻肝汤加减。瘙痒者，加苦参、白鲜皮；大便黏滞者，加白花白头翁、秦皮。

3. 肝肾阴虚

证候：阴茎头包所有斑块，肥厚，脱屑，萎缩，或有硬化，腰膝酸软，遗精早泄。舌淡红，苔光，脉沉细。

治法：滋补肝肾。

方药：知柏八味丸加减。脱屑瘙痒者，加威灵仙；红斑明显者，加白花蛇舌草；硬化萎缩者，加女贞子。

四、预防与调护

注意个人清洁卫生，勤洗澡，勤换衣，保持会阴部干燥；急性炎症时禁用皮质类固醇软膏，溃疡形成后每天换药 1 次；有包茎或包皮过长应及早手术。

第二节　睾丸炎

睾丸炎是指由细菌或病毒感染引起的睾丸组织炎症。临床分为急性和慢性两大类。急性睾丸炎多继发于体内其他部位的感染，经血行或淋巴等循环至睾丸引起，如急性细菌性睾丸炎及腮腺炎并发睾丸炎等。慢性睾丸炎多由急性非特异性睾丸炎治疗未彻底等因素引起。由于睾丸组织纤维化萎缩等病理变化常致病程迁延日久。该病属于中医学“子痈”等病的范畴，历代医籍均有论及，其病在睾丸，本质在肝，总从肝论治，祛邪而扶正固本。

一、病因病理

睾丸炎的发生，由细菌感染引起的，其病原菌多为金黄色葡萄球菌、链球菌、大肠杆菌等。由病毒感染引起的，常由腮腺炎病毒感染所致。上述细菌和病毒感染的途径多为血行感染、淋巴感染或直接感染等。

血行感染：睾丸及附睾的动脉血供有三支：①精索内动脉，由腹主动脉分出，穿越腹股沟环随精索进入阴囊，分支进入睾丸。②精索外动脉由腹壁下动脉在外环水平与输精管动脉吻合至睾丸下部。③输精管动脉供输精管、附睾尾、附睾体及睾丸下部。

淋巴感染：睾丸及附睾的淋巴管有深、浅两丛，浅淋巴管丛位于睾丸鞘膜脏层的表面；深淋巴管丛位于睾丸实质内，在精索内与血管伴行。下尿路及外生殖器的炎症分泌物可经精索淋巴管进入睾丸淋巴管系统引起感染。

直接感染：由睾丸邻近的器官如前列腺、精囊等非特异性感染直接沿输精管进入睾丸、附睾所引起的炎症。

急性、慢性睾丸炎的病理变化不同。急性感染者，以阴囊红肿，睾丸肿大，鞘膜脏层充血、水肿、渗出，睾丸实质肿胀，有局灶性坏死的多核白细胞浸润，严重者整个睾丸形成脓肿。慢性睾丸炎，睾丸肿硬或萎缩，鞘膜增厚，鞘膜腔狭窄，睾丸组织纤维化，曲细精管变性，生精上皮消失。

中医学有“子痈”等类似病证的记载，认为该病的主要病因病机是肝肾阴虚或阳明炽热，下注肝经，厥阴失疏，血脉痹阻，营气不从，逆于肉理所致；或湿热下注，结于肾，或感受外来之邪，循经走络，壅结成痈；或因外伤，瘀血凝滞子系，蕴热酿脓；或由房事不洁，外染浊毒，侵入睾系，郁滞化火成脓。故出现睾丸红肿胀痛，甚则溃破作脓等症。亦可因时毒痄腮余毒未尽，循胆经传肝经，结于肾而发。

二、诊断

1. 诊断要点

病史：发病前可有细菌感染史，或接触感染史，或接触时邪痄腮患者，以及跌仆损伤睾丸等病史，多见于青壮年。

症状：急性细菌感染，发病急骤，寒战高热，患侧睾丸红肿胀痛，向腹股沟放射，严重时形成睾丸脓肿，破溃后流出脓液，黏稠脏臭。病毒感染者无化脓趋势，肿痛消退后常有睾丸萎缩后遗症造成不育。慢性睾丸炎多起病缓慢，睾丸肿硬光滑，压痛不甚，睾丸坠胀，或脓溃后为清稀脓液且无臭味。

体征：大多为一侧睾丸肿大，有明显触痛，阴囊皮肤红肿，常伴有附睾变硬、输精管增粗。慢性睾丸炎患者见患侧睾丸肿大、质硬、表面光滑，有轻度触痛感。

辅助检查：①血常规：血白细胞数增高明显，病毒感染者见淋巴细胞增多。②尿常规：可有白细胞或脓球。③ 99 同位素睾丸扫描，可见血流明显增加。④ B 超：用于区分睾丸肿瘤等其他疾病。

2. 诊断标准

根据发病情况分为急性、慢性两类，结合典型病史、症状、体征及实验室检查分述如下。①急性睾丸炎：多起病急骤，初为一侧睾丸胀痛下坠，迅速出现肿胀和疼痛，精索增粗，肿硬疼痛，阴囊红肿，甚则皮肤光亮，压痛明显，伴恶寒，发热，头痛，口渴，恶心，小便短赤、刺痛等症。血白细胞总数及中性粒细胞增高明显。②慢性睾丸炎：常有急性感染病史，睾丸、附睾肿硬，坠胀，压痛不甚或无疼痛，病程较长，经久不愈。

3. 鉴别诊断

要注意与嵌顿性斜疝、睾丸扭转、睾丸肿瘤等疾病相鉴别，慢性睾丸炎要与附睾结核相鉴别。①嵌顿性斜疝：全面病史询问及注意体格检查可做区别，疝块常有反复下坠阴囊的既往病史，肿块与睾丸的部位亦有不同。②睾丸扭转：常有剧烈运动或阴囊损伤的诱因，疼痛如弱窄，无发热。阴囊触诊发现睾丸上移或呈横位，可触及精索呈麻绳状扭曲。③睾丸肿瘤：早期肿瘤须注意与慢性睾丸炎相鉴别，肿瘤质地坚硬，沉重感明显，附睾不易触及。B 超可明确诊断。④附睾结核：常有结核病史，病程长，局部酸痛，易出现局灶性冷脓肿，破溃后易形成窦道。输精管可触及串珠状结节等。⑤睾丸鞘膜积液：无急性炎症症状，触诊有囊性感，无压痛，透光试验阳性，B 超检查可鉴别。

三、治疗

（一）西医治疗

一般处理：①炎症早期：阴囊肿痛可以湿热敷，促进炎症吸收、消退。②阴囊坠胀明显者，可用阴囊托带托起阴囊。③阴囊皮肤红肿明显者，可用 50% 的硫酸镁溶液湿敷。

药物治疗：①抗生素：可选用广谱抗生素如青霉素、红霉素或庆大霉素、阿米卡星等肌肉注射或静脉滴注。②肾上腺皮质激素的短期使用：如泼尼松每日口服 20 ～ 40 mg，分 3 ～ 4 次服，连服 1 ～ 2 周。病毒感染患者，或用干扰素 100 万 U 肌肉注射，每日 1 次；或注射丙球蛋白等。

其他疗法：局部封闭，以 1% 普鲁卡因 10 mL 做患侧精索封闭以减轻疼痛，促进炎症吸收。

手术治疗：①急性细菌性睾丸炎脓肿形成者需做切开引流，如睾丸已被完全破坏时可做患侧睾丸切除术。②睾丸肿胀严重者，可做睾丸白膜“H”形切开以减少睾丸张力，并在鞘膜囊内放置皮片引流。

（二）中医辨证论治

1. 肝经湿热

证候：睾丸肿痛明显，痛引腹股沟区，睾丸肿硬，皮肤潮红，灼热痛剧，寒战高热，头痛口渴，小便短赤。舌质红，苔薄黄或黄腻，脉滑数。

治法：清热利湿，疏泄厥阴。

方药：龙胆泻肝汤加减。

2. 瘟毒下注

证候：多见于少年、儿童，常因痄腮并发睾丸肿痛，伴恶寒，发热，一般不化脓。舌苔黄，脉弦数。

治法：清热解毒。

方药：普济消毒饮合金铃子散加减。

3. 火毒壅盛

证候：睾丸红肿、痛剧，或有跳痛，沿会阴部放射，局部皮肤灼热，睾丸肿硬，拒按，伴发热恶寒，小便短赤。舌质红，苔薄黄腻，脉滑数。

治法：清热解毒。

方药：仙方活命饮加减。

4. 瘀滞结节

证候：睾丸或附睾部结块，按之质硬，疼痛坠胀。舌质淡，苔薄或见瘀点、瘀色，脉沉涩。

治法：软坚散结，化瘀止痛。

方药：橘核丸加减。

5. 肝肾亏虚

证候：睾丸肿大日久，质软，隐痛，头晕乏力，腰酸耳鸣，性欲减退。舌质淡红，苔薄白，脉细。

治法：疏肝益肾。

方药：逍遥散合六味地黄丸加减。

四、预防与调护

急性期应卧床休息，忌房事，阴囊以阴囊带托起，以减轻疼痛；忌食辛辣刺激性食物，如酒及辣椒、大蒜等；由腮腺炎并发症引起者，应注意早期检查和及时治疗；局部形成脓肿者，应切开引流，严重者可行睾丸白膜“H”形切开减压，鞘膜囊内置皮片引流。

第三节　附睾炎

附睾炎是由细菌感染等因素引起的附睾局部炎症。该病常继发于前列腺炎、精囊炎，或伴发睾丸炎等病症。临床以附睾肿大、疼痛、精囊增粗等为特征，可分急性和慢性两类。发病年龄以青壮年多见，大多为单侧发病，亦可双侧同时发病，如两侧均有感染者可因附睾管腔的炎性阻塞而继发不育症。中医学中无相应的病名，根据症状和体征，可归属于“子痈”的范畴。

一、病因病理

附睾炎的发生除特异性感染的结核杆菌和淋病双球菌外，大多由非特异性细菌感染所致。其致病菌以大肠杆菌、葡萄球菌及链球菌多见。

非特异性附睾炎的致病菌感染后，大多经输精管逆行进入附睾，或经淋巴管进入输精管后感染附睾，这是由以下几方面的原因造成的：①输精管嫁接于附睾管后，沿精索入盆腔，转向后至膀胱底后方，与精囊排泄管合并成射精管，穿过前列腺开口于尿道的前列腺部。因此，后尿道炎、前列腺炎、精囊炎等感染细菌容易经输精管进入附睾而引起局部炎症。②前列腺炎、精囊炎等感染菌经淋巴管进入输精管后感染附睾，出现附睾炎的症状和体征。③输精管结扎后，局部感染可经逆行途径至附睾管而并发附睾炎。

急性附睾炎以单侧多见，感染常由附睾尾部开始，附睾管内出现水肿、渗出。炎症逐渐蔓延至附睾体和附睾头部，波及整个附睾。晚期炎性纤维增生及瘢痕组织可使附睾管腔闭塞梗阻。慢性附睾炎可继发于急性感染或由轻度感染所致，多伴发慢性精囊炎。病变局限于附睾尾部，可触及炎性结节。常同时伴有输精管、前列腺或精囊的慢性炎症。

附睾炎与睾丸炎，中医学均归属于“子痈”范围，二者的病因病机大致类同。从临床病机分析，本病可因外感寒湿，阻塞脉络，肝经闭阻；或由湿热之邪蕴阻下焦，肝经湿热壅阻；或由肝经气滞，郁久成瘀，气血凝结，阻于附睾所致。急性发作者，多由湿热下注所致，慢性者以寒凝肝经或气血凝结附睾多见。

二、诊断

1. 诊断要点

病史：发病前可有慢性前列腺炎、精囊炎、后尿道炎等感染史，或有尿道机械操作及留置导尿管时间较长等病史。患者多为中青年。

症状：急性发作者，起病突然，表现为附睾肿大、疼痛、阴囊坠胀，触痛明显，活动受限，伴有发热、寒战及小便涩痛等。慢性附睾炎一般无明显症状，有时表现为阴囊下坠感和隐隐胀痛，疼痛可放射至同侧大腿、小腹等处。

体征：急性附睾炎患者下腹及精索等处有压痛，阴囊肿大、压痛，附睾肿块较硬、触痛明显，严重者与睾丸界限不清，可触及肿块。若脓肿形成，可自行穿破而形成瘘管。慢性附睾炎可扪及附睾肿大及硬结，轻度触痛，与睾丸界限清楚，精索和输精管增粗，可伴有慢性前列腺炎的表现。

辅助检查：①血常规检查：急性期血白细胞检查可见白细胞总数及中性粒细胞升高。②尿常规检查：有明显白细胞增多。③细菌培养：细菌感染者尿培养或鞘膜液培养为阳性。④超声多普勒检查：急性感染者可见睾丸血流回声增强。

2. 诊断标准

对附睾炎的诊断，主要依据典型的临床症状与体征、实验室检查等确诊。根据临床表现，一般分为急性与慢性两类。①急性附睾炎：患者阴囊疼痛、放射至同侧腰、腿等处，附睾肿大明显，伴发热、恶寒及膀胱刺激症状，检查见附睾肿硬、压痛、精索增粗，可出现继发性睾丸鞘膜积液等并发症。②慢性附睾炎：阴囊坠胀，隐隐作痛，可触及附睾肿大硬结，压痛不甚，前列腺变硬，有纤维结节及慢性前列腺炎的临床表现。

3. 鉴别诊断

急性附睾炎要注意与精索扭转、睾丸附件扭转、病毒性睾丸炎等相鉴别。慢性附睾炎要注意与附睾结核相鉴别。

三、治疗

（一）西医治疗

一般处理：①急性期须卧床休息，用托带托起阴囊，局部予以冷敷，慢性者予以热敷。②检查血、尿常规及尿培养，B 超探测肿块大小、性质等以供治疗参考。

药物治疗：①抗菌消炎：根据病情，急性者可用大剂量青霉素、链霉素治疗，病情严重者可改用丁胺卡那或氨苄青霉素等药物。慢性者单用抗生素疗效较差，应考虑采用多种方法或中西药同用。②局封止痛：阴囊坠胀疼痛严重者，可用 1% 普鲁卡因 10 mL 做患侧精索封闭止痛，必要时予以止痛、镇静药物治疗。

其他疗法：①切开引流：形成附睾肿后，需及时切开引流。②附睾摘除术：慢性附睾炎反复发作者，或长期治疗无效等情况，可考虑手术摘除附睾。

（二）中医辨证论治

1. 寒湿凝滞，肝经闭阻

证候：睾丸坠胀隐痛，遇寒加剧，自觉睾丸阴囊发冷、肿硬感，阴囊皮色紫黑，伴有腰酸腿痛，遗精，小便清长。苔薄白，舌质淡，脉弦紧或沉弦。

治法：温经散寒，疏肝通络。

方药：暖肝煎加味。睾丸肿痛甚、有血瘀者，加赤芍、桃仁、蒲公英、大血藤以活血清热解毒；肝肾不足者，加菟丝子、补骨脂、肉苁蓉以益肝肾。

2. 湿热下注，壅阻肝络

证候：突然发作，单侧睾丸肿胀质硬，触痛明显，疼痛放射至同侧腹股沟、小腹部，并伴发热恶寒，小便短赤，大便干结。舌质红，苔黄腻，脉弦滑数。

治法：清热利湿，疏肝通络。

方药：龙胆泻肝汤加减。脓肿形成、局部红肿热痛甚者，加蒲公英、土茯苓、重楼；溃后脓出清稀、肝肾阴亏者，加服六味地黄丸；气血两虚者，加用八珍汤。

3. 气血凝结，肝络瘀阻

证候：病程日久，睾丸逐渐肿大，坠胀隐痛，扪之质硬，阴囊皮色暗红，尿黄少，若后期形成脓肿，溃后脓液清稀，收敛缓慢。舌苔薄白，舌质有瘀斑，脉沉细。

治法：活血散结，理气止痛。

方药：桂枝茯苓丸合橘核丸加减。肿块日久不消者，加夏枯草、牡蛎等；溃后脓尽疮口不愈者，加黄芪、黄精、山药。

四、预防与调护

急性期应卧床休息，注意保护阴囊，用布袋或阴囊托固定阴囊位置；突然发作肿痛红者，可局部冷敷，慢性期可做热敷；忌食生冷及辛辣刺激食物和饮酒；保持情绪稳定，禁房事，急性期后亦注意节制性生活；附睾肿块明显而无任何症状者，应定期随访。

第四节　精囊炎

精囊炎是精囊的非特异性感染性疾病，其临床主要特征是精液里混有不同程度的血液。该病发病率不高，发病年龄不限，但以青年男性多见。该病常与前列腺炎同时发生，在有明显前列腺炎症状和体征的患者中组织学检查并未得到同时有精囊炎的证据，故两者仍有较大区别。临床上，分为急性和慢性两大类，急性者症状表现较多，慢性者仅以血精为主。

精囊炎的主要特征是血精。中医古籍中早有关于血精的记载，并对该病的病因病理、症状表现等有较详细的论述。现代中医学对血精症的研究有了更新的认识。

一、病因病理

精囊炎的发生多为细菌或其他微生物侵入精囊腺引起的炎症。常见途径为经后尿道蔓延，亦可有血行感染或淋巴道感染，感染菌多为葡萄球菌、链球菌或大肠杆菌等。

致病菌经尿道逆行侵入，沿射精管进入精囊腺；或由前列腺、膀胱等炎症感染的细菌侵犯邻近的精囊；亦可由附睾的细菌通过输精管侵入精囊腺。此外，偶可通过血行或淋巴液引起精囊炎。

细菌侵入精囊后，精囊壁黏膜即发生充血、水肿、增厚、分泌物减少，正常精囊壁略具透明的特点也消失，局部可形成脓肿，严重者脓肿可扩散至邻近组织，甚至破溃穿入膀胱后壁，形成精囊周围炎。

在炎症的病理变化基础上，性兴奋时精囊和前列腺的充血和收缩，可诱发出血。由于扩张的精囊在射精过程中急剧排空，突然的减压导致黏膜破损出血。长期的慢性炎症可导致精囊萎缩、功能减退，继而影响生育能力。

中医学认为血精的病因病机是过劳伤肾，肾虚不摄，封藏失职，精血俱出；或由于湿热之邪乘虚而入，湿热下注，壅阻精室，热伤血络，出现血精；若由肾阴虚损，相火炽盛，迫精妄行而致血精；或精室损伤，瘀血阻络，血不归精而精中带血。

二、诊断

1. 诊断要点

病史：发病前可有过度疲劳或性生活不节，或慢性前列腺炎等病史。患者大多为青壮年男性。

症状：射精时排出带血的精液，呈红色或淡褐色，持续时间较长。可有尿频、尿急、尿痛及血尿，以及性功能减退、遗精、早泄及射精痛等症状。炎症严重者可伴有全身症状。

体征：肛门指征可触及精囊并有触痛，按压后可挤出咖啡样液体。

辅助检查：①精液检查：镜下红细胞增多，并有卵圆细胞出现，即未成熟精细胞及白细胞。②精囊造影：穿刺精囊造影可见精囊腔扩大。并根据显影区域的不同，判断炎症病理变化的程度。③细菌学检查：取精液后段的精囊液做细菌培养，以找出致病菌。④B超检查：精囊壁增厚，囊腔扩张，边缘粗糙，囊内透声差。⑤CT检查：疑为精囊肿瘤者，可考虑磁共振成像检查，以区别精囊肿瘤等其他病变。

2. 诊断标准

对精囊炎的诊断主要根据症状和体征及B超检查，并结合精液常规或精囊液检查。根据临床表现和实验室检查，一般将精囊炎分为急性和慢性两大类：①急性精囊炎：射精时见鲜红色带血精液伴射精痛，下腹或会阴部钝痛。常有尿频、尿急、尿痛，排尿困难等症状，并有发热与寒战等全身症状。②慢性精囊炎：多由急性精囊炎转化而来，以血精为主要表现，精液检查见红、白细胞增多。可伴有其他症状，类似慢性前列腺炎。

3. 鉴别诊断

注意与精囊肿瘤及精囊结核相鉴别，可根据病史、症状及体征的详细检查进行鉴别。此外，还应与前列腺癌的血精相鉴别，后者为癌肿浸润精囊所致。肛指、B超检查及穿刺找癌细胞等可做鉴别。

三、治疗

（一）西医治疗

一般处理：急性期注意休息，停止性生活，可适当进行理疗或局部热水坐浴等。

药物治疗：抗生素应用，以广谱抗生素为主，联合用药为妥，常用丁卡＋红霉素、先锋霉素＋环丙沙星等，可采用静滴、肌注或口服的方法治疗。亦可有输精管穿刺注入抗菌药物的方法进行治疗。

其他疗法：①按摩：可定期做前列腺按摩，以排出精囊液，有利于炎症吸收、消散。②脓肿形成则予以切开引流，可经直肠或会阴部切开排脓。

（二）中医辨证论治

1. 阴虚火旺，热伤血络

证候：射精疼痛，精液带有血丝或呈鲜红色，阴部坠胀，伴有心烦不宁，失眠，午后潮热，咽干口燥，腰膝酸软，盗汗。舌红绛或有裂纹，脉细数。

治法：滋阴降火，凉血清热。

方药：知柏地黄丸合二至丸加减。阴虚潮热明显者，加白薇、地骨皮；大便干结者，加何首乌、制大黄；阴部疼痛明显者，加川楝子、延胡索等。

2. 肝经湿热，精室受损

证候：精血俱下，血色鲜红或暗红，射精痛明显，引及少腹、会阴胀痛，心烦易怒，面红目赤，口苦、黏腻，胁痛胀满，排尿短赤灼热。舌质红，苔黄腻，脉弦数。

治法：清热利湿，凉血止血。

方药：龙胆泻肝汤加减。肝火旺盛者，加石决明、菊花、金银花；胸胁胀满者，加青皮、香附；纳呆食少者，加炒谷芽、麦芽、建曲等。

3. 瘀血阻络，血不归经

证候：精液暗红或深褐色，射精时有涩痛感，或有外伤史，下腹部及会阴刺痛不适。舌质暗红或有瘀斑，苔薄白，脉细涩。

治法：活血祛瘀，行气止痛。

方药：桃红四物汤加减。气虚者，加黄芪、党参；夜寐不安者，加夜交藤、合欢皮等。

4. 脾肾两虚，失于固摄

证候：精液呈淡粉红色，劳累后发作明显增加，头晕乏力，神疲肢软，腰酸耳鸣，少气懒言，纳呆，便溏，性欲减退。舌胖有齿印，苔薄，脉细无力。

治法：健脾益肾，补气摄血。

方药：归脾汤加减。脾阳虚甚者，加炮姜；肾阳虚甚者，加覆盆子、补骨脂、益智仁；消化不良者，加焦六曲、炒谷芽、炒麦芽等。

四、预防与调护

重视性卫生，避免过多性刺激和性冲动；急性期忌房事，避免不必要的检查、按摩，以减少局部充血、出血；全身症状明显者，应卧床休息，饮食清淡，多饮水；忌酒及辛辣刺激性食物；保持心情舒畅，减轻思想负担；伴不育者，避免热水坐浴。

第五节　输精管炎

输精管炎是指输精管的感染性炎症，包括睾丸、精索及盆腔段输精管不同部位的感染。输精管炎是男子生殖系统感染中较少见的疾病，常与其他感染性疾病有相互影响的关系，都是在一定条件下被诱发的。

输精管炎是根据现代医学解剖位置而定名的，中医学无专门病名，从该病的主症及体征来看，可归于囊痈证、子痈证的范畴。

一、病因病理

输精管炎的发生多由细菌感染所致，并且大多为白色葡萄球菌等毒力较低的条件致病菌。该病常与附睾炎同时存在，并且以双侧输精管感染多见，好发于青壮年。临床可分为急性和慢性两类。急性输精管炎常导致慢性炎症，日久输精管阻塞，可造成不育症。

输精管炎大多为细菌感染所致，感染后细菌在输精管内迅速增殖，并沿输精管向远睾端扩散而引起精囊炎、前列腺炎等。向近睾端扩散则引起急性附睾炎。其感染途径主要为血行、淋巴侵入及手术切口蔓延。

血行感染：输精管动脉起自髂内动脉，至膀胱底分为升、降两支，升支随输精管经腹股沟管到睾丸，与睾丸动脉吻合；降支至输精管壶腹及精囊，细菌沿动脉可至输精管各段。

淋巴感染：输精管淋巴管上部与精索淋巴管相通，下部与精囊淋巴管吻合，邻近器官的炎症常通过淋巴管侵入输精管而引发输精管炎。

手术切口感染：由男性绝育手术前后消毒不严，或手术诱发的细菌感染所致，直接引发输精管炎症，并由此累及与之相关的生殖器官。

中医学中与之相似的病症有子痈、囊痈等，但具体病位不能区别。其病因病机主要由外来因素刺激，如酗酒伤脾，酿生湿热；或外感湿热之邪循经厥阴之络；或外伤肝脉，瘀血留阻，瘀滞化热，蕴而化脓，形成该病。

二、诊断

1. 诊断要点

病史：发病前可有输精管结扎术史，或有慢性附睾炎、精囊炎等病史，患者多为青壮年。

症状：阴囊坠胀，肿痛，痛引腹部及同侧大腿根部，行动不便。重者伴有发热、恶寒、心烦失眠、口苦口渴等症状。

体征：阴囊红肿，触痛明显，可触及输精管增粗变硬，严重者输精管周围脓肿粘连，阴囊及睾丸上缩，部分患者有附睾肿大触痛。

辅助检查：①血常规：白细胞数升高，中性颗粒增多。②精液常规：可发现异常增多的白细胞和红细胞。③尿常规：可见红细胞、白细胞增多及脓球。

2. 诊断标准

对输精管炎的诊断，主要根据典型症状、体征及实验室检查等。临床分为急性和慢性两类。①急性输精管炎：起病急，患侧阴囊胀痛、皮肤红肿，有少许分泌物，疼痛引及小腹及腹股沟等处，活动受限，严重者伴发热、恶寒等症状。输精管周围可见化脓性病灶形成。②慢性输精管炎：患侧阴囊坠胀疼痛，并向小腹、大腿等处放射，症状轻，病程长，反复发作。

3. 鉴别诊断

该病急性发作要注意与精索扭转及睾丸附件扭转相鉴别。后者发病年龄多在20岁以下，局部症状和体征明显，抬高阴囊后疼痛加重。睾丸血流图检查或多普勒超声检查有助于诊断。此外，根据症状体征与精索、附睾炎等疾病相鉴别。

三、治疗

（一）西医治疗

一般处理：①急性患者应卧床休息，用阴囊托带抬高阴囊，或做冷敷。②慢性输精管炎患者可进行局部热敷，以加快炎症消散。

药物治疗：①抗炎：急性输精管炎患者，一般以青霉素80万～120万单位肌肉注射，每日2次，可配合庆大霉素8万单位肌肉注射，每日2次，连续1周。症状严重者可用青霉素320万单位静脉滴注，每日2次；或头孢拉定3 g，每日2次静脉滴注。②止痛：阴囊坠胀疼痛严重者，可口服止痛剂，或以1%普鲁卡因

10 mL 做精索局部封闭，每周 1 ～ 2 次。③消肿：阴囊肿痛，输精管增粗变硬有粘连时，可口服达先片 5 mg，每日 3 次。或用糜蛋白酶 1000 单位肌肉注射，每日 1 次。

其他疗法：①音频理疗：局部肿块明显者，可用音频理疗，以消肿止痛、软坚散结，每日 1 次，每次 20 分钟。②激光照射：以氦氖激光器局部照射，通过热效应和光效应、电磁场效应等作用于局部，起到消炎消肿、镇痛等作用，每日 1 次，每次 5 ～ 10 分钟，连续 15 日。③超声波：通过升高局部组织温度，扩张小血管，改善局部微循环，以消肿散结，适用于慢性输精管炎精索增粗变硬患者，每日 1 次，每次 10 ～ 15 分钟。

手术治疗：①急性输精管炎已形成脓肿者须及时切开引流，扩创或放置皮片引流。②绝育术后输精管炎患者有痛性结节者，若局部注射治疗效果不好，可予以手术切除。

（二）中医辨证论治

1. 肝经湿热下注

证候：阴囊坠胀疼痛，或痛引少腹及大腿，皮色红肿，灼热，口苦纳差，小便短赤。舌质红，苔薄腻，脉弦滑数。

治法：清热除湿，疏肝理气。

方药：龙胆泻肝汤加减。

2. 瘀热互结厥阴

证候：睾丸坠胀，痛引少腹，精索增粗，时有刺痛，可触及硬结，伴心烦，失眠，胸胁胀痛。舌质红，苔薄黄，或舌有瘀点，脉弦数或弦涩。

治法：清热化瘀，止痛散结。

方药：解毒化瘀汤加减。

3. 瘀毒成痈

证候：阴囊皮肤红肿、疼痛，按之灼热，痛如鸡啄，按之有应指感，或有脓液自溃破处溢出，可有发热，口渴，尿赤，便秘。舌质红，苔薄腻，脉弦数。

治法：清热解毒，托里透脓。

方药：仙方活命饮加减。溃破后期，余毒未清者，加四炒散；阴囊坠胀疼痛明显者，加金铃子散合乌药；输精管痛性结节肿硬者加五灵脂、蒲黄、没药、莪术等。

（三）中西医结合治疗

根据患者的临床症状、体征，可在采用抗生素注射的同时，以局部中药外敷及中药内服等内外兼治的方法治疗。如采用中药复方当归注射液局部注射以活血止痛，全身应用抗生素以控制炎症，促进和加快局部症状的控制及消除，可缩短治疗时间，提高临床疗效。

四、预防与调护

急性期及时卧床休息；忌食辛辣刺激食物及饮酒；避免站立过久和行走、搬重物等劳累的活动；节制房事，急性期禁止性生活；保持阴囊部位清洁，预防皮肤破损，减轻炎症。

第六节　前列腺炎

前列腺炎是由各种致病因素引起的前列腺体和腺管的炎症性疾病。多发于男性青壮年，常伴发后尿道炎、精囊炎、附睾炎。临床上可分为急性和慢性、细菌性和非细菌性、特异性和非特异性前列腺炎。

中医学原无前列腺炎一词，前列腺脓肿属“悬痈”“穿裆发”，前列腺的慢性炎症可属“白淫”“尿精”“精浊”“劳淋”“淋浊”“白浊”等范畴。

一、病因病理

前列腺炎是细菌、病毒及其他病原体引起前列腺腺体和腺管的炎症，细菌性前列腺炎又有特异性和非特异性之分，特异性常见为结核和淋病，非特异性常见为革兰氏阴性杆菌（如大肠杆菌、克雷伯氏菌、变形杆菌等）及金黄色葡萄球菌、肠球菌较为多见。感染途径可经血行、淋巴或泌尿道直接蔓延，尤以后者为多见。该病与尿路感染互为因果，后尿道感染的细菌可通过前列腺管逆行进入腺体。饮酒、受寒、骑车、纵欲、会阴部损伤、留置导尿、尿道器械操作等为其诱因。

急性期病变呈局限性或弥漫性，腺体充血水肿及浆液纤维素性渗出，血性或脓性，腺泡和周围间质组织有炎症细胞浸润。腺管内有脱层和细胞碎片凝块，严重者可形成局部多发性微小脓肿，这些脓肿可融合形成前列腺脓肿。慢性前列腺炎其炎性渗出少，腺泡周围呈慢性炎症改变，部分腺管被脓液及上皮阻塞而引流不畅，导致腺泡扩张，故有柔软感，部分腺管中纤维组织增生明显，腺体缩小变硬，病变延及后尿道及膀胱颈，使膀胱颈硬化，引起排尿不畅。

前列腺炎属中医学“白浊”“白淫”等范畴，其病因病机多由风邪化热传于下焦，或素体虚弱、脾肾亏虚，或因嗜食醇酒和膏粱厚味，致气血凝滞、湿热内蕴，又因房事不节、肾阴亏耗、阴损及阳、阴阳失调所致。

二、诊断

（一）诊断要点

1. 急性前列腺炎

病史：突然起病，无明显既往病史。

症状：①全身症状：发病较急，可出现寒战、高热、厌食和肌肉关节疼痛等全身不适。②局部症状：最初出现尿频、尿急、尿痛，终末出现血尿，充血水肿严重或脓肿形成时可有排尿困难，患者大多合并急性尿潴留。会阴部不适，坠痛，以及在耻骨上、腹股沟、腰骶部疼痛。有直肠刺激症状，大便时疼痛加重。

体征：会阴部可有脓肿压痛，脓肿向尿道、直肠、会阴及膀胱周围间隙破溃，有脓液流出，引起结缔组织炎。直肠指检发现前列腺肿大，表面光滑，触痛明显，脓肿形成时，前列腺呈弥漫性肿大，中央沟消失，质地较软，有弹性感，有时可触及局限性波动感，并有明显压痛。

2. 慢性前列腺炎

病史：急性前列腺炎迁延未愈可转为慢性前列腺炎，但大多数慢性前列腺炎患者无急性发作史。

症状：①全身症状：不少患者出现神经衰弱症状，如头痛、头昏、失眠、腰酸、多梦、乏力、记忆力差等，有性功能障碍，如阳痿、早泄、遗精、射精疼痛，甚则影响生育。同时可引起其他器官感染，如关节炎、肌炎、神经炎、心内膜炎、虹膜炎及结膜炎等。②泌尿道症状：有尿频、尿急、尿痛、尿不尽及夜尿多，伴轻度排尿不适或烧灼、瘙痒感，在排尿后症状明显。排尿终末或排大便时尿道口滴出稀薄的乳白色黏性分泌物，夜间可因性冲动而发生，被误认为是遗精；晨起时尿道外口被分泌物黏合，偶有血尿和血精。在腹股沟、会阴部呈胀痛或抽痛，一般不严重。

体征：直肠指检查有轻度压痛，前列腺大小不等，质地各异，表面可有小结节。前列腺大者，质地较软；前列腺小者，质地较硬；也可大小、质地均正常。辅助检查：①血常规：急性发病时白细胞总数及中性粒细胞升高。慢性前列腺炎可正常。②尿常规：可有少许白细胞和红细胞。③前列腺液检查：常规检查可见白细胞增多，有成堆脓细胞以及含有脂肪的巨噬细胞，而卵磷脂小体减少，涂片和细菌培养可发现致病菌，pH 改变。④尿三杯试验：急性前列腺炎的第一杯尿中肉眼可见碎屑，镜下有白细胞；第二杯正常；第三杯混浊，镜检可见大量白细胞和脓细胞。⑤内窥镜、尿道镜、膀胱镜检查可见后尿道、膀胱三角区明显充血。精阜、前列腺有肿大和充血，可有出血现象。⑥ B 超检查。

（二）诊断标准

该病的诊断主要根据泌尿道的局部症状，结合全身症状及体征，经直肠指检、尿三杯试验、血常规、尿常规、前列腺液常规及细菌培养等检查可做出诊断。

（三）鉴别诊断

该病应与急性精囊炎、前列腺结核相鉴别。急性精囊性的病变部位在精囊，有血精，直肠指检可在前列腺上方触及肿大的精囊。前列腺结核患者大多有泌尿系统结核病史，可有尿频、尿急、尿痛等膀胱刺激症状。肛检可触及前列腺结节，质地稍硬。尿 24 小时集菌试验找酸杆菌，泌尿系统造影或前列腺穿刺可协助鉴别诊断。

三、治疗

（一）西医治疗

1. 急性前列腺炎

一般处理：注意休息，避免性生活，忌刺激性食物，多饮开水、口服缓泻剂以软化大便，禁止做前列腺按摩及尿道器械检查。

抗菌治疗：选择广谱高效抗生素，轻者可口服用药，重者肌肉注射或静脉内给药。常用药物有青霉素、氨基糖苷类、头孢菌素类及喹诺酮类抗生素，用药宜大剂量，持续一段时间，以防治疗不彻底而转为慢性或反复发作。

对症治疗：碱化尿液，解痉止痛，使用雌激素以减少前列腺充血，抑制性冲动，热水坐浴或直肠透热理疗或盐水保留灌肠，可促进炎症吸收，急性尿潴留时可短期留置导尿，脓肿形成时可早期穿刺抽脓并注入抗菌药物，如脓肿增大可引流，直肠指检按摩排脓，尿道探条按摩排脓，直肠切开引流，会阴切开引流，经尿道切开引流，无前切开引流等治疗方法。

2. 慢性前列腺炎

一般处理：避免过度劳累，预防感冒，不宜长时间骑车及久坐，保持大便通畅，多饮水，性生活适量、有规律。

抗感染：由于慢性前列腺炎使前列腺组织构成渗透障碍，故多数抗菌药物不能通过屏障达到有效的治疗浓度，治愈率低，易复发，疗效不满意。可选用磺胺甲氧嘧啶、磺胺甲基异唑、多西环素、红霉素、利福平、头孢氨苄、喹诺酮类及米诺环素等药物。还可采用抗菌药物离子透入，前列腺内或前列腺周围注射治疗的方法。

对症治疗：前列腺液多者，可用女性激素、镇静剂及解痉剂。前列腺液少且有纤维化者，可用男性激素（丙酸睾丸酮 25 mg，肌肉注射，每 3 小时 1 次），皮质激素（氢化可的松前列腺周围注射），还可用泌尿灵、膀胱灵及多尿灵等药物。

局部治疗：热水坐浴，直肠或会阴部透热治疗、物理治疗（中液、超短波、微波等）、直肠内前列腺按摩、前列腺内周围封闭疗法、输精管或附睾穿刺注射药物疗法、尿道内药物灌注疗法、直肠内药物栓塞疗法等。

手术治疗：对一些不能治愈的和难以用药物控制的慢性前列腺炎及有感染的前列腺结石应行手术治疗，但由于操作炎症与周围粘连紧密，手术难度较大，术后可能会影响性功能，故年轻患者一般不宜采用。

（二）中医辨证论治

1. 湿热下注

证候：发病急，会阴、睾丸、腰骶部胀痛或刺痛，可伴有尿频、尿急、尿痛、排尿不适或灼热感，小便黄赤，尿末有白色分泌物滴出，时有大便干结，甚则发热、寒战。舌红，苔黄腻，脉弦滑数。

治法：清热利湿。

方药：八正散加减。大便秘结者，加大黄 10 g。

2. 气滞瘀阻

证候：以会阴、小腹或阴囊部胀痛为主，睾丸坠胀，腰酸乏力，血尿或血精。舌质暗，苔薄白腻，脉弦紧。

治法：理气散瘀。

方药：前列腺炎汤。药用丹参 30 g，泽兰 12 g，桃仁 15 g，红花 10 g，王不留行 20 g，败酱草 30 g，小茴香 15 g，蒲公英 30 g，瞿麦 15 g。

3. 肾阴不足

证候：会阴、小腹或阴囊部隐隐疼胀不适，腰膝酸软，头晕目眩，耳鸣，失眠，多梦，遗精，形体消瘦。舌红，苔薄白，脉细数。

治法：滋补肾阴。

方药：知柏地黄汤加减。早泄遗精者，加金樱子、芡实；血精者，加大蓟、小蓟。

4. 肾阳亏虚

证候：会阴、小腹酸胀冷感，畏寒，腰酸，疲乏，阳痿，早泄，眩晕，耳鸣。舌质淡胖，苔薄白，脉沉细。

治法：温补肾阳。

方药：附桂八味丸加减。药用肉桂、炒杜仲、菟丝子、熟地黄、山茱萸、熟附子、沙苑子、茯苓、甘草、泽泻、牡丹皮等。阳事不举者，加阳起石、巴戟天。

四、预防与调护

预防受寒患感冒，上呼吸道感染时可使前列腺郁积充血，尿道内压增高，排尿困难等症状加重；宜调节饮食，忌食辛辣、油腻，勿过量吸烟饮酒；注意劳逸结合，避免过度劳累，不宜久坐或骑车、骑马，以防止会阴部血液循环不畅。

第七节　前列腺增生症

前列腺增生症是老年男性的常见症，由前列腺移行区及尿道周围组织中的腺体及间质增生引起尿路梗阻。良性前列腺增生曾被称为良性前列腺肥大症、前列腺腺瘤。发病率随年龄逐渐增加，一般 30 ～ 40 岁时前列腺便开始有不同程度的增生，50 岁以后开始出现临床症状。调查发现，该病发生率在 50 岁以上者约占 60%，70 岁以上者约占 70%，80 岁以上者约占 80% ～ 100%。整个增生过程可达数十年之久。由于尿路受压，可引起排尿无力、尿线变细、尿频、尿潴留等排尿不畅的表现，甚至发生尿潴留、肾盂积水、尿毒症等严重并发症。

一、病因病理

前列腺肥大起源于后尿道黏膜下中叶或侧叶的腺体结缔组织及平滑肌组织。组织增生形成多发性球状结节。多数结节为混合性，既有纤维组织和平滑肌组织，也有腺组织。前列腺增生一型是以纤维为主者，体积偏小偏硬；另一型是肌瘤型，体积大而偏软。前列腺肥大病理变化主要是尿路梗阻，使尿道、膀胱及肾脏产生一系列功能紊乱，出现排尿困难以致尿潴留。前列腺的大小与尿流梗阻的程度并不一定成比例。长期梗阻导致肾功能损害以致尿毒症，并可继发感染及结石。

前列腺增生症属中医学“癃闭”范畴。认为该病多因久病或劳伤肾精，或感受外邪，以致三焦水液的运行及气化失常而发生，其病因病机多由肺、肝、肾、膀胱气虚，致清肃不利，统摄失权，气化开合失常，水道不利，水湿蓄留，排泄失调所致。热邪犯肺，津液为燥热所烁，肺气失去“通调水道，下输膀胱”之功，出现上窍闭而下窍亦塞。脾胃湿热不解，下注膀胱而被湿热所阻，令气化不伸，小便不能渗泄，发生癃闭，中焦气虚，不足以温运水湿，使下焦气化不足，小便难以排出。下焦气化失司，肾阳虚衰，不能蒸化水液，致膀胱气化无权，水液内停致溺不能出；肾与膀胱蓄热，致膀胱气化受阻，亦可形成癃闭。

二、诊断

（一）诊断要点

1. 病史

年龄一般在 50 岁以上的中老年男性，病情不重者可无原发病史及临床不适。

2. 症状

尿频：尿频是该病最常出现的症状，夜间尿频更明显，严重时显淋沥状。

排尿困难：梗阻轻时有排尿等待、排尿缓慢、排尿中断及排尿时间延长。加重时排尿费力，尿线细而无力，射程变短或呈滴沥状。排尿后仍有排尿感，进行性排尿困难是重要的症状之一。

急性尿潴留：约 40% ～ 60% 的患者可发生急性尿潴留，梗阻加重时膀胱内残余尿越来越多，遇气候变化、饮酒、劳累、房事等引起前列腺突然充血水肿而发生。

尿失禁：为晚期症状，慢性尿潴留后膀胱内压增高，当尿液压力超过尿道括约肌阻力时，尿液可经常不断地从尿道外口溢出，称为充血性尿失禁，夜间更易发生遗尿。

血尿：前列腺、膀胱颈部充血或扩张的血管破裂而出现不同程度的血尿。

慢性尿毒症：长期慢性严重的尿路梗阻造成肾功能衰竭。酸中毒，表现为疲倦无力，食欲不振，便秘，头痛，口渴。皮肤和黏膜干燥。有血中尿素氮及肌酐升高、二氧化碳结合力降低、尿比重低、血压升高等症状。

并发症：由于腹内压增高引起的症状，如脱肛、内痔、便血及腹壁疝、下肢静脉曲张等，是由于排尿困难而长期增加腹内压协助排尿所致。

体征：下腹压痛，膀胱膨胀，肾功能不全时面部及肢体浮肿，前列腺增大，腹压增高可出现腹壁疝、内痔及脱肛。

3. 辅助检查

直肠指检：直肠指检时触及前列腺两侧叶表面隆起、光滑，质地中等具有一定弹性，边缘清楚、中央沟变浅或消失。正常前列腺如栗子大小。若大如鸡蛋为Ⅰ度，如鸭蛋大为Ⅱ度，鹅蛋大为Ⅲ度。

B 超检查：B 超可显示前列腺的形态、大小及性质。前列腺增生症其前后径增大较左右径明显，包膜反射均匀完整，前列腺呈现均匀的实质暗区，内部偶见稀疏分布均匀的细小光点。B 超可经腹壁或直肠进行检查。

残余尿测定：残余尿测定是判断膀胱、尿道梗阻程度和决定手术适应证的依据之一。B 超测定法测定残余尿达 100 mL 者，其准确率为 97%，残余尿达 150 mL 者，则正确率为 100%。优点是无损伤的，可避免导尿引起感染的危险，并可重复多次检测，但对残余尿量少者准确率不高。导尿测定法能正确测定残余尿量，并可同时取尿标本送培养。注意无菌操作，防止感染。静脉尿路造影法：静脉注射造影剂并嘱排尿，在排尿后摄膀胱区平片以了解残留尿多少，但不够精确。

尿流动力学检查：本项检查在确定有无下尿路梗阻及其程度、判断是否需要手术及其术后的效果等方面具有重要意义。其方法有：尿流率测定；相对排尿阻力测定；压力 - 尿流 - 肌电图测定；观察尿流率曲线形态。

静脉尿路造影（IVU）：做 IVU 检查，可了解下尿路梗阻后双肾功能及肾、输尿管有无扩张积水，膀胱内有无憩室、前列腺中叶或两侧叶向膀胱内突起的光滑的充盈缺损及膀胱颈抬高表现。

前列腺造影：在前列腺增生时包膜轮廓清楚，造影剂分布均匀，腺体呈网状结构。造影确定前列腺的大小、密度及病变性质，可弥补其他检查的不足。

膀胱镜检查：能在直视下观察前列腺增生的两侧叶及中叶的病变情况，还可以发现膀胱内有无小梁、憩室、结石、肿瘤等，对决定治疗方针及手术方法有帮助。

前列腺 CT 检查：当前列腺增生与前列腺癌不能鉴别时做 CT 检查有助于诊断。

其他检查：前列腺增生时血浆含锌量明显增高，故血浆锌浓度测定有意义。由于尿潴留影响肾功能，血液生化检测肌酐、尿素氮可升高。

（二）诊断标准

中老年男性，小便不利，点滴不畅或闭塞不通，小腹胀痛，直肠指检有前列腺肥大，B 超、膀胱镜、残余尿及尿流动力学检测结果发现因前列腺肥大而伴发尿潴留。

（三）鉴别诊断

膀胱颈挛缩（纤维化增生）：是老年男性膀胱颈梗阻的常见疾病，临床症状虽相似，但前列腺不肿大。

前列腺癌：病程短，进展快，肛门指检发现前列腺呈结节状，坚硬如石。

尿道狭窄：多数患者有尿道炎症、外伤或尿道器械检查损伤史，经尿道扩张探查或尿道造影可鉴别诊断。

膀胱癌：发生在膀胱颈附近的膀胱癌或带长蒂的肿瘤，常出现排尿困难、血尿，膀胱镜检查可确诊该病。

前列腺结核：结核可使前列腺增大、变硬呈结节状，后期可导致尿道狭窄、排尿不畅。

前列腺肉瘤：发病年龄轻，发展快，病程短，尿道梗阻早而重，前列腺硬而体积巨大。

神经性膀胱功能障碍：有脊髓或周围神经系统损害的病史和体征。经尿流动力学及膀胱镜检查能帮助鉴别诊断。

三、治疗

（一）西医治疗

1. 药物治疗

①肾上腺素受体阻滞剂。②雄激素类：丙酸睾酮或与雌激素合用。③雌激素类：己烯雌酚或戊酸雌二醇或炔雌醇。④孕激素类：醋酸甲孕酮。⑤抗雄激素药物：可用孕酮。

2. 透热疗法

透热疗法包括微波、射频、激光及高强度超声治疗等方法。具有一定的适应证，对早期前列腺增生较小而非中叶明显突入膀胱者，或不适宜做手术治疗的老年患者均可选用。

3. 手术治疗

前列腺肥大经药物治疗无效，出现进行性排尿困难，残余尿量超过 60 mL，反复发生急性尿潴留，由于梗阻而诱发膀胱憩室、结石、肾盂及输尿管积水等引起上尿路梗阻及肾功能损害，或反复发作泌尿系统感染，出现肉眼血尿者，采用前列腺切除手术是较理想的方法，包括经不同途径的开放手术及经尿道前列腺电切术。开放手术包括耻骨上、耻骨后、经会阴前列腺切除术。其他手术方式有前列腺联合部切开术、睾丸切除术及耻骨上膀胱造瘘术等。

（二）中医辨证论治

1. 肺热气闭

证候：小便不畅，点滴不通，咽干口渴欲饮，时有胸中烦闷，呼吸急促。舌质红，苔黄，脉滑数。

治法：清肺热，利水湿。

方药：黄芩、栀子、太子参、麦冬、石斛、玉竹、桑白皮、木通等。咳嗽痰多者，加全瓜蒌、杏仁；口干渴、舌红者，加北沙参；大便秘结者，加大黄；心烦便赤、舌红者，加黄连、竹叶。

2. 湿热下注

证候：小便频数，小便黄赤或涩痛，点滴不畅或闭塞不通，少腹胀痛，口苦，烦躁不安，大便秘结。舌红，苔黄，脉弦数。

治法：清湿热，利小便。

方药：八正散加减。腰酸痛者，加续断、狗脊；尿痛者，加石韦；血尿者，加茅根；便秘者，加大黄。

3. 膀胱瘀阻

证候：小便通而不畅或不通，小腹急痛难忍。舌质紫暗或有瘀斑，脉弦或涩。

治法：化瘀结，通水道。

方药：虎杖散合桃仁汤加减。尿血者，加三七粉、地榆炭。

4. 肝郁气滞

证候：小便不爽或不通，小腹坠胀，胸胁胀痛，心烦易怒。舌红，苔黄，脉弦。

治法：疏肝理气，利小便。

方药：逍遥散加减。头痛目赤者，加牡丹皮、栀子。

5. 肾阴亏虚

证候：小便频数不畅，淋沥不尽，头晕目眩，腰膝酸软，疲乏无力，口渴不欲饮，大便秘结。舌红，苔薄白，脉细数。

治法：滋肾阴，通水道。

方药：知柏地黄汤加减。排尿无力者，加黄芪、党参；大便干结者，加肉苁蓉。

6. 肾阳虚变

证候：小便淋沥不畅，面色㿠白，神色怯弱，小腹坠胀，腰膝酸软，食欲不振。舌淡，苔薄白，脉沉细。

治法：温肾化气利尿。

方药：五苓散加减。小便不畅者，加穿山甲、石菖蒲；心烦吐酸者，加黄连、吴茱萸。

四、预防与调护

注意精神调养，保持心情舒畅，避免忧思恼怒，经常锻炼身体；忌食肥甘厚味及辛辣刺激食品，如烟、酒、咖啡等，多食含纤维的食物；节制房事，不要长时间憋尿，保持大便通畅。

第十六章

男性先天性发育异常病

先天性发育异常是婴儿出生时就已表现出来的形态结构方面的异常，其中有一些先天性异常是遗传性疾病，但也有一些先天性异常与遗传关系较小，主要是在胚胎发育过程中在子宫内受到各种各样的环境因素影响而造成的。本章着重介绍一些非遗传性缺陷所致的男性生殖系统先天性发育异常疾病。

第一节　先天性阴茎发育异常

先天性阴茎发育异常包括隐匿阴茎、阴茎扭转、重复阴茎、先天性阴茎下弯、巨阴茎、小阴茎、包皮过长和包茎等。

一、隐匿阴茎

隐匿阴茎是指阴茎隐匿于皮下。

（一）病因病理

胚胎发育期间，正常延伸至生殖结节的尿生殖窦远端发育不全，导致阴茎隐匿于皮下。

中医认为，阴茎的发育，由肾和天癸主持。肾为先天之本，藏精而主生殖，倘若先天禀赋不足，天癸不充，则无以成其体，故阴茎隐匿，发育不良。

（二）诊断

1. 诊断要点

可能有家族史，多见于肥胖体形者；常有排尿障碍，甚至不能排尿，尿线不能前射，常溅于脚下，成年后不能性交；阴茎周围的皮下脂肪肥厚，发育不全的阴茎隐匿于皮下组织中；阴茎发育不良，而且弯曲；耻骨上膀胱过度充盈时，局部可见隆起。

2. 诊断标准

包茎，阴茎周围皮下脂肪肥厚，阴茎皮肤发育不良，阴茎海绵体及尿道海绵体发育不良。阴茎体不能进入阴茎皮肤及包皮腔内，阴茎被埋没于包皮和耻骨皮下脂肪组织内。

3. 鉴别诊断

①先天性阴茎缺如：外阴直观不能见到阴茎，同时在阴囊和耻骨部皮下不能触及阴茎，可伴有其他严重的先天性畸形，如肛门缺如等。②女孩：检查时无阴茎，但外生殖器可见阴蒂、阴唇、阴道，染色体为 46，XX。

（三）治疗

1. 一般治疗

控制饮食，加强锻炼，以减轻体重；将阴囊向后推，使阴茎头进入皮腔内，以延长阴茎皮肤和包皮腔。每日数次，长时期后部分患者可以见效。

2. 药物治疗

①雄性激素，如甲基睾丸素，或丙酸睾丸酮，或十一酸睾丸酮。②对于阴茎发育不良者，可以配合包皮口切开术，同时给予雄性激素，以促进阴茎发育。③绒毛膜促性腺激素，一般于 12 ～ 14 岁使用。

3. 手术治疗

包皮口切开术：将阴茎的包皮口切开。适用于阴茎发育较好、阴茎皮肤发育不良和包皮口狭窄者，可促使阴茎头露出于包皮口外。

包皮纵切术：分离包皮与阴茎头的粘连，将包皮上翻，于狭窄环的 10、10、2 点处各做长约 1 ～ 1.5 cm 的纵向切口，然后横形缝合，游离，使 2 个三角形皮瓣换位缝合成“Z”字形，最后将包皮复位。

阴茎"Z"字成形术：在阴茎腹侧做一长约 3 cm 的纵向切口，向两侧各做 60° 夹角长约 2.5 cm 的切口（"N"字形），自皮下分离后，游离，使 2 个三阴形皮瓣换位缝合呈"Z"字形。

阴茎包皮横切纵逢法：把阴茎与阴囊相依附的皮肤横向切开，沿皮下向周围分离，切口长度与分离范围以能使阴茎伸直为度，止血后，将横行切开的皮肤创面做纵向间继缝合。

阴茎成形术：根据实际阴茎形状予以整形治疗。

二、阴茎扭转

阴茎扭转是指阴茎向左或向右扭转。

（一）病因病理

胚胎期阴茎海绵体发育不平衡，造成阴茎向一侧扭转。

（二）诊断

1. 诊断要点

家族中可能有类似发病者，或者患有其他遗传性疾病患者；因尿道口狭窄或尿道呈锐角而出现排尿困难，严重者可能导致尿潴留；阴茎向右或向左扭转，尿道口与系带向上或向外偏斜；也可伴有尿道下裂及泌尿生殖系统畸形。

2. 诊断标准

阴茎处于常态时，明显地向左或向右扭转。

3. 鉴别诊断

①先天性阴茎下弯：阴茎皮肤与阴囊前面呈带状粘连致阴茎向腹侧弯曲，伴排尿不畅。②尿道下裂阴茎头型：阴茎向腹侧弯曲，包皮过长而不完全覆盖于阴茎头的背侧，尿道开口呈裂隙状。

（三）治疗

1. 一般治疗

单纯性阴茎扭转而无症状者可不进行手术治疗。未成年者可以采用手法捻转，长期坚持可予以纠正。

2. 手术治疗

阴茎扭转成形术。在麻醉状态下，用丝线先在阴茎龟头做一缝线做牵引，在阴茎基底部做一环形切口，深达阴茎海绵体白膜，向周围及上下游离，让阴茎转至正常位置，然后将切缘对合，并间断缝合。

三、重复阴茎

重复阴茎，又叫双阴茎，是指有两个阴茎的先天性畸形病症。

（一）病因病理

由于胚胎期阴茎始基融合不全或未能融合所致。

（二）诊断

1. 诊断要点

①有排尿障碍和性交、射精障碍。②有两个左右并列或前后排列的阴茎，有两个尿道口。或者一个阴茎在正常位置，而在其他部位发现另一发育较小的阴茎。③可以并发其他泌尿生殖系统的发育异常，如无阴囊、无睾丸等。④导尿管和尿道探子检查可以通过两个尿道外口进入膀胱。膀胱尿道造影，注入造影剂后可发现 2 个尿道或 2 个膀胱的影像。

2. 诊断标准

根据重复阴茎（或双阴茎）的特殊形态，经观察或比较可确诊。

3. 鉴别诊断

重复阴茎有两类：①分裂阴茎：特征为阴茎体纵向分裂，表现为阴茎头部分裂或完全分裂成分叉的双阴茎，其尿道开口多在两个阴茎的中间。②真性双阴茎：特征为每个阴茎各自都有一副阴囊、尿道、膀胱，其排列可以呈前后形，也可以呈左右形，有的也可以移位于其他部位。

（三）治疗

1. 一般处理

如果双阴茎有其各自独立的尿道并与重复膀胱相通，并且不影响正常生活和性功能，则可以不予治疗。在日常生活中要注意保持外生殖器的清洁卫生。

2. 手术治疗

即行阴茎切除术。如果双阴茎中，其中一个阴茎已经足够满足生理需要，可将接近于正常的阴茎保留，按患者的要求将另一个阴茎切除。

四、先天性阴茎下弯

先天性阴茎下弯指不伴有尿道下裂的阴茎向腹侧弯曲。

（一）病因病理

主要表现为阴茎腹侧皮肤与阴囊表面呈带状粘连。先天性阴茎下弯按其病理可分为3型：①Ⅰ型：尿道仅为一层薄的尿道黏膜，缺少尿道海绵体与周围筋膜，尿道在皮下。②Ⅱ型：尿道有尿道海绵体包裹，但Buck筋膜及肉膜发育不良。③Ⅲ型：尿道海绵体和Buck氏筋膜正常，肉膜发育不良。

（二）诊断

1. 诊断要点

①排尿时尿线向下，有排尿障碍、性交障碍。②阴茎向腹侧弯曲，阴茎短小，尿道口开在阴茎腹侧。③阴茎勃起时，呈弓状弯曲，或有痛性勃起。

2. 诊断标准

观察到阴茎向侧弯曲的特殊形态，即比较容易确诊。

3. 鉴别诊断

①尿道下裂阴茎阴囊型：阴茎下弯，尿道口位于阴茎阴囊交界处，阴茎常很小，甚似女性阴蒂，或外阴似女性。②阴茎扭转：阴茎向右或向左扭转，尿道口与系带向上或向外，或有尿道下裂的可能。

（三）治疗

一般治疗：平时注意外阴部的清洁卫生。

手术治疗：①包皮系带过短矫正术：把阴茎包皮系带横形切断，用丝线纵行间断缝合切口，第一针先缝合切口两端，使切口对齐成竖行，然后在两侧再做丝线间断纵行缝合，使阴茎伸直。②阴茎下弯矫正术：手术游离尿道周围组织，不损伤尿道，止血不用电灼，彻底切除影响阴茎伸直的纤维组织，然后整形，使阴茎伸直。术后不用导尿，而是采用耻骨上膀胱造瘘，待阴茎创面痊愈后再恢复尿道排尿。

五、巨阴茎

巨阴茎，又叫大阴茎，是指与同龄人相比，阴茎过于粗大。

（一）病因病理

体内雄性激素异常增多，使阴茎过分发育，引起阴茎过度增大。

（二）诊断

1. 诊断要点

①青春期早熟，先天性痴呆、侏儒症、垂体功能亢进症以及肾上腺性征异常症、肾上腺肿瘤等病史。②阴茎异常肥大，与患者年龄不符。③检查可触及肥大阴茎。

2. 诊断标准

观察所见阴茎明显异常增大即可确诊为该病。

3. 鉴别诊断

阴茎水肿：有原发病存在，如过敏、感染等，阴茎皮肤肿胀光亮，色微红或有水疱出现，局部有不适感。

阴茎象皮肿：阴茎皮肤肿胀增厚，阴囊皮肤增厚，表面粗糙，阴茎、阴囊皮肤易皲裂、继发感染。

（三）治疗

1. 一般治疗

阴茎肥大，如果不影响日常生活和性功能，可以不予治疗；如果出现不适可以选择手术予以矫正。

2. 手术治疗

手术整形切除自阴茎头下至阴茎中段的部分阴茎海绵体肌，保留阴茎背神经和动脉、静脉血管，然后把阴茎海绵体肌之的切面缝合。手术不切断尿道海绵体，将其贴附于阴茎海绵体上，虽然有一部分尿道弯曲，但不影响排尿。

六、小阴茎

小阴茎是指与同龄人相比，阴茎短小而细，成年后仍呈未成年状，以致影响性功能，无法进行正常性交，丧失生育能力的病症，又叫阴茎短小症。

（一）病因病理

由于体内雄性激素分泌异常低下，使得阴茎发育不全；或者促性腺激素分泌低下以及外生殖器对雄性激素不敏感，导致阴茎发育不良。

中医学认为，先天禀赋不足，肾精匮乏，肾气虚衰，致使阴茎发育不良；或少年染有手淫陋习，或早婚淫欲过度，或少年重病之后，肾精过伐，元气耗伤，致使阴茎发育不良。

（二）诊断

1. 诊断要点

①有性腺功能减退、垂体功能减退（功能不全）、呆小症、两性畸形、睾丸病变史等病史。②阴茎异常短小，与年龄不符。③阴茎外观形态除短小外，其他大致正常，尿道外口也正常，并开口于阴茎头。④阴茎勃起无力，或不能勃起，以致不能性交。⑤检查可发现睾丸发育不良、软或缺如，或无阴囊等畸形。

2. 诊断标准

阴茎特别短小，常态下不超过 3 cm，勃起状态下长度小于 8 cm。

3. 鉴别诊断

①隐匿阴茎：阴茎发育不全，隐匿于皮肤下，皮下脂肪肥厚。②阴茎象皮肿：阴囊过度肿胀致阴茎埋入其中，有丝虫病感染史。

（三）治疗

1. 西医治疗

药物治疗：①雄性激素：一般来说，年龄愈小治疗效果愈好。药物剂量宜根据患者年龄及其对药物的敏感程度来调整。一般使用丙酸睾酮 1 ～ 2 mg/kg 体重，每周 1 ～ 2 次，3 个月为 1 个疗程。②用绒毛膜促性腺激素和促黄体生成素释放激素等药物治疗。

手术治疗：①阴茎延长整形术：在麻醉下，用牵引线向外拉紧阴茎，在基底部背侧做“V”形切口。游离皮瓣和阴茎根部组织，尽量显露阴茎海绵体。在阴茎根部游离出两阴茎海绵体脚，牵拉阴茎使两阴茎海绵体接近，并在两海绵体间继缝合。缝合皮肤切口，使“V”形切口为“Y”形缝合，阴茎便能得到延长。术后常规使用抗生素抗感染，服用己烯雌酚防止阴茎勃起，7 天后拆线。②阴茎再造术：根据患者具体病情和实际要求予以施术。

2. 中医辨证论治

①禀赋不足：

证候：阴茎短小，举而不坚，发育欠佳，阴毛稀少，性欲淡薄，婚后不育。舌质淡，脉沉细。

治法：补肾壮阳。

方药：赞育丹加减。药用熟地黄 12 g，制附子 10 g，肉桂 6 g，蛇床子 10 g，杜仲 12 g，韭菜子 10 g，仙茅 12 g，淫羊藿 15 g，肉苁蓉 15 g，巴戟天 12 g，枸杞子 12 g，山茱萸 12 g，当归 10 g，白术 10 g。

②脾肾虚衰：

证候：阴茎短小，有性生活但不和谐，性欲低下，精神不振，疲倦乏力，腰膝酸软。舌质淡，脉细弱。

治法：益肾健脾，补阳填精。

方药：斑龙丸合十全大补汤。药用鹿角胶 10 g，鹿角霜 10 g，菟丝子 15 g，当归 10 g，柏子仁 12 g，补骨脂 12 g，茯苓 10 g，人参 6 g，白术 12 g，炙甘草 6 g，川芎 6 g，熟地黄 12 g，白芍 12 g，肉桂 6 g，黄芪 15 g。

（四）预防与调护

彻底改正手淫陋习；增强营养，多食牛肉、羊肉、狗肉以及豆制品等食物。

七、包皮过长

包皮过长是指阴茎头完全被包皮包裹，包皮口并不狭小，能够上翻露出尿道口及阴茎头的病症。

（一）病因病理

先天性阴茎包皮发育异常，包皮肥厚过长，造成阴茎包皮过长，不能显露阴茎头。

（二）诊断

1. 诊断要点

①包皮覆盖阴茎头，可上翻并使尿道口及阴茎头外露。②易发生包皮阴茎头炎，引起包皮水肿及疼痛。③包皮口过小，勉强上翻后如果不及时复位，包皮紧勒冠状沟处，不能翻下，发生包皮嵌顿，会出现包皮水肿、疼痛，继而糜烂、溃疡、阴茎头坏死等并发症。

2. 诊断标准

观察所见阴茎大小正常，阴茎头部埋没于包皮口内，不能显露，但包皮能够上翻而使尿道口和阴茎头部外露，即可确诊为包茎。

3. 鉴别诊断

①阴茎：包皮不能上翻，阴茎头不能外露，排尿迟缓，尿线变细，阴茎勃起时有不适感，甚或疼痛。②隐匿阴茎：阴茎发育不良，埋没于阴茎周围的皮下脂肪内。

（三）治疗

1. 一般治疗

经常将包皮翻转洗涤，清洗冠状沟，去除包皮垢，保持外生殖器清洁卫生。

2. 药物治疗

包皮过长一般不需要使用药物治疗，仅在发生阴茎头包皮炎时，才考虑使用抗生素。

3. 手术治疗

包皮可自行上翻者不必手术治疗，若经常有炎症反应，或性交时有不适感，可选择包皮环切术。

第二节 先天性尿道异常

先天性尿道异常包括尿道下裂、尿道上裂、重复尿道、尿道憩室和先天性尿道瓣膜等，本节具体介绍前三种。

一、尿道下裂

尿道下裂是最常见的先天性尿道畸形，表现为尿道口位于阴茎的腹侧，其远端尿道发育不全。

（一）病因病理

在胚胎发育的第5～21周，睾丸发育不全，缺乏男性激素，或者孕妇使用了雌激素与孕激素，前尿道发育异常，尿道沟失去在阴茎腹侧融合的能力，没有完全闭合，尿道腹侧壁产生缺损，尿道开口于阴茎腹侧。同时，尿道海绵体与阴茎筋膜发育不全，远端尿道成纤维索状，使阴茎发生弯曲。

（二）诊断

1. 诊断要点

①家族中有类似发病史。②尿道外口位置异常，开口于阴茎腹侧中线上的任一部位，导致排尿异常。一般有五种类型：a. 阴茎头型：尿道口位于阴茎头腹侧；b. 冠状沟型：尿道口位于阴茎冠状沟腹侧；c. 阴茎型：尿道口位于阴茎阴囊交界处至冠状沟之间的阴茎腹侧中线上；d. 阴茎阴囊型：尿道口位于阴茎阴囊交界处；e. 会阴型：尿道外口位于会阴部。③阴茎发育差，包皮系带缺如，尿道口远端组织发育不全，阴茎向腹侧弯曲。④可伴有睾丸下降不全、腹股沟斜疝等畸形。⑤严重的畸形应做性别鉴定和染色体检查。

2. 诊断标准

出生时尿道外口不在阴茎龟头顶端正常位置，而是位于阴茎腹侧，根据尿道外口所在部位分为阴茎头型、冠状沟型、阴茎型、阴茎阴囊型、会阴型五种。阴茎向腹侧屈曲畸形，包皮在阴茎腹侧裂开，并折叠于阴茎背侧，尿道外口狭窄。其中会阴型者阴囊分开如大阴唇状，尿道呈浅沟状外翻。

3. 鉴别诊断

单纯阴茎弯曲：阴茎向腹侧弯曲，但尿道外口位置正常，即位于阴茎龟头顶端。

前尿道瘘：正常位置有尿道外口，但于阴茎腹侧或阴茎阴囊交界处有尿道瘘、排尿时尿道瘘口处漏尿。

外伤性尿道下裂：有明显的外伤或手术史，由此而出现尿道下裂。

（三）治疗

1. 药物治疗

如果阴茎发育比较差，可以于手术前使用绒毛膜促性腺激素治疗1～2个疗程。

2. 手术治疗

手术目的：矫正阴茎腹侧弯曲，使尿道口位于阴茎头顶端的位置，术后患者能站立排尿，成年后有生殖能力和性功能。

手术方式：①尿道口前移、阴茎头成形术：适用于无阴茎下弯的阴茎头或冠状沟型尿道下裂患者。②阴茎皮瓣翻转术：适用于无阴茎下弯的阴茎型尿道下裂患者。③尿道下裂成形术：适用于其他各种类型的尿道下裂患者。手术中，利用带血管蒂皮瓣和游离皮瓣移植。首先去除阴茎腹侧的纤维索，将阴茎伸直，然后重建尿道（即利用局部皮肤和包皮重建尿道）。手术矫正阴茎弯曲及尿道成形后，患者可以站立排尿，并能够进行性生活和在阴道内射精。

二、尿道上裂

尿道上裂是指尿道外口位于阴茎背侧，其远端的背侧壁缺如，呈浅沟状。

（一）病因病理

在胚胎发育过程中，尿道直肠膈向前发育，尿生殖窦不是位于生殖结节的后方，而是在生殖结节之前连接，影响了生殖结节在前上中线的融合，导致尿道沟在阴茎海绵体的背侧形成。

（二）诊断

1. 诊断要点

①常伴有膀胱外翻和耻骨联合分离及尿失禁。②尿道外口位置异常，开口于阴茎背侧，导致排尿异常，严重者甚或尿失禁。阴茎尿道开口一般有四种类型：a. 阴茎头型：尿道口位于阴茎头背侧；b. 阴茎型：尿道口位于冠状沟和阴茎背侧；c. 阴茎耻骨型：尿道口位于阴茎根部背侧、耻骨联合下方；d. 完全型：尿道口位于耻骨联合处，为膀胱颈部直接向外的裂口。③阴茎短小，或阴茎背侧弯曲，阴茎海绵体分离。

2. 诊断标准

尿道外口位于阴茎背侧，其远端尿道呈浅沟状，阴茎扁平向背侧屈曲，根据尿道开口的位置可分为阴茎头型、阴茎型、阴茎耻骨型和完全型四种。

3. 鉴别诊断

①阴茎扭转：阴茎向左或向右扭转，但尿道口位置正常。②尿道瘘：正常的尿道外口处有尿道口，但在阴茎背侧或耻骨联合处有尿道瘘口，排尿时该瘘口也有尿液流出。

（三）治疗

手术治疗：①手术目的：控制排尿，切除纤维索，伸直阴茎，重建尿道，保留性功能。②手术方法：在耻骨支上松解上翘的阴茎脚，以矫正阴茎上翘，延长阴茎体，完成尿道成形；在膀胱和前列腺尿道间植入膀胱前壁瓣卷成的管，纠正尿失禁，完成尿道成形；去除纤维索和尿道外口前移的尿道成形术。

三、重复尿道

重复尿道是指在一个阴茎上存在与正常的尿道（即正尿道）部分或完全重复的尿道（即副尿道）。副尿道一般为 1 条，亦可有 2 条，远端开口于阴茎头或阴茎腹侧或背侧等处，近端可通向膀胱或正尿道，亦可为盲端。

（一）病因病理

由于在胚胎发育过程中，尿道发育异常，发生于前尿道者，常为尿道沟融合异常；发生于后尿道者，多为尿道直肠膈分裂所致。

（二）诊断

1. 诊断要点

①可伴有其他器官畸形。②在阴茎头正常尿道外口附近、腹侧或背侧可见一重复尿道外口。③在排尿时，此重复的尿道口也排尿，但尿线细或不成线，或者无排尿功能。如果该尿道与膀胱直通，可致尿失禁。④尿道探子或导尿管检查可探明副尿道是否通过膀胱与正尿道相通，也可了解它们之间的关系。尿道造影可以了解其起止端，与膀胱、尿道的关系及其内径与长度。

2. 诊断标准

根据观察所见有 2 个尿道外口以及排尿情况和尿道探子与 X 线造影检查结果。

3. 鉴别诊断

①尿道瘘：多为外伤、梗阻、感染所致，尿道探子通过时多有受阻现象，尿道测压检查显示压力较低。②尿道上裂：尿道仅 1 个，虽位于阴茎背侧，但宽大呈喇叭状，且阴茎短小，包皮悬垂于阴茎腹侧。

（三）治疗

手术目的在于保留有功能的尿道。如果为不完全性副尿道盲端，也可以暂不治疗。如果有尿失禁症状，则施行阴茎修补术，保留正尿道，切除副尿道。

第三节　先天性睾丸异常

先天性睾丸异常主要表现为睾丸数目的异常、睾丸大小的异常和睾丸位置的异常。本节主要介绍先天性无睾症。

无睾症，又叫睾丸缺如，是指身体内没有睾丸存在，是一种先天性睾丸病变，常常伴有附睾、输精管同时缺如。

一、病因病理

性别分化后，胚胎期睾丸被某种毒素感染或因睾丸扭转、血供障碍等其他因素破坏，致使睾丸不再发育而消失。

二、诊断

1. 诊断要点

①家族中可能有类似发病者。②无生殖能力，性功能缺乏，呈宦官型发育，皮肤细腻，色白，皮下脂肪丰满，语调高、尖。③阴囊内空虚无睾丸，阴茎小，阴囊发育不良，无阴毛。④ B 超检查或手术探查腹腔也无睾丸。⑤血液中卵泡刺激素（FSH）、黄体生成素（LH）升高，睾酮（T）含量降低。染色体检查结果为 46，XY。

2. 诊断标准

双侧睾丸均不能触发对绒毛膜促性腺激素的刺激，睾酮呈阴性反应，滤泡刺激素和黄体生成素增高，可以诊断为先天性无睾症。

3. 鉴别诊断

①隐睾：具有男性特征，如肌肉发达、喉结发育、阴毛分布可延伸至脐部、有性欲等，可在其他部位摸到睾丸。②男性假两性畸形：阴囊内无睾丸，阴茎小，外生殖器发育不全，或酷似女性外生殖器，腹部或腹股沟部可触及睾丸。

三、治疗

药物治疗：青春期开始时即使用雄性激素替代疗法，目的在于使外生殖器得到较好的发育，但仍无法生育。①丙酸睾酮注射液，每次 25 mg，肌肉注射，隔日 1 次，至外生殖器发育正常后可减至每次 10 mg，维持替代。②甲基睾酮片口服，每日 15 ～ 45 mg。用药期间定期测定尿中或血液中睾酮水平，调整用药剂量。

手术治疗：睾丸移植术。

第四节　其他先天性发育异常

一、睾丸与附睾不连接

睾丸与附睾不连接是指睾丸与附睾分离，生殖管道不连通，睾丸产生的精子不能排出体外。

1. 病因病理

胚胎期由于某些原因，与睾丸相邻的中肾小管以及与其相应的中肾管不发育或发育不良，睾丸形成睾丸输出管的中肾小管连接失败，造成睾丸与附睾分离，睾丸与生殖管道连续中断，睾丸产生的精子等不能通过睾丸输出管进入附睾。

2. 诊断

诊断要点如下。

（1）常合并隐睾，隐睾多停留于腹股沟管内，而附睾多下降在阴囊。

（2）一般可以分为四种类型：①睾丸与附睾不全连接，此型患者可有生育能力；②无附睾，睾丸输出管不直接与输精管相连；③附睾部分缺如，睾丸输出小管形成盲端，精子贮留、扩张而形成精液囊肿；④无附睾，睾丸与输精管分离，睾丸纵隔亦多形成精液囊肿，输精管远端为盲端。

（3）精液常规化验，若病变为单侧则可正常；若为双侧则无精子，或精子数量减少。

3. 治疗

单侧睾丸与附睾不连接，不影响生育，没有任何临床症状，不必治疗。手术连接睾丸与附睾间的生殖管道不易成功。若合并隐睾，如果睾丸可以移动，应做睾丸下降固定术；如果睾丸下移困难，可考虑行睾丸切除术。

二、先天性输精管缺如或梗阻

输精管缺如或梗阻是指体内缺少输精管或输精管发育不全，管腔梗阻不通。

1. 病因病理

胚胎 3 个月时中肾管发育障碍所致。

2. 诊断

诊断要点：①婚后性生活正常，但不育。②多发生于一侧，伴附睾、精囊腺、射精管缺如。③睾丸正常，精索处可触及 2 条输精管。④精液常规化验检查无精子，这是双侧输精管缺如或梗阻的重要证据。⑤睾丸活组织检查结果为阴性。

诊断标准：睾丸形态大小正常，活组织检查也正常，精液常规化验无精子，精索处找不到输精管，排除其他因素引起的无精子症可能，即可确诊。

3. 治疗

单侧输精管缺如或梗阻仍可以正常生育，不必治疗。双侧输精管缺如或梗阻，患者欲生育，如果睾丸功能正常，应考虑行人工授精。

三、先天性精囊畸形

1. 精囊缺如

由胚胎期中肾管衍化物缺如而引起。精囊缺如者常合并有前列腺和睾丸、输精管的缺如。单侧缺如可以不出现临床症状，双侧缺如则会导致男性不育。

2. 精囊重复和精囊囊肿

精囊重复为一侧有 2 个精囊同时存在，精囊囊肿为精囊内囊肿。二者一般不会出现临床症状，多在直肠指诊或直肠 B 超检查时被偶然发现。若囊肿压迫了膀胱和尿道，可引起尿道出口梗阻的症状，出现尿频、尿急、排尿不畅，必要时可以考虑施行副精囊切除术或精囊囊肿切除术。

四、前列腺缺如

该病比较罕见，临床表现为：①可伴有外生殖器畸形、尿道下裂、无睾丸、垂体功能不全等。②性功能可减退，严重者可出现阴茎不能勃起。③有性生活时射精量极少。④无前列腺液分泌。⑤直肠指诊时不能触及前列腺，B 超检查也找不到前列腺。⑥前列腺缺如也可以表现为一侧缺如。

五、前列腺囊肿

前列腺囊又称为男性子宫，它位于前列腺中央，是一个由上皮细胞衬覆的囊状结构，长 4 ～ 6 mm，开口于精阜上的两个射精管开口之间。如果其导管呈纤维索状，无开口，形成一死囊而出现囊肿，叫作前列腺囊肿。

1. 病因病理

胚胎时期保留了较多的副中肾管、中肾管尾端的部分而形成，或者前列腺囊受到性激素失调的刺激而扩张、肥大，或者由于长期排尿时压力过大，尿液长期充盈压迫。

2. 诊断

因前列腺囊肿大小不同可产生相应的症状，若囊肿压迫尿道，可出现排尿困难。

患者可有不同程度的性功能障碍。

肛门直肠指诊可触及肿大的前列腺囊肿，位于两精囊腺之间。

尿道镜、膀胱镜检查可见囊肿向尿道内膨出。

3. 治疗

若症状表现轻微，可以不采取手术治疗。如果症状严重，可以根据病情选择电灼切除术或手术切除。

第十七章

男性遗传性疾病

在男性不育症的病因中，由男性生殖系统遗传疾病引发者是非常重要的方面，对男性生殖系统的遗传性疾病的研究，不仅有助于治疗，对优生优育来说亦有重要的意义。

第一节　克兰费尔特综合征

该病是一种由性染色体异常引起的原发性性腺功能减退症，又称先天性曲细精管发育不全，其发病率较高，为1‰～2‰。

一、病因病理

该病的发生是由于卵子或精子在减数分裂时不分离或受精卵在有丝分裂时不分离，致使胚胎多了一条X染色体，故患者的核型为47，XXY。此型约占全部病例的80%。亦有变异型，如46，XY/47，XXY，嵌合型，46，XX；48，XXXY；48，XXYY；49，XXXYY，等等。由于患者核型异常，生精功能障碍而无精或严重少精，因此该病患者无生育能力。

中医学虽没有明确地提出“遗传学”，但早已认识到父母对子女一代有深刻影响，以及妇女在妊娠时期受到的各种不利因素的影响可能给胎儿造成不良后果，并有明确的“天宦”等病名、概念。中医学认为本病的发生多因先天不足、禀赋不充、肾气虚损、阴阳失衡而致。

二、诊断

1. 诊断要点

病史：患者多因婚后不育或自觉外生殖器发育差、性功能差而就诊，在询问病史时除注意患者身体状况、既往病史等资料的搜集外，还应了解患者父母的身体情况，特别是其母的生育年龄，有资料表明高龄产妇生育的孩子患该病的概率较高。

临床表现：在青春期前，患者的症状较轻微，可表现为身材瘦高，下肢相对较长，智力可轻度或中度下降，可伴有先天性畸形（如指、趾弯曲），虽青春期启动不延迟，但因为发育缓慢而出现性成熟延迟、第二性征不发育或发育延迟，阴茎、阴毛发育差，男性乳房发育，性功能亦差，睾丸较小而坚硬，无生育能力。该病患者出现隐睾、糖耐量减低或糖尿病、甲状腺疾病、骨质疏松的比率高于正常人群。以上临床表现对不同核型的患者，其严重程度可有不同，一般随着 X 染色体的增多而症状加重，46，XY/47，XXY 核型的患者，由于有 46，XY 细胞系的存在，其病情相对较轻。

特殊检查：对怀疑患有该病的人均有必要行染色体检查及测定 FSH、LH、T 的水平。

2. 诊断标准

该病患者的主要特征：①身材瘦高，骨骼比例异常，男性乳房发育。②第二性征及外生殖器发育较差，睾丸小且质地较硬。③血清中 T 值降低或正常，促性腺激素水平升高，精液中严重少精或无精子。④染色体检查见 X 染色体增多。⑤睾丸活组织检查示曲细精管透明变性。

3. 鉴别诊断

该病需与低促性腺激素性性腺功能减退症相鉴别，后者虽亦有睾丸小、外生殖器及第二性征发育差、身材高、上下肢过长等症状，但其睾丸质软、血浆促性腺激素水平低，血清 T 值明显降低，染色体核型正常，由此可与本病相鉴别。

三、治疗

（一）西医治疗

目前尚缺乏对该病患者的不育问题有效的治疗方法，对男性乳房发育者可行手术切除，对雄激素缺乏者可予长效睾酮制剂进行替代治疗。

（二）中医辨证论治

该病患者常有体虚、易倦、乏力等症状，在西医治疗的同时予以中医药治疗，对患者来说有很大的帮助。

1. 肾精亏损

证候：性欲低下，纳差，精神不振，易倦，胡须、腋毛、阴毛稀疏。舌淡，苔薄白，脉沉细。

治法：补肾强精。

方药：展阳神丹加减。药用人参 6 g（另煎），白术 10 g，当归 15 g，熟地黄 30 g，麦冬 10 g，杜仲 10 g，牛膝 10 g，巴戟天 10 g，锁阳 10 g，肉苁蓉 30 g，白芍 10 g，淫羊藿 15 g，柏子仁 10 g，补骨脂 10 g，菟丝子 30 g，蛇床子 10 g，覆盆子 10 g，枸杞子 10 g，龙骨 30 g（先煎）。

2. 肾阳虚亏

证候：面色㿠白，神疲乏力，畏寒肢冷，腰膝酸软，小便清长。舌淡胖，苔薄白，脉细。

治法：温肾壮阳。

方药：右归饮加减。药用附子 10 g（先煎），肉桂 10 g（后下），熟地黄 30 g，山药 15 g，山茱萸 10 g，枸杞子 10 g，菟丝子 15 g，淫羊藿 15 g，肉苁蓉 30 g，巴戟天 10 g，人参（另煎）6 g，黄芪 15 g，白术 10 g。

第二节　XYY 综合征

该病是一种常染色体正常而性染色体为 XYY 的先天性疾病，又称超 Y 综合征（超雄综合征）。

一、病因病理

由于精细胞在有丝分裂时出现不分离而形成 XYY 精原细胞，或在减数分裂时 Y 染色体不分离而出现 XYY 性染色体。

二、诊断

1. 诊断要点

临床表现：主要特征为身材特别高大而智商较低、性格暴躁、容易冲动。患者虽有发育良好的第二性征但睾丸功能轻度下降，精子形成障碍，并有轻度多发性躯干畸形的体征。

特殊检查：染色体核型检查是建立本诊断的重要依据，因此当怀疑患者有患该病的可能时应做染色体核型检查。

2. 诊断标准

患者身材较高、智力水平低、性格暴躁及精子形成障碍，可作为诊断依据，核型检查结果发现多一条 Y 染色体是诊断的重要依据。

3. 鉴别诊断

该病还应与克兰费尔特综合征相鉴别，二者均有身材高大的特点，但前者第二性征及外阴部发育正常。

三、治疗

西医治疗：该病无特殊治疗方法。

中医治疗：参见克兰费尔特综合征。

第三节 Kallmann 综合征

该病为先天性的单纯促性腺激素缺乏继发性腺功能减退，并伴有嗅觉减退或丧失。

一、病因病理

其病机尚不明了，一般认为是常染色体显性遗传疾病，下丘脑产生促性腺激素释放激素的部位被损害，导致促性腺激素分泌不足，性腺功能减退，又由于嗅脑发育不全而致嗅觉减退或丧失。

二、诊断

1. 临床表现

为无性发育而不育，同时伴嗅觉减退或丧失、隐睾、唇裂等，其 FSH、LH 水平停滞在青春期水平。

2. 诊断标准

该病的主要诊断依据为促性腺激素水平低下及嗅觉减退或丧失。

3. 鉴别诊断

该症应与生理性性成熟延迟相鉴别，两者青春期促性腺激素水平均低，但后者睡眠时血黄体化激素和睾酮值升高，可资鉴别。

三、治疗

1. 西医治疗

绒毛膜促性腺激素每周肌肉注射 3 次，每次 4000 ～ 5000 IU, 6 周为 1 个疗程，或用绝经期促性腺激素治疗，一般可出现第二性征发育。如以上治疗无效，需雄激素替代治疗。值得注意的是，显性遗传患者若经治疗获得生育力后，其子代再显的风险为 50%。

2. 中医治疗

在应用西医治疗的同时可配合中医治疗，具体辨证施治，参阅克兰费尔特综合征。

第四节　特纳综合征

该病为畸形－发育迟滞综合征，又名男性特纳综合征，染色体核型为 46XY, Turner 表型，无染色体畸变，可能为一组病患，表型个体差异较大，以特征性面容、身材矮小、心脏缺陷、生殖器官和性发育异常、智力水平较低为特征。

一、病因病理

因为该病有家族聚集的报道，符合常染色体显性遗传，亦有报道个别家系有同胞同病，故也有可能是常染色体隐性遗传。现多认为该病有遗传异质性，家系成员中有的仅有轻微症状和体征。

二、诊断

1. 诊断要点

临床表现：患者身体矮小，但比例多正常，伴智力水平降低，偶伴感觉及神经性听力缺陷，面容有以下特征：宽前额，眼距宽，单或双睑下垂。睑裂斜向下，内眦赘皮，口角向下，斜视，马鞍鼻，耳位置低，耳郭多皱裂且向后旋。后发际低，颈侧部皮肤松弛或形成蹼状。腭弓高，错牙咬合，悬雍垂分叉，偶见腭裂。皮肤常有多发性色素痣，指甲发育不全，手足常发生淋巴性水肿，常有瘢痕形成，可有皮肤弹性过度。患者还常有轻度的骨骼异常表现：肘外翻，盾状胸，乳突间距宽，脊柱侧后凸，X线检查可见胸骨、椎体、肢体和颅骨异常；胸廓畸形多较突出，胸骨上部向外移位，下部向内移位，使同一患者既有鸡胸又有漏斗胸。约30%～50%的患者有心脏缺陷，以右侧心脏畸形为特征，最常见的类型为肺动脉口狭窄，动脉导管未闭和主动脉口狭窄。只有少数男性睾丸发育不全，患者有生育能力。

2. 诊断标准

主要根据特征性的临床表现，且染色体核型正常。

3. 与鉴别诊断

该病应与Turner综合征相鉴别，两者均有相似的身材、骨骼、皮肤异常，但前者的心脏病变以肺动脉口狭窄最常见，而Turner综合征以主动动脉缩窄最多见，染色体核型检查可明确鉴别。

三、治疗

西医治疗：性激素缺乏可在青春期给予性激素替代治疗，伴隐睾者应行手术治疗，心脏畸形亦应手术矫治，但往往由于瓣膜和结缔组织发育不全而影响手术效果。

中医治疗：参见克兰费尔特综合征。

第五节 XX 男性综合征

1946 年，Therkelson 首先报告 1 例男性不育患者，其核型为 46，XX，称之为 XX 男性综合征。

一、病因病理

本综合征核型为 46，XX。男性表型的发生机制有以下几种假设：①部分 Y 染色体易位至 X 染色体或常染色体上。②嵌合型 XX/XY 或 XX/XYY 核型未被检查到。③突变的常染色体基因决定男性。④主宰基因异常：存在某种缺陷或者与主宰基因共同作用的性分化基因异常。

二、诊断

1. 诊断要点

临床表现：患者呈男性表型，但身材矮小，阴茎正常或较小，睾丸小，与真两性畸形不同的是患者无卵巢和副中肾管结构，1/3 患者呈女性型乳房，半数儿童患者有尿道下裂和痛性阴茎勃起，成年期因睾丸功能不全而表现为高促性腺激素，性腺功能低下，精液中无精子或精子密度低下，智力一般正常。

2. 诊断标准

主要的诊断依据为患者的临床表现，染色体检查能明确诊断。

3. 鉴别诊断

该病应与克兰费尔特综合征和核型为 46，XX 的真两性畸形相区别。克兰费尔特综合征患者虽睾丸小，但身材高，很少有尿道下裂、隐睾，染色体检查可明确诊断。核型为 46，XX 的真两性畸形患者有子宫和阴道，且青春期一般有月经来潮及其他女性第二性征的发育。

三、治疗

同克兰费尔特综合征。

第十八章

其他男性疾病

第一节　精索静脉曲张

精索静脉曲张是指精索蔓状静脉丛因各种原因引起回流不畅，从而形成局部静脉扩张、迂曲、伸长的病理状态。该病在临床上可分为原发性和继发性两类。本节主要论述原发性精索静脉曲张。该病大多发生在左侧，也可发生在右侧或双侧，常伴有睾丸缩小、变软和组织改变，影响睾丸的生精功能从而导致精液异常，并在部分患者中引起不育，而经过手术和中西医结合药物治疗后，部分患者能恢复生育能力。

一、病因病理

精索静脉曲张可以造成睾丸生精功能损害，精子活力下降，数量减少，精子形态异常，不成熟和尖头精子数目增多。对该病的发病机制，一些学者以解剖学和血流动力学的理论进行解释，主要有以下几点看法：

精索内静脉瓣膜异常或缺乏。由于肾静脉压力高于精索内静脉压力，若精索内静脉瓣膜异常或缺乏或功能不全，则导致血液反流，使精索静脉的蔓状静脉丛发生瘀血曲张。

左侧精索内静脉较长且流向左肾静脉，它是以直角方式与左肾静脉相连接。左肾静脉压力高，人体的直立位使得这种回流更加困难，继而导致精索静脉曲张。

蔓状静脉丛本身发生病变，从而导致其张力降低，引起精索静脉曲张。

由于在多种原因诱发下出现精索静脉曲张，首先睾丸静脉血郁滞，回流障碍，动脉灌流阻力增加使动脉灌流失衡。又因为局部缺血，代谢产物堆积，在血管活性特质或某些全身因素的作用下引起睾丸微循环血流重新分布，导致一些曲细精管病变。单侧精索静脉曲张通过血管交通支或下丘脑－垂体－睾丸轴或免疫因素等的作用影响到对侧，通过同样的血流动力学改变，导致双侧睾丸病变。

总之，病因与微循环障碍的长期存在构成了恶性循环，同时附睾血液循环障碍导致附睾结构和功能障碍，加上精索静脉曲张，使睾丸温度调节异常，睾丸温度升高，从而导致精子发育障碍，病变严重者可引起不育。如果未能得到及时治疗，病变长期存在，终因曲细精管基底膜、血管屏障受损而导致不可逆性不育。

中医学认为，精索静脉曲张主要是由于肝肾不足，脉络失养以致经络不和，气血流行失畅，阻滞阴囊脉络而成。该病皆因先天禀赋不足，肝肾亏虚，脉络失养，以致气血运行滞缓；或因过度劳累、暴力外伤；或因外感寒湿瘀结于阴囊脉络，以致脉络弯曲暴露而成。日久睾丸受损，生精乏力可致不育。

二、诊断

1. 诊断要点

病史和临床表现：精索静脉曲张多见于青壮年。轻微者一般无明显症状；重者可出现阴囊肿胀不适，睾丸、腹股沟、小腹部隐痛或抽痛，多在站立过久或行走时间过长时加重，平卧和休息后可缓解。通常，患者只在体检时才被发现，多数患者以阴囊部的疼痛不适就医，或因不育就诊时检查而被发现。部分严重精索静脉曲张患者常伴有体倦乏力，头晕目眩，腰膝酸软，失眠多梦，甚至畏寒肢冷、阴囊湿冷、阳痿、早泄等。

体格检查：轻者望诊和触诊配以 Valsalva 试验是诊断临床型精索静脉曲张行之有效的方法。Valsalva 试验：受检者闭紧口鼻，用力屏气以增加腹压，若静脉扩张程度加重则为 Valsalva 试验阳性。重者可见阴囊皮肤松弛，延长下垂，阴囊处静脉迂曲、扩张，明显暴露。触诊可及阴囊内蚯蚓状曲张的静脉团，有海绵样感觉。按压托起可缩小，平卧时静脉曲张消失的体征。若不消失，则应考虑为继发性精索静脉曲张，需做进一步检查，以明确诊断。继发性者较为少见，多由腹腔、盆腔、膀胱后肿瘤压迫及髂静脉阻塞等引起。

特殊检查：①精液检查：精液呈压抑型表现，精子细胞形态表现为锥形或不定形。不成熟精子增多，精子活力降低及精子数减少。其中最主要的是不成熟精子增多，是存在精索静脉曲张特征性的表现。②阴囊热象图法：通过睾丸温度的变化来诊断精索静脉曲张。这种检查方法受很多外界因素的影响。③多普勒仪、超声听诊检查法：可以了解精索静脉曲张有无返流存在。④同位素阴囊血池扫描检查：可以了解睾丸动脉血供，显示左右阴囊的对称性。明显不对称者为阳性，轻度不对称者为边缘性，对称者为阴性。有研究发现，此检查对诊断精液呈压抑型改变的亚临床精索静脉曲张有一定价值。⑤精索静脉造影法：目前认为最可靠的方法，尤以选择性精索内静脉造影效果为佳，可以了解精索静脉曲张的存在及其程度。但由于这是一种介入性放射诊断方法，具有一定风险，所以不作为精索静脉曲张的常规诊断方法。

2. 诊断标准

精索静脉曲张的诊断依赖于观察和触诊。精索静脉曲张一般分为三级。Valsalva 试验出现阳性者，诊断精索静脉曲张Ⅰ度或轻度；若不需做 Valsalva 试验即可触及曲张但不能看见曲张的精索静脉为Ⅱ度或中度；若站立时，可见阴囊肿大，精索静脉曲张大而可见，容易摸到者为Ⅲ度或重度。此外，临床体检不能明确诊断的亚临床型精索静脉曲张的诊断法有：①阴囊热象图；②多普勒超声检查；③同位素阴囊血池扫描；④精索静脉造影检查。

3. 鉴别诊断

精索静脉曲张在临床上应分清原发性和继发性。继发性者较为少见，多由腹腔、盆腔、腹膜后肿瘤及髂静脉阻塞等疾病引起。所以，临床上应明确诊断，以免误诊。

三、治疗

（一）西医治疗

1. 一般治疗

轻度的精索静脉曲张，可用阴囊托带将阴囊托起，并进行局部冷敷。

2. 药物治疗

对精索静脉曲张引起的少精、弱精等可用药物治疗，如绒毛膜促性腺激素、睾酮、克罗米芬等。

3. 手术治疗

现代医学对精索静脉曲张所致的不育者，多主张采用手术治疗。

（二）中医辨证论治

1. 肾虚肝郁

证候：阴囊坠胀或小腹抽痛，可扪及蚯蚓状曲张性静脉团，常伴头晕腰酸。舌淡红，苔薄白，脉经涩。

治法：调补肝肾，行气活血。

方药：益肾活血汤加减。药用淫羊藿、急性子、菟丝子、当归各 15 g，仙茅、红花、小茴香各 9 g，乌药、续断、川牛膝各 15 g，鸡血藤 30 g，炙甘草 6 g。

2. 气虚血滞

证候：阴囊坠胀隐痛，连及小腹，遇劳则甚。舌淡红，苔薄白，脉弦。

治法：益气活血。

方药：补中益气汤加减。气虚明显者，重用黄芪；瘀滞明显者，重用丹参、鸡血藤。

3. 气滞血瘀

证候：阴囊刺痛，或连及小腹。舌质紫暗或有瘀斑、瘀点，苔薄白，脉细涩。

治法：活血化瘀，行气止痛。

方药：茴香橘核丸加减。药用小茴香、川楝子、木香、延胡索、橘核、荔枝核、牛膝、赤芍、归尾、川芎、苏木、丹参等。气虚明显者，重用黄芪；瘀滞明显者，重用丹参、鸡血藤。

四、预防与调护

性生活适度：性生活不能过于频繁，一般每周一次为宜，如能正确利用女方排卵的时间进行性交，则可以提高受孕概率。

禁烟酒：过量饮酒和抽烟可对生育能力产生不良影响。

保护睾丸：精索静脉曲张患者应尽早进行手术治疗，以防止睾丸萎缩。

注意饮食：不吃粗制棉籽油，因棉酚对生精功能有抑制作用。

第二节　雄激素不敏感综合征

该症患者性腺为睾丸，染色体核型为46，XY，但外生殖器及体型均呈女性样，由于塞尔托利氏细胞仍分泌苗勒氏管抑制物，因此患者无苗勒氏管衍生物如子宫、输卵管等。雄激素抵抗综合征有两种主要类型，即完全型和不完全型。完全型又称睾丸女性化，不完全型又称雷凡斯坦综合征。

中医学认为，雄激素抵抗综合征就如古籍所云的“天”和“变”。“天”即“天宦”，泛指男性先天性外生殖器如睾丸缺陷或发育异常。“变”又称“人”，类似两性畸形。

一、病因病理

雄激素抵抗综合征是由于男性生殖系统靶器官对男性激素无反应。其病理基础是雄激素受体缺陷。完全型是受体缺乏；受体质量异常，受体雄激素复合物不稳定，很容易解离；或受体后异常。不完全型是双氢睾丸酮受体数减少及受体在和染色质结合后出现转录或翻译的不正常，因此男性激素不能引起反应。

中医认为，该病主要是先天禀赋不足所致，属“天宦”或“人”，与生俱来。

二、诊断

（一）完全型（睾丸女性化）

1. 诊断要点

病史、临床表现：该病的发生率为1∶2000～62400男性新生儿。在儿童期外形完全为女性，患者常因腹股沟疝或出现包块求治。在发育期呈现女性体形，乳房女性化，但没有月经，阴毛和腋毛稀少或缺如。阴道呈盲端且浅，腹腔内无子宫及输卵管，性腺为睾丸，位于腹腔内、腹股沟部或大阴唇，以腹股沟部多见。阴蒂正常或小于正常，小阴唇发育不良。显微镜下睾丸组织学表现：在青春期前，患者睾丸与正常儿童睾丸无异。青春期后，由于曲细精管缺乏精原细胞，无精子生成，间质细胞显著增生。患者智力正常，心理状态具有很强的女性意识。

约 10% 的患者出生时的外生殖器有轻度两性畸形，阴唇部分融合和阴蒂肥大，有发育不全的附睾和输精管。到青春期，出现腋毛和阴毛生长、阴蒂肥大等男性化和女性化体态，以及乳房发育等女性化的特殊表现。这是睾丸女性化综合征的一种变异型。

实验室检查：成年患者血浆睾酮值比正常男性高；血浆 LH 增高；血浆雌二醇值高于正常男性值。血浆 FSH 值可正常或稍增高。患者的 X 染色体试验阳性，核型是 46，XY。H-T 抗原阳性。

特殊检查：生殖器皮肤纤维母细胞培养测定雄激素受体活性；HCG 试验观察 T/DHT 比值。

2. 诊断标准

青春期患者根据其特殊临床表现，如女性化表形，乳房发育良好，体毛缺乏或稀少，原发性闭经，盲管阴道，无子宫，两侧腹股沟或大阴唇包块，应怀疑该病。如果姐妹及母系亲属中也有同样情况，则可能性更大。血睾酮值和正常男性一样，X 染色体试验阴性，核型为 46，XY，生殖器皮肤纤维母细胞培养，测定雄激素受体活性有异常或通过 HCG 试验观察 T/DHT 比值，以排除 5α- 还原酶缺乏。

3. 鉴别诊断

具有男性化表形的睾丸女性化症，必须和其他男性假两性畸形相鉴别。可根据家族史、外阴部情况、睾丸病变，特别是性激素及其中间代谢物质的血浆值加以分析鉴别。

（二）不完全型

1. 诊断要点

病史和临床表现：外生殖器基本为男性型，重度尿道下裂，阴茎较小，常伴有隐睾、附睾和输精管存在（往往发育不全），无子宫和输卵管，青春期有腋毛和阴毛生长，常有乳房发育。男性第二性征发育不良，睾丸小，常无精子生成。部分患者外生殖器介于男女之间，有盲管阴道。

实验室及特殊检查：性腺素水平及特殊检查，如性激素水平和完全型相似，LH 增高，FSH 正常或轻度增高，睾丸酮和雌二醇水平增高。X 染色体试验结果为阳性，核型为 46，XY。雄激素受体活性测定结果异常。

2. 诊断标准和鉴别诊断

仅仅根据临床表现不足以明确诊断，应根据家族史、实验室检查，特别是需要进行雄激素受体活性测定和排除 5α- 还原酶缺乏以及其他男性假两性畸形。

三、治疗

1. 西医治疗

完全型（雄激素不敏感综合征）：治疗原则是强化患者的女性特征，以女性身份抚育，切除患者的睾丸。睾丸切除时机一般可等到青春期后，让患者经历自发的女性化过程。切除睾丸后给予雌激素替代疗法，以促进和维持第二性征的发育。阴道过短者应在青春期用假阴道进行扩张，以增加阴道深度。对变异型患者，应尽早切除睾丸，以防止在青春期出现男性化。外生殖器有两性畸形者应予以整形治疗。

不完全型：治疗比完全型困难，应根据患者就诊年龄、抚育性别、外阴部畸形程度等综合考虑是否需要改变性别。鉴于该病患者对外源性睾丸素的反应差和青春期会出现乳房发育，一般应作为女性抚养，切除睾丸，外生殖器整形，12 ～ 13 岁开始用雌激素替代治疗。

2. 中医治疗

该病中医辨为“天宦”和“人”，目前尚无特殊治疗方法。

四、预防

该病重在预防，一般在怀孕时做羊水细胞核型鉴定，如果为 46，XY，应以 B 超检查外阴部。在怀孕 28 周后，B 超检查外阴的正确率几乎为 100%，必要时可采用胎儿镜检查。

第三节　男性高催乳素血症

男性高催乳素血症是由各种原因引起血清催乳素（PRL）超过 0.8 nmol/L（20 ng/mL），同时伴有乳房发育、性欲减退或阳痿等症状。

一、病因病理

肿瘤病变：下丘脑原发或继发性肿瘤，附近组织肿瘤，如松果体瘤、神经胶质瘤、脑室膜瘤等，此外如结节病、组织细胞瘤、下丘脑区栓塞等各种病变而致下丘脑高催乳素抑制因子（PIF）不足，对垂体 PRL 的抑制减弱。

垂体疾病：PRL 瘤、GH 瘤、ACTH 瘤、Nelson's 综合征而致 PRL 分泌增多，或由于肿瘤使垂体柄断裂或压迫垂体柄，阻止下丘脑到垂体的通路，引起 PRL 分泌过多。

其他内分泌疾病：①原发性甲状腺功能减退症。由于 T_3、T_4 分泌减少，反馈减弱，使下丘脑分泌促甲状腺激素释放激素（TRH）增多，TRH 也有刺激垂体分泌 PRL 增多的作用。②原发性肾上腺皮质功能减退、肾上腺皮质肿瘤等。③甲状腺功能亢进症，如未分化支气管癌、肾癌等。

其他因素：有的药物如氯丙嗪、奋乃静、丙咪嗪、利血平、甲基多巴、异烟肼、异搏定、赛庚啶、西咪替丁等，通过抑制 PIF 而使 PRL 分泌增加。

中医认为，该病皆因患者情绪抑制，肝失疏泄，气滞血瘀，病久及肾，肝郁肾虚。

二、诊断

1. 诊断要点

病史、临床表现：患者主要表现为性欲低下、阳痿及不育等。

体格检查：患者可出现乳房发育、毛发稀疏、睾丸较小等男性化减退的体征，肿瘤压迫还可引起视力下降、视野缺损、头痛等。

实验室及其他检查：① PRL 测定：正常男性早晨基础值为 0.04 ～ 0.8 nmol/L（1 ～ 2 ng/mL），若 PRL ＜ 4.0 nmol/L（100 ng/mL）者，多考虑非 PRL 瘤所致高 PRL 血症，但不能排除 PRL 瘤；PRL4.0 ～ 8.0 nmol/L（100 ng ～ 200 ng/mL）者，高度怀疑 PRL 瘤；8.0 nmol/L（200 ng/mL）以上者，肯定系 PRL 瘤。② PRL 抑制试验：口服 α- 甲基多巴 500 mg，分别于服药前、服药后 1、2、3 及 6 小时取血测 PRL，正常人服 α- 甲基多巴后 1 ～ 3 小时 PRL 被抑制到 0.16 nmol/L（40 ng/mL）以下或基础值约 1/2 以上，以后逐渐回升。另外，可行水荷试验：半小时内饮水 20 mL/kg 体重，做上述同样时间的检查。③蝶鞍 X 线平片：若瘤体较小，蝶鞍大多正常，行断层检查阳性率可提高。直径超过 1.0 cm 者，蝶鞍可见扩大、变形等改变。④ CT 扫描和核磁共振检查，阳性较高。

2. 诊断标准

男性患者早晨血清 PRL 测定值＞ 0.8 nmol/L，同时伴有性欲低下、阳痿、不育、乳房发育、毛发稀疏、睾丸较小等男性化减退的体征。若肿瘤压迫还可引起视力下降、视野缺损、头痛等症状。

值得注意的是，PRL 为应激激素，静脉穿刺便可使其升高而超过正常基础值的上限，因此临床必须综合考虑症状、体征和实验室检查和 X 线检查，才能做出诊断和鉴别诊断。

三、治疗

1. 西医治疗

一般治疗：PRL 升高不明显，肿瘤较小，X 线检查未能发现者，应定期随访，暂不治疗。由药物引起的 PRL 升高，应停用有关药物；若因原发性甲状腺功能亢进症或甲状腺功能减退症等原发性疾病导致，应以治疗原发病为主。

药物治疗：以药物治疗为首选，无肿瘤压迫症状的更应以药物为主，如溴隐亭、硫丙麦角林等。

手术治疗：适用于肿瘤较大已有明显压迫症状，溴隐亭治疗 3 个月以上仍无明显效果者。但手术治疗往往不彻底，尤其是较大的肿瘤，术后仍需内服药物或进行放射治疗。

2. 中医辨证论治：肝郁肾虚证

证候：阳痿，性欲低下，乳房发育，不育，睾丸较小。舌质淡，苔薄白，脉细弦。

治法：疏肝活血，补益肝肾。

方药：柴胡疏肝散合右归饮加减。肾阴虚者，加女贞子、墨旱莲、龟甲；气虚者，加党参、黄芪；肾阳虚者，加淫羊藿、巴戟天、菟丝子。

四、预防与调护

积极治疗引起催乳素升高的疾病，避免使用引起催乳素升高的药物，禁烟酒。

第四节 纤毛不动综合征

目前一般认为纤毛不动综合征是一种常染色体隐性遗传疾病，家族史中常有近亲婚配现象。患者的精子存活但不能运动，同时合并有呼吸道等部位的纤毛运动障碍，表现为呼吸道阻塞性疾病、感染等症状。

中医学将该病归入“不育”“无子”等范畴，主要由先天禀赋不足所致。

一、病因病理

精子鞭毛与纤毛虽然在长度及运动方式上不同，但它们的核结构均是轴丝，轴丝异常可致精子鞭毛摆动及纤毛运动障碍。据统计，纤毛不动综合征约占男性不育病例的 1.14%。

轴丝由 9 个微管和以圆桶状环绕的 2 个独立的中心微管组成，后两者被中心鞘部分包绕。微管单位由连接蛋白链、纤毛蛋白臂、放射辐连接起来。由于轴丝结构复杂，其中任何一处发生异常均可引起功能障碍。最常见的病理变化是纤毛蛋白臂异常，其次为放射辐异常、中心微管异常。此外，有的患者纤毛或鞭毛无中心微管及轴丝。目前认为纤毛不动综合征是一种常染色体隐性遗传疾病，家族中近亲婚配可能是发病的原因。

中医认为该病主要是先天禀赋不足，肺肾亏虚而致。

二、诊断

1. 诊断要点

病史：患者幼年有慢性支气管炎或鼻窦炎等病史，患者的同胞或近亲中有内脏转位者。

临床表现：患者幼年时期就开始出现呼吸道感染的表现，慢性咳嗽，多痰，肺炎及肺不张非常多见，发展到童年时期会出现支气管扩张等，咳痰增多，反复发烧、咯血，肺功能受损严重。患者常有慢性鼻炎及鼻息肉，味觉明显减退，常有慢性或复发性上颌窦炎及筛窦炎。有的患者还可有中耳炎、头痛等。呼吸道疾病在童年及青春期最重，成年后趋于减轻，但也有不少人健康状况较好。

体格检查：患者的第二性征及性器官发育正常。有的患者可发现鼻窦不存在或未发育，乳突内通气差，约 50% 的患者有内脏转位。

实验室检查：①精液检查：精液容量及精子数可在正常范围内，精子染色显示精子是存活的但不能运动或很少运动。②超微结构检查：精子鞭毛和纤毛的轴丝异常。③气道黏液清除试验：黏液清除力丧失或基本丧失。

2. 诊断标准

患者幼年时期有慢性支气管炎或鼻窦炎等病史，精液检查结果示精液内有活而不动或极少动的精子，并且患者或其同胞或近亲中有内脏转位者，或患者支气管黏液清除作用不存在或基本不存在；鼻或支气管纤毛或精子鞭毛超微细构有轴丝异常的病理特点，即诊断为原发性纤毛不动综合征。

3. 鉴别诊断

该病需与死精子症相鉴别，通过精子染色检查不难鉴别。

三、治疗

1. 西医治疗

由于该病是先天性的，目前尚缺乏特异、有效的治疗方法。相关研究表明该病患者的精子有发生获能、顶体反应，与卵子膜融合以及核解聚等受孕的一系列功能，因此可考虑尝试采用体外人工授精的方式产生试管婴儿，以解决生育问题。

2. 中医辨证论治：肺肾亏虚证

证候：不育，经常咳嗽咳痰，精子不动或极少活动。舌质淡红，苔薄白，脉细。

治法：补益肺肾，润肺化痰。

方药：右归饮加减。药用熟地黄、山药、山茱萸、菟丝子、枸杞子、当归、淫羊藿、巴戟天各 15 g，黄芪 30 g，制附子 9 g，肉桂 6 g，川贝母 12 g，陈皮 9 g。气虚甚者，加别直参 0.5 g，每日泡茶代饮。

四、预防与调护

因纤毛不动综合征是先天所致，近亲婚配是发病的原因，因此避免近亲结婚是最好的预防方法。幼年时要注意控制呼吸道感染，以预防疾病进一步发展为支气管扩张。

第五节　白　淫

白淫是指男性尿液中混杂精液，或排尿后有精液流出，或尿道口经常流出糊状浊物，但小便并不混浊的一类病证，又称“尿精”“精浊”。

一、病因病理

白淫一证和西医所说的慢性前列腺炎类似。慢性前列腺炎是男性泌尿生殖系统的一种常见病。病因病理比较复杂，有些原因尚不清楚。引起该病的原因有尿路感染；或附近组织的炎症，通过淋巴管感染；或饮酒过多，压迫会阴部过久；或因性欲过旺，性活动频繁；或性交中断导致前列腺反复充血、水肿。其病理变化主要是腺泡、腺和间质呈炎性反应，导致结缔组织增生，纤维组织增生，并可波及后尿道、膀胱颈、精囊及输精管壶腹等结构。

中医学认为，肾藏精，主前阴，先天禀赋不足，或年高、久病伤精，或房劳太过，耗损肾气，则固摄无权，精关不固，精随尿漏而成白淫；色欲过度，或手淫频频，耗伤肾阴，肾阴虚则水不制火，相火妄动，灼扰精室，使精随尿流而为白淫；嗜食肥甘醇酒厚味，而致湿热内生，或忍精不泄，败精瘀阻，湿热蕴结，湿热下注精室，导致精随尿出或尿后流精，而成白淫。

二、诊断

（一）西医诊断

1. 诊断要点

临床表现：尿液中混杂精液，或排尿后有精液排出，或尿道口常有糊状浊物，但尿液不混浊。

体格检查：直肠指检前列腺可及压痛、结节或增大，或可触及精囊。

实验室检查：①小便化验可见精子。②前列腺液化验可找到精子。

2. 诊断标准

凡尿液中混杂精液，或排尿后有精液流出，或尿道口经常流出糊状浊物，但小便并不混浊者，即为白淫。

3. 鉴别诊断

该病应与遗精、滑精、尿浊、膏淋、逆行射精相鉴别。遗精为夜间有性梦，精随梦泄。滑精为无梦而遗精，甚者活动，或只闻感触，亦会滑泄精液，和小便无关系。尿浊为尿混浊如米泔，但无尿道淋漓涩痛感，而白淫尿不混浊，两者易鉴别。膏淋是小便混浊如米泔，或如膏脂，小便频数不畅，尿道涩痛，因尿混浊所以也易鉴别。逆行射精为性生活时无精液射出，房事后小便可见精液，所以也不难鉴别。

（二）中医辨证

白淫一症，临床上有虚实之分，辨虚实多从病程的长短、疼痛与舌脉。一般初病多实，久病多虚。实证多伴尿道热涩痒痛，虚证多无痛痒涩感；舌苔厚腻色黄，脉数有力；虚证苔少质嫩，脉多无力。若患者伴有面色无华、形寒肢冷等症，多为肾气不足；伴有阳强易举，潮热盗汗，烦热咽干多属阴虚火旺；若伴有口苦咽干、胸闷痞满、尿道涩痛多属湿热下注。

三、治疗

（一）西医治疗

西医无明确的治疗方法，一般根据其临床表现给予适当的对症治疗。若因泌尿生殖道感染，可用抗生素治疗。

（二）中医辨证论治

1. 肾气不足

证候：尿中带精丝，或尿后精液流出，尿频数，夜尿多，面色无华，形寒肢冷，腰膝酸软。舌淡胖，苔白，脉沉细。

治法：补肾固摄。

方药：大菟丝子丸加减。药用菟丝子、肉苁蓉、续断、熟地黄各 15 g，补骨脂、牛膝、山茱萸、杜仲各 12 g，制附子 6 g，肉桂、鹿茸各 3 g，五味子、桑螵蛸、覆盆子各 10 g。尿中带精丝或尿后流精较多者，加煅龙骨、煅牡蛎各 30 g；兼气虚者，加黄芪 15 g。

2. 阴虚火旺

证候：尿后尿道口有浊物滴出，或色赤，小便短赤，尿液不清，阳强易举，举而不坚，烦热咽干，潮热盗汗，腰膝酸软。舌红，苔少，脉细数。

治法：滋阴降火，固肾涩精。

方药：知柏地黄汤加减。阴虚明显者，加制女贞子、墨旱莲；尿频甚者，加五味子。

3. 湿热下注

证候：尿后尿道口有米泔样或糊状浊物，淋沥不断，小便短赤或混浊，尿道热涩刺痛，口苦咽干，胸闷痞满，大便不爽。舌红，苔黄腻，脉濡数或弦滑。

治法：清热利湿。

方药：程氏萆薢分清饮。

四、预防与调护

中医治病原则强调不治已病治未病，因此对于白淫一证，也应注重预防。平时应畅怀情志，节制房事，饮食亦宜清淡，不过食肥甘厚味，不嗜烟酒。若已患病，则应积极治疗，去除不良生活习惯。

第六节 免疫性男性不育

在男性不育患者中，约10%的患者是因为自身免疫方面的原因导致的不育。所谓自身免疫反应，是指机体对自身抗原形成的抗体与致敏淋巴细胞之间的免疫反应过程。在正常人身上，这种自身抗体与致敏淋巴细胞都存在，但在严格限制的范围内，其有清除体内衰老蜕变的自身成分的功能，以执行免疫监视，但在某些情况下，如自身反应过亢，造成对正常细胞、器官的功能与结构的破坏，即为自身免疫病。

一、病因病理

“免疫耐受”学说认为，当一种抗原在免疫系统尚不成熟时期（如胚胎期）与之接触，能使针对该抗原的免疫活性细胞受到抑制，产生“免疫耐受”，即免疫系统接受此抗原为“自身物质”而不予排斥。由于精子是在青春期才出现，在精子的质膜、顶体核、中段、线粒体等部位含有许多抗原，故其一旦与抗体免疫活性细胞接触即被作为“非己物质”而受到机体相应产生的抗体的排斥。在正常机体中，具有种种保护机制，以避免其与机体免疫细胞接触。

现代医学之“免疫”概念似归属于祖国医学中“邪正相争”范畴。祖国医学认为“正气存内，邪不可干”，正虚则邪恋，“正气”有维持人体正常生命活动及保持机体自身稳定、不受各种致病因素影响的功能，一旦正气虚弱（如外伤、物理或化学损伤、感染、手术）则邪气得以侵入人体，扰乱人体各种生命活动。该病病位首在肝、肾，次在肺、脾，病因以正虚为本、损伤、感染为标，病机为正虚邪恋。

二、诊断

1. 诊断要点

病史：在常规的病史询问的基础上，应着重了解有无引发免疫反应的可能，如生殖系统的手术、外伤史、放射线、特殊化学药物接触史、生殖系统的感染史等。

临床表现：对无避孕且有正常性生活 2 年或更长时间未使女方妊娠或生育的男性，在常规检查无特殊发现时，应高度怀疑有免疫性不育的可能，因免疫性不育患者在自觉症状上常无可资诊断的主诉，故企图借助常规问诊、体格检查以建立诊断是不现实的。

特殊检查：是建立免疫性不育诊断的最重要依据。精浆中的抗精子抗体对生育影响较大，因此检查精浆中是否存在抗精子抗体十分重要。

2. 诊断标准

①不育期超过 2 年者。②除外致女方不育的其他原因，以及女方因素外。③可靠的检测方法证实体内存在抗生育免疫。④体外实验证实抗生育免疫干扰人精卵结合。此四项标准中，具备前三项即可做出男性免疫性不育的临床诊断，若四项均具备则肯定临床诊断。

3. 鉴别诊断

男性免疫性不育应与其他原因导致的不育相鉴别，在免疫性不育患者中，精液检查亦可出现少精子、精子活动力低下等现象，但与内分泌、感染等其他原因导致的少精、低活率不同的是，男性免疫性不育患者的血清或精浆中可检测到抗精子抗体。

三、治疗

（一）西医治疗

根据免疫性不育的产生及对男性生育影响的机制，针对性地建立了一系列治疗方案，目前临床常用的方法有以下几种：

免疫抑制疗法：是目前研究得最多、应用最为广泛的方法，它运用类固醇药物来达到抑制抗体产生的目的。目前，国内外在应用免疫抑制疗法的剂量、具体使用方法上尚不一致，大体上有三种：①低剂量持续疗法：每日口服地塞米松 2 ～ 3 mg，连服 9 ～ 13 周，以后经 7 周减量停药。②大剂量间歇疗法：患者在其妻子的月经周期的第 21 日开始，每天服甲基泼尼松龙 96 mg，连服 7 日，如未能妊娠则重复进行，此疗法常使患者出现恶心、呕吐等消化道症状及烘热发疹、神经痛，甚至精神异常等副作用，一旦出现药物反应必须立即停止给药。③周期疗法：患者在妻子月经周期的第 1 ～ 10 日，每日服用强的松 40 mg，如抗精子抗体滴度不降，则剂量增加到 80 mg。

精子洗涤后宫腔内人工授精（IUI）。

抗感染治疗：由于感染常为精子自身免疫的促发因素，因此对有生殖道感染的患者行抗感染治疗对自身免疫性不育的治疗可能是有益的。

手术治疗：对一些不能以非手术方法治愈的生殖器疾患，如附睾囊肿、精道阻塞、精索静脉曲张等，通过手术治疗，对体内抗精子抗体滴度的下降可能有一定的帮助。

（二）中医辨证论治

祖国医学本着审证求因、审因求治的原则，对男性免疫性不育一病在如何扶正祛邪、调整免疫功能方面有着独特的疗法。一般认为本证以虚为本，补肝益肾填精为基本治疗法则。现代研究表明，某些中草药对人体免疫系统具有促进、抑制及调节作用，在传统辨证施治、遣药组方的基础上酌加特异性调整免疫功能的有效药物，有助于提高临床疗效。

1. 肝肾阴虚

证候：婚后女方不孕，耳鸣，眩晕，腰膝酸软，五心烦热，口干咽燥，性欲亢进。舌质红，苔少，脉细弦或数。

治法：滋补肝肾，益精消抗。

方药：滋肾消抗汤。

2. 脾肾阳虚

证候：婚后女方不孕，腰膝酸软，畏寒肢冷，小腹有冷感，神疲乏力，小便清长，大便溏。舌淡，苔白，脉沉细。

治法：补肾健脾，温阳消抗。

方药：温肾消抗汤。

3. 湿热下注

证候：婚后女方不孕，面红目赤，口渴而不欲饮，小便短黄，甚或灼痛，阴囊潮湿，口中黏腻。舌质红，苔黄腻，脉细数或濡数。

治法：清热利湿，解毒消抗。

方药：解毒消抗汤。阴囊潮湿者，加龙胆草 10 g。

4. 血瘀阻滞

证候：婚后女方不孕，胸胁胀闷，走窜疼痛，面色熏黑，阴囊青筋显露。舌质紫暗，或见瘀斑、瘀点，脉细涩。

治法：理气活血，化瘀消抗。

方药：化瘀消抗汤。精索静脉曲张者，加三棱、莪术。

5. 肝气郁滞

证候：情志抑郁易怒，善太息，口燥咽干，胸胁或小腹胀闷不舒。舌边红，苔白，脉弦细。

治法：疏肝理气。

方药：疏肝消抗汤。药用柴胡 10 g，当归 10 g，白芍 12 g，白术 10 g，枸杞子 12 g，香附 10 g，郁金 10 g，茯苓 12 g，八月扎 12 g，菟丝子 12 g，青皮 6 g，陈皮 6 g，甘草 6 g。夜寐欠安者，加酸枣仁、远志；思虑过度、情志抑郁者，加合欢皮。

6. 脾肺气虚

证候：声低懒言，性欲低下，倦怠乏力，面色㿠白，食欲不振。舌淡，苔白，脉细弱。

方药：益气消抗汤。药用黄芪 30 g，党参 15 g，白术 12 g，茯苓 10 g，薏苡仁 15 g，炙甘草 10 g，山药 15 g，莲子肉 12 g，砂仁（冲）3 g，紫河车（研吞）6 g，制黄精 15 g，淫羊藿 12 g，陈皮 6 g。食欲不振者，加山楂；性欲低下、面色㿠白者，加仙茅；易患感冒者，加防风。

四、预防与调护

注意保护身体，避免外生殖器受外力伤害；注意个人卫生，特别是性生活的卫生，预防泌尿生殖系统感染；患有前列腺炎、精囊炎等症时，要积极治疗，避免病灶扩大、病情加重。

附 录

第一章　外阴、阴道疾病

第一节　外阴、阴道炎症

外阴、阴道炎是妇科常见病，由于解剖上的特点，外阴、尿道、阴道和肛门邻近，易受感染，所以发病率较高，据统计，约占女性生殖系统炎症的50%以上。因为急性、慢性炎症反应，使局部分泌物增多，影响精子的活动，从而造成不孕。

一、病因病理

由于解剖的关系，引起外阴、阴道感染的病原菌较多，如葡萄球菌、链球菌、大肠杆菌、阴道嗜血杆菌、滴虫、霉菌等。因外阴卫生不良、分泌物增多，或皮肤黏膜受摩擦破损，或共同使用浴盆、便器，或游泳和性交而引起感染。

该病主要是由肝经湿热或肝郁脾虚生湿，郁而化热，湿热之郁随经下注蕴结阴气，或因外阴卫生不良，外界湿热疫毒乘虚侵入，蕴积于下而引起的。

二、诊断

1. 诊断要点

症状：外阴瘙痒、灼痛，或伴有尿急、尿频、尿痛等症状。

局部检查：外阴阴道黏膜充血或有出血点，分泌物呈脓性或泡沫状，或豆渣样，或均匀的乳状。

实验室检查：分泌物中可查到或培养出非特异性细菌或滴虫、念珠菌。

2. 鉴别诊断

外阴瘙痒：该病早期也可有外阴灼热或蚁走感、瘙痒，抓伤后若继发感染，可见渗出物流出，中晚期皮肤增厚，色素减退，但白带检查未发现致病菌，故可与该病鉴别。

淋病性外阴阴道炎：淋球菌感染主要侵犯尿道及宫颈，引起泌尿生殖器黏膜的炎症，阴道分泌物多，呈黄色，尿道灼热，尿痛，外阴、阴道黏膜充血，白带分泌物涂片检查或培养可见革兰氏阴性双球菌，故可鉴别。

三、治疗

（一）西医治疗

1. 一般治疗

首先针对病因进行治疗，改善身体状况，提高机体免疫力。

2. 药物治疗

非特异性阴道炎：局部应用抗感染药物以纠正阴道酸碱度。①用 1% 乳酸液或 10% 洁尔阴液冲洗阴道，每日 1 ～ 2 次，7 日为 1 个疗程。②将氯霉素或金霉素胶囊 1 ～ 2 粒，置于阴道深处，每晚 1 次，7 日为 1 个疗程。③甲硝唑片或栓，置于阴道内，每日 1 次，7 日为 1 个疗程。

滴虫性阴道炎：①全身治疗：甲硝唑为特效药，妊娠 20 周以前不宜服用。②局部治疗：用 0.5% 醋酸液或 1% 乳酸液冲洗阴道后，将甲硝唑 200 mg 放入阴道内，每日 1 次，7 日为 1 个疗程；滴维净 1 片或卡巴胂 200 mg，置入阴道内，每日 1 次，7 日为 1 个疗程。

霉菌性阴道炎：①全身治疗：消除病因，如因全身性疾病引起者，针对病因进行治疗。如因糖尿病引起的应积极治疗糖尿病，因长期服用抗生素或雌激素引起的应立即停药。口服制霉菌素片，每次 50 万 U ～ 100 万 U，每日 3 次，7 日为 1 个疗程。伊曲康唑（斯匹仁诺）200 mg 口服，每日 2 次，1 日即可。氟康唑 150 mg 口服，1 次即可。②局部治疗：用 2% 碳酸氢钠溶液冲洗阴道，以增加阴道内的酸碱度，不利于霉菌的生长繁殖，同时每晚用制霉菌素片 50 万 U 置入阴道内，每晚 1 次，10 日为 1 个疗程；或用克霉唑软膏涂于阴道内，每晚 1 次，10 日为 1 个疗程。

（二）中医辨证论治

1. 湿热下注

证候：外阴瘙痒，带下量多，色黄，胸闷纳呆，小便色黄。舌质红，苔黄腻，脉弦数。

治法：清热利湿，杀虫止痒。

方药：止带方。药用茯苓 15 g，猪苓 10 g，泽泻 10 g，赤芍 15 g，牡丹皮 15 g，茵陈 10 g，栀子 10 g，牛膝 10 g，黄柏 6 g，车前子 10 g（包煎）。外阴、阴道瘙痒重者，加川楝子 10 g，贯众 15 g，白鲜皮 15 g，以杀虫止痒。

2. 脾虚湿盛

证候：带下色白或黄、质稀，伴纳呆乏力，面部或下肢浮肿。苔白腻或黄腻，脉濡数。

治法：益气健脾，祛湿止带。

方药：完带汤。药用白术、山药、人参、苍术、白芍、甘草、陈皮、车前子、柴胡、荆芥等。

3. 肝肾阴虚

证候：阴部灼热干涩，瘙痒，带下如凝块状物或带血丝，五心烦热，头晕腰痛。舌红，少苔，脉细数。

治法：调补肝肾，滋阴降火。

方药：滋阴补肾汤。药用何首乌、党参、麦冬、女贞子、墨旱莲、牡丹皮、覆盆子、益母草等。

（三）中医外洗方

蛇床子散：蛇床子 30 g，百部 20 g，黄柏 30 g，土槿皮 15 g，地肤子 20 g，明矾 10 g，苦参 15 g，白鲜皮 15 g。水煎外洗或坐浴，每日 1～2 次，10 日为 1 个疗程。

四、预防与调护

注意经期及产后卫生，勤换内裤，保持外阴清洁，避免盆浴，提倡淋浴，切断传播途径；进行妇科检查时，应一人一垫，对器械严格消毒，防止交叉感染。

第二节　外阴白色病变

外阴白色病变是一组女阴皮肤、黏膜营养障碍而致的组织变性及色素改变的疾病，又称慢性外阴营养不良。过去将皮肤黏膜变白、变粗糙或萎缩的外阴病变称为外阴白斑，认为是一种癌前病变，近年来经过大量临床实践研究，认为其癌变率为2% 左右。患者外阴萎缩变薄，阴蒂系带粘连，后联合缩紧，阴道变窄而致性交困难，甚至无法性交，导致不孕。

一、病因病理

1. 西医病因病理

①外阴局部血管和神经营养失调。②外阴局部代谢刺激物与抑素的平衡失调。③硬化苔藓型多认为伯氏疏螺旋体感染是重要的致病原因，且与自身免疫紊乱和性激素分泌或代谢异常有关。④全身性疾病和外阴局部刺激（潮湿、热、炎症、化纤内裤等）亦对该病的发生起重要作用。因外阴炎症的存在，使局部分泌物增多，影响精子的活动可造成不孕。

2. 中医病因病机

①肝肾阴虚：素体虚弱，或病程日久，或房劳过度，阴精耗损，精血两亏，外阴失于滋养，而生本病；②脾肾阳虚：素体虚弱，或肾阳虚损，脾失温煦，阴寒凝滞于阴部肌肤，外阴脉络失养，而致本病；③肝郁气滞：素体抑郁，或郁怒伤肝，肝失疏泄，气机不畅，气血失和，化燥生风；④湿热下注：肝经郁热，脾运失职，蕴湿化热，或湿热外感，流注下焦，浸渍外阴所致。

二、诊断

1. 诊断要点

临床表现：①外阴瘙痒。②外阴疼痛。③性交困难。

体征：①增生型营养不良：开始时表现为淡红色或褐色，表皮粗糙，有时发生皲裂，后双侧阴唇沟、小阴唇、阴蒂等呈花白色或弥漫性白色增厚似皮革，常呈对称性。②硬化苔藓型营养不良：皮肤黏膜变白、变薄、干燥、易开裂，并失去弹性，界限清楚的浅白色损害好发于小阴唇、阴蒂、阴蒂系带和肛门，形成特殊的“葫芦”形或“哑铃”形外观，大小阴唇、阴蒂和系带可完全萎缩，导致阴道口狭窄。③混合型营养不良：增生型和萎缩型混合病变，表现为阴蒂变白、变硬，包皮肥厚，角化明显；同时小阴唇萎缩变为花白、变平，后联合缩紧，弹性差。

根据临床观察，无论是增生型、硬化苔藓型和混合型，均应做局部活组织检查，在病变部位多点取材。为取材适当，可先用1%甲苯胺蓝涂病损处，待干燥后，再用1%醋酸液擦洗脱色，在不脱色区进行活组织检查。还要行白带检查，以发现有无滴虫、霉菌，这两种病可引起外阴瘙痒。因糖尿病可引起外阴瘙痒和白色病变，故应行血糖检查。

2. 鉴别诊断

①外阴白癜风：多发于大阴唇下部或全部，皮肤呈白片状，边界清楚，其周围有色素沉着，无痒感，病检可见色素减退或消失。②银屑病：皮损可见于全身其他部位，搔之有鳞屑脱落，一般不伴有外阴萎缩。③外阴白化病：为全身性遗传性疾病，仅在外阴局部发病，无自觉症状，不发生癌变，故无须治疗。

三、治疗

（一）西医治疗

1. 一般治疗

改善全身营养状况，积极治疗全身急性、慢性疾病，保持外阴清洁干燥，忌用肥皂及刺激性药物涂擦，防止各种损伤及感染，穿宽松棉质内裤。定期检查，早期发现，及时治疗，以防止癌变。

2. 药物治疗

内服药物：可给予多种维生素口服。对精神紧张、瘙痒症状明显导致失眠者，可给予安定或扑尔敏。

局部药物：①外用洗剂：3%硼酸溶液洗外阴，可消炎、止痒。②外用霜剂：对增生型病变可用1%氢化可的松软膏或复方尿素霜，可祛斑、止痒、促进生新；竹红菌素软膏可止痒，减轻水肿和角化，增加色变深，促进真皮内血管增生和上皮组织恢复。硬化苔藓型多应用1%～2%丙酸睾酮鱼肝油软膏，可松解粘连，营养皮肤黏膜。对混合型患者可采用1%氢化可的松软膏和1%～2%丙酸睾酮软膏，交替或合并使用。③类固醇皮质激素局部注射：可软化组织和促进角化脱落，酌情应用。

3. 手术治疗

仅对某些具有癌变倾向或已发生癌变的患者，手术切除是其适应证。此外，对部分病情顽固、难以治愈的患者，可手术切除硬化的病变，并结合皮损内注射类固醇皮质激素治疗。

（二）中医辨证论治

1. 肝肾阴虚

证候：外阴干燥、瘙痒，烧灼疼痛，性交困难，头昏目眩，腰膝酸软，口干，手足心热，心烦不眠。舌质红，苔薄黄，脉细数。外阴局部皮肤黏膜变白、变薄，弹性减弱或丧失，阴蒂萎缩与包皮粘连，小阴唇平坦，阴道口狭窄。

治法：滋补肝肾，养荣润燥。

方药：杞菊地黄汤加减。药用枸杞子 12 g，菊花 10 g，熟地黄 10 g，泽泻 10 g，山药 10 g，山茱萸 6 g，茯苓 10 g，牡丹皮 6 g，菟丝子 12 g。头昏目眩者，加当归 10 g，川芎 6 g；热甚者，加知母、黄柏各 10 g；外阴黏膜弹性减退、性交困难者，加淫羊藿 10 g。

2. 脾肾阳虚

证候：外阴瘙痒，形寒肢冷，腰膝酸软，小便频数，纳差，便溏。舌淡胖，苔薄白，脉沉细。外阴局部皮肤黏膜变白、变薄，弹性减退，阴蒂及小阴唇萎缩变平坦，甚或粘连。

治法：温补脾肾，祛风止痒。

方药：右归饮加减。药用熟地黄 12 g，山药 10 g，山茱萸 6 g，枸杞子 12 g，杜仲 15 g，菟丝子 15 g，制附子 6 g，肉桂 3 g，当归 10 g，鹿角胶（烊化）10 g。外阴瘙痒甚者，加荆芥 10 g，防风 10 g，地肤子 12 g，以祛风止痒；性欲淡漠者，加淫羊藿 10 g，以温肾壮阳。

3. 肝郁气滞

证候：外阴瘙痒、干燥、灼热疼痛、情绪抑郁，经前乳房胀痛，胸闷嗳气，两胁胀痛。舌苔薄，脉细弦。外阴局部皮肤黏膜增厚、粗糙，或有鳞屑、湿疹样变，并可见界限清晰的白色斑块。

治法：疏肝解郁，养血祛风。

方药：逍遥散加味。药用柴胡 10 g，当归 10 g，白芍 10 g，白术 10 g，茯苓

10 g，甘草 6 g，生姜 3 g，薄荷（后下）5 g。心烦易躁者，加牡丹皮 10 g，黑栀子 10 g；胸闷者，加郁金 10 g；寐差者，加珍珠母（先煎）20 g。

4. 湿热下注

证候：外阴瘙痒，烧灼疼痛，红肿破溃，渗流黄水，胸闷纳呆，口干口苦，目赤便秘。舌质红，苔黄腻，脉弦数。局部皮肤黏膜色素减退，或增厚或变薄，红肿破溃，渗流黄水。

治法：清热利湿，消斑止痒。

方药：龙胆泻肝汤加减。药用龙胆草 6 g，黄芩 6 g，栀子 10 g，车前子（包煎）10 g，当归 10 g，赤芍 10 g，柴胡 6 g，苦参 10 g，甘草 6 g，地黄 9 g，川芎 6 g，木通 3 g。局部红肿破溃、流黄水者，加土茯苓 15 g，连翘 10 g；头昏腰酸者，加山药 10 g，桑寄生 10 g。

（三）中医外洗方

蛇床子 15 g，苦参 15 g，黄柏 20 g，甘草 30 g，赤芍 20 g，制何首乌 30 g，草河车 30 g，白花蛇舌草 30 g，大青叶 20 g，薄荷（后下）10 g，冰片（后下）1.5 g。水煎熏洗，每次 15 ～ 20 分钟，每日 1 剂，每日 2 次。

四、预防与调护

保持外阴清洁，忌搔抓、摩擦，忌用肥皂或刺激性药物擦洗外阴，勤换内裤，穿棉织内裤，忌食辛辣食物。及时治疗外阴及阴道炎症，防治糖尿病。

第三节　眼－口－生殖器综合征

该病是以眼部、口腔、生殖器的炎症及溃疡为主要临床表现，并伴有皮肤、血管、中枢神经、消化道及关节等多系统损害的慢性疾病。该病最先由土耳其医生白塞报道，故又称白塞病。患者男性多于女性，发病年龄以 20 ～ 40 岁多见，60 岁以后罕见。女性患者发病多与月经周期有关。因外阴溃疡痛甚，性交疼痛，患者多对性生活缺乏兴趣，甚至拒绝性交，且分泌物增多，影响精子活力，这些均可导致不孕。

一、病因病理

1. 西医病因病理

该病病因尚不清楚，近年来较多人认为是一种自身免疫性疾病。

2. 中医病因病机

热毒湿浊：由于饮食不节，恣食膏粱厚味，致脾虚湿盛，郁而化火，酿生湿热，流注下焦，浸渍外阴；或外感毒邪，侵袭体内，上逆而为眼、口炎症，下注而为阴部溃疡。

肾虚湿热：肾阴匮乏，因肝肾同源则肝郁化火，肝木横克脾土，肝热脾湿，合而为湿热，流注下焦发病。

肝肾阴虚：病程日久，阴精耗损，精血两亏。肝肾阴虚，阴虚而生内热，热迫津伤则生热生湿，湿热蕴结，热性上炎，则熏蒸眼、口，热性下炎则伤及阴器，湿热流注，互结为患，经久不愈。

寒凝血瘀：素体脾肾阳虚，或房劳多产，损及肾阳，阳虚则生内寒，冲任受寒，阴部失于温煦，寒凝胞脉，气血运行不畅，致寒凝血瘀，发为该病。

二、诊断

1. 诊断要点

临床表现：有反复发作的眼部炎症、口腔及生殖器溃疡等症状，呈加剧及缓解经过，病程可长达数十年，与月经周期有关，闭经后可自愈。

口腔损害：常为本病的初起症状，几乎所有患者都有反复发作的口腔溃疡，且与月经周期有关。溃疡可发生于口腔黏膜的任何部位，包括唇、舌、颊黏膜、上腭、齿龈，亦可见于扁桃体、咽及鼻黏膜。开始为单个或多个针尖大小红斑，渐扩大，破溃而形成溃疡，为 2 ～ 10 mm。圆形或椭圆形，边界清楚，底平坦，表面覆有灰白色渗出物，周围有红晕。溃疡疼痛，持续数日或数周不等，症状能自然消退，但反复发作，无长期缓解的病例。

生殖器损害：70% ～ 8% 的患者出现生殖器溃疡，多见于大小阴唇、阴蒂、尿道口，也可发生于阴道、宫颈，偶见于腹股沟、会阴、肛周。一般初起时为黄白色粟丘疹，破溃后形成溃疡，溃疡往往较大且深，边界清楚，常覆有灰白色坏死组织，患者疼痛甚剧。若有继发感染，可伴有局部淋巴结肿大，深溃疡愈合后形成瘢痕，有时可造成小阴唇缺损，破坏外阴形态。

眼部损害：约 70% 的患者出现眼部损害。一般发病较晚，开始多为眶周疼痛及畏光，初期为结膜炎。角膜溃疡，直至出血性视网膜炎及视神经萎缩，典型表现为前房积脓性虹膜睫状体炎。损害可侵犯双眼，往往一眼先发病，可影响视力，严重时甚至失明。

皮肤损害：多发生于口腔溃疡之后，表现为结节性红斑、丘疹、水疱、脓疱、毛囊炎、痤疮等。以结节性红斑最常见，大小不等，见于四肢及颜面。皮肤有非特异性过敏反应，在皮下、肌肉、静脉注射或搔抓的皮肤处，可见丘疹或小脓疱，这对诊断有一定的价值。

关节损害：常见多发性关节炎，表现为游走性关节痛，治愈后通常无后遗症，但易复发。

血管损害：浅部或深部血栓样静脉炎、局部浮肿亦可为该病的初期表现，常见浅部血栓性静脉炎，产生相应的症状，深部静脉受累较少见。血管内血栓形成是该病的明确特征。

其他：消化系统可出现胃肠黏膜溃疡等；中枢神经系统损害多表现为脑膜脑炎或脑膜脑脊髓膜炎等；心、肺损害罕见；肾脏损害在组织学上改变较常见，但常无临床表现。所有损害征象可同时或相继发生，病程可长达 20 年。

实验室检查：发作期可有白细胞中度增高，血沉增快，淋巴细胞内含有嗜苯胺蓝颗粒，中性粒细胞可含有毒性颗粒，血清黏蛋白增高，丙种球蛋白增高，IgG 和 IgM 值增高，补体 C3 增高，血循环中免疫复合物（CIC）含量增高。

针刺反应：患者皮肤对非特异性刺激呈过敏反应。用无菌针头刺入皮内或生理盐水皮内注射，经 24 ～ 48 小时，于针刺部位出现毛囊炎、脓疱等化脓倾向，对该病具有诊断价值。其阳性程度与口腔及阴部溃疡的病情变化相关，与皮肤、眼的症状无关。

2. 诊断标准

国际白塞病研究组提出的诊断标准为复发性口腔溃疡合并下列两项即可诊断为白塞病。①复发性生殖器溃疡。②典型的眼损害。③典型的皮肤损害，包括毛囊炎样、结节红斑样，非特异斑、丘疹和结节，特别是在四肢部位。④皮肤针刺反应为阳性。

该病需与外阴湿疹相鉴别，两者均有外阴部丘疹、溃疡等病损，但外阴湿疹为局部病变，无口、眼及全身性症状。

三、治疗

（一）西医治疗

（1）类固醇皮质激素。

（2）免疫抑制剂。

（3）免疫增强剂。

（4）其他：

全身性疗法：秋水仙碱，脊髓灰质疫苗，非皮质类固醇抗炎药，抗凝血药物。

局部治疗：口腔溃疡者可含漱杀菌剂溶液，如复方硼砂液，并用 2% 硝酸银涂擦；外阴溃疡可用 1∶5000 高锰酸钾液坐浴后再涂以新霉素软膏或 2% 硝酸银软膏等；眼部溃疡可用可的松眼药水或 0.25% 氯霉素眼药水点眼。

（二）中医辨证论治

1. 热毒湿浊

证候：口咽、外阴溃疡疼痛，两眼眶作痛，口干口苦，烦热头昏，关节酸痛，小便色黄或赤黄。苔黄腻，脉细数。

治法：清热解毒，利湿化浊。

方药：二黄散合二黄三白汤加减。痛痒甚者，加地肤子、苍耳子、紫草；热甚者，加大青叶。

2. 肾虚湿热

证候：口咽、阴部溃烂，疼痛不甚，两眼眶胀痛，甚则失明，头晕腰酸，关节酸楚，低热，咽干口燥，便难尿赤。舌质红，苔黄腻，脉细弦数。

治法：滋阴补肾，清热利湿。

方药：滋肾生肝饮加减。口渴喜饮者，加麦冬、竹叶、乌梅；失眠心悸者，加炒酸枣仁、钩藤、龙骨、牡蛎。

3. 肝肾阴虚

证候：口咽、阴肛溃烂，色暗红，疮面久不愈合，头昏目眩，腰膝酸软，午后潮热，时有烘热汗出，手足心热，心烦不眠。舌红，苔少，脉细数。

治法：滋肾养肝，清热育阴。

方药：一贯煎加减。热甚者，加知母；心烦甚者，加白芍；阴损及阳、阳虚者，加淫羊藿。

4. 寒凝血瘀

证候：口咽、外阴及阴道黏膜溃烂，反复发作，经久不愈，面色苍白，食少乏力，畏寒肢冷，关节疼痛，下肢红斑结节紫暗。舌质暗或有瘀斑，脉细涩。

治法：温经散寒，活血化瘀。

方药：甘草泻心汤加减。眼部有损害者，加青葙子、木贼草、菊花；皮肤有结节、红斑者，加泽兰、川牛膝、桃仁；情志变化无常者，加甘麦大枣汤；阴损及阳、阳虚者，加二仙汤，或加桂枝、肉桂、附子等温肾壮阳。水煎，每日 1 剂，早晚 2 次分服。

（三）中医外治法

（1）双料喉风散、锡类散：用于外阴溃疡。

（2）西瓜霜：用于口腔溃疡。

（3）青黛散、珠黄散：用于外阴溃疡。

（4）黄连 5 g，浓煎，用于眼部损害者。

（5）苦参 45 g，甘草 30 g，白花蛇舌草 30 g，水煎坐浴，每日 1 ～ 2 次。

四、预防与调治

因该病病因尚不清楚，故不易预防，平素注意口腔及外阴清洁。发病后应舒畅情志，忌烟、酒及辛辣肥厚食物，对局部溃疡及时清理并上药，保持清洁干燥。

第四节　阴道、外阴发育异常

一、阴道发育异常

在胚胎期，副中肾管尾端（副中肾结节）抵达尿生殖窦的盆腔面时，该处组织增生，形成尿生殖窦——阴道球，并向头端衍生，形成未来阴道的雏形。然后从尾端开始自下而上腔道化，形成整个阴道腔，这时，和尿生殖窦之间仍有一薄膜分隔，即为处女膜始基，在腔道化发育过程中出现异常情况，即出现阴道各种畸形。

先天性无阴道：为腹中肾管会合后尾端发育停滞而未向下伸延所致，患者常在青春期后因原发性闭经或婚后性交困难而就诊。两侧卵巢及输卵管均正常，子宫未发育或发育不全。外生殖器正常，处女膜可有可无，阴道口处有残凹陷或短浅的阴道下段。个别先天性无阴道者宫体正常但宫颈闭锁，则在青春期后有子宫积血的表现而出现周期性反复发作的下腹疼痛。

根据子宫发育情况决定治疗的时间和方法。子宫发育正常者在青春期月经初潮后，应尽早行人工阴道成形术，以免经血潴留，以保生育功能。无法生育者，可予以切除子宫。子宫发育不良，无子宫内膜，不会出现月经者，以结婚前后治疗为宜，可压迫或行阴道成形术。

阴道闭锁或狭窄：为双侧副中肾管会合后的尾端与泌尿生殖窦相接处未贯穿所致。闭锁多发生于下段，其上为正常阴道。症状与处女膜闭锁相似，但检查处女膜除无孔外，色泽正常，亦不向外膨出，仅向内陷一凹陷，肛查于闭锁的上部位可扪及积血所形成的包块，位置较处女膜闭锁时高。

治疗：应尽早手术。切开闭锁段阴道，排净积血后，阴道创面行部分阴道成形术，可利用外阴瓣覆盖或分离及牵引中段正常阴道壁覆盖。术后放置阴道模具扩张。有正常子宫者的阴道狭窄由前述贯通后发育不良所致，经血排出并无妨碍，以性交困难为主要症状，必要时可行阴道扩张术。

阴道横隔：两侧副中肾管会合后尾端与尿生殖窦相连处未贯通或仅部分贯通。根据横隔的不同位置或梗阻的严重程度，其临床表现多样化。有孔者，青春期后有月经，或经血不畅，常伴有痛经症状。无孔者极少见，经血潴留，致周期性下腹部疼痛，可积血形成一病理性包块，肛指可扪及，横隔位于上段者不影响性生活，常系偶然或因不育检查时发现。位置较低者少见，多因性生活不满意而在婚后就诊。

未孕时发现膜薄而软者手术切开，剪除多余黏膜，将切口的两层黏膜与基底稍做游离，纵行缝合，使缝合缘呈锯齿状，不在一个平面上，防止术后出现环形狭窄。分娩时横隔厚而韧者，可阻碍先露部下降，则需剖腹产，如横隔薄者，先露下降将横隔撑得更薄，切开后胎儿即能经阴道娩出。

阴道纵隔：两侧副中肾管中段融合后，其中隔未消失或未完全消失所致，根据程度分为完全性阴道纵隔（双阴道）和部分性阴道纵隔两种。完全纵隔形成双阴道，常合并双宫颈、双子宫，有时纵隔偏向一侧，以致该侧阴道闭锁而有经血潴留。绝大多数阴道纵隔无症状，有时因婚后性交困难才被发现。另一些可能在分娩时出现胎儿先露不同程度受阻现象，产程进展缓慢时才确诊。如纵隔妨碍经血排出，影响性生活；估计对分娩有影响者，应在非孕时将纵隔切除，并缝合创面，以防粘连。如已临产，发现纵隔阻碍先露下降时，可行沿隔的中央部切断，分娩后缝合创面缘止血。

二、外阴发育异常

外阴畸形：常表现为阴蒂肥大和两侧阴唇之间有程度不等的融合，可能为真两性畸形或假两性畸形。

尿道－直肠隔发育不全：尿道－直肠隔发育不全，一般无需特别处理。

处女膜异常：处女膜发育异常是女性生殖道发育异常中常见的疾病，常见的有无孔处女膜与处女膜坚韧。无孔处女膜又称处女膜闭锁，在中医学中属“五不女”中的“螺”与“鼓”。

在胚胎发育中，受内在因素如染色体异常，或外界因素如孕早期病毒感染，服用雄激素类药等干扰发育停滞或异常，处女膜异常是外阴较常见的畸形。

在胚胎发育过程中，阴道形成后，它和尿生殖窦之间被一薄片组织所分隔，即处女膜。处女膜中间部分被吸收后，形成处女膜孔，如吸收时发生障碍，则处女膜异常无孔，使阴道与外界不相通，经血积存，可经阴道、子宫流入输卵管，通过伞端进入腹腔，使伞部附近的腹膜发生水肿、粘连，导致输卵管伞部闭锁，可影响日后受孕。

处女膜坚韧者，其处女膜有小孔，有经血外流，但处女膜厚而坚韧，甚至僵硬，无弹性，无伸展性，不能进行房事，导致不孕。

（一）诊断要点

1. 处女膜闭锁诊断要点

病史：性成熟期前很少可能得出诊断，性成熟期表现为原发性闭经，伴周期性痉挛性下腹痛，但无月经流出。时间长，可形成阴道积血、子宫积血，随着病情发展，宫腔积血可通过输卵管逆流至盆腔，造成子宫内膜移植，出现内膜异位症状。阴道积血严重压迫尿道及直肠可导致排尿与排便困难。

体征：行妇科检查，阴道出口处，可见膜状膨出，表现呈紫蓝色。肛诊能扪及从阴道、直肠凸出的椭圆形偏实的囊块，即为阴道积血。配合腹部检查，可扪及被推移至肿块上方的子宫或增大且积血的子宫。

B 超检查：处女膜闭锁纵切阴道扩张呈圆形囊状，内为无回声或密集光点，宫颈扩张，宫腔内有液性暗区，严重者输卵管扩张。子宫直肠凹显示液性暗区，血液呈片状回声，改变体位后有浮动。

2. 处女膜坚韧诊断要点

病史：处女膜有小孔，有周期性出血，但由于处女膜纤维结缔组织增生坚硬，缺乏弹性，造成性交困难，在新婚时被始发现。

体征：阴道指诊在阴道口遇有很大阻力，食指纳入也有困难，并可扪及狭窄坚韧的处女膜环。

（二）诊断标准

12 ～ 15 岁少女，周期性腹痛伴阴道、腹部包块就诊，应详细询问病史、月经史，仔细检查外阴、阴道，首先考虑外生殖器畸形，如处女膜闭锁等。如已婚造成性交困难，更应进一步检查处女膜环的坚韧与狭窄，能否纳入食指。

（三）鉴别诊断

卵巢囊肿：处女膜闭锁阴道积血包块较大，处女膜外突呈蓝色，阴道包块常与宫腔积血包块相连，呈葫芦状，可通过 B 超检查区别。

阴道下段闭锁：阴道积血包块位置较处女膜闭锁位置较高，距肛门有一定距离，阴道包块与宫腔积血相连，呈葫芦状，在腹部可扪及包块。

阴道完全闭锁：阴道呈索条样增粗，无包块，其顶端可扪及椭圆形包块。处女膜完整，不呈紫蓝色及膨出。

（四）中医治疗

如处女膜闭锁，经血潴留，发展为输卵管伞端积血而粘连闭锁，或经血进入腹腔而血瘀阻滞，手术切开处女膜引流经血后，可加用中药治疗。证属血瘀少腹、不通则痛的实证。

治则：活血化瘀，逐瘀止痛。

处方：桃仁、红花、当归、川芎、赤芍、地黄、枳壳、柴胡、桔梗、牛膝、甘草等。经行不畅者，加益母草、丹参；输卵管不通者，加路路通等；腹部包块者，可加三棱、莪术。或用中成药桂枝茯苓丸。

（五）调护

处女膜闭锁应争取尽早诊断，对有周期性腹痛而无经血流出，且伴有阴道包块或腹部包块者，首先应考虑外生殖器畸形，术前仔细鉴别诊断，谨慎手术，术后常规应用抗生素，预防上行感染，每日擦洗外阴 1 ～ 2 次，至积血排净。早孕期间少用药物，减少药物性引起的胎儿生殖器畸形几率。

第二章 女性性功能障碍

女性性功能是指女子在性交活动中的能力，正常性兴奋反应周期包括兴奋期、持续期、高潮期及消退期。上述任一环节出现异常则影响正常性生活，即称为女性性功能失调。如性功能障碍，即功能或器质性原因导致性兴反应周期发生障碍，不能顺利进行性交活动的功能失调的疾病，如性欲低下、性厌恶、性高潮功能障碍、性欲亢进、性交痛、阴道痉挛、梦交等。

中医认为，性功能与各种脏腑的功能有直接关系。肾藏先后天之精，司前后二阴，为冲任之本，肾气的盛衰决定着男女生殖器官的生育功能、性功能及生殖功能的强弱。肝藏志，主疏泄，足厥阴肝经之脉入毛际、过阴器、抵少腹，与性器官直接联系，对人体情志的调节及性功能亦有很大影响。脾主运化，主中气，化生气血。心主血、藏神，为人体之大主，主人体的精神活动。肺主一身之气，主宰着人的生命活动。因此，肺、心、脾对性功能、性行为都有调节、控制的作用。所以，若脏腑功能失调，就会影响人的正常性机能、性行为，而导致各种性功能障碍。

第一节 性欲低下

性欲低下，亦称性欲缺失或性欲抑制，是指女方缺乏对性活动的主观愿望，长期无性欲，但在配偶要求性生活时可被动服从。性欲低下并不排除女性在被动接受性活动时达到性唤起和获得性快感的可能性。中医称之为“女子阴痿”，或归属于“阴冷”。

一、病因病理

引起性欲低下的原因较为复杂，多分为以下几种：①精神心理因素。②生殖系统疾病，各种生殖器疾病如生殖器发育畸形，外阴、阴道炎症、破溃，子宫、盆腔炎症、结核、肿瘤等造成性交不适而逐渐产生性欲低下。③全身性疾病和药物因素。

中医认为本病主要为七情所伤，与精神因素有关。此外，亦与素体虚弱或因患他疾而导致脏腑经络功能失常有关。

二、诊断

1. 诊断要点

病史：了解患者是否有性创伤史，过早性生活、早孕史；是否对社会环境、生活环境不满意；经济困难，工作负担过重而致精神忧虑、抑郁而影响性功能的因素存在。

临床表现：性欲抑制在临床上常见，表现为一开始就对性行为不感兴趣或对性生活接受能力降低。根据其程度可分为以下等级。Ⅰ级：性欲较正常情况减弱，但可与配偶性交。Ⅱ级：性欲原本正常，但在某一阶段后出现减退，或只在特定境遇下才出现减退。Ⅲ级：性欲一贯低下，每月性活动不足 2 次，或虽然超过这一标准，但系在配偶压力之下被动服从。Ⅳ级：性欲一贯低下，中断性活动达 6 个月。

体格检查：性欲低下患者可无明显体征，但应做全身及妇科检查，以及早发现全身及局部器质性原发病。

特殊检查：①性功能电脑评估：可判断性功能障碍的程度。②内分泌检查：了解性腺功能及有无其他分泌疾病。

2. 诊断标准

性欲抑制的诊断主要依靠病史及临床表现。

3. 鉴别诊断

该病应与性厌恶相鉴别。性厌恶不仅对正常的性活动有一贯的憎恶反应，甚至表现为焦虑、出汗、心悸、恶心、呕吐等。

三、治疗

（一）西医治疗

精神心理疗法：精神心理因素是造成本病的重要原因，因此精神心理治疗也是能否成功治疗该病的关键。首先应对患者进行性知识教育，让患者认识到性活动是一种自然的生理活动，消除对性行为的焦虑和畏惧及某些错误认识。改善性交环境。舒适、安静、温馨的环境有利于调节情志，使精神、心理得到放松。即使女方无性欲要求，若在毫无忧虑的环境下进行性交，感情可能发生积极变化，逐渐增强性的欲望。此外，夫妇双方要互相体贴、宽慰、爱护、合作，使性生活和谐、美满。

行为治疗：性感集中训练法，是马斯和约翰逊所提出的一种夫妇双方共同治疗的方法。即让患者夫妇在最初一段时间内避免性交，从相互触摸和拥抱生殖器以外的区域开始，进而触摸生殖器等，到能引起良性反应后，再进行性交的一种循序渐进的练习方法。一般需要 2 周时间。还可采用自我刺激来增加性反应。

病因治疗：积极治疗诱发性欲低下的原发病。如患有抑郁症，可给予调节神经功能的药物进行治疗；垂体微腺瘤引起的高催乳素血症，可用溴隐亭或手术治疗；性腺功能减退者，可用小剂量雌激素，以补充体内雌激素的不足，起到增强性欲的作用；如因药物或酗酒影响性欲者，应停药或戒酒；对患有全身性疾病或生殖器质性病变者予以积极对症治疗，以祛除病因。

（二）中医辨证论治

1. 肾阳虚损

证候：性欲淡漠，头晕耳鸣，腰酸肢冷，神疲乏力，夜尿增多，面色㿠白。舌质淡红，苔薄白，脉沉弱。

治法：温肾助阳，填精益气。

方药：右归丸加减。腰膝酸软、神疲乏力者，加紫河车（研吞）6 g，续断 20 g，肉苁蓉 15 g，以加强填精补肾壮阳之功效。

2. 肾阴亏虚

证候：性欲缺乏，阴道干涩，头晕目眩，腰膝酸软，手足心热，口干咽燥。舌质红，苔少，脉沉细或数。

治法：滋阴补肾，益气养血。

方药：左归饮加减。口干咽燥、五心烦热者，加地骨皮、知母、麦冬以滋阴清热；心烦失眠者，加炒酸枣仁、莲子心以滋阴清热，宁心安神；骨蒸潮热者，加青蒿、地骨皮、鳖甲以清虚热。

3. 肝气郁滞

证候：精神抑郁或烦躁易怒，胸闷不舒，不思情欲，伴有乳房胀痛或两胁胀痛。舌质淡，脉弦细。

治法：疏肝解郁，理气和血。

方药：逍遥散加减。口干口苦者，加牡丹皮、栀子以清郁热；乳房胀痛、经行腹痛者，加郁金、延胡索以行气止痛；舌暗有瘀点、经行腹痛者，加制乳香、制没药、失笑散以理气活血，化瘀止痛。

4. 心脾两虚

证候：多思善虑，久无欲念，精神萎靡，心悸寐差，气短懒言，面色少华，食欲不振。舌质淡，苔薄白，脉沉细。

治法：补益心脾，益气养血。

方药：归脾汤加减。怕冷畏寒者，加淫羊藿、巴戟天以温肾壮阳；带下量少、外阴干涩者，加山茱萸、制何首乌以滋补肝肾；腰酸腿软者，加桑寄生、续断以补肾强腰。

四、预防与调护

积极宣传普及性科学知识。采取有效的计划生育措施，避免早婚、多育。注意夫妻间的感情交流，增加相互了解。性生活要双方平等协调，耐心合作以达和谐。消除恐惧心理，保持精神舒畅，生活规律，加强锻炼，增强体质，积极配合治疗。

此外，炼八益去七损，我国古代房室养生专著《天下至道谈》中详细阐明了对性生活保健有重大意义的七损（闭、泄、竭、勿、烦、绝、费）和八益（治气、治沫、知时、蓄气、和沫、积气、持赢、定倾）。如夫妻性生活能按其所说炼八益去七损，对女性性欲减退的患者来说，可起到一定的调理作用。

第二节　性厌恶

性厌恶是指患者对性活动及性活动思想的一种持续性病态憎恶反应，有的甚至对接吻、拥抱或抚摸也感到厌恶，其症状表现较性抑制严重，可由性欲低下发展而成。多发生于40岁以下的妇女。多为继发性的，属于性功能障碍性疾病。其发病原因多为功能性（或称为精神性）的，约占80%～90%，而器质性的发生率仅占5%～20%。中医学按其临床表现，也可归属于阴痿、阴冷。

一、病因病理

性厌恶是一种非功能障碍性疾病，其致病多由精神因素引起。具体包括：①患者对性的错误认识以致过度抵制。②性创伤史，如强奸、早年性交痛、未婚先孕，可能形成了被凌辱和疼痛之间的联系。③青春期乳房不发育、多毛、肥胖，使患者失去自信而回避性生活。④婚后性生活不和谐，如勉强或被迫进行性生活；或丈夫患有阳痿或其他生殖器疾患，性生活多次失败；性生活中反复受到精神或身体创伤而发展到讨厌性生活进而出现真正的病态厌恶。⑤其他精神疾患，如强迫症、焦虑性神经官能症与性格紊乱等。⑥其他全身或生殖器官疾病。

中医认为该病与情志过极、内伤心肾有关。肾主生殖、藏精，主人体的生长发育，开窍于二阴，多因性活动之际，突遭不良刺激，惊恐伤肾，肾气亏虚，性欲不能兴起，则其质不动、其液不出。心藏血、主神，若忧思疑虑太过，致心神不安，性欲不能兴于肾而悦于心，则性欲淡漠，甚至厌恶性交。

二、诊断

（一）西医诊断

1. 诊断要点

病史：患者多有青少年时期性创伤史，对性的错误认识而过度抵制史，或婚后夫妻关系紧张、性生活不协调，丈夫患有阳痿或其他生殖器疾病、其他精神疾患史。

临床表现：患者对任何形式的性接触，如接吻、拥抱都持否定反应，当想到性交时就感到忧虑、厌恶，甚至出现出汗、恶心、呕吐、腹痛和心悸等症状，故尽量躲避各种性刺激，甚至一年仅违心地性交 1 ～ 2 次，而在生活、工作方面表现正常。按其程度临床分为 4 级。Ⅰ级：只发生在特定境遇下，性厌恶只针对特定人或特定的性生活方式。Ⅱ级：对性持强烈反感态度，从无主动性要求，但尚能被动接受性行为。Ⅲ级：不仅从态度上而且在行为上也竭力排斥，回避任何性活动。Ⅳ级：不仅从态度上而且从行为上排斥，而且出现病态性躯体反应，如恶心、呕吐、心悸、气短和周身冷汗等。

2. 诊断标准

性厌恶一般不是对性的审美性厌恶，也不是对某种方式的性活动特别反感，只是对性反应一贯有病态性憎恶，主要靠临床病史及表现做出诊断。

3. 鉴别诊断

该病与性冷淡不同，主要还应与焦虑性精神病相鉴别。忧虑性精神病者的特点是忧虑无起伏性，忧虑发作时伴有心脏和呼吸症状，且与刺激无关。

（二）中医辨证

该病以对性活动及有关性活动思想产生憎恶为特点，临证主要根据其全身表现，辨其属心、属肾，如伴腰膝酸软、头晕耳鸣者为肾虚，若心悸气短者为心气虚。

三、治疗

（一）西医治疗

治疗性厌恶的关键是：消除病理性厌恶的后果和改善性活动方式。因此，此类患者绝大部分无性功能障碍，通过心理治疗及计划周密进程缓慢的性感集中练习法，治疗效果可达 90% 以上。

心理治疗：包括正常的性知识教育。解除造成性厌恶的精神因素，逐步帮助患者树立治疗信心。

行为治疗：性感集中练习是减少忧虑、增强感觉和从语言交流过渡到非语言交流的基础。在开始治疗时，对患者的性活动要加以控制，逐步提高触摸和触摸时有关的身体感觉能力，以达到恢复自然的性生活的目的。

病因治疗：参见上一节。

（二）中医辨证论治

该病由情志不遂、内伤心肾所致，故治宜滋养心肾，安神定志。

1. 肾虚

证候：厌恶房事及其他性活动，惕惕易惊，精神抑郁或烦躁易怒，头晕耳鸣，腰膝酸软。舌红，苔少，脉细数。

治法：滋肾安神。

方药：六味地黄汤加减。药用地黄、山茱萸、山药、制何首乌、茯神、柏子仁、磁石、朱砂、龙骨、牡蛎、肉苁蓉等。

2. 心气虚

证候：厌恶性活动及性交，心烦失眠，心悸怔忡，气短乏力，面色萎黄，精神萎靡。舌质淡红，脉细弱。

治法：养心安神。

方药：归脾汤加减。药用人参、炙黄芪、炙白术、当归、龙眼肉、陈皮、酸枣仁、茯神、远志、炙甘草、夜交藤、锁阳。口干咽燥者，加麦冬、五味子以养心阴。

四、预防与调护

进行性知识宣传和教育，关心、爱护患者使其解除思想负担，避免不良刺激；取得配偶的合作，改变性生活方式，建立和谐美满的性关系；积极预防和治疗其他精神疾病。

第三节　性欲高潮功能障碍

性欲高潮功能障碍亦称高潮障碍、性高潮缺乏或性感缺乏，是指女性虽有性要求，性欲正常或较强，但在性活动时，性兴奋期的性高潮却经常地或持续延迟或缺乏，因而仅有低水平的性快感，很少或很难达到性满足。中医文献虽未明确提出性高潮障碍的病名，但有不少关于使女方达到性高潮的“房中调摄”“房中导引”之术，认为女子性兴奋及性高潮与五脏功能有着内在联系。

一、病因病理

精神社会因素，器质性疾病，盆腔神经损伤（如多发性硬化、脊髓损伤、糖尿病性神经损害、肌萎缩等），阴道血液循环障碍（如盆腔动脉炎、血栓性梗阻等），内分泌疾病（如阿狄森氏病、库欣综合征、垂体机能减退症、甲亢、甲低等），妇科手术、阴道慢性炎症、先天发育异常等，均可引起性高潮功能障碍。中医认为该病为五脏功能失常所致，如心肾不交、脾肾两虚、脾肺气虚、肝气郁结、肾阳虚衰等。

二、诊断

1. 诊断要点

病史：患者多存在对性行为的错误认识，性创伤史，性生活不和谐史，或患有盆腔神经损伤、阴道血液循环障碍、内分泌疾患及妇科手术史等器质性病变。

临床表现：①原发性性欲高潮功能障碍（原发性性感缺乏症）：指妇女在任何条件下从未出现过性欲高潮。②继发性性欲高潮功能障碍：指既往一段时间内曾规律性地出现过性欲高潮，而现在已消失。③处境性性欲高潮功能障碍（处境性性感缺乏症）：指妇女仅在一定条件下出现过一次或数次性欲高潮。④性交性欲高潮功能不全（性交性感缺乏症）：指一些妇女在性交时无性欲高潮，但用许多其他方法刺激时可出现性欲高潮，如手淫时有性欲高潮。

辅助检查：①全面的体格检查及盆腔检查，排除引起该病的各种器质性原因。②相关的实验室检查如内分泌检查、糖耐量试验等。

2. 诊断标准

主要依靠病史及临床表现做出诊断。首先应鉴别引起性欲高潮功能障碍的原因，其次要排除男方性功能障碍。若男方同时患有勃起功能障碍、早泄等性功能障碍，要待男方好转而女方在性交中仍无性高潮出现时方能确诊。

三、治疗

（一）西医治疗

精神心理治疗：做精神因素治疗，让患者了解性解剖和性生理知识，了解性反应周期中出现的各种变化，正确地看待性与性行为，克服忧虑、树立自信。

行为治疗：①取得配偶配合，改变性交方式，男方掌握性交技巧及激发女性性欲的方法，耐心、体贴地尽力使女方达到性高潮。②性感集中练习，宜缓慢进行。③ PC 肌的功能锻炼法：PC 肌即直肠、尿道、阴道括约肌，锻炼时取站立、平卧或坐位均可，先调匀呼吸，平心静气，在深吸气的同时，PC 肌收缩稍屏气后，呼气放松，如此反复约 5 分钟，每日 5 ～ 6 次。④对原发性性欲高潮功能障碍的妇女，可使用振动器体会性欲高潮反应，但不可长期使用，以免形成依赖性。

药物治疗：主要采用激素疗法，应用雌激素刺激宫颈，增加宫颈分泌物，以改善阴道环境，增强性交时快感；也可用雄激素，如每日甲基睾丸素 10 mg，可增加阴蒂的敏感性，从而提高快感，但不宜长期使用，以防产生副作用。也可配合局部用药，用 6% 樟脑、3% 薄荷醇润滑胶冻涂擦阴蒂，具有轻度刺激作用。

（二）中医辨证论治

1. 心肾不交

证候：性感缺乏，情欲似至非至，面色㿠白无华，心悸失眠，头晕目眩，手足心热，腰膝酸软。舌质红，苔少，脉细数。

治法：交通心肾，增强性欲。

方药：六味地黄丸加味。头晕耳鸣、视物昏花者，加杭菊花、枸杞子以滋阴明目。

2. 脾肾两虚

证候：性欲低下，头晕目眩，腰膝酸软，形瘦面黄，精神萎靡，嗜睡或失眠。舌淡无华，脉虚弱。

治法：健脾益肾，养血增欲。

方药：赞育丸加减。失眠重者，加酸枣仁以养血安神宁心；脾虚湿盛嗜睡者，加砂仁、陈皮以健脾祛湿，醒神治困。

3. 肺脾气虚

证候：性欲低下，面色㿠白，神疲乏力，气短懒言，纳差便溏，常易感冒，甚至咳喘，性交后加剧。舌质淡，苔薄白，脉细弱。

治法：益气健脾增欲。

方药：六神散加味。

4. 肝气郁结

证候：性高潮障碍，情绪抑郁，烦躁易怒，善叹息，胸胁胀痛。舌质淡，苔薄白，脉弦细。

治法：疏肝解郁，助阳增欲。

方药：达郁汤加减。药用柴胡、升麻、香附、川芎、橘叶、郁金、当归、仙茅、淫羊藿。肝郁有热、心烦易怒、口苦口干者，加牡丹皮、栀子以清热解郁；两胁或两乳、小腹胀痛者，加川楝子、延胡索、乌药以疏肝止痛。

5. 肾阳虚衰

证候：琼液少沥，情不怡美，小腹虚冷，腰骶酸痛，神疲乏力，面色晦暗，小便清长，大便溏薄，月经稀少。舌淡，苔白，脉沉细无力。

治法：温肾壮阳，培补根本。

方药：暖肾助火汤加减。药用附子、肉桂、肉苁蓉、山药、巴戟天、熟地黄、枸杞子、淫羊藿、菟丝子、红参（调冲）、覆盆子、韭菜子。小便清长、夜尿多者，加益智仁、桑螵蛸、乌药以益肾助阳缩尿；便溏、腹泻者，加干姜、补骨脂、白术以温补脾肾。

四、预防与调护

该病大都因精神因素所致，因此应注意精神调节，避免不良刺激，积极查找原因，及早治疗；如因男方阳痿或早泄而造成性高潮障碍者，应先治疗男性疾病；部分性高潮障碍患者是因阴蒂粘连、阴蒂过短或阴蒂位置不正引起，可采用特殊的性交体位；夫妻在性交前要徐徐嬉戏，充分爱抚，等待双方都进入性的兴奋期再进行性交，这样就容易获得满意的性生活。

第四节　性欲亢进

性欲亢进又称性欲亢盛，是指对性行为要求过于强烈，以性兴奋出现过多、过快、过剧为主要特征。正常健康夫妇中，性欲较强者，每周 3 ～ 4 次性交，只要不影响健康就尚属正常范围。但性欲亢进的人，即使每天性交也不能满足性欲要求，甚至一日数次，且除性生活过频外，临床上还出现一系列病态反应。古代医学称性欲亢进为“花邪”“花旋风”“花癫”“花心风”“花风”或“交接过度”等。

一、病因病理

内分泌失调的患者，如甲状腺功能亢进、肾上腺皮质功能亢进和性腺功能异常，均可引起性欲亢进；此外，如大脑、丘脑下部和脑垂体肿瘤、垂体功能亢进，早期亦可反射性地分泌过多的激素，而出现性欲亢进。

少数患者因患精神病，如躁狂症，可表现为情感异常，出现性欲亢进。有人认为，个别性欲亢进患者，可能与染色体异常有关。

房事不节，恣情纵欲，灼伤阴精，或劳倦过度耗伤心血，以致水不制火而阳热亢极；或心火亢烈而不下交于肾，或服温补升阳之药，以致真阴耗伤，肾水不能上交于心，遂成心肾不交，发为该病；平素嗜酒贪杯，恣食痰热，痰火互结，复随厥阴之脉下注阴器，痰火充斥，神无所制，宣淫放荡而致该病；素体阴虚，或房劳多产，久病失养，肝肾阴亏，阴虚火旺，阴不潜阳，阳亢于上，而成该病；素性抑郁，七情郁结，或暴怒伤肝，肝火偏旺；或恣食膏粱厚味，酿成湿热；或久居潮湿之地，外感湿热，湿热蕴于下焦或肝胆，下注则肝之经脉伤于热而兴奋不已以致该病。

二、诊断

1. 诊断要点

病史：有性腺、甲状腺、肾上腺等功能失调史，或患有下丘脑、脑垂体肿瘤、垂体功能亢进等疾病；或有精神异常史、性创伤史，对性知识、性观念认识偏激等。

临床表现：该病以性兴奋出现过多为特征，患者几乎每日性交甚至一天数次仍不能满足，严重者难以自制，往往借以手淫加以自慰，或对性对象不避亲疏。也可表现为性兴奋出现过快、过剧，甚至拥抱、接吻、触及阴部时均能产生强烈的性兴奋。

辅助检查：根据病情进行内分泌、精神与神经系统检查，以及脑部 CT、核磁共振检查等，以协助病因诊断。

2. 诊断标准

该病诊断的主要依据是，临床表现为对性要求过于强烈以及病态反应。主要与性欲较强相鉴别：性欲较强的人可以每周 3 ～ 4 次性交，若在新婚期或婚后久别重逢时甚至可更多些，但不影响健康，夫妇双方均感到愉快，此不属于性欲亢进。

三、治疗

（一）西医治疗

一般治疗：进行心理治疗和性知识教育。加强精神文明教育，鼓励患者多参加文体娱乐及集体活动，集中精力工作和学习以转移注意力，同时减少性刺激，如夫妇暂时分居等。

药物治疗：对于已确诊为精神分裂症、脑肿瘤或垂体肿瘤的患者，应住院系统治疗；属于内分泌失调或精神因素等所致者，可采用镇静药物，以消除病态妄想和性兴奋。较常用的药物，如安定 2.5 mg，每日 3 次；或睡前服舒乐安定 1 mg，或苯巴比妥 30 mg，以保证充分休息；或氯丙嗪 25 mg，每日 3 次。也有人主张用性激素治疗，如给予雄激素，可起到拮抗作用。

（二）中医辨证论治

1. 心肾不交

证候：性欲亢进，冲动频繁，所欲不遂，心烦不安，失眠多梦，或有梦交，头晕耳鸣，心悸易惊，腰膝酸软，五心烦热。舌质红，苔薄，脉细数。

治法：清心泻火，滋阴补肾，交通心肾。

方药：交泰丸合黄连阿胶汤加减。药用黄连、肉桂、阿胶、芍药、鸡子黄、知母、麦冬、牡蛎、砂仁、茯神、夜交藤、炒酸枣仁。睡眠不宁、精神恍惚者，亦可用石莲散加味：石莲肉、芡实、人参、麦冬、茯神、炙远志、甘草、龙骨、煅牡蛎、知母、黄柏，以清心泻火，养心安神。偏于肾阴虚火旺者，症见虚烦不眠，五心烦热，腰膝酸软，性欲亢进，舌质红，少苔，脉细数，方用知柏地黄汤加栀子、合欢皮、炒酸枣仁、夜交藤、琥珀、磁石，以滋阴降火，宁心安神。

2. 痰火郁结

证候：性欲亢盛，不能自制，近乎狂证，性情急躁，头痛失眠，面红目赤，尿黄便结。舌红，苔黄，脉弦滑而数。

治法：泻火逐瘀，镇心安神。

方药：泻心汤合二陈汤加味。狂躁不安者，加知母、生铁落，以泻心火、安神开窍。

3. 阴虚火旺

证候：淫念不能自止，头晕目眩，耳鸣失聪，烦躁易怒，忧郁紧张，潮热盗汗，五心烦热，腰膝酸软疼痛。舌红，苔少，脉细弦。

治法：滋养肝肾，降火潜阳。

方药：杞菊地黄丸加味。情绪激动、易怒者，加百合、浮小麦、白头翁，以清肝热；失眠多梦者，加龙齿、五味子、炒酸枣仁，以宁心安神；头晕目眩、烦躁易怒重者，加龙骨、牡蛎、龟甲、当归，以增强滋阴潜阳之功效。

4. 肝胆湿热

证候：性欲亢进，烦躁易怒，头痛耳鸣，目赤目胀，乳胁胀痛，小便淋浊，阴痒阴肿，带下量多，口苦咽干。舌苔黄腻，脉滑数。

治法：清热燥湿，疏泄柔肝。

方药：龙胆泻肝汤加减。带下量多、异味重者，加金银花、黄柏、白芷、椿根皮，以清热利湿止带；乳房胀痛、有结节者，加橘叶、青皮，以疏肝通络止痛。

四、预防与调护

戒烟酒，饮食宜清淡，慎食辛热助阳药食；向患者宣教性知识，帮助患者正确理解性知识；鼓励患者多参加各种集体活动，保持身心愉快，同时减少性刺激；积极治疗原发病。

第五节　阴道痉挛

阴道痉挛是心理生理综合征，是指环绕阴道口和阴道外 1/3 部位的肌肉非自主性痉挛或缩窄。由于性交时阴道痉挛、疼痛使阴茎不能或难以进入阴道内，影响正常性生活，阻碍精液在阴道内的贮留而致不孕。该病虽临床较少见，但可见于任何年龄妇女，从开始有性活动至老年均可出现，生育期患者则可引起不孕。中医学归属于“阴缩”等范畴。

一、病因病理

精神心理性因素：主要受社会意识、文化环境的影响，女性在传统而保守的性观念影响下，把性交视为肮脏、羞耻的行为，或幼年时曾有性创伤史，精神上的痛苦及恐惧心理未解除，甚至个别女性惧怕受孕、患性病或患癌症等而发生本病。

阴道痉挛可由于外阴或阴道器质性疾病如处女膜异常、阴道口或大阴唇溃疡、萎缩性阴道炎、生殖器疱疹或其他感染等致使性交时产生疼痛，是一种保护反射活动，但由于反复疼痛形成的条件反射，有时即使原发病灶已经消失或治愈，阴道痉挛仍可存在。个别患者因性交体位不当，或缺乏性交前准备，致使阴道口腺体分泌不足，性交时干痛而引起阴道痉挛。

中医认为，该病乃肝肾功能失调、筋脉阻滞所致。肾主生殖，司前后二阴，肾气充沛则开阖有度；肝主筋，肝脉绕阴器抵小腹，厥阴脉循阴器而络于肝。若外感六淫或内伤七情，致肝气郁结或横逆，经脉阻滞，开阖失司，则挛急作痛。如有被强暴性交史，造成心理损伤者，亦常为产生阴道痉挛的原因。

二、诊断

1. 诊断要点

病史：除了性交困难、性交痛史外，还应询问有无在盆腔检查、放子宫帽或阴道放药时引起疼痛史，或有无患有外阴及阴道器质性疾病、幼年创伤史、精神心理恐惧史等。

临床表现：①症状：患者表现为性交痛，或有性交困难史，性交时或性交后感到阴部干涩痛或烧灼样疼痛，甚至感到盆腔内亦有明显不适。②体征：妇科检查发现外阴、阴道痉挛，大腿内侧或会阴部肌肉强直，阴道痉挛不能容指，患者有意识地并紧双腿，严重时手指抚摸大腿内侧，即可见阴道口不自主痉挛。此外，还要注意有无外阴炎症或破损，阴道口狭窄，处女膜坚韧，会阴部瘢痕，阴道黏膜干燥，萎缩；内诊时穹窿部是否可触及痛性结节，有无盆腔炎症等。

特殊检查：①心理功能观察：测试患者对阴道的感受情况，检查是否产生不舒适感，阴道不适是否能控制。②化验检查：血、尿常规及内分泌检查，如为炎症引起可见白细胞增高。③超声检查：对于盆腔肿痛、炎症者，可有阳性发现。

2. 诊断标准

主要依据患者对任何企图伸入阴道的动作产生疼痛性痉挛及神经性激动的特征性临床表现，以及有对性功能产生不良影响的心理或其他因素的病史。此外，还应辨别痉挛的原因，属于器质性还是精神性。

3. 鉴别诊断

该病应与性交痛相鉴别。性交痛是指经常或反复出现性交时或性交后疼痛，疼痛的部位除阴道的中浅部位外还可见于深部及盆腔，疼痛严重时阴茎亦不能插入，性交后仍诉盆腔疼痛或阴道烧灼痛。

三、治疗

（一）西医治疗

病因治疗：对由器质性病变引起的阴道痉挛者应积极治疗原发病，如对坚韧的处女膜及阴道畸形者应采取手术治疗，对生殖器炎症、生殖器疱疹等给予抗生素、抗病毒等对症治疗；对精神心理性因素及生理因素引起的阴道痉挛者，应向男女双方进行性知识教育，使其正确对待性生活，并了解自己的症状与心理因素有关。解除思想负担，消除紧张、恐惧的心理。

脱敏疗法：适用于症状轻者，性交前通过相互爱抚、拥抱、亲吻使阴道充分润滑。性交时动作轻柔，或改善性交方式，出现痉挛则暂时中断，待痉挛消失后再性交，反复多次，一般可解除痉挛。

催眠疗法：应用适量的镇静药和催眠药，使患者处于安眠状态，给予其暗示，可减轻症状。

绷紧－松弛练习（放松疗法）：让患者尽可能紧绷骨盆肌肉，维持 3 ～ 4 秒后再放松，使骨盆肌疲劳而进入相对松弛状态。对应用其他方法松弛骨盆肌肉无效的患者，可试用此种方法。

阴道扩张疗法：即用直径 1 ～ 4 cm 的扩张器逐步扩张阴道，放入前让患者做“绷紧—松弛”练习，在盆底肌肉自动放松时，轻轻放入涂好润滑剂的塑料扩张器，缓慢在阴道内滑动。可通过镜子让患者看到扩张器插入阴道的情况，并教会患者自行操作。患者可在家取坐位对镜扩张或由丈夫协助扩张，每日 3 ～ 4 次，每次 10 ～ 15 分钟，也可在睡前放入，次日清晨取出。如进行顺利，则改为次大号扩张器，当放入直径为 4 cm 的扩张器无不适时，即可性交。

（二）中医辨证论治

1. 肝郁气滞

证候：阴道痉挛疼痛，烦躁易怒，失眠多梦，胸胁胀痛。舌质正常或淡暗，苔薄白，脉弦细。

治法：疏肝解郁，行气止痛。

方药：柴胡疏肝散加味。口干口苦、舌苔黄者，加牡丹皮、地黄以清热凉血。

2. 肝经湿热

证候：阴道痉挛灼痛或伴外阴肿痛，赤白带下，小便短赤，口苦咽干。舌质红，苔黄腻，脉滑数而弦。

治法：清肝利湿，解痉止痛。

方药：龙胆泻肝汤加味。

3. 寒凝肝经

证候：阴道痉挛，痛引少腹，四肢厥冷，面青汗出。舌淡，苔白滑，脉沉紧或沉细。

治法：温经散寒止痛。

方药：当归四逆汤加吴茱萸。冷汗淋漓、面黑气喘甚至昏不识人者，宜加附片、人参或急用四逆汤以回阳救逆。

4. 肝肾阴虚

证候：阴道痉挛，房事艰难，头晕耳鸣，腰膝酸软，视物昏花，盗汗，咽干不欲多饮。舌质红，苔少，脉细数。

治法：滋肾育阴，柔肝止痛。

方药：六味地黄汤合二至丸加减。潮热盗汗者，加银柴胡、地骨皮、煅龙骨、煅牡蛎以清热潜阳止汗；视物昏花者，加菊花、枸杞子以滋阴明目。

四、预防与调护

普及性生理知识，了解必要的社会学及心理学知识，消除对性行为的焦虑和畏惧心理；注意外生殖器卫生，预防及治疗外阴及阴道、盆腔器质性疾病，预防该病发生；夫妻间相互关心、相互爱护，避免粗暴的性交方式。

第三章 男性性功能障碍

第一节 勃起功能障碍

凡因阴阳平衡失调，出现阴茎不能勃起，或勃起不坚，或坚而不持久（含已进入阴道内旋即疲软），以致不能性交者，称为勃起功能障碍，即阳痿（ED）。临床上的阳痿可分为原发性阳痿和继发性阳痿两种类型，前者指从无成功的性交，有的患者只在手淫时能勃起，而在性交时不能勃起；后者指曾经有过成功的性交，而后来发生阳痿。

一、病因病理

阳痿的原因比较复杂，以前大多认为心理因素占主要地位，随着检测设备的进一步完善，发现器质性病变引发的阳痿占有相当大的比例，多数年轻患者同时合并有心理障碍。因为阴茎的勃起主要是依赖阴茎血流的灌注和静脉的充血来维持，多种原因导致阴茎血流灌注不充分，以及阴茎静脉不能保持血液的充盈而过早地回流，都可引起阳痿的发生。

临床常见的原因有：过度劳累或精神紧张、老年人动脉粥样硬化及血管病、激素水平失调、部分药物的使用及部分手术后影响。

中医学认为，阳痿病因病机繁多，总的来说以命门火衰为主，“火衰者十居七八”。命门火衰多因房劳过度，或少年频犯手淫，或过早婚育，以致精气虚损、命门火衰，引起阳事不举。心脾受损，思虑忧郁，损伤心脾，则病及阳明冲脉，而胃为水谷气血之海，以致气血两虚，而成阳痿。湿热下注，宗筋弛纵，也可导致阳痿。

二、诊断

（一）诊断要点

1. 病史

通过可靠的病史询问，临床上有 95% 以上的勃起功能障碍问题可找到线索，然后对器质性或精神性阳痿进行初步鉴别。

询问病史时，首先了解阳痿的发病和进展情况，什么时候开始，在什么情况下发生，是逐渐发生还是突然发生，是经常性还是偶尔勃起，勃起的硬度如何，持续多长时间。手淫时能否勃起，有无夜间勃起或清晨清醒时勃起。

采集病史时，要了解患者过去曾患过的某些疾病，如高血压病、肝硬化、肾功能不全、急性、慢性前列腺炎等，以及以往曾做过的某些手术或服用过的某些药物。此外，还可了解夫妻感情、妻子健康状况、居住条件，以及患者本人的工作及身体状况等。

2. 症状

①功能性阳痿：发病急，阴茎有自发性的勃起，包括手淫时可勃起，但在性兴奋时不能勃起；或阴茎刚接触女体时能坚硬勃起，但试图性交时，又立即痿软。此外，患者常伴有精神症状，如焦虑、忧愁、抑郁、精神不振等表现。由于此类阳痿多因精神、心理因素所致，故无特殊体征。②器质性阳痿：阴茎在任何情况下均不能勃起，发病多较慢，呈进行性加重，并可伴有相应疾病的症状。

3. 体征

器质性阳痿发病原因较多，不同的病因可见不同的体征。体格检查除全身范围外，应突出乳房、神经系统、睾丸及生殖器方面的检查，如阴茎的大小和形态，有无硬结或阴茎畸形。常见的器质性疾病体征，如：①高催乳素血症，可见体毛减少，乳房增大，溢乳；②原发性睾丸功能不全，可见胡须稀少，脂肪分布异常，乳房增大，前列腺萎缩；③糖尿病，有深反射减退，下肢各种感觉消退；④神经性疾病，主要表现为神经检查的阳性体征，如球海绵体肌反射、感觉神经反射、肛门反射、运动神经等检查可见阳性体征。

4. 实验室检查

根据病史、体征，排除与阳痿有关的全身性疾病和代谢方面的疾病，可选择做内分泌［包括卵泡刺激素（FSH）、黄体生成素（LH）、睾酮（T）、催乳素（PRL）、雌二醇（E_2）等，可了解有无性腺功能低下、垂体肿瘤、肾上腺皮质癌及乳房女性化等]、血常规、尿常规、肝功能、肾功能、血糖、血脂等检查以明确病因诊断。

5. 特殊检查

心理检查：如多相人格调查（MMPI），该调查所涉及的内容很广，包括健康、心身症状、神经障碍、性欲、宗教、家庭、教育、婚姻等问题，包括566条是非题，通过回答问题进行评分。根据分数指标，80%～90%的功能性阳痿可被确诊。

夜间阴茎勃起试验（NPT）：阴茎夜间勃起是植物神经活动的组成部分，通常发生于睡眠的快速功眠期。夜间勃起是潜意识阴茎活动的客观表现，也是清醒状态下勃起能力的可靠生物学标志。监测睡眠中的勃起状态可排除心理因素的干扰，作为鉴别心理性和器质性阴痿的方法之一。

罂粟碱海绵体内注射试验：注射后阴茎能在10分钟内达到完全勃起，勃起角度大于90°，并维持30分钟以上，则可排除血管性阳痿。

双核素技术测定阳痿患者阴茎血流动力学变化：双核素技术就是分别用两种能量不同的核素，分别标记阴茎的静脉血细胞，然后用血管活性药物诱发阴茎勃起，在单光子发射电子计算机断层仪（SPECT）上显像，分别计算阴茎海绵体的动脉系统显像指数。

阴茎血压测定：用3 cm宽的气囊止血带和多普勒超声探查仪来测定阴茎血压。正常情况下，阴茎动脉血压低于肱动脉收缩压2.67 k/a左右。若差值大于5.33 k/a，则表明阴茎供血不足。另外，阴茎动脉血压/肱动脉收缩压指数如果小于0.6，也表明阴茎供血不足，即可诊断为血管性阳痿。

神经系统检查：海绵体植物神经损害可通过测定膀胱反射功能、肠道功能来间接反应，如果血管功能正常而出现NPT消失，则提示海绵体神经功能可能受损。

（二）诊断标准

阴茎不能勃起，或勃起不坚，不能插入阴道。

（三）鉴别诊断

精神性阳痿常与患者某次精神创伤有关，常有突然发病的特点；器质性阳痿常逐渐发生，且逐渐加重。手术、外伤或服药引起的阳痿也可能突然发病。

精神性阳痿常在某些情况下能勃起，而在另一种情况下不能勃起，如在手淫或色情联想时能勃起，而在性交时2/3能勃起；有的在刚接触女方身体时能坚硬地勃起，但在试图插入阴道时又疲软。器质性阳痿则无论在什么情况下都不能勃起。

精神性阳痿患者夜间睡眠中或初醒时常有勃起，而器质性阳痿没有勃起现象。

三、治疗

（一）西医治疗

1. 非药物治疗

心理治疗（包括性行为治疗）：心理治疗具有非常重要的价值。对患者和配偶相应的处理咨询使患者性焦虑减轻，夫妇关系融洽，勃起功能可能不需要进一步处理就恢复正常。如暂时停止夫妇间的性接触，通过性教育，循序渐进地学习正确的性行为模式，使焦虑情绪清除，并结合心理治疗解除各种社会心理因素的影响，使患者克服阳痿的精神障碍。

物理疗法：应用能产生负压的简易装置，使阴茎达到勃起状态而可进行性交，其原理是将阴茎放在容器中，通过抽负压使其被动勃起，再用橡皮带约束阴茎根部以保持勃起。负压治疗最常见的副作用是阴茎疼痛和尿道受压，引起射精困难。

电刺激疗法：男性会阴部电刺激测定器是一种类似心脏起搏器的装置，可以遥控或自动地引发勃起。

2. 药物治疗

内分泌治疗：①血 LH、T 降低：应用 HCG 或 HMG 治疗。②原发性睾酮分泌不足：首选睾酮。③高催乳素血症（PRL）。

海绵体内注射血管活性药物：适用于大多数类型的阳痿，且起效快，效果明显。

3. 手术治疗

经过详细的病史询问和检查，如确诊为器质性阳痿，可考虑手术治疗。

（二）中医辨证论治

1. 命门火衰

证候：阳痿，不举或勃起不坚，腰酸腿软，神疲乏力，精薄清冷，畏寒喜热。舌苔淡白，脉多沉细，尺脉尤弱。

治法：温肾壮阳。

方药：赞育丹加减。

2. 心脾两虚

证候：阳痿，神疲乏力，胃纳不佳，夜寐不安，心悸，面色少华。舌淡，苔薄白，脉细弱。

治法：补益心脾。

方药：归脾汤加减。腰膝酸软、头晕耳鸣者，加菟丝子 18 g，枸杞子 15 g，淫羊藿 18 g。

3. 湿热下注

证候：阴茎疲软，阴囊潮湿，臊臭，下肢酸软，小便黄赤，口中黏苦。舌苔黄腻，脉濡数或弱数。

治法：清化湿热。

方药：龙胆泻肝汤加减。小腹不适、会阴坠胀者，加青皮、川楝子调理肝气；少便频数急痛者，加瞿麦、石韦通淋止痛。

4. 肝气郁强

证候：阳痿不起，胸闷太息，急躁易怒，抑郁不乐，腹胀食少。苔白腻，脉弦缓无力，或弱细。

治法：疏肝解郁，通络兴阳。

方药：柴胡疏肝散加减。

5. 大卒惊恐

证候：阳痿，每逢同房时焦虑恐慌，精神疲乏，少气懒言，头晕目眩，心悸少眠，多梦易惊，面色皖白。舌淡，苔薄，脉细弱。

治法：补肾益气镇惊。

方药：启阳娱心丹宣志汤加减。药用巴戟天 15 g，杜仲 15 g，菟丝子 18 g，枸杞子 12 g，熟地黄 15 g，人参 3 g，白术 12 g，山药 15 g，当归 12 g，白芍 12 g，远志 15 g，茯神 12 g，酸枣仁 12 g，龙骨 30 g，磁石 30 g。

6. 瘀血阻滞

证候：阳痿，不举，或举而不坚，腰部、足跟、足掌、少腹、睾丸刺痛，阴部皮肤麻痒刺痛，精出不爽，或精道刺痛，尿中时有白浊，久服补肾益精药物不好反而加重。舌质紫暗，脉沉涩或弦涩。

治法：活血通精。

方药：血府逐瘀汤加减。伴肾虚者，加肉苁蓉 30 g，续断 18 g；伴气虚者，加党参 24 g，黄芪 15 g。

第二节 遗 精

遗精是指男子青春期后非性交或非手淫时频繁发生精液外泄的病症。有学者认为根据国际分类，遗精不属于性功能障碍。中医认为有梦而遗者为梦遗，无梦或见色即精液自出者为滑精。约 80% 的未婚健康青壮年有过遗精现象，每月 1 ～ 5 次。在有规律的性生活建立后仍出现频繁遗精或仅有性欲意念即出现遗精则为病症。

一、病因病理

心理因素：由于缺乏性知识，思想过度集中于性问题上对性刺激易接受，使大脑皮层持续存在性兴奋灶。

手淫频繁：据统计，90% 的男子和 60% 的女子在青春期有手淫行为。但手淫频繁，使前列腺充血，脊髓射精中枢呈病理性兴奋，诱发遗精，或因此引起不育。

过度疲劳：剧烈的体力和紧张的脑力劳动后，身体疲倦，睡眠深沉，皮层下性中枢兴奋加强而致遗精。

泌尿生殖系统疾病：生殖器官或下泌尿道病变，如包皮炎、包茎、包皮过长、尿道炎、前列腺炎等，出现炎症的充血性刺激，一方面，增强了性器官神经末梢的敏感度，使其容易接受来自衣裤、被褥压迫和湿热的刺激；另一方面，增加了性器官本身的充血，使阴茎夜间勃起的时间增加，勃起程度亦明显增强。这些情况都容易造成频繁遗精。

生活因素：凡在平时生活中有某些刺激引起性器官充血和诱发阴茎勃起的情况，都可以造成遗精。例如，仰卧入睡，被褥温暖而沉重，刺激、压迫外生殖器；或穿紧身裤，束缚挤压勃起的阴茎；或睡前饮酒，吃过刺激性食物等。

中医认为，精关不固、湿热下注、心肾不交、劳伤心脾等都可引起遗精。

二、诊断

1. 诊断要点

病史：每日 1 次或每周 2 次以上，在睡眠中发生遗泄，伴头晕目眩、失眠多梦、体倦乏力。

症状：遗精者多伴有性欲下降、早泄、勃起功能障碍等症状，或在睡眠中伴有色情意念时有精液流出，一般有头晕目眩、情绪不稳、精神萎靡、失眠多梦、记忆力减退等症状。

体征：该病一般无明显体征。

特殊检查：①精液分析：根据精液中红细胞、白细胞的多少，明确是否患有精囊炎。由于反复遗精，可致精液稀薄，精子量减少。②尿液检查：明确有无尿道炎、前列腺炎等。③前列腺液检查：明确有无前列腺炎。

2. 诊断标准

非性交时每周 2 次以上发生遗精并伴有全身不适症状。

3. 鉴别诊断

①尿道分泌物：性兴奋时尿道外口流出的少量分泌物，并非精液，不能视为遗精。②前列腺炎溢漏型：排尿时或大便时尿道口有白色黏性分泌物，与性兴奋无关。若前列腺常规检查正常，则可能与前列腺功能紊乱有关。③早泄：性交时间极短甚至性交前即排精，与非性交时精液外泄的遗精不同。

三、治疗

（一）西医治疗

1. 行为治疗

杜绝手淫陋习，建立正常的生活习惯，形成婚后正常性生活规律；有正确的人生观与恋爱观，掌握科学的性知识，驱散集中在性问题上的注意力；注意性器官卫生，调整睡眠习惯，夜间睡眠时下半身及足部不宜过暖，睡眠姿势尽量避免仰卧或俯卧，双手避免放置在生殖器部位，不穿紧身裤，入睡前不饮酒、不吃刺激性食物。

2. 药物治疗

①镇静剂：临睡前服用安定、利眠宁。②服用非激素类抗炎药物，如阿司匹林、消炎痛等。

（二）中医辨证论治

1. 肾虚不固

证候：梦遗频作，甚至滑精，腰膝酸软，心烦，头晕耳鸣，健忘失眠，身热颧红，形体消瘦，盗汗，发落齿摇。舌红，苔少，脉细数。

治法：补肾止遗。

方药：金锁固精丸加减。

2. 湿热下注

证候：遗精频作，尿时有精液外流，口渴心烦，口苦咽干，小便热赤，阴囊潮湿。舌质红，苔黄腻，脉濡数。

治法：清利湿热，化浊止遗。

方药：萆薢分清饮加减。腹胀、纳呆者，加藿香 10 g，佩兰 12 g，以芳香化湿；湿热日久、伤及阴血者，加女贞子 12 g，墨旱莲 10 g，以滋阴养血。

3. 心肾不交

证候：少寐多梦，梦则遗精，伴心中烦热，头晕目眩，心悸怔忡，口干，健忘，精神不振，体倦乏力，小便短赤。舌红，脉细数。

治法：重镇安神，交通心肾。

方药：三才封髓丹加减。

4. 心脾两虚

证候：心悸怔忡，失眠健忘，面色萎黄，四肢乏力，食少便溏，劳则遗精。舌淡，苔薄，脉弱。

治法：调补心脾。

方药：归脾汤加减。

第三节 早 泄

早泄是指同房时阴茎能正常勃起，但尚未接触或刚接触外阴或阴茎进入阴道后在很短的时间内便发生射精，随后阴茎软而不能维持性生活的一种病症。

一、病因病理

精神心理因素：大脑皮质或脊髓中枢兴奋性加强可促使射精过程提早发生，目前普遍认为精神心理因素是使中枢兴奋性增强的主要原因，一般认为下列情况可能导致早泄发生：①非正常的性经历：如非法的性行为、非道德的性行为等。由于其为非正常的行为，需提防他人发现，故而往往心理紧张、焦虑不安，常常有急速完成性行为的需要。在这种背景下完成性交过程，往往将使射精提早发生，并且这种提早的射精过程将作为一种模式固定下来，使得以后的性交活动均很快发生射精。②男子的精神状态：如果长期生活在精神高度紧张的环境中，或信心不足，担心自己的性能力不能满足妻子的要求，或遭受巨大的精神打击，身体过于疲劳等，这种种不良状况不仅可使男性出现射精过早，还可以进一步加重早泄，形成恶性循环，甚至导致勃起功能障碍。另外，如夫妻久别重逢，特别兴奋、激动，或在某种强烈的视、听等具有性诱惑的刺激下，男子往往射精过早、过快。

器质性原因：真正由器质性原因导致的早泄是比较少见的，曾经认为前列腺炎、尿道炎、精囊炎可以引起早泄的学说已被否定，甚至有人认为对早泄患者没有进行详尽体格检查的必要。当然，对于性能力良好而突然出现早泄的患者还是有必要进行泌尿、神经系统的检查，或许这些突然发生的性能力的改变是某种疾病的表现之一，如脊髓肿瘤、多发性硬化、癫痫状态，此外包皮过短或痛性勃起亦可引起早泄。总之，器质性因素主要是通过影响中枢或副交感神经传导冲动的敏感度而使射精过快、过早。

中医认为早泄分虚、实两证，以虚证为主。精液的封藏与排泄是心、肝、肾三脏功能活动协调的结果。肾主封藏，肾虚则封藏失职、固摄无权而精液自泄；肝主疏泄，如肝气疏泄失常，约束无能则交合时提前射精；心主神明，君主之官，如心火妄动，下引相火扰动精关，不能摄敛则发为早泄。

二、诊断

1. 诊断要点

病史：病史的了解对于早泄的诊断具有重要意义，因为患者性交持续时间的长短，目前只能靠患者主诉提供。在了解病史时应着重了解患者的精神、心理状态，以及性交时的环境、对象等因素对患者的影响，同时具体地了解患者从性交开始至射精的时间、射精过早发生的诱发因素、占全部性生活次数的比例，以及早泄的情况是否逐渐加重。另外，需了解是一直处于早泄状态，还是原先功能良好而后才出现早泄。

检查：对于早泄患者的检查应着重于泌尿系统及神经系统，了解其是否有包皮过长、系带过短、包茎、多发性硬化、脊髓肿瘤等。

2. 诊断标准

目前对早泄尚无统一的定义，诊断标准不统一，目前主要的参考标准有：①早泄是指性交中男方不能控制射精，致使性功能正常的女性至少在50%的正常性交中得不到满足。②有人认为应以男性能否略微控制射精为标准。③在进入阴道后阴茎有能力维持勃起5分钟以上，或夫妇双方都认为各种延缓射精的努力不影响他们的性交快感就属正常。④健康的壮年人在性交2～6分钟射精或更短的时间内射精仍属正常。

3. 鉴别诊断

与勃起功能障碍的鉴别：二者都有性生活质量差，早泄患者勃起功能正常，有性高潮，有射精；勃起功能障碍患者主要是阴茎勃起不理想，甚至未射精阴茎已痿软，未感受性高潮。

与性交不和谐等问题的鉴别：其鉴别的要点在于实际性交时间上，对于那些有足够的性交时间，但仍未能使妻子达到性高潮而自以为早泄的患者，往往只是性交技巧上的问题，如改变体位姿势或在性交前进行耐心而持久的非“性”刺激，如情调的改善，言语的体贴，性敏感区的爱抚等，均有助于缩短男女在生理上的性交高潮来临的时间差，而使此类患者性生活质量得到改善。

三、治疗

（一）西医治疗

心理疏导：患者往往因为射精过早，自责或因为不能使女方满足而自卑、焦虑，如果再有女方的责备、讥讽则加重了精神压力，甚至畏惧、逃避房事，越是如此反而越容易早泄，以至于形成恶性循环，最后不可收拾。所以进行心理疏导不仅必要而且重要。

停止—再刺激法：早泄的根本原因在于射精的阈值太低，强度较弱、时间较短的刺激即可使患者产生不可抑制的射精。此法即针对此而设计。具体做法为：夫妇双方统一认识、取得协调后，创造一个宽松的环境，让男方放松、仰卧，将注意力集中在阴茎所受的刺激以及刺激后产生的快感上，由女方主动用手抚弄阴茎，缓缓地加大刺激，使阴茎勃起，并继续刺激，当男方一有射精预感时，立即让女方停止一切刺激。这时射精的预感将逐渐消退，阴茎勃起亦将消退。在阴茎勃起基本消退时，让女方重新刺激阴茎，而后在男方有射精预感时停止。如此反复，可使男性射精阈值升高。其要领在于使男方有射精预感，而又及时中止，不使射精。经过一段时间的训练后，可过渡到做女上位的阴道内抽动刺激，性生活质量往往较以前有所改善。

挤捏疗法：患者取仰卧位，由女方以手对阴茎进行刺激，待男方有射精预感时，女方即用大拇指挤压阴茎系带处，中指与食指在对侧相对用力，其强度以患者能忍受为度，4 秒钟后放松，如此可使射精迫近感消退。待阴茎萎软后，再次刺激阴茎，使其勃起，当射精预感产生时，再度挤捏，使射精迫近感再度消退，如此反复，可加强男方的控制射精能力，延长性交时间。需要注意的是，操作时注意保护阴茎，避免粗暴用力，可使用凡士林等润滑剂以减少摩擦，在挤捏时，必须用指腹，切忌用指尖或指甲，以免损伤阴茎。训练一段时间后，可改用女上位性交，待有射精预感时，抽出阴茎予以挤捏。一般半个月左右，即可使男方的早泄症状得到改善。

行为方式的改变：在性活动中建议患者使用避孕套，以减少龟头所受的刺激，并在性交时尽量不要抽插，而是采用摆动的方式，亦可减少龟头所受的刺激。或采取女上位性交方式，使男方相对放松，亦有助于延长性生活时间。如果在有射精预感时，牵拉阴囊、睾丸，可减弱射精预感，起到延缓射精的作用。

药物疗法：① α 受体阻滞剂：交感、副交感神经在性活动中影响精液的积聚，精液的积聚会引起射精。据此，临床上有应用 α 受体阻滞剂如苯苄胺等来治疗早泄，Smith 等用苯苄胺日剂量为 10 ～ 30 mg，发现可延长性交时间。②氯丙咪嗪：本为治疗精神病的三环类抗抑郁药物，它能阻断去甲肾上腺素对大脑皮层的兴奋作用，加强 5- 羟色胺对大脑的抑制作用，日剂量为 25 ～ 75 mg，对早泄患者症状的改善有一定作用。③镇静剂：如利眠宁 20 mg 于性交前半小时口服；谷维素 10 g，每日 3 次口服；25% 硫酸镁 5 ～ 10 mL，肌肉注射，对神经系统有镇静作用，可提高触发射精中枢的阈值，延缓射精。④单胺氧化酶抑制剂：这类药物具有中枢抑制作用，亦有抑制射精的作用，可用于早泄的治疗。⑤局部药物应用：在性交前半小时可涂抹 1% 的达克罗宁冷霜或 3% 的氨基苯甲酸乙酯于阴茎头部。或在性交前 5 分钟，在龟头上涂抹地卡因，以降低末梢神经的敏感性，提高射精阈值。⑥骶前封闭：以 0.5% 的普鲁卡因 20 ～ 30 mL 做骶前封闭，此法不仅对心理性早泄有帮助，还可以用于心理性勃起功能障碍的治疗。

精神分析法：费洛德的因果关系理论假定，早泄患者隐匿着对女性的强烈的施虐意识，迅速射精的目的是亵渎并侮辱女性，并且剥夺她得到快感的权力，针对这种假定，采用自由联想、忆梦联想等心理分析技术，如配合其他疗法使用，可有一定的帮助。

（二）中医辨证论治

早泄一症，或虚或实，而以虚证为多。朱丹溪认为主闭藏者肾也，司疏泄者肝也，二脏皆有相火，而其系上属于心，故临床上治疗的重点应在心、肝、肾三脏。

1. 肾气不固

证候：早泄，性欲减退，遗精或伴阳痿，精神不振，头发易脱，夜尿频，小便清长，腰膝酸软。舌淡，苔薄白，脉细弦。

治法：益气固肾。

方药：益气丸加味。药用麦冬（去心）、人参各 6 g，桔梗、甘草各 4.5 g，五味子 3 g，芡实 15 g，莲子肉 15 g，煅龙骨 10 g，补骨脂 10 g，陈皮 6 g，甘草 9 g，金樱子 15 g，锁阳 10 g 等。

2. 阴虚火旺

证候：阳事易举但稍触即泄，多梦遗精，心悸失眠，腰膝酸软，五心烦热，潮热，盗汗。舌红，苔少，脉细数。

治法：滋阴降火。

方药：知柏地黄丸加味。

3. 肝经湿热

证候：情欲亢进但稍触即泄，阴囊潮湿，口苦，眩晕，烦躁易怒，胁痛纳呆，小便色黄。舌红，苔黄，脉弦数。

治法：清肝泻火。

方药：龙胆泻肝汤加减。

4. 心肾不交

证候：早泄，虚烦不眠，夜梦频多或梦交，情欲频作，潮热，口干。舌红，苔少，脉虚数。

治法：调补心肾。

方药：交泰丸加味。药用黄连 6 g，肉桂 3 g，天冬 12 g，麦冬 12 g，牡蛎 30 g，夜交藤 15 g，地黄 10 g，金樱子 10 g，酸枣仁 10 g。

四、预防与调护

避免不正常的性生活，注意心理卫生，保持轻松、自然的心境；协调夫妇关系，夫妇互相体贴、体谅，建立亲昵、温馨的夫妻关系，善于创造气氛，分享心理、生理上的快乐。

第四节　不射精症

不射精症是指男子在正常性交时，阴茎能有效地勃起，亦能插入阴道，性交时间很长，但始终达不到性高潮，不能完成射精过程的一种病症，亦称不射精症。临床上分为功能性和器质性两种，其中功能性不射精约占 90%，此类患者不能在阴道内射精，但可在手淫或口刺激时顺利完成射精，平时还会出现遗精现象；相反，在任何情况下都不能射精的，为有器质性损伤的不射精症，约占不射精症的 10%。中医学将本病归类于“精瘀证”范畴。

一、病因病理

功能性不射精：由于科学的性知识教育尚不普及，许多患者把正常的性生活视为下流、淫秽、犯罪的行为。有些人相信“一滴精、十滴血”之类的谬论，在潜意识中出现抑制射精的倾向。女方害怕性交疼痛，怕损伤阴道和内脏器官而限制男方在阴道内抽动。女方体质差，厌烦性活动，而使男方性冲动屡受挫折。或居住条件差，形成性抑制。或男方包皮过长，在阴道内摩擦时龟头奇痒难忍。包皮嵌顿、疼痛，性交被迫中断等。婚前有长期手淫、婚后正常性交时不能引起足够的兴奋，也无法达到性高潮，以致不射精。婚后曾有过正常的射精，后因某些原因如性交时被人发现而突然中断、未婚性生活受到责罚、对妊娠的畏惧、夫妻感情不和等导致阴道内射精能力丧失，称为继发性不射精。如患者在能明显激起犯罪或抵触的情境中，或只有与特殊的性伴侣性交时不能射精，而在与一个他喜欢的女性或在不会引起焦虑的情境中，都能进行阴道内射精。有些人射精反射仅仅由于与性伴侣的接触而受到射精抑制，称为选择性不射精。

器质性不射精：①药物因素。②外科手术。③局部因素：包括膀胱松弛，精阜肥大，阴茎外伤、硬结、疤痕、纤维化、极度弯曲、尿道下裂严重等造成不射精症。其他如双侧精索或双侧输精管缺如或射精管堵塞也可以造成不射精，但较少见。

中医学认为，房事不节，淫欲过度，耗精过多，导致肾阴亏损，肾精不足，“精藏于肾，其主在心”，故不能上济于心，心火独亢，心肾失交，精关不开，故交而不射；情志不调，郁怒伤肝，郁久化火，木火相劫，心火亢盛，精关开合失调，不能正常射精；先天禀赋不足或戕伐太过，肾阳衰微。阳气者主推动，主气化，阳气不足则气化失调，驱精无力，则精不能射出；外感内伤能致气滞血瘀，精道闭阻而不能射精。

二、诊断

1. 诊断要点

病史：了解患者有无神经系统疾病史，可损伤脊髓及盆腔神经的外伤或手术史，附属性腺器官功能障碍史，以及服用某些影响神经系统功能的药物史，并详细了解患者性生活史。

症状与体征：①功能性不射精：性交时无性欲高潮，没有射精动作，无精液排出体外，但平时有遗精或非正常性交时能射精。②器质性不射精：指在任何情况下都不能排精，并有与原发疾病相应的临床表现，如系前列腺、精囊腺结核或肿瘤引起的精道梗阻，性生活时可有射精动作，但无精液排出。

辅助检查：① B 超检查：可明确精囊有无扩张或缺损。②精囊造影：检查射精管有无梗阻、结核性炎症等病变。③排尿期膀胱、尿道造影：明确是否存在括约肌痉挛、尿道狭窄、膀胱颈增宽等异常。④尿液检查：性交后取尿液离心镜下检查，看尿液中是否混有精子，以排除膀胱颈松弛而致的逆行射精。⑤ CT 扫描检查：排除颅内病变所致的不射精症及确定病位与病变性质。

2. 诊断标准

该病诊断并不困难，临床多以主诉即可确立诊断。但需详细询问病史，以明确是功能性还是器质性原因所致的不射精症。

3. 鉴别诊断

该病临床需要与阴茎异常勃起、逆行射精相鉴别。①阴茎异常勃起为阴茎长时间的勃起、坚挺，有的可达数天不萎软。而不射精症为阴茎勃起虽久，久交不射，阴茎勃起时间也可较长，但不交合时即可变软。②该病与逆行射精的共同点都为无精液排出，但逆行射精患者性交后行尿离心镜检查有精子存在，果糖定性阳性。

中医认为，不射精症临床主要以主诉性交时精液不能射出为主要特征。临床应结合全身症状及舌脉进行辨证施治，辨明虚实，肝郁化火、瘀血内阻为实证，肾阳不足为虚证，阴虚火旺为虚中挟实证。

三、治疗

（一）西医治疗

1. 性行为疗法

首先要详细了解患者的历史，找出影响其射精或干扰其性表达的任何原因。如果患者对性活动很感兴趣，那么治疗师应试图找出他能喜欢的性爱方式和性幻想内容，以便在脱敏练习中加以利用。

消除各种心理障碍：此种障碍多见于长期手淫或同性恋，因为手淫或同性恋对阴茎按摩亦能产生强烈快感。对于此类患者，应要求其改变原不良习惯，同时进行心理治疗后才能达到阴道内射精的目的。

女方主动配合，包括性交技术的改进等。

2. 药物疗法

采用左旋多巴，每次 0.25 g，每日 3 次，能抑制催乳素水平并增加血循环中的生长激素和肾上腺素水平，从而达到兴奋大脑皮层的作用；在性交前 1 小时口服 50 ～ 70 mg 盐酸麻黄素，使肌肉张力增加，引起中枢神经系统的兴奋以获得成功的射精。该药具有升压作用，冠心病、高血压患者禁用。

3. 电刺激射精

让患者取侧卧位，先做直肠镜检查，把聚氯乙烯制成的电极纵向放入直肠腰侧，电极上有温度感受器连接电刺激器和温度计，输入累积正弦，全过程监测血压，每回给予刺激，平均 30 次，电压 156V，电流 315 mA，同时挤压尿道球部及阴茎部使患者顺利射精或逆行射精。

4. 其他疗法

电动按摩法：适用于某些在性生活中无法达到快感、高潮且不能射精者。用电动震颤按摩器对阴茎头特别是近包皮系带处做按摩，可以诱发射精。

音频疗法：电极放于腰骶部，另一电极置于会阴部，通电 20 ～ 30 分钟，电流强度 10 ～ 20 mA，10 ～ 15 次为 1 个疗程。

超短波治疗：电极置于背中线 T12 或 L1 处，另一电极置于骶部，每日 1 次，每次 20 ～ 30 分钟，10 ～ 15 次为 1 个疗程。

（二）中医辨证论治

1. 阴虚火旺

证候：性欲亢进，性交不射精，心烦不寐或有梦遗，面色潮红。舌红，脉弦细数。

治法：滋阴降火。

方药：知柏地黄丸。心烦、易怒者，加柴胡 6 g，白芍 12 g 以疏肝理气；失眠不寐者，加酸枣仁 15 g 以安神。

2. 肝郁化火

证候：性欲亢盛，性交不射精，两胁胀痛，情志不舒，急躁易怒，面红耳赤，口苦咽干。舌红，苔黄，脉弦数。

治法：疏肝解郁，清热育阴。

方药：丹栀逍遥散加减。

3. 肾阳不足

证候：性欲减退，性交不射精，伴头昏乏力，精神不振，腰膝酸软，身体下部常有冷感，少腹拘急，小便不利。舌淡而散，苔白润，脉沉细。

治法：温补肾阳。

方药：金匮肾气丸。

4. 瘀血内阻

证候：性交不射精，伴阴部胀痛，胸闷不舒。舌紫暗，脉沉涩。

治法：活血化瘀。

方药：血府逐瘀汤。

四、预防与调护

加强性教育，了解性生活及性心理；节制房事，避免手淫；避免使用有损伤性功能和易致不射精的药物；患病后不应紧张，应消除顾虑，坚定信心，针对病因治疗。

第五节　逆行射精

逆行射精是指在性交过程中出现性欲高潮时，有射精动作，但精液不从尿道排出，而是全部从后尿道逆流进入膀胱的病症。中医学对逆行射精没有完整的论述，但对类似症状有记载，《诸病源候论》言“精不射出，但聚于阴头”。

一、病因病理

膀胱颈部外科手术后或后尿道创伤：这是造成此症的最常见病因之一。有医者认为，该症可能与经尿道前列腺手术破坏了更多的膀胱颈部神经末梢有关。

盆腔多种手术、后腹膜及腰交感神经手术：盆腔内多种手术，如直肠癌根治术、后腹膜淋巴结清扫术及腰交感神经切除术等，远离有可能影响支配后尿道的交感神经，造成膀胱颈部关闭功能失调，可使性交时精液逆行射入膀胱。

神经内分泌疾病：最常见的是糖尿病。有报告称糖尿病可以并发逆行射精，其机制是糖尿病引起的交感神经病变引起膀胱颈部闭合。较多的男性糖尿病患者由于内生殖器官平滑肌不正常而导致射精障碍。

括约肌关闭功能失调：支配后尿道之远近端括约肌，可因神经系统或局部病变而引起括约肌功能失调，因而在性交过程中，可能射精时远端括约肌不能相应地放松，使精液射出却反而形成关闭状态，使精液逆行进入膀胱。

药物性交感神经切除：用肾上腺能阻滞剂，如胍乙啶、利血平、盐酸辣甲硫嗪、溴苯胺及苯甲脒等都可引起逆行射精。

中医认为，素体阳虚，禀赋不足，或戕伐太过，致肾阳衰微，阳气不足则气化失调，无力摄精行正道；外伤或手术，或气滞日久，或败精久留，或寒凝经脉，瘀血停滞，闭阻精道，性交时精液不循常道而逆流入膀胱；湿热蕴结下焦，壅滞气机，致精路被阻，不能按常路疏泄而发生逆行射精。

二、诊断

1. 诊断要点

病史：详细询问患者的手术史，有无下腹部、盆腔、会阴部手术或前列腺切除术，以及长期服用抗胆碱能类、强镇静剂等药物史。

症状：性交时能达到性欲高潮，有射精快感，但无精液排出体外。

体征：本病无明显体征。若有手术、外伤史，可见下腹部或会阴部有手术或外伤瘢痕。

实验室检查：性交或手淫后查尿液离心，找到精子，测定果糖为阳性。

2. 诊断标准

性交能达到性高潮且有射精感觉，但无精液射出尿道口，性交或手淫后做尿液检查有精子、果糖存在，即可确诊为射精障碍。

3. 鉴别诊断

需与不射精、阴茎异常勃起相鉴别。

三、治疗

（一）西医治疗

药物治疗：常用于交感神经病变引起的逆行射精。①苯丙醇胺。②米多君（Midodrine）。③服用降压药和行前列腺手术者如年龄较高且没有生育要求，一般无须治疗。

手术疗法：膀胱颈缝缩术。

收集精液用于人工授精。

（二）中医辨证论治

1. 肾阳不足

证候：性交时有射精动作，但无精液排出，头昏乏力，精神不振，面色晦暗，腰酸膝软，腰以下有冷感。舌质淡，苔白，脉细沉。

治法：温补肾阳。

方药：桂附八味丸加减。

2. 精道瘀滞

证候：手术或外伤后逆行射精，小腹胀满，疼痛，茎睾隐痛，排尿不畅，腰骶酸痛。舌质紫暗，舌苔白，脉弦滑或沉涩。

治法：活血祛瘀，疏通精道。

方药：少府逐瘀汤加减。

3. 湿热下注

证候：性交时有射精动作，腰部隐痛，下肢酸沉，小便淋漓，混浊不清，赤涩疼痛，阴囊湿热。舌质红，舌苔黄腻，脉滑数。

治法：清热利湿，疏畅精路。

方药：八正散加减。

四、预防与调护

避免手术及外伤损伤影响射精的神经；调摄精神，切忌房事过频，注意饮食，加强身体锻炼。

第六节　阴茎异常勃起

阴茎异常勃起是指在无性欲的情况下，阴茎海绵体持续性痛性勃起，时间超过几个小时或几周的病症。该病可发生于任何年龄的男性，其中以已婚男性青壮年为多见，具有发病急、易留永久性阳痿后遗症的特点。该病属中医学“强中”“阳强”范畴，亦谓之“强阳不倒”“茎强不萎”“阴纵不收”“内消”等。

一、病因病理

阴茎异常勃起中约 1/3 的患者查不到病因，称为原发性（特发性）阴茎异常勃起；能找到病因者，称为继发性阴茎异常勃起。可能与以下几个因素有关。

血液疾病：约 60% 的患者由血液病引起，如镰状细胞贫血、白血病、地中海贫血、红细胞增多症、血小板减少症等。国外统计显示，镰状细胞贫血是继发性阴茎异常勃起最常见的原因，约 25% 的阴茎异常勃起与该病有关。在儿童病例中比例更高，其发病可能与红细胞镰形化和海绵体窦状隙内血液瘀滞有关。

药物因素：任何可能影响海绵体神经肌肉接合点的药物均可促发阴茎异常勃起，其中治疗精神病、抗高血压、抗凝药的作用已得到公认。

神经系统疾病：中枢和周围神经损伤、炎症等疾病，可使支配勃起组织的神经传导系统发生异常而引起阴茎异常勃起。

肿瘤：浸润范围广的局部肿瘤或阴茎转移癌都能引起阴茎异常勃起，其机理是静脉回流受阻和海绵体浸润。

炎症性疾病：如前列腺炎、后尿道炎等可能影响深静脉回流而诱发阴茎异常勃起。

其他：如淀粉样变性、糖尿病、全胃肠外营养、慢性肾衰、全身麻醉、狂犬病等均可引起低钙血症。

阴茎异常勃起的病理机制尚未完全明确。学者认为，阴茎异常勃起可能是由于海绵体内输出静脉回流受阻，血液郁积，使氧张力和血液 pH 降低，二氧化碳量升高，代谢加速，血液黏稠度增加，发病后 6 小时即可出现这些改变。这些化学改变进一步引起海绵体间质水肿并最终导致主要输出静脉血栓形成。缺血和缺氧使患者感到剧烈疼痛。长期的间质水肿和静脉血栓形成可导致海绵体纤维化等并发症的发生。

中医学认为，本症多因肝胆实火或肝经湿热下注、湿热之邪闭阻宗筋脉络、气滞血瘀而致阳强不倒。久服滋补之品壮阳或房劳损伤阴精而致阴虚火旺、相火亢盛，充斥阴茎脉络，热郁血瘀而阳强不倒。此外，茎举过久，久病入络，气滞血瘀或阴部损伤，血络受损可致瘀血滞于茎络而阳强不倒。

二、诊断

1. 诊断要点

病史：详细了解病史，尤其是首次发作的患者，病史有助于发现异常勃起的原因。同时询问患者既往有无发作、持续时间及处理方法。

临床表现：一般发病突然，在没有性欲的情况下，阴茎呈强直性持续性勃起，胀疼、刺痒或疼痛剧烈，勃起时间长短不一，几小时乃至几周。若勃起时间超过 24 小时，阴茎皮肤呈青灰色，海绵体呈木样硬，疼痛向两大腿放射。少数患者诉说有排尿困难或尿潴留，并有情绪紧张、烦躁、疑虑、胆怯等不稳定情绪。

检查：阴茎海绵体明显胀满，张力大，尿道海绵体和龟头呈痿软状态。阴茎呈木样坚硬，失去弹性。

实验室检查：①阴茎海绵体血气分析：以鉴别低血流量性勃起与高血流量性勃起。②阴茎海绵体造影：了解阴茎海绵体受阻情况。③多普勒阴茎血流测定：有助于观察治疗前后阴茎海绵体血流变化情况。④其他检查：做尿三杯试验及分析，尿液培养、血常规及血小板计数，血红蛋白电泳，空腹血糖、肌酐、心电图等，也有助于诊断。

2. 诊断标准

根据病史及检查时患者阴茎呈持续性痛性勃起，阴茎头及海绵体触之柔软即可确诊。

3. 鉴别诊断

该病应该与生理性阴茎勃起相鉴别。正常成年人的生理性阴茎勃起常伴有性刺激，没有阴茎疼痛，一般在射精后阴茎变软，在射精后到重新勃起一般有“不应期”；阴茎异常勃起多无性欲，无论射精与否阴茎仍不疲软，勃起持续时间较长，超过 4 小时，伴有疼痛。

三、治疗

（一）西医治疗

药物疗法：①镇静药：一般使用抗焦虑药物，安定片或利眠宁片、扩血管药。②雌激素：乙雌酚。③抗凝药：多用肝素、纤维蛋白溶解剂，如链激酶，尿激酶，双香豆素，低分子右旋糖酐等，有助于阴茎局部血栓溶解。④止痛药：去痛片每次 1 片，每日 3 次。⑤阴茎海绵体内药物注射：勃起未超过 8 小时者，用间羟胺 3 mg，阴茎海绵体注射，一般 10 分钟阴茎可疲软，若 1 小时无效，可加量重复注射。

穿刺抽吸冲洗疗法：用 12 号大针头，穿刺阴茎海绵体，抽取暗红色黏稠血液，将尿激酶溶液 20 mL（尿激酶 8 万 U，溶于 200 mL 生理盐水中）注入海绵体内反复冲洗，直到有新鲜血液流出，阴茎松软为止，并使已松软的阴茎处于下垂状态，加压包扎，翌晨阴茎肿胀者，仍以此法治疗。

病因治疗：如确诊为镰状细胞贫血，应改善微循环，可采用输血、输入或高压输双倍压积的带状细胞。对白细胞、肿瘤、炎症等引起的阴茎异常勃起，应对病因采取及时、有效的治疗。

麻醉治疗：可用 1% 妈佛卡因与 2% 利多卡因混合后做阴茎根部阻滞麻醉、骶麻、腰麻或硬膜外麻醉。

支持疗法：每日静脉输入一定量的液体，同时加入碱化剂，可使血流加速。如 5% 葡萄糖 250 ～ 500 mL 加入 5% 碳酸氢钠 100 ～ 200 mg 静脉点滴。

手术治疗：对上述保守治疗无效者，应在 12 ～ 24 小时内采用手术治疗。手术治疗包括：阴茎海绵体—尿道海绵体分流术，大隐静脉—阴茎海绵体分流术，阴茎头—阴茎海绵体分流术，阴茎背静脉—阴茎海绵体分流术等。

（二）中医辨证论治

1. 肝经湿热

证候：阴茎持续性勃起，肿胀热痛，甚则痛及大腿、小腹，口苦咽干，胸腹胀满，小便赤热涩痛，大便燥结，烦躁失眠，阴部潮湿。舌红，苔黄而厚，脉弦数或弦滑。

治法：清热利湿，佐以化瘀。

方药：龙胆泻肝汤加减。

2. 阴虚火旺

证候：阴茎异常勃起，肿胀疼痛，伴头昏耳鸣，五心烦热，咽干口燥，腰膝酸软，性欲亢进。舌红，苔少，脉细数或弦细数。

治法：滋阴泻火，凉血通络。

方药：知柏地黄丸加味。

3. 瘀血阻滞

证候：阴茎异常勃起，或阴茎有外伤，青紫有瘀斑，坚硬如木，疼痛剧烈呈刺痛或胀痛，伴少腹胀满，唇色青暗。舌质暗红，脉弦涩。

治法：活血祛瘀，温经止痛。

方药：少腹逐瘀汤合红花散加减。

第七节　性欲低下

男性性欲低下指男子性行为表达水平降低，性活动能力减弱，如在有效的性刺激下，没有性交欲望，或厌烦房事，毫无快感的一种性欲受到不同程度抑制的状态。该病属于中医学“虚损”“阴冷”“阳痿”等范畴。

一、病因病理

该病的病因非常复杂，有人认为所有影响生物成分的因素都可能造成性欲低下，病因归纳起来可以分为功能性和器质性两大类。

功能性病因：①脊髓功能紊乱：如手淫过度、性交过频、色情放纵等造成脊髓功能紊乱而发生性欲低下或缺失。②中枢性抑制：在大脑和边缘系统中性的抑制性增强，即出现性的抑制，如心情抑郁、长期工作、学习紧张、强烈精神刺激、曾有过性生活创伤史、夫妻感情不和等心理因素所致的性抑制而导致性欲低下。

器质性病因：①内分泌因素所致的性欲低下：激素分泌不足，性兴奋性受到抑制，如睾丸发育不全、甲状腺功能减退、垂体病变等。②慢性疾病：如肝硬化、慢性活动性肝炎、阿狄森氏病、柯兴氏综合征、结核病等。③药物影响：如各种镇静剂、大多数治疗精神病的药物、抗高血压药物、抗癫痫药、雌激素等均可产生性欲低下。

中医认为，早婚、房事过度，或素体阳虚导致肾阳亏损而引起该病；房事不节，或病久五劳七伤，或素体阴虚导致阴亏损而生该病；精神抑郁，素体血亏或久病伤阴耗血，肝络失养，气机郁结而生该病；禀赋不足，或久病失养，气血津液渐亏，不能滋养肾中阳气，故患该病；体脂肥盛，喜静少动，或嗜食厚味，痰湿内生，抑遏命火而生该病。

二、诊断

1. 诊断要点

病史：详细询问和分析性欲低的病史，了解并确认性欲低下的原发和继发病因，包括相关的既往史、服药史、手术史、泌尿系感染史、性病史、生殖器官疾病史等。

临床表现：在有效的性欲刺激下，没有性交欲望，或厌烦性交，毫无快感，常伴有阳痿、早泄、遗精等。

体格检查：系统体检、观察第二性征，包括体征、毛发分布和青春期发育程度，注意发现有无内分泌、心血管及神经系统的异常。重点检查睾丸、附睾、阴茎、精索及前列腺、精囊等。

特殊检查：性激素和染色体检测，如 FSH、LH、PRL、T、E_2 等。

2. 诊断标准

出现与年龄不相适应的、不和谐的性欲减退，或性欲突然降低并伴有症状者，无论间隔多长时间未同房，亦无同房要求，即使给予有效的性刺激仍缺乏性欲者可诊断为性欲减退。部分患者血清睾酮降低，亦可见某些相应疾病的内分泌素降低。

3. 鉴别诊断

功能性原因与器质性原因相鉴别。功能性原因多由精神因素引起，患者并无慢性疾病史；病程反复，一旦诱因解除则症状缓解，呈间歇性低下，病情较轻；外生殖器局部无变化，阴茎夜间膨胀，检查结果正常；内分泌检查结果无异常；结婚或心理因素治疗易接受。器质性原因多有生殖器疾病史（如外伤、手术史），或有慢性疾病史或服药史；病程持续，虽有反复，但不能恢复到原来的性欲状态，病情较重；外生殖器或神经系统多有异常发现，阴茎夜间无勃起；内分泌检查有改变；精神或心理因素治疗无效。

三、治疗

（一）西医治疗

一般治疗：对于由疾患等器质性因素和药物所导致的男性性欲低下者，应针对其病症采取相应的治疗措施，消除影响因素，以改善性欲低下状况。如果病情允许，停止使用可能导致性欲减退的药物；精神心理治疗，树立信心，解除思想顾虑，协调夫妻性生活关系。

选用雄激素类药物和神经中枢调节药，以及维生素类药物等。

（二）中医辨证论治

1. 命门火衰

证候：性欲低下，伴腰腿酸软，形寒肢冷，阴囊冷缩。舌淡胖，苔白，脉沉迟。

治法：温肾壮阳。

方药：右归饮加减。腰膝酸软者，加当归 10g；神疲乏力者，加紫河车 6 g。

2. 肾阴亏损

证候：性欲淡漠，头昏耳鸣，五心烦热。舌红，苔少，脉细数。

治法：滋补肾阴。

方药：左归饮加味。骨蒸潮热者，加地骨皮 10 g；心热而躁者，加玄参 10 g。

3. 肝气郁结

证候：厌恶房事，毫无快感，忧郁寡欢，伴胸胁闷胀，心烦易怒。苔白，脉弦。

治法：疏肝解郁。

方药：逍遥散加味。口干口苦者，加牡丹皮 10 g，栀子 10 g。

4. 心脾两虚

证候：失眠健忘，头晕神疲，纳差，阳事日衰，无心交媾。唇舌淡，脉虚细或细弱。

治法：益气补血，健脾宁心。

方药：归脾汤加减。畏寒肢冷者，加淫羊藿 10 g；腰膝软者，加续断 10 g，桑寄生 15 g。

5. 痰湿内阻

证候：性欲淡漠，形体胖，头晕，肢重，恶心。舌淡，苔白腻，脉缓而滑。

治法：燥湿化痰佐以温阳。

方药：二陈汤加味。纳呆食少者，加山楂 10 g，神曲 10 g。

四、预防与调护

戒除手淫，保持乐观健康的生活情态。治疗原发病，避免过食生冷寒凉食物。积极参加体育锻炼，可使中枢神经的兴奋和抑制过程均衡地增强。

第八节　射精疼痛

正常射精活动具有欣快感。射精疼痛是指在射精过程中阴茎、尿道、会阴部或下腹部、阴囊上方等部位发生阵发性酸痛或隐痛。

一、病因病理

当内生殖器官如附睾、精囊、输精管、前列腺和尿道等部位发生炎症、肿瘤、结石等病变时，在性交过程中便会产生射精疼痛。炎症是引起射精疼痛最常见的病因，包括精囊炎、前列腺炎、后尿道炎等。由于炎症刺激造成这些器官的充血、水肿，当射精时伴随着这些器官肌肉的节律性收缩，就会出现射精疼痛。此外，这些器官的肿瘤、结石的压迫，也能引起射精疼痛。尿道狭窄、严重包茎等，在射精时也可能产生局部疼痛。偶尔因为性生活过于兴奋或动作强烈粗暴，在生理情况下也可能出现射精疼痛。

中医学认为，该病的发生与湿热、气滞血瘀、阴虚等因素有关。凡外感湿热毒邪，或平素嗜酒及辛辣燥热之品，损伤脾胃，湿热下注；或情志不调，肝气郁结，气滞血瘀，以致气血运行不畅；久病体虚或劳欲过度，精血亏损，肝肾阴虚，络脉失养等均可发生射精疼痛。

二、诊断

1. 诊断要点

病史和临床表现：在性交过程中，在性欲达到高潮时，产生射精动作的前后，在阴部连至少腹出现阵发性隐痛或绞痛。

体检时可能找不到阳性体征和异常发现：如患前列腺炎、尿道炎者局部有触痛，精液内有大量白细胞。若为肿瘤结石者应做有关检查。

2. 鉴别诊断

射精痛的病因鉴别：引起病理性射精痛的主要原因有炎症、肿瘤、结石、结核等，应注意鉴别。若因前列腺、精囊、后尿道炎症引起，局部检查有触痛，精液检查可发现有大量白细胞、红细胞；若为肿瘤或结石，亦有相应的临床表现和检查结果。

性交疼痛：是指在性交过程中阴茎部发生疼痛，往往影响性快感，因此不易达到性高潮，与射精痛发生的时间不同。引起的原因有包茎、包皮过长、阴茎硬结症、阴茎炎症、淋病或外伤遗留的疤痕等。

三、治疗

（一）西医治疗

主要针对原发疾病进行病因治疗，如炎症、结石、肿瘤等。根治了原发疾病，射精疼痛就会减轻或消失。

药物治疗：主要是抗菌消炎治疗。适用于由内生殖器和尿道炎症引起的射精痛。①红霉素：0.5 g，每日 4 次，口服，1 ～ 2 周为 1 个疗程。②螺旋霉素：0.3 g，每日 3 次，口服,1 ～ 2 周为 1 个疗程。③复方新诺明：每次 2 片，每日 2 次，口服，2 ～ 3 周为 1 个疗程。④先锋霉素或青霉素或庆大霉素等注射治疗。

对结石、肿瘤引起的射精疼痛，一般需要手术治疗。

（二）中医辨证论治

1. 湿热下注

证候：性冲动时下腹、会阴、阴囊、腹股沟等部位疼痛，射精时更甚，伴尿频、尿急、尿后淋漓不尽或茎中刺痛，口苦黏腻。舌质红，苔黄腻，脉数或滑。

治法：清热利湿。

方药：八正散。

2. 气滞血瘀

证候：少腹、会阴、阴囊、腹股沟等部位牵涉刺痛，或可触及痞块，压之痛甚，性兴奋时痛加剧，伴性情抑郁或急躁易怒。舌紫暗或见瘀斑，脉涩。

治法：行气活血止痛。

方药：血府逐瘀汤。

3. 肝肾阴虚

证候：性冲动时，下腹部、腹股沟、会阴部等处疼痛，射精时尤甚，伴腰膝酸痛，头晕目眩，健忘失眠，耳鸣耳聋。舌质红，苔少而干，脉细数。

治法：滋补肝肾。

方药：六味地黄丸。

四、预防与调护

平时保持心情舒畅和正常的性生活，注意劳逸结合，积极参加力所能及的体育锻炼；积极治疗生殖器官的炎症。